AF259474

COURS D'ANALYSE INFINITÉSIMALE

Iᵉʳᵉ PARTIE

CALCUL DIFFÉRENTIEL ET CALCUL INTÉGRAL

Méthode simple pour apprendre
ces branches des mathématiques supérieures

PAR

ALBERT J. M. CREFCŒUR,

ADJOINT DU GÉNIE.

2ᵐᵉ ÉDITION

Revue et augmentée par l'auteur.

PARIS

LIBRAIRIE POLYTECHNIQUE, CH. BÉRANGER, Éditeur,

rue des Saints-Pères, 15.

Même maison à Liège, rue de la Régence, 21.

— 1912 —

Cours d'Analyse Infinitésimale

1ère PARTIE

CALCUL DIFFÉRENTIEL ET CALCUL INTÉGRAL

Méthode simple pour apprendre ces branches des
mathématiques supérieures

2me ÉDITION

revue et augmentée par l'auteur

Cours d'Analyse Infinitésimale

Ière PARTIE

CALCUL DIFFÉRENTIEL ET CALCUL INTÉGRAL

Méthode simple pour apprendre
ces branches des mathématiques supérieures

PAR

ALBERT J. M. CREFCŒUR,

ADJOINT DU GÉNIE

2me ÉDITION

Revue et augmentée par l'auteur

PARIS
LIBRAIRIE POLYTECHNIQUE, CH. BERANGER, Éditeur,
Successeur de Baudry et Cie
15, rue des Saints Pères,
Maison à Liège — 21, rue de la Régence.
—1912—

PRÉFACE DE LA Iʳᵉ ÉDITION

Dans le cours de l'étude d'une science, on doit toujours avoir plus ou moins présent à l'esprit ce qui précède ; on doit saisir les liens de la parenté qui existent entre les idées, car une science est un agrégat, un enchaînement d'idées, de concepts ; c'est un ensemble de connaissances présidé par une connaissance première ou principe d'où dérivent et à laquelle se rattachent d'autres connaissances par placement hiérarchique ; une idée découle d'une ou de plusieurs autres, ou du moins s'appuie sur ces dernières, de sorte que pour bien comprendre une idée nouvelle et l'admettre comme vraie, il faut pouvoir se rendre compte de la dépendance qui existe entre elle et celles sur lesquelles elle s'appuie plus ou moins et qui la justifient.

En mathématiques, tout particulièrement, on doit se rendre compte, par exemple, de la façon dont on obtient certaines formules. Or, pour les obtenir, il faut faire subir certaines transformations à d'autres formules exposées antérieurement ; il faut savoir que c'est à l'aide de ces formules qui précèdent qu'on arrive au but, et parmi celles-ci, savoir distinguer lesquelles, dans les différents cas, il s'agit de considérer ; il faut, en un mot, une formule étant exposée, savoir de quelles formules elle découle ou en vertu de quels principes on peut l'obtenir ; et l'on doit transformer, développer des formules avant d'arriver à celle que l'on considère. De là résulte la tâche du professeur. Il doit aider l'intelligence de l'élève, lui faire remarquer ce qui lui échappe, suppléer à l'insuffisance de sa mémoire, de son observation, de son jugement ; exécuter les transformations, les développements et les simplifications nécessaires pour arriver à l'expression considérée.

Donc, si l'on expose aussi clairement et aussi brièvement que possible ce que, pour plus de concision, de précision si vous voulez, on omet dans un livre ; si l'on rappelle, en peu de mots, ce que le professeur avait pour tâche de faire connaître ; si l'on indique, par exemple, le ou les numéros des articles et des formules antérieures qu'on doit considérer ; si l'on exécute les développements et les simplifications des formules ; si l'on rappelle, quand il y a lieu, les propositions et les formules de la géométrie analytique, par exemple, qui font l'objet d'une démonstration ou qui servent à une démonstration ; etc., on comprend la possibilité de pouvoir étudier sans l'aide de professeur.

C'est là le but que nous nous sommes proposé.

Généralement, dans les universités, on commence l'étude des sciences que nous exposons par celle des séries et des dérivées (articles 158 et 157 du calcul différentiel). Pour qui veut faire une étude complète de l'analyse mathématique, nous croyons que c'est là la meilleure méthode ; mais nous ne la suivrons pas ici. Nous aborderons directement le calcul différentiel, en l'exposant aussi simplement que possible ; les autres sciences : le calcul intégral, énoncé en tête de ce livre ; le calcul des différences et celui des variations que nous publierons prochainement en découleront ; et nous pensons que l'on pourra ainsi acquérir plus facilement une connaissance suffisante de ces branches des mathématiques supérieures. Dans la suite, on aura alors facile pour en acquérir une connaissance perfectionnée, si on le désire, en suivant une autre méthode plus compliquée.

Albert CREFCŒUR.

Note. — Depuis, la 2ᵉ partie (calcul des différences et des variations) et la 3ᵐᵉ partie (calcul des Probabilités) ont été publiées.

CALCUL DIFFÉRENTIEL

DÉFINITIONS

1. — On nomme *infiniment petite* une quantité variable très-petite qui tend vers la limite zéro. Par exemple, dans la géométrie élémentaire, si l'on considère un cercle et un polygone régulier inscrit, et si l'on augmente indéfiniment le nombre des côtés du polygone, la grandeur de ce côté décroît indéfiniment et peut devenir aussi petite qu'on voudra ; le côté est dit alors infiniment petit, parce qu'il a pour limite zéro.

Egalement, lorsqu'une quantité croît d'une manière *continue*, et passe d'une grandeur à une autre, on peut toujours concevoir que ce passage s'effectue par degrés aussi petits qu'on voudra, de sorte que l'accroissement total ou fini soit considéré comme une somme d'accroissements infiniment petits formant continuité. Ces derniers, qu'on nomme des *différentielles*, sont l'objet du calcul différentiel et leur somme est ce qu'on appelle une *intégrale* ; celle-ci est la quantité dont on a pris la différentielle.

2. — On dit qu'*une variable est fonction d'une autre variable*, lorsque la première est égale à une certaine expression analytique composée de la seconde ; par exemple, y est une fonction de x dans l'équation suivante :

$$y = a + bx^2 .$$

On a une fonction de fonction, lorsque l'expression signifie qu'il faut faire subir certaines opérations à la fonction primitive. Ainsi, l'expression

$$L \mid f(x) \mid$$

qui signifie qu'il faut prendre le logarithme de la fontion $f(x)$, lorsqu'on aura calculé celle-ci, est une fonction de fonction. On emploie parfois une formule abrégée, par exemple, L. f dans le cas présent.

3. — Soit $y = f(x)$ une fonction de la variable indépendante x. Prenons fig. 1., des axes rectangu-

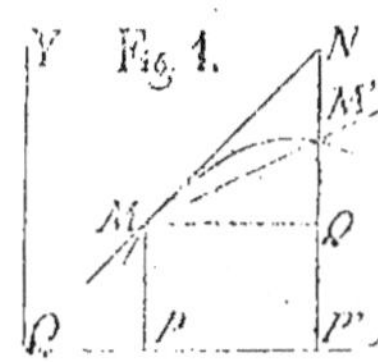

laires O X, O Y, et construisons la courbe que représente cette équation. Soit un point M dont les coordonnées soient O P = x, M P = y. Si l'on donne à x un petit accroissement dx, de sorte que O P' = x + dx, l'ordonnée correspondante sera M' P' = y + dy, et l'on aura :

$$M Q = dx \text{ et } M' Q = dy.$$

dx est l'accroissement de la variable indépendante x ; dy, celui de la fontion y.

Le rapport entre l'accroissement de la fonction et l'accroissement correspondant de la variable sera :

$$\frac{dy}{dx} = \frac{f(x + dx) - f(x)}{dx}$$

et sur la figure, il représente la tangente trigonométrique de l'angle M' M Q. Or, si l'on fait tendre dx vers zéro. il devient le coefficient angulaire de la tangente M N menée à la courbe au point M.

La limite de ce rapport est ce qu'on appelle le *coefficient différentiel* de la fonction y ; ce dernier est donc le coefficient angulaire précité.

Représentons par p, le second membre de l'équation précédente, nous aurons ;

$$\frac{dy}{dx} = p.$$

L'accroissement infiniment petit dy de la fonction correspondant à l'accroissement dx de la variable, se

nomme *différentielle*, et elle est égale au produit de p
par le dernier accroissement, de sorte qu'on a :
$$dy = p\,dx.$$

4. — Le *calcul différentiel* a pour but de calculer les
différentielles, et de les appliquer à diverses questions
d'analyse et de géométrie.

Les principes du calcul différentiel peuvent être
démontrés par la méthode des limites, ou par celle
des infiniment petits, ou par la méthode dite méthode
de Lagrange. Nous examinerons successivement ces
différentes méthodes.

1°. — **Méthode des Limites.**

Différentiation des quantités algébriques.

5. — Reprenons maintenant, art. 3, l'équation $y = f(x)$.
Toute fonction d'une variable x pouvant être représentée
par l'ordonnée d'une courbe, soient, fig. 1, comme
nous avons vu, M M′ la courbe que l'équation ci-dessus
représente, $P\,M = y$ et $O\,P = x$ les coordonnées
d'un point M de cette courbe.

Si au lieu de $O\,P = x$, on prend $O\,P' = x'$, l'ordonnée $P\,M = y$ deviendra $P'\,M' = y'$ et l'équation
$y = f(x)$ se changera en $y' = f(x')$. Maix $x' = x + P\,P'$
et en représentant la quantité $P\,P'$ par h, on voit
qu'il suffira de remplacer x' par $x + h$, dans l'équation
précédente, pour avoir y'. Si donc, dans l'équation de
la courbe, $y = f(x)$, je remplace x par $x + h$, j'obtiendrai
la valeur de l'ordonnée y' correspondante à cette abscisse
$x + h$.

Soit, par exemple, l'équation
$$y = m\,x^2 \quad (1),$$
pour obtenir y', on changera x en $x + h$, et l'on aura :
$$y' = m\,(x + h)^2 = m\,x^2 + 2\,m\,x\,h + m\,h^2 \quad (2)$$

Si maintenant on retranche, membre à membre,
l'équation (1) de l'équation (2), on obtiendra :

$$y' - y = mx^2 + 2\,m\,x\,h + m\,h^2 - mx^2 = 2\,m\,x\,h + m\,h^2.$$

et en divisant les deux membres par h, on aura :

$$\frac{y' - y}{h} = 2\,m\,x + m\,h \quad (3).$$

Mais $y' - y$ représente l'accroissement de la fonction y en vertu de l'accroissement h donné à x ; il en résulte que l'expression $\dfrac{y' - y}{h}$ est le rapport de l'accroissement de la fonction y à celui de la variable x ; et d'après le second membre de l'équation (3), on voit que ce rapport diminue d'autant plus que h diminue, et que lorsque h devient nul, ce rapport se réduit à $2\,m\,x$.

Ce terme $2\,m\,x$ est donc la limite du rapport $\dfrac{y' - y}{h}$; c'est-à-dire que c'est vers ce terme qu'il tend lorsqu'on fait diminuer h.

Dans l'hypothèse de $h = 0$, ou accroissement de x nul, l'accroissement de y devient aussi nul, et le rapport $\dfrac{y' - y}{h}$ se réduit à $\dfrac{0}{0}$. Par conséquent l'équation (3) devient

$$\frac{0}{0} = 2\,m\,x \quad (4).$$

Cette équation n'a rien d'absurde, car l'algèbre nous apprend que $\dfrac{0}{0}$ est le symbole de l'indétermination, c'est-à-dire qu'il peut représenter toutes sortes de quantités. On conçoit, du reste, que puisqu'en divisant les deux termes d'une fraction par un même nombre, elle ne change pas de valeur, la petitesse des termes de cette fraction n'influe en rien sur sa valeur, et, que par conséquent, cette valeur reste la même lorsque ses termes sont parvenus au dernier degré de petitesse, c'est-à dire sont devenus nuls, ou plutôt tels qu'on puisse les considérer comme équivalents à zéro, du moins dans certains cas. D'ailleurs, il est à remarquer ici que le symbole $\dfrac{0}{0}$ représente *conventionnellement* le rapport de deux infiniment petits : rapport qui peut être évidemment une quantité finie, soit $2\,m\,x$.

Mais l'expression $\dfrac{o}{o}$, de l'équation (4), qui a remplacé le rapport de l'accroissement de la fonction à celui de la variable, lorsque l'accroissement de celle-ci est devenu nul, ne laisse aucune trace de cette variable ; pour obvier à cet inconvénient nous représenterons cette expression par celle-ci : $\dfrac{dy}{dx}$, qui nous rappellera que la fonction était y et que la variable était x. Alors (art. 3) dx représentera l'accroissement de x, et dy l'accroissement correspondant de y, lorsque ces accroissements seront devenus infiniment petits ou nuls, et nous aurons

$$\frac{o}{o} \ \text{ou} \ \frac{dy}{dx} = 2\,m\,x \ (5).$$

Et nous avons vu, art. 3, que $\dfrac{dy}{dx}$ ou mieux sa valeur $2\,m\,x$ est le coefficient différentiel de la fonction y.

On remarquera que $\dfrac{dy}{dx}$ étant le symbole que représente la limite $2\,m\,x$, dx doit toujours être placé sous dy. Mais pour faciliter les opérations, on pourra faire évanouir le dénominateur de l'équation (5), et l'on aura $dy = 2\,m\,x\,dx$. Cette expression est appelée la différentielle de la fonction y, comme nous l'avons vu, à l'article 3, où la limite $2\,m\,x$ est représentée par le terme général p.

Observons que l'expression $\dfrac{dy}{dx}$ représente le rapport de deux infiniment petits ce qui vaut mieux que le signe conventionnel $\dfrac{o}{o}$.

6. — Comme application, cherchons la différentielle des expressions suivantes :

1° $a + 3\,x^2$; on a : $y = a + 3\,x^2$ et $y' = a + 3$ $(x + h)^2 = a + 3\,x^2 + 6\,x\,h + 3\,h^2$; $y' - y = 6\,x\,h + 3\,h^2$ et $\dfrac{y' - y}{h} = 6\,x + 3\,h$ et quand h s'annule, ou plutôt devient infiniment petit, on peut négliger le produit $3\,h$, puisqu'une quantité finie multipliée par une quantité infiniment petite peut être négligée parce que le produit est également un infiniment petit. Dorénavant, nous pourrons donc admettre que $h = 0$. Donc on obtient $\dfrac{dy}{dx} = 6\,x \therefore dy = 6\,x\,dx$.

2° $y = (x^2 - 2\,a^2)(x^2 - 3\,a^2)$; en développant, on a : $y = x^4 - 5\,a^2\,x^2 + 6\,a^4$, donc $y' = (x + h)^4 - 5\,a^2(x + h)^2 + 6\,a^4 =$ (en ordonnant par rapport à h) $= x^4 - 5\,a^2\,x^2 + 6\,a^4 + (4\,x^3 - 10\,a^2\,x)\,h + (6\,x^2 - 5\,a^2)\,h^2 + 2\,x\,h^3 + h^4$; donc $\dfrac{y' - y}{h} = 4\,x^3 - 10\,a^2\,x + (6\,x^2 - 5\,a^2)\,h + 2\,x\,h^2 + h^3$; passant à la limite, ou faisant $h = 0$, on a : $\dfrac{dy}{dx} = 4\,x^3 - 10\,a^2\,x \therefore dy$ (ou différentielle) $= (4\,x^3 - 10\,a^2\,x)\,dx$.

3° $y = x$, donc $y' = x + h$, et $y' - y = h$, d'où $\dfrac{y' - y}{h} = 1$ et en passant à la limite $\dfrac{dy}{dx} = 1 \therefore dy = dx$; donc la différentielle de x est dx.

4° $y = a\,x \therefore y' = a(x + h)$ et $y' - y = a\,h$, par conséquent $\dfrac{y' - y}{h} = a$, et en passant à la limite $\dfrac{dy}{dx} = a$ et par suite $dy = a\,dx$; donc la différentielle de ax est adx.

5° $y = ax + b \therefore y' = a(x + h) + b$ et $y' - y = a\,h$ et par suite $\dfrac{y' - y}{h} = a$ et en passant à la limite $\dfrac{dy}{dx} = a$ et $dy = a\,dx$.

Donc, on obtient encore $a\,dx$ pour différentielle, comme à l'exemple précédent. Il suit de là qu'une constante b qui n'est point affectée de x, ne donne aucun terme à la différentiation, c'est-à-dire n'a point de différentielle. En effet, si l'on a $y = b$, c'est le cas où a est nul dans l'équation $y = ax + b$, et où, par conséquent, $\dfrac{dy}{dx} = a$ se réduisant à $\dfrac{dy}{dx} = 0$, il n'y a limite ni différentielle.

6°. Si l'accroissement de la variable est négatif, il faut substituer $x - h$ à x et opérer commé précedemment.

Ainsi, cherchons la différentielle, comme au 1°, de $a + 3\,x^2$, mais quand l'accroissement de x est négatif, on a : $y = a + 3\,x^2$ ∴ $y' = a + 3\,(x - h)^2 = a + 3\,x^2 - 6\,x\,h + 3\,h^2$; $y' - y = - 6\,x\,h + 3\,h^2$ et $\dfrac{y' - y}{h} = - 6\,x + 3\,h$; en passant à la limite, on a :

$$\frac{dy}{dx} = - 6\,x \therefore dy = - 6\,x\,dx.$$

On peut remarquer que cela revient à supposer dx négatif dans la différentielle de y calculée dans l'hypothèse d'un accroissement positif.

7. — Si, dans une équation dont le second membre est une fonction de x, et que par suite, nous représenterons généralement par $y = f\,x$, on change x en $x + h$, et qu'après avoir ordonné par rapport aux puissances de h, on trouve le développement suivant :

$$y' = A + B\,h + C\,h^2 + D\,h^3 + \text{etc. (6)},$$

on doit toujours avoir $y = A$. En effet, en faisant $h = 0$, le second membre se réduit à A ; et le 1er membre se réduit à y, puisque nous n'avons accentué y que pour marquer que y éprouvait un certain changement, lorsque x devenait $x + h$. Donc l'équation (6), qui a lieu quel que soit h, se réduit à $y = A$ quand on fait dans cette équation $h = 0$; mais $y = f\,x$, donc $A = f\,x$ et l'on peut écrire l'équation (6) comme ceci : $y' = f\,x + B\,h + C\,h^2$, etc., ou en changeant les cœfficients de h, qui sont représentés arbitrairement, nous aurons ;

$$y' = f\,x + A\,h + B\,h^2 + C\,h^3 + \text{etc.}, \text{(7)}$$

ou $\qquad y' = y + A\,h + B\,h^2 + C\,h^3 + \text{etc.}$

et en représentant par K la suite $A\,h + B\,h^2 + \text{etc.}$, nous aurons :

$$y' = f\,x + K = y + K.$$

L'équation (7), en remarquant que $y' = f(x + h)$, peut encore se mettre sous cette forme :

$$f(x + h) = f\,x + A\,h + B\,h^2 + C\,h^3 + \text{etc.} \quad (7^{\text{bis}})$$

On en tire

$$\frac{f(x + h) - f\,x}{h} = A + B\,h + C\,h^2 + \text{etc.}, \quad (7^{\text{tiers}})$$

8. — Ce qui précède, art. 7, va nous permettre de généraliser le procédé de la différentiation. En effet, si dans l'équation $y = f\,x$, dans laquelle on est sensé connaître l'expression représentée par $f\,x$, on a mis $x + h$ à la place de x, et qu'après avoir ordonné par rapport aux puissances de h, on ait pu obtenir le développement suivant :

$$y' = A + B\,h + C\,h^2 + D\,h^3 + \text{etc.}$$

ou, d'après l'article précédent,

$$y' = y + B\,h + C\,h^2 + \text{etc.},$$

on aura

$$y' - y = B\,h + C\,h^2 + \text{etc.} ;$$

donc

$$\frac{y - y'}{h} = B + C\,h + \text{etc.} ;$$

et en passant à la limite, où h est nul, on aura

$$\frac{d\,y}{d\,x} = B.$$

Ce qui montre que le coefficient différentiel est égal au coefficient du terme qui contient la première puissance de h dans le développement de $f(x + h)$ ordonné par rapport aux puissances ascendentes de h.

9. — Si, au lieu d'une fonction y qui change d'état en vertu de l'accroissement donné à la variable x qu'elle renferme, on a deux fonctions y et z de cette même variable x, et que l'on sache trouver en particulier les différentielles de chacune de ces fonctions, il sera facile, par la démonstration suivante, d'en conclure la différentielle du produit $z\,y$ de ces fonctions. En effet, si l'on substitue $x + h$ à la place de x dans v et dans z, on obtiendra deux développements

qui, étant ordonnés par rapport aux puissances de h, pourront être représentés ainsi :

$$y' = y + A\,h + B\,h^2 + \text{etc.} \ (8),$$
$$z' = z + A'\,h + B'\,h^2 + \text{etc.} \ (9) ;$$

passant à la limite, on trouvera, d'après l'article précédent :

$$\frac{d\,y}{d\,x} = A, \quad \frac{d\,z}{d\,x} = A' \ (10) ;$$

multipliant les équations (8) et (9) l'une par l'autre, nous obtiendrons

$$z'\,y' = z\,y + A\,z\,h + B\,z\,h^2 + \text{etc.}$$
$$+ A'\,y\,h + AA'\,h^2 + \text{etc.}$$
$$+ B'\,y\,h^2 + \text{etc.} ;$$

donc

$$\frac{z'\,y' - z\,y}{h} = Az + A'y + (Bz + AA' + B'y)\,h + \text{etc.};$$

passant à la limite, c'est-à-dire faisant $h = 0$, et indiquant par un point l'expression qui doit être différentiée, on obtiendra

$$\frac{d.\,z\,y}{dx} = A\,z + A'\,y ;$$

mettant au lieu de A et de A' leurs valeurs données par les équations (10), il viendra

$$\frac{d.\,zy}{dx} = \frac{z\,d\,y}{dx} + \frac{y\,d\,z}{dx},$$

et en supprimant le diviseur commun dx,

$$d.\,z\,y = z\,dy + y\,dz.$$

Donc, *pour trouver la différentielle d'un produit de deux variables, il faut multiplier chacune par la différentielle de l'autre, et ajouter les produits.*

10. — Cette règle permet de trouver facilement la différentielle d'un produit de trois variables.

Soit, par exemple, $y\,z\,u$: faisons $y\,z = t$, nous aurons donc $d.\,y\,z\,u = d.\,t\,u.$

Or, d'après ce qui précède, article 9,

$$d.\,tu = t\,du + u\,dt. \ (11) ;$$

et puisque t = y z, on a dt = y dz + z dy ; mettant donc ces valeurs de t et de dt dans l'équation (11), elle deviendra

$$\text{d. } y z u = y z\, du + u y\, dz + u z\, dy. \quad (12)$$

On voit que la même règle, art. 9, subsiste encore pour un produit de trois variables, c'est-à-dire qu'il faut écrire le produit y z u, et remplacer successivement chaque variable par sa différentielle, puis ajouter ces produits.

Par le même procédé on démontrerait que la même règle a encore lieu pour un plus grand nombre de variables.

11. — Au moyen de la proposition exposée à l'art. 9, nous pouvons trouver la différentielle d'une fraction $\dfrac{z}{y}$.

En effet, faisons $\dfrac{z}{y} = t$, nous aurons z = y t ; donc d z = y dt + t dy, d'où nous tirons y d t = dz — t dy ; remplaçant, dans le second membre, t par sa valeur $\dfrac{z}{y}$, il vient y d t = dz — $\dfrac{z}{y}$ dy ; réduisant au même dénominateur, on a y² dt = y dz — z dy, et en divisant par y², il vient dt = $\dfrac{y\,dz - z\,dy}{y^2}$ ou en remplaçant t par sa valeur $\dfrac{z}{y}$, on a enfin

$$\text{d. } \frac{z}{y} = \frac{y\,dz - z\,dy}{y^2}, \quad (13).$$

12. — Si on divise par y z u, tous les termes de l'équation, d. y z u = y z d u + u y dz + u z dy, de l'art. 10, on aura

$$\frac{\text{d. } y z u}{y z u} = \frac{du}{u} + \frac{dz}{z} + \frac{dy}{y}.$$

Et, en général, en divisant la différentielle d'un produit d'un nombre quelconque de variables par ce produit, on trouvera

$$\frac{d.\ x\ y\ z\ t\ u\ v,\ \text{etc.}}{x\ y\ z\ t\ u\ v,\ \text{etc.}} = \frac{dx}{x} + \frac{dy}{y} + \frac{dz}{z} + \frac{dt}{t} + \frac{du}{u} + \frac{dv}{v}$$

etc., (14).

Quand x, y, z, t, u, v, etc., sont égaux à x et en nombre m, on a dans le second membre de l'équation (14), un nombre m de termes égaux à $\dfrac{dx}{x}$; ce second membre se changera donc en $\dfrac{mdx}{x}$, et l'équation (14) deviendra $\dfrac{d.\ x^m}{x^m} = m\,\dfrac{dx}{x}$,

et en multipliant par x^m, on obtiendra

$$d.\ x^m = m\,x^m\,\frac{dx}{x} = m\,\frac{x^m}{x}\cdot dx = m\,x^{m-1}\,dx.\ (15).$$

D'où l'on conclut la règle suivante :

Pour obtenir la différentielle d'une variable élevée à une puissance m, il faut :

$1°$ *prendre l'exposant pour coefficient ;*

$2°$ *faire suivre la variable en l'affectant du même exposant diminué d'une unité :*

$3°$ *multiplier ensuite par dx.*

13.— Cette règle reste vraie, lorsque l'exposant est fractionnaire ou négatif. En effet :

$1°$ Soit d'abord $y = x^{p/q}$. Elevons les deux membres à la puissance q, on aura $y^q = x^p$, ou $d\,y^q = d.\ x^p$, donc art. 12, $q\,y^{q-1}\,dy = p\,x^{p-1}\,dx$; d'où l'on tire $dy = \dfrac{p\,x^{p-1}\,dx}{q\,y^{q-1}}$; et comme $x^{p-1} = \dfrac{x^p}{x}$, et $y^{q-1} = \dfrac{y^q}{y}$, en substituant ces valeurs, on a

$$dy = \frac{p\,\dfrac{x^p}{x}\,dx}{q\,\dfrac{y^q}{y}} = \frac{p}{q}\,\frac{\dfrac{x^p}{x}}{\dfrac{y^q}{y}}\,dx = \frac{p}{q} \times \left(\frac{x^p}{x} : \frac{y^q}{y}\right) \times dx =$$

$$\frac{p}{q}\,\frac{x^p}{x}\,\frac{y}{y^q}\,dx = \frac{p}{q}\,\frac{x^p}{y^q}\,\frac{y}{x}\,dx\ ;$$ et comme nous avons vu que $x^p = y^q$, l'équation précédente se

réduit à $dy = \dfrac{p}{q} \times 1 \times \dfrac{y}{x} \times dx = \dfrac{p}{q}\dfrac{y}{x}\,dx$;

mettant enfin pour y sa valeur $x^{\frac{p}{q}}$, on obtient

$$dy = \frac{p}{q}\,\frac{x^{\frac{p}{q}}}{x}\,dx = \frac{p}{q}\,x^{\frac{p}{q}-1}\,dx.$$

Ce qui est le résultat qu'on aurait obtenu en prenant la différentielle de $y = x^{\frac{p}{q}}$, d'après la règle de l'art 12.

2° Soit ensuite $y = x^{-p}$, ce qui revient à $y = \dfrac{1}{x^p}$ $\left(\text{Algèbre } a^{-m} = \dfrac{1}{a^m}\right)$

Différentions cette expression par la règle des fractions, art. 11, nous aurons

$$dy = \frac{x^p\, d.\,1 - 1.\,d\,x^p}{x^p\,x^p}$$

et comme l'unité, étant une constante, n'a point de différentielle, (5° de l'art. 6), cette équation se réduit à $dy = \dfrac{(x^p \times 0 - 1.\,d\,x^p)}{x^{2p}} = -\dfrac{d.\,x^p}{x^{2p}}$; et en exécutant la différentiation $d.\,x^p$ par la règle de l'art. 12, on aura : $dy = -\dfrac{p\,x^{p-1}\,dx}{x^{2p}} = -p\,\dfrac{x^{p-1}}{x^{2p}}\,dx = -$ $p\,x^{p-1-2p}\,dx = -p\,x^{-p-1}\,dx$, résultat qu'on aurait trouvé en faisant usage de la règle de l'art. 12.

Nous pouvons donc maintenant conclure que cette règle a lieu, quel que soit l'exposant de x, qu'il soit entier, fractionnaire ou négatif.

14. — De cette règle découle la suivante :

Pour avoir la différentielle de la racine n^e d'une quantité variable, il faut remplacer les radicaux par des exposants fractionnaires, et opérer ensuite comme précédemment.

Par exemple, pour trouver la différentielle de $\sqrt{x}$, on écrira $x^{1/2}$, et la différentielle sera $1/2\,x^{1/2-1}\,dx =$ $1/2\,x^{-1/2}\,dx = 1/2\,\dfrac{1}{x^{1/2}}\,dx = \dfrac{dx}{2\,x^{1/2}} = \dfrac{dx}{2\sqrt{x}}$; donc *pour avoir la différentielle de la racine carrée d'une quantité variable, il faut diviser la différentielle de cette variable par le double du radical.*

Si l'on avait encore à trouver la différentielle de $\sqrt[3]{x}$ on ferait $\sqrt[3]{} = x^{1/3}$, et l'on aurait d. $\sqrt[3]{x} = $ d. $x^{1/3} =$

$$1/3\ x^{1/3-1}\ dx = 1/3\ x^{-2/3}\ dx = 1/3\ \frac{1}{x^{2/3}}\ dx = \frac{dx}{3x^{2/3}} = \frac{dx}{3\sqrt[3]{x^2}};$$

donc *la différentielle de la racine cubique d'une quantité variable s'obtient en divisant la différentielle de cette variable par le triple de la racine cubique du carré de cette variable.*

Par le même procédé on trouverait la différentielle de $\sqrt[4]{x}$, etc.

De même pour trouver la différentielle de $\sqrt[3]{x^2}$, on ferait $\sqrt[3]{x^2} = x^{2/3}$.

Et en général $\sqrt[n]{x^m} = x^{m/n}$; donc d. $\sqrt[n]{x^m} = $ d. $x^{m/n}$

$$= \frac{m}{n}\ x^{\frac{m}{n}-1}\ dx = \frac{m}{n}\ x^{\frac{m-n}{n}}\ dx = \frac{m}{n}\ \sqrt[n]{x^{m-n}}\ dx.$$

Comme cas particulier, si dans cette équation, on fait $n = 2$ et $m = 1$, ce qui revient à $\sqrt[2]{x^1}$ ou $\sqrt{x}$, on retrouve au second membre, comme précédemment, $\dfrac{dx}{2\sqrt{x}}$ pour la différentielle. En effet, on a

$$d\ \sqrt[n]{x^m} = d.\ x^{\frac{m}{n}} = \frac{m}{n}\ \sqrt[n]{x^{m-n}}\ dx, \text{ et en mettant pour}$$

m et n leurs valeurs, on aura

$$d.\ \sqrt[2]{x^1} \text{ ou } d.\ \sqrt{x} = \frac{1}{2}\ \sqrt[2]{x^{1-2}}\ dx = \frac{1}{2}\ \sqrt[2]{x^{-1}}\ dx = \frac{1}{2}$$

$$\sqrt[2]{\frac{1}{x}}\ dx = \frac{1}{2}\ dx\ \frac{\sqrt{1}}{\sqrt{x}} = \frac{1}{2}\ dx\ \frac{1}{\sqrt{x}} = \frac{dx}{2\sqrt{x}}.$$

DIFFÉRENTIATION D'UNE SOMME DE FONCTIONS.

15. — *La différentielle d'une somme de fonctions est égale à la somme des différentielles de ces fonctions.* (1)

Soit $y = f x + F x + \varphi x + $ etc.,

la somme de diverses fonctions de x, indiquées par les signes f, F, φ, etc., et supposons qu'il faille chercher la différentielle de y qui est composé de ces diverses fonctions.

Faisons $x = x + h$ dans ces fonctions, et développons-les, chacune en particulier, suivant les puissances de h, nous pourrons représenter le résultat par (art 7) :

$$y' = f x + A h + A' h^2 + \text{etc...}$$
$$+ F x + B h + B' h^2 + \text{etc...}$$
$$+ \varphi x + C h + C' h^2 + \text{etc...}$$

rassemblant les termes multipliés par les mêmes puissances de h, et retranchant membre à membre la 1re équation de la seconde, nous aurons

$$y' - y = (A + B + C) h + (A' + B' + C') h^2 + \text{etc. ;}$$

divisant par h, nous trouverons

$$\frac{y' - y}{h} = A + B + C + (A' + B' + C') h + \text{etc. ;}$$

passant à la limite où $h = 0$, nous obtiendrons

$$\frac{dy}{dx} = A + B + C \therefore dy = A\, dx + B\, dx + Cdx.$$

Et, A, B C, étant les termes multipliés par la première puissance de h dans les développements de $f (x + h)$, de $F (x + h)$ et de $\varphi (x + h)$, il en résulte, (art. 8), que l'expression $A\, dx + B\, dx + C\, dx$ représente la somme des différentielles des fonctions proposées.

APPLICATION. —Cherchons la différentielle de

$$y = ax^3 + b^2 x^2 + c^3 x + d^4 \sqrt{x} + e^5 .$$

La différentielle de ax^3 est d'abord, (art. 6, 4°), a. d. x^3, et d'après l'art. 12, cette expression devient a. $3 x^2 dx$ ou $3 a x^2 dx$.

Celle de $b^2 x^2$ est, mêmes articles, $b^2 2 x dx$ ou $2b^2 x dx$.

Celle de $c^3 x$ est, (art. 6, 4° et art. 6, 3°), $c^3 dx$.

(1) Nous supposons évidemment qu'on sait différentier, en particulier, chaque fonction.

Celle de $d^4 \sqrt{x}$, est (art. 6, 4°), $d^4 d. \sqrt{x}$ et d'après l'art, 14, cette expression devient $d^4 \dfrac{dx}{2\sqrt{x}}$.

Enfin, 5° de l'art. 6, la différentielle de la constante $e^5 = 0$.

Et en ajoutant les différentielles partielles, nous aurons finalement

$$dy = 3\, a\, x^2\, dx + 2\, b^2\, x\, dx + c^3\, dx + d^4 \frac{dx}{2\sqrt{x}}$$

16. — Remarquons donc que, lorsque dans une expression que l'on veut différentier, une constante entre comme facteur d'une fonction de x, il faut différentier comme si cette constante n'existait pas, et multiplier ensuite par cette constante, conformément au 4° de l'art. 6. Mais si la constante n'est point affectée d'une fonction de x, elle ne fournit, 5° de l'art 6, aucun terme à la differentielle.

DIFFÉRENTIATION DES FONCTIONS COMPLIQUÉES, EN ÉVITANT L'OPÉRATION DE L'ÉLIMINATION, LORSQUE LA FONCTION Y N'EST PAS IMMÉDIATEMENT EXPRIMÉE AU MOYEN DE LA VARIABLE X, C'EST-A-DIRE LORSQUE LA FONCTION Y ET LA VARIABLE X NE SONT PAS DONNÉES PAR UNE MÊME ÉQUATION.

17. — Soit, par exemple, $y = f u$, et $u = \varphi x$ où y est une fonction de fonction, ou y fonction de u et u fonction de x ; voir art. 2.

Le 1er moyen qui se présente à l'esprit pour obtenir le coefficient différentiel $\dfrac{dy}{dx}$, c'est d'éliminer u entre ces deux équations, puis d'appliquer au résultat le procédé de la différentiation.

Mais on peut obtenir immédiatement le coefficient différentiel $\dfrac{dy}{dx}$, sans recourir à cette opération préliminaire, l'élimination de u.

En effet, supposons que dans l'équation $u = \varphi x$, on fasse $x = x + h$ et qu'alors u devienne $u' = u + k$, c'est-à-dire, art. 7, se compose de la fonction primitive et d'un certain accroissement que nous représenterons par k. Admettons ensuite qu'en substituant $u + k$ à la place de u dans l'équation $y = f u$, la fonction y devienne y'.

Développons maintenant ces fonctions de u et de y par rapport aux puissances de leurs accroissements, et représentons ces développements comme il suit, art. 7 :

$$u' = u + q h + q' h^2 + q'' h^3 + \text{etc} ;$$
$$y' = y + p k + p' k^2 + p'' k^3 + \text{etc}. ;$$

nous en tirerons :

$$\left. \begin{array}{l} \dfrac{u' - u}{h} = q + q' h + q'' h^2 + \text{etc}. \\[2mm] \dfrac{y' - y}{k} = p + p' k + p'' k^2 + \text{etc}. \end{array} \right\} \quad (16)$$

Multipliant ces équations membre à membre, nous aurons :

$$\frac{y' - y}{k} \frac{u' - u}{h} = (p + p' k + p'' k^2 + \text{etc}.) (q + q' h + q'' h^2 + \text{etc}.) \quad (17).$$

Et comme l'accroissement $u' - u$ est représenté par k, nous pouvons écrire le 1er membre comme ceci : $\dfrac{y' - y}{k} \dfrac{k}{h}$, expression qui se ramène à celle ci : $\dfrac{y' - y}{h}$,

et en mettant $x' - x$ à la place de h, nous aurons : $\dfrac{y' - y}{x' - x}$.

Donc l'équation (17) se ramène à celle-ci :

$$\frac{y' - y}{x' - x} = (q + q'h + q''h^2 + \text{etc}.) (p + p' k + p'' k^2 + \text{etc}.) \quad (18).$$

Lorsque h est nul, k s'évanouit (puisque u n'a pris l'accroissement k que parce que x est devenu $x + h$); par conséquent à la limite, où $h = o$, l'équation (18) devient : $\dfrac{dy}{dx} = q p = p q. \quad (19).$

Faisons donc aussi dans les équations (16), h et k nuls, et ces équations deviendront :

$$\frac{du}{dx} = q \quad \text{et} \quad \frac{dy}{du} = p.$$

Et substituons ces valeurs de p et de q, dans l'équation (19), nous aurons $\dfrac{dy}{dx} = \dfrac{dy}{du} \cdot \dfrac{du}{dx}$ (20).

D'où, nous pouvons conclure, que si l'on a deux équations $y = f\,u$ et $u = f\,x$, et qu'on en tire les valeurs des coefficients différentiels $\dfrac{dy}{du}$ et $\dfrac{du}{dx}$, il suffira de multiplier ces valeurs entre elles pour avoir celle de $\dfrac{dy}{dx}$.

Si l'on désigne par

$f'\,(x)$ la dérivée, (art. 157), de f par rapport à x ou $\dfrac{dy}{dx}$;

$f'\,(u)$　　》　　　　　　　》　　　　》　à u ou $\dfrac{dy}{du}$;

$u'\,(x)$　　》　　　　de u　　　》　　x ou $\dfrac{du}{dx}$;

on aura une autre forme $f'\,(x) = f'\,(u) \times u'\,(x)$.

Exemple. — Soient $y = 4\,u^2$ et $u = 2\,ax^3 + b\,x^2$; on aura d'abord :

$$\frac{dy}{du} = 8\,u \text{ et } \frac{du}{dx} = 6\,a\,x^2 + 2\,b\,x ;$$

et en multipliant ces équations membre à membre, nous aurons :

$$\frac{dy}{du} \cdot \frac{du}{dx} \text{ ou } \frac{dy}{dx} = 8\,u\,(6\,ax^2 + 2\,b\,x),$$

et en remplaçant u par sa valeur $(2\,ax^3 + b\,x^2)$, nous obtiendrons :

$$\frac{dy}{dx} = 8\,(2\,ax^3 + bx^2)\,(6\,ax^2 + 2\,b\,x).$$

18. — Applications de la formule (20).

1° Cherchons la différentielle de

$$y = \frac{1}{\sqrt{1 + x^2}}$$

A cet effet, faisons $1 + x^2 = u$; alors $y = \dfrac{1}{\sqrt{u}} = \dfrac{1}{u^{1/2}} = u^{-1/2}$.

Les équations du n° précédent sont représentées ici par $y = u^{-1/2}$ et $u = 1 + x^2$.

Différentions ces équations. On a, d'après les art. 12 et 14 : $dy = -1/2\, u^{-1/2-1}\, du = -1/2\, u^{-3/2}\, du$ $\therefore \dfrac{dy}{du} = -1/2\, u^{-3/2} = -1/2\, (1 + x^2)^{-3/2}$ pour la 1re équation ;

et $du = 2\,x\,dx$ $\therefore \dfrac{du}{dx} = 2\,x$ pour la 2e équation.

Multipliant ces coefficients différentiels, entre eux, on a : $\dfrac{dy}{du} \times \dfrac{du}{dx}$ ou (équation 20) $\dfrac{dy}{dx} = -1/2\, (1 + x^2)^{-3/2} \times 2\,x = -\dfrac{2\,x}{2}\, (1 + x^2)^{-3/2} = -x\, (1 + x^2)^{-3/2} = -x \left(\dfrac{1}{(1 + x^2)^{3/2}} \right) = -x \left(\dfrac{1}{\sqrt{(1 + x^2)^3}} \right) = \dfrac{-x}{\sqrt{(1 + x^2)^3}}$;

donc $dy = \dfrac{-x\,dx}{\sqrt{(1 + x^2)^3}}$ (21).

$2°$ — Soit maintenant $y = (a + b\, x^m)^n$

Faisons $a + b\, x^m = u$; nous aurons pour les deux équations de l'art. 17 : $y = u^n$ et $u = a + b\, x^m$.

Différentions ces équations. On a, art. 12 :

$$\frac{dy}{du} = n\, u^{n-1} = n\, (a + b\, x^m)^{n-1} ;$$

$$\frac{du}{dx} = m\, b\, x^{m-1} ;$$

multiplions membre à membre, nous aurons :

$\dfrac{dy}{du} \times \dfrac{du}{dx}$ ou, (éq. 20), $\dfrac{dy}{dx} = n\, m\, b\, x^{m-1}\, (a + b\, x^m)^{n-1}$.

$3°$ — Soit encore $y = \left(a + \sqrt{b - \dfrac{c}{x^2}} \right)^4$

Faisons $b - \dfrac{c}{x^2} = u$, on aura pour les deux équations de l'art. 17 : $u = b - \dfrac{c}{x^2}$ et $y = (a + \sqrt{u})^4$.

Différentions $u = b - \dfrac{c}{x^2}$.

Pour cela remarquon que $u = b - \dfrac{c}{x^2} = b - c\, \dfrac{1}{x^2}$

$b - c\,x^{-2}$ $\therefore$ art. 12, $du = - c\,(- 2\,x^{-2-1}\,dx) = 2\,c\,x^{-3}$

dx $\therefore \dfrac{du}{dx} = 2\,c\,x^{-3} = 2\,c\,\dfrac{1}{x^3} = \dfrac{2\,c}{x^3}$.

Différentions maintenant l'équation $y = (a + \sqrt{u})^4$.

Nous aurons, art. 12. : $dy = 4\,(a + \sqrt{u})^3\,d.\,(a + \sqrt{u}) =$

$4\,(a + \sqrt{u})^3\,d.\,\sqrt{u}$; mais $d\,\sqrt{u} =$, (art. 14), $\dfrac{du}{2\,\sqrt{u}}$; donc

on aura $dy = 4\,(a + \sqrt{u})^3\,\dfrac{du}{2\,\sqrt{u}}$ $\therefore \dfrac{dy}{du} = \dfrac{4\,(a + \sqrt{u})^3}{2\,\sqrt{u}}$, et

en remplaçant, dans ie second membre u par sa valeur

$b - \dfrac{c}{x^2}$, il viendra :

$$\frac{dy}{du} = \frac{4\left(a + \sqrt{b - \dfrac{c}{x^2}}\right)^3}{2\sqrt{b - \dfrac{c}{x^2}}} = \frac{2\left(a + \sqrt{b - \dfrac{c}{x^2}}\right)^3}{\sqrt{b - \dfrac{c}{x^2}}}$$

Multipliant, entre eux, les coefficients différentiels $\dfrac{du}{dx}$

et $\dfrac{dy}{du}$, on aura :

$$\frac{du}{dx} \times \frac{dy}{du} \text{ ou (éq. 20) } \frac{dy}{dx} = \frac{2\,c}{x^3} \cdot \frac{2\left(a + \sqrt{b - \dfrac{c}{x^2}}\right)^3}{\sqrt{b - \dfrac{c}{x^2}}} =$$

$$\frac{4\,c\left(a + \sqrt{b - \dfrac{c}{x^2}}\right)^3}{x^3\sqrt{b - \dfrac{c}{x^2}}}.$$

Différentielles Successives.

19. — Si l'on prend la différentielle d'une différentielle, on a une différentielle seconde ; celle-ci donne une différentielle troisième ; et ainsi de suite.

Soit y une fonction de x ; si elle est différentiée, on trouvera un résultat de la forme $dy = p\,dx$ (p étant une quantité qui peut renfermer x). Si p renferme x, nous pourrons aussi différentier p, et obtenir un résultat représenté par $dp = q\, dx$; opérant de même par rapport à q, le résultat $dq = r\, dx$ sera encore de la même forme ; et ainsi de suite. Les expressions pdx. qdx, rdx, etc., sont les différentielles successives de y.

Les équations $dy = p\, dx$; $dp = q\, dx$; $dq = r\, dx$; etc., donnent respectivement, en divisant chacune par dx :

$$\frac{dy}{dx} = p\ ; \ \frac{dp}{dx} = q\ ; \ \frac{dq}{dx} = r\ ; \ \text{etc.}$$

q étant obtenu par deux différentiations successives et en divisant chaque fois par dx, c'est-à-dire en prenant la différentielle de la différentielle de y divisée par dx, et en divisant encore par dx; nous représenterons cette équation par $\frac{d^2 y}{dx^2}$, et nous aurons $\frac{d^2 y}{d x^2} = q = \frac{dp}{dx}$; de même en différentiant de nouveau et en divisant par dx, nous aurons $\frac{d^3 y}{dx^3} = r$; ainsi de suite.

dy en est la différentielle première de y ;

$d^2 y$ en est la différentielle seconde ;

$d^3 y$ en est la différentielle troisième ; etc.

Si l'on a, par exemple, $y = ax^3$, on trouvera, art. 12, $dy = 3\, a\, x^2\, dx$, donc $p = \frac{dy}{dx} = 3\, a\, x^2$. Différentiant de nouveau, on a $dp = 2.\, 3\, a\, x\, dx = 6\, a\, x\, dx$, donc $q = \frac{dp}{dx} = 6\, ax$ ou $6\, ax^1$. Différentiant encore, on a $dq = 1.\, 6\, a\, x^{1-1}\, dx = 6\, a\, x^0\, dx = 6\, a\, .1.\, dx = 6\, a\, dx$, donc $r = \frac{dq}{dx} = 6\, a$. Maintenant, la différentiation ne peut plus se continuer, car 6 a est une constante, (voir 5° de l'art. 6). Donc on a :

$$\frac{dy}{dx} = 3\, a\, x^2 = p; \quad \frac{dp}{dx} \text{ ou } \frac{d^2 y}{dx^2} = 6\, ax = q; \quad \frac{dq}{dx} \text{ ou }$$

$$\frac{d^3 y}{dx^3} = 6\, a = r.$$

dy ou $3\, a\, x^2\, dx$ est la différentielle première de y ou de ax^3.

d² y ou 6 ax dx² en est la différentielle seconde.
d³ y ou 6 a dx³ en est la différentielle troisième.

FORMULE DE MAC-LAURIN.

20. — Soit une fonction de x. Ordonnons-la par rapport à x, et supposons-la

$$y = A + Bx + C x^2 + D x^3 + E x^4 + etc., \quad (22).$$

Nous aurons en différentiant et en divisant par dx, art. 12 et 5° de l'art. 6 :

$$\frac{dy}{dx} = O + 1 . Bx^{1-1} \text{ ou } Bx^0 \text{ ou } B . 1 \text{ ou } B + 2 C x + 3 D x^2$$
$$+ 4 E x^3 + etc. = B + 2 C x + 3 D x^2 + 4 E x^3 + etc. ;$$

$$\frac{d^2 y}{dx^2} = 2 C + 2 . 3 D x + 3 . 4 E x^2 + etc. ;$$

$$\frac{d^3 y}{dx^3} = 2 . 3 D + 2 . 3 . 4 E x + etc. ;$$

etc.

Représentons par (y) ce que devient y quand x = o, par $\left(\frac{dy}{dx}\right)$ ce que devient $\frac{dy}{dx}$ quand x = o,

par $\left(\frac{d^2 y}{dx^2}\right)$ ce que devient $\frac{d^2 y}{dx^2}$ quand x = o,

ainsi de suite ; les équations précédentes, y compris l'équation (22), nous donneront : $(y) = A, \left(\frac{dy}{dx}\right) = B,$

$\left(\frac{d^2 y}{dx^2}\right) = 2 C, \left(\frac{d^3 y}{dx^3}\right) = 2 . 3 D$, etc. ; d'où nous tire-

rons $A = (y), B = \left(\frac{dy}{dx}\right), C = 1/2 \left(\frac{d^2 y}{dx^2}\right), D = \frac{1}{2 . 3}$

$\left(\frac{d^3 y}{dx^3}\right)$, etc.

Substituant ces valeurs dans l'équation (22), elle deviendra

$$y = (y) + \left(\frac{dy}{dx}\right) x + \frac{1}{2} \left(\frac{d^2 y}{dx^2}\right) x^2 + \frac{1}{2 . 3} \left(\frac{d^3 y}{dx^3}\right) x^3 + etc. \quad (23).$$

ce qui est la formule de Mac-Laurin.

21. — Applications

1°. — Soit $y = \dfrac{1}{a+x}$.

Différentiant, nous aurons, art. 11 :

$$dy = \frac{(a+x)\,d.\,1 - 1\,d.\,(a+x)}{(a+x)^2} = \frac{(a+x).0 - d.\,(a+x)}{(a+x)^2}$$

$$= - \frac{d.\,(a+x)}{(a+x)^2} = (3° \text{ et } 5° \text{ art. } 6) = - \frac{dx}{(a+x)^2} \quad \text{d'où}$$

$$\frac{dy}{dx} = - \frac{1}{(a+x)^2}$$

Différentiant de nouveau, nous trouverons,

$$\frac{d^2 y}{dx^2} = d.\left(\frac{-1}{(a+x)^2}\right) : dx = (\text{art. } 11) =$$

$$\frac{(a+x)^2\,d\,(-1) - (-1)d\,(a+x)^2}{((a+x)^2)^2} : dx = \frac{(a+x)^2.0 + d(a+x)^2}{(a+x)^4} : dx =$$

$$\frac{d\,(a+x)^2}{(a+x)^4} : dx = \frac{2\,(a+x)^{2-1}\,d.(a+x)}{(a+x)^4} : dx =$$

$$\frac{2\,(a+x)\,d\,(a+x)}{(a+x)^4} : dx = (5° \text{ art. } 6) = \frac{2\,(a+x)\,dx}{(a+x)^4} : dx =$$

$$\frac{2\,(a+x)}{(a+x)^4} = \frac{2}{(a+x)^3}.$$

Différentiant de nouveau nous trouverons :

$$\frac{d^3 y}{dx^3} = d.\,\frac{2}{(a+x)^3} : dx = d.\,2\,\frac{1}{(a+x)^3} : dx = d.\,2$$

$$(a+x)^{-3} : dx = - 3.\,2\,(a+x)^{-3-1}\,d\,(a+x) : dx = -$$

$$2.\,3\,(a+x)^{-4}\,dx : dx = - 2.\,3\,(a+x)^{-4} = - 2.\,3$$

$$\frac{1}{(a+x)^4} = - \frac{2.3}{(a+x)^4}.$$

$$\frac{d^4 y}{dx^4} = \text{etc.}$$

Faisant $x = 0$ dans les valeurs de y, de $\dfrac{dy}{dx}$, de $\dfrac{d^2 y}{dx^2}$, de $\dfrac{d^3 y}{dx^3}$, etc., nous trouverons

$$(y) = \frac{1}{a+0} = \frac{1}{a}, \left(\frac{dy}{dx}\right) = - \frac{1}{(a+0)^2} = - \frac{1}{a^2}, \left(\frac{d^2 y}{dx^2}\right) =$$

$$\frac{2}{(a+0)^3} = \frac{2}{a^3}, \left(\frac{d^3 y}{dx^3}\right) = - \frac{2.3}{(a+0)^4} = - \frac{2.3}{a^4}, \left(\frac{d^4 y}{dx^4}\right) = \text{etc.}$$

Substituant ces valeurs et celle de y dans la formule (23), nous obtiendrons

$$\text{y ou } \frac{1}{a+x} = \frac{1}{a} + \left(-\frac{1}{a^2}\right) x + \frac{1}{2}\left(\frac{2}{a^3}\right) x^2 + \frac{1}{2.3}\left(-\frac{2.3}{a^4}\right) x^3 + \text{etc.,}$$

$$\text{ou } \frac{1}{a+x} = \frac{1}{a} - \frac{x}{a^2} + \frac{x^2}{a^3} - \frac{x^3}{a^4} + \text{etc.}$$

2°. — Soit $y = \sqrt{a^2 + bx}$; nous avons, art. 14, $y = (a^2 + bx)^{1/2}$; $dy = \frac{1}{2}(a^2 + bx)^{1/2 - 1 \text{ ou } - 1/2} d(a^2 + bx)$

$$= \frac{1}{2}(a^2 + bx)^{-1/2} b\,dx \therefore \frac{dy}{dx} = \frac{1}{2}(a^2 + bx)^{-1/2} b$$

$$= \frac{1}{2}\frac{b}{\sqrt{a^2 + bx}};$$

$$\frac{d^2 y}{dx^2} = d.\frac{1}{2}\frac{b}{\sqrt{a^2 + bx}} : dx = d\,\frac{1}{2} b(a^2 + bx)^{-1/2}$$

$$: dx = -\frac{1}{2}.\frac{1}{2} b(a^2 + bx)^{-1/2 - 1} d.(a^2 + bx) :$$

$$dx = -\frac{1}{2}.\frac{1}{2} b(a^2 + bx)^{-3/2} b\,dx : dx = -\frac{1}{2}.\times$$

$$\frac{1}{2} b^2 (a^2 + bx)^{-3/2} = -\frac{\frac{1}{2}.\frac{1}{2} b^2.}{\sqrt{a^2 + bx)^3}};$$

$$\frac{d^3 y}{dx^3} = d. -\frac{1}{2}.\frac{1}{2}.b^2 \frac{1}{\sqrt{(a^2 + bx)^3}} : dx = d. -\frac{1}{2}.\frac{1}{2}.b^2$$

$$(a^2 + bx)^{-3/2} : dx = -\frac{3}{2}. -\frac{1}{2}.\frac{1}{2}.b^2 (a^2 + bx)^{-3/2 - 1 \text{ ou } -5/2} d$$

$$(a^2 + bx) : dx = -\frac{3}{2}. -\frac{1}{2}.\frac{1}{2} b^2 (a^2 + bx)^{-5/2} b\,dx : dx =$$

$$\frac{3}{2}.\frac{1}{2}.\frac{1}{2} b^3 (a^2 + bx)^{-5/2} = \frac{1}{2}.\frac{3}{2}.b^3$$

$$\frac{1}{(a^2 + bx)^{5/2}} = \frac{\frac{1}{2}.\frac{1}{2}.\frac{3}{2}.b^3}{\sqrt{(a^2 + bx)^5}}$$

Si nous faisons $x = 0$, ces valeurs deviendront

$$(y) = (a^2)^{1/2} = \sqrt{a^2} = a, \quad \left(\frac{dy}{dx}\right) = \frac{1}{2}\frac{b}{\sqrt{a^2}} = \frac{1}{2}\frac{b}{a},$$

$$\left(\frac{d^2 y}{dx^2}\right) = \frac{\frac{1}{2}\cdot\frac{1}{2}b^2}{\sqrt{(a^2)^3}} = -\frac{\frac{1}{2}\cdot\frac{1}{2}b^2}{a^3},$$

$$\left(\frac{d^3 y}{dx^3}\right) = \frac{\frac{1}{2}\cdot\frac{1}{2}\cdot\frac{3}{2}b^3}{\sqrt{(a^2)^5}} = \frac{\frac{1}{2}\cdot\frac{1}{2}\cdot\frac{3}{2}b^3}{a^5}.$$

Substituent ces valeurs et celle de y dans la formule (23), nous obtiendrons

$$y \text{ ou } \sqrt{a^2 + bx} = a + \frac{1}{2}\frac{b}{a}x + \frac{1}{2}\left(-\frac{\frac{1}{2}\cdot\frac{1}{2}b^2}{a^3}\right)$$

$$x^2 + \frac{1}{2.3}\frac{\frac{1}{2}\cdot\frac{1}{2}\cdot\frac{3}{2}\cdot b^3}{a^5}x^3 + \text{etc. ou } \sqrt{a^2 + bx} =$$

$$a + \frac{bx}{2a} - \frac{\frac{1}{2}\cdot\frac{1}{2}\cdot\frac{1}{2}\cdot b^2}{a^3}x^2 + \frac{\frac{1}{2}\cdot\frac{1}{2}\cdot\frac{3}{2}b^3}{2.3.a^5}x^3 - \text{etc.}$$

$$\text{ou}\sqrt{a^2 + bx} = a + \frac{bx}{2a} - \frac{b^2 x^2}{8 a^3} + \frac{\frac{3}{8}b^3 x^3}{2.3.a^5} \text{ ou } \frac{3 b^3 x^3}{8\times 2\times 3 a^5} \text{ ou}$$

$$\frac{b^3 x^3}{16 a^5} - \text{etc.} = a + \frac{bx}{2a} - \frac{b^2 x^2}{8 a^3} + \frac{b^3 x^3}{16 a^5} - \text{etc.}$$

3°. Soit $y = (a+x)^m$. Nous trouverons (art. 12) :

$$\frac{dy}{dx} = m\,(a + x)^{m-1}.$$

$$\frac{d^2 y}{dx^2} = d.\,[m\,(a + x)^{m-1}] : dx = m\,(m-1)\,(a + x)^{m-2}\,d.$$

$(a+x) : dx = m\,(m-1)\,(a + x)^{m-2}\,dx : dx = m\,(m-1)\,(a + x)^{m-2}$.

$$\frac{d^3 y}{dx^3} = d.\,[m\,(m-1)\,(a+x)^{m-2}] : dx = m\,(m-1)\,(m-2)$$

$(a+x)^{m-3}\,d\,(a+x) : dx = m\,(m-1)\,(m-2)\,(a + x)^{m-3}\,dx :$

$dx = m\,(m-1)\,(m-2)\,(a+x)^{m-3}$.

$$\frac{d^4 y}{dx^4} = \text{etc.}$$

Faisant $x = 0$, on aura :

$$(y) = a^m \; ; \; \left(\frac{dy}{dx}\right) = m \, a^{m-1} \; ; \; \left(\frac{d^2 y}{d x^2}\right) = m \, (m - 1) \, a^{m-2} \; ;$$

$$\left(\frac{d^3 y}{dx^3}\right) = m \, (m-1) \, (m-2) \, a^{m-3} \; ; \; \text{etc.}$$

Substituant ces valeurs dans l'équation (23), on aura :

$$y \quad \text{ou} \; (a + x)^m = a^m + m \, a^{m-1} x + \tfrac{1}{2} \, m \, (m - 1) \, a^{m-2}$$

$$x^2 + \frac{1}{2.3} \, m \, (m-1) \, (m-2) a^{m-3} x^3 + \text{etc.} = a^m + m a^{m-1} x +$$

$$m \, \frac{(m-1)}{2} a^{m-2} \, x^2 + \frac{m \, (m-1)(m-2)}{2. \; 3} a^{m-3} \, x^3 + \text{etc.}$$

22. — *Démonstration de la formule de Newton par le calcul différentiel.*

Procédons comme dans la méthode des coefficients indéterminés et soit $(1+z)^m = A + B z + C z^2 + D z^3 + E z^4$, etc.

Pour déterminer les indéterminées A, B, C, etc., faisons d'abord $z = 0$, cette équation se réduit à

$$(1+0)^m \; \text{ou} \; 1^m \; \text{ou} \; 1 = A \; ;$$

et par suite, on peut écrire l'équation considérée comme il suit :

$$(1 + z)^m = 1 + B z + C z^2 + D z^3 + E z^4 + \text{etc.,} \quad (24.).$$

Différentiant les deux membres de cette équation, et remarquant que $d.1 = 0$, que $d.z = dz$ et que $d.Bz = B dz$, on aura $m \, (1+z)^{m-1} dz = B \, dz + 2 \, Cz \, dz + 3 \, D z^2 \, dz + 4 \, E z^3 \, dz + \text{etc.}$

Supprimant le facteur commun dz, il restera

$$m \, (1+z)^{m-1} = B + 2 \, Cz + 3 \, D z^2 + 4 \, E z^3 + \text{etc.} \quad (25).$$

Cette équation ayant lieu, quel que soit z, je fais $z = 0$, et elle se réduit (en remarquant que $(1+0)^m = 1^m = 1$) à $m = B$.

Différentiant de nouveau, c'est-à-dire différentiant l'équation (25) et divisant par dz, on aura

$$m \, (m - 1)(1 + z)^{m-2} = 2 \, C + 2. \; 3 \, D z + 3.4 \, E z^2 + \text{etc.}$$

Faisant encore $z = 0$ donc $dz = 0$, on obtiendra

$$m \, (m - 1) = 2 \, C \; \text{d'où} \; C = \frac{m \, (m-1)}{2}.$$

On déterminera de même tous les autres coefficients, et en mettant leurs valeurs dans l'équation (24), elle deviendra

$$(1 + z)^m = 1 + m z + \frac{m(m-1)}{1 \cdot 2} z^2 + \frac{m(m-1)(m-2)}{1 \cdot 2 \cdot 3} z^3 + \text{etc.}$$

Faisant $z = \dfrac{x}{a}$, on aura

$$\left(1 + \frac{x}{a}\right)^m = 1 + m \frac{x}{a} + \frac{m(m-1)}{1 \cdot 2} \frac{x^2}{a^2} + \frac{m(m-1)(m-2)}{1 \cdot 2 \cdot 3} \frac{x^3}{a^3} + \text{etc.}$$

Réduisant le premier membre au même dénominateur, il deviendra

$$\left(\frac{a + x}{a}\right)^m \quad \text{ou plutôt} \quad \frac{(a + x)^m}{a^m}.$$

Substituant cette valeur dans l'équation précédente et chassant le dénominateur du premier membre, on aura

$$(a + x)^m = a^m + m a^m \frac{x}{a} + \frac{m(m-1)}{1 \cdot 2} a^m \frac{x^2}{a^2} + \text{etc.,}$$

ou $(a + x)^m = a^m + m a^{m-1} x + \dfrac{m(m-1)}{1 \cdot 2} a^{m-2} x^2 +$

$$\frac{m(m-1)(m-2)}{1 \cdot 2 \cdot 3} a^{m-3} x^3 + \text{etc.} \quad (26),$$

ce qui est la formule de Newton (Algèbre).

DIFFÉRENTIATION DES QUANTITÉS TRANSCENDANTES.

23. — On appelle quantités transcendantes les quantités qu'affectent des exposants variables, les logarithmes, les sinus, les cosinus, etc.

24. — Différentions d'abord a^x. Soit donc $y = a^x$, changeons x en $x + h$ et y en y', cette équation deviendra $y' = a^{x+h}$ ou plutôt $y' = a^x a^h$. (27)

Il s'agit donc de développer cette expression par rapport aux puissances de h, qui est l'augmentation de la variable x, et de trouver ensuite les termes multipliés par la première puissance de h. Or, pour que a^h puisse se développer par la formule du binôme, faisons $a = 1 + b$, (voir algèbre, ou art. 22 en faisant dans la formule (26) $a = 1$, $x = b$ et $m = h$) et l'on aura a^h ou $(1 + b)^h =$

$$1 + h\,\frac{b}{1} + h\,(h-1)\,\frac{b^2}{1.2} + h\,(h-1)\,(h-2)\,\frac{b^3}{2.3} + h$$

$$(h-1)\,(h-2)\,(h-3)\,\frac{b^4}{2.3.4} + \text{etc}\ (28).$$

Voici comment on peut trouver les termes multipliés par la première puissance de h sans former tous les produits indiqués par le second membre de l'équation (28). Pour cela, nous remarquons d'abord que les termes qui contiennent la première puissance de h dans le second et dans le troisième terme de l'équation (28) sont $\frac{b}{1}\,h$ et $-\frac{b^2}{2}\,h$ (1). A l'égard des autres, nous remarquons que si dans un produit tel que $h\,(h-1)$ $(h-2)\,(h-3)$, etc., la partie $(h-1)\,(h-2)\,(h-3)$, etc., est composée de n facteurs, le développement de cette partie, d'après la théorie des équations, sera de la forme

$$h^n + A h^{n-1} + B h^{n-2} + \ldots + M h + N,$$

c'est-à-dire qu'on aura, en multipliant par h,

$$h\,(h-1)\,(h-2)\,(h-3)\ldots = h\,(h^n + A h^{n-1} + \ldots + M h + N)\ldots$$

(29), ou en exécutant l'opération indiquée dans le second membre, il vient $h\,(h-1)\,(h-2)\,(h-3)\ldots = h^{n+1} + A h^n \ldots + M h^2 + N h$, et l'on peut remarquer que le terme qui contient la première puissance de h dans le produit $h\,(h-1)\,(h-2)\,(h-3)$, etc., sera $N h$.

Voyons maintenant comment se compose le coefficient N. Pour cela remarquons que l'Algèbre nous apprend encore que dans un produit tel que $(h-1)\,(h-2)\,(h-3)$ etc., dont le développement est $h^n + A h^{n-1} + \ldots + M h + N$, le dernier terme N de ce développement se compose du produit des secondes parties -1, -2, -3, etc., des

______

(1) En effet, pour le troisième terme on a $h\,(h-1)\,\dfrac{b^2}{1.2}$ et en effectuant les opérations indiquées on aura $(h^2 - h)\,\dfrac{b^2}{1.2}$ ou $\dfrac{h^2 b^2}{1.2}$ $-h\,\dfrac{b^2}{2}$ ou $\dfrac{h^2 b^2}{2} - \dfrac{b^2}{2}\,h$.

binômes h— 1, h—2, h—3, etc., c'est-à-dire qu'on a en général $N = — 1 \times — 2 \times — 3 \times — 4$, etc.

Ainsi, en considérant le quatrième terme $\frac{b^3}{2.3} h (h — 1)$ (h—2) de l'équation (28), nous voyons que le développement de la partie (h—1) (h—2) qu'il renferme sera de la forme $h^2 + M h + N$ et aura le produit $— 1 \times — 2$ pour valeur de N ; par conséquent la partie affectée de la première puissance de h que nous fournira ce terme, sera

$$\frac{b^3}{2.3} \times (— 1 \times — 2) h = \frac{b^3}{3} h.$$

En considérant ensuite le cinquième terme de l'équation (28), on verra pareillement que le terme affecté de la première puissance de h qu'il renferme, sera

$$\frac{b^4}{2.3.4} \times (— 1 \times — 2 \times — 3) h = — \frac{b^4}{4} h.$$

Et ainsi de suite, de sorte que nous aurons $(1 + b)^h$

$$= 1 + \left(\frac{b}{1} — \frac{b^2}{2} + \frac{b^3}{3} — \frac{b^4}{4}, \text{etc.} \right) h + \text{termes en } h^2,$$

en h^3, etc., et en mettant à la place de $1 + b$ sa valeur a, on aura $a^h = 1 + \left(\frac{b}{1} — \frac{b^2}{2} + \frac{b^3}{3} — \frac{b^4}{4}, \text{etc.} \right)$ $h + \text{termes en } h^2$, en h^3, etc.

Et si nous représentons $\left(\frac{b}{1} — \frac{b^2}{2} + \frac{b^3}{3} — \frac{b^4}{4}, \text{etc.} \right)$ par A, on aura $a^h = 1 + A h + \text{termes en } h^2$, en h^3, etc.

En mettant cette valeur de a^h dans l'équation $y' = a^x a^h$, celle-ci deviendra $y' = a^x (1 + A h + \text{termes}$ en h^2, en h^3, etc.) $= a^x + A a^x h + a^x (\text{termes en } h^2$, en h^3 etc.).

Si de cette équation nous retranchons, membre à membre, l'équation primitive $y = a^x$, il viendra $y' — y = A a^x h + a^x (\text{termes en } h^2$, en h^3, etc.), etc. et en divisant par h, nous aurons :

$$\frac{y' — y}{h} = A a^x + a^x (\text{termes en } h, \text{ en } h^2, \text{etc.})$$

Et en passant à la limite, où $h = 0$, on aura

$$\frac{dy}{dx} = A a^x \qquad (30).$$

Si dans l'équation (30) nous remplaçons y par sa valeur a^x, nous aurons enfin

$$\frac{d \cdot a^x}{dx} = A \, a^x \quad (31).$$

Remarquons que la constante A dépend de a ; en effet, si dans l'équation $A = \left(\frac{b}{1} - \frac{b^2}{2} + \frac{b^3}{3} - \frac{b^4}{4}, \text{etc.} \right)$. on met pour b sa valeur $a - 1$. tirée de l'équation $a = 1 + b$, on obtiendra

$$A = \frac{a - 1}{1} - \frac{(a - 1)^2}{2} + \frac{(a - 1)^3}{3} - \frac{(a - 1)^4}{4}, \text{etc.}, \quad (32).$$

25. — Si nous voulons déterminer la valeur de la constante A, nous chercherons, par le théorême de Mac-Laurin, art. 20, et à l'aide des équations (30) et (31), le développement de a^x ; nous aurons donc $y = a^x$; $\frac{dy}{dx} = A \, a^x$; $\frac{d^2 y}{dx^2} = d. A \, a^x : dx = A. d. a^x : dx = A \frac{d. a^x}{dx} = $ (éq. 31) $= A \, A \, a^x = A^2 \, a^x$; $\frac{d^3 y}{dx^3} = d. A^2 . a^x : dx = A^2 . d. a^x : dx = A^2 \frac{d. a^x}{dx} = A^2 . A \, a^x = A^3 a^x$; etc.

Si nous faisons, art. 20, $x = 0$, nous aurons :
$(y) = a^0 = 1$; $\left(\frac{dy}{dx} \right) = A$; $\left(\frac{d^2 y}{dx^2} \right) = A^2$; $\left(\frac{d^3 y}{dx^3} \right) = A^3$; etc. Substituant ces valeurs dans l'équation (23), nous obtiendrons

$$y \text{ ou } a^x = 1 + A \, x + \frac{1}{2} A^2 \, x^2 + \frac{1}{2 \cdot 3} A^3 \, x^3 + \text{etc.},$$

$$\text{ou } a^x = 1 + \frac{A \, x}{1} + \frac{A^2 \, x^2}{1 \cdot 2} + \frac{A^3 \, x^3}{1, 2 \cdot 3} + \text{etc. (33).}$$

26. — Si dans cette équation (33), nous faisons $x = \frac{1}{A}$, elle deviendra

$$a^{\frac{1}{A}} = 1 + A \frac{\frac{1}{A}}{1} + A^2 \frac{\frac{1}{A^2}}{1 \cdot 2} + A^3 \frac{\frac{1}{A^3}}{1, 2 \cdot 3} + \text{etc. ou}$$

$$a^{\frac{1}{A}} = 1 + 1 + \frac{1}{1 \cdot 2} + \frac{1}{1 \cdot 2 \cdot 3} + \text{etc..}$$

Si nous représentons par c le second membre de cette équation, elle devient $a^{\Lambda} = c$; d'où l'on tire $a^{\frac{\Lambda}{\Lambda}} = c^{\Lambda}$ ou $a^1 = c^{\Lambda}$ ou $a = c^{\Lambda}$; prenant les logarithmes, on aura $\log a = \log c^{\Lambda} = \Lambda \log c$; donc $\Lambda = \dfrac{\log a}{\log c}$, (34).

Le nombre c, dont la valeur est donnée ci-dessus par l'équation $c = 1 + 1 + \dfrac{1}{1.2} + \dfrac{1}{1.2.3} +$ etc., (laquelle s'obtient encore en faisant $x = 1$ dans l'expression de $e^x = 1 + \dfrac{x}{1} + \dfrac{x^2}{1.2} + \dfrac{x^3}{1.2.3} + \ldots$ et celle-ci s'obtenant en remarquant que $da^x = \Lambda\, a^x\, dx$, formule (31) ; et comme $\Lambda = \dfrac{\log a}{\log c}$ il vient $de^x = e^x\, dx$ car alors $\Lambda = 1$; et la formule (33) donne $e^x = 1 + \dfrac{x}{1} + \dfrac{x^2}{1.2} + \ldots$) est la base que Néper adopta pour calculer ses tables de logarithmes.

On peut remarquer que la série $1 + 1 + \dfrac{1}{1.2} + \dfrac{1}{1.2.3} +$ etc., est *convergente*, c'est-à-dire que la somme S_n des n premiers termes *tend vers une limite finie et déterminée S*, lorsque le nombre n croît indéfinément. Et comme cette série est assez convergente même, nous pouvons nous borner à prendre les douze premiers termes de cette suite, et alors nous trouverons que c vaut environ 2,7182818.

Nous savons que *le logarithme d'un nombre est l'exposant de la puissance à laquelle on doit élever une quantité constante, appelée base, pour reproduire le nombre donné.*

Ainsi, dans l'équation $y = a^x$, x peut-être regardé comme une fonction de y ; on dit alors que x est le logarithme du nombre y, dans le système dont la base est a.

Donc, si nous représentons par La le logarithme de a dans le système Népérien dont la base est c, nous aurons $a = e^{La} = (2.7182818...)^{La}$, donc $\log a = \log e^{La}$, et par suite, comme le logarithme d'une quantité affectée d'un exposant est égal au logarithme de cette quantité multiplié par son exposant, nous aurons $\log a = La \cdot \log e$; d'où nous tirerons

$$\frac{\log a}{\log e} = La, \quad (35).$$

Par suite l'équation (34) se réduit à $A = La$, et par conséquent l'équation (31) donne

$$\frac{d. a^x}{dx} = La \cdot a^x \text{ d'où } d. a^x = La \cdot a^x \cdot dx = a^x dx . La. \ (36).$$

Si l'on fait $a = e$ ou base du système Népérien, il vient $d \, e^x = e^x \, dx$ (36bis), car $L \, e = 1$, comme nous venons de voir.

27. — Voici un procédé pouvant être employé pour trouver promptement la différentielle de a^x, c'est-à-dire pour parvenir plus vite au même résultat que dans l'article 24, quoique ce procédé s'éloigne un peu de la théorie générale que nous avons exposée.

Pour cela, de l'équation (27) $y' = a^x a^h$ retranchons l'équation primitive $y = a^x$, nous aurons

$$y' - y = a^x a^h - a^x \text{ ce qui donne } y' - y = a^x (a^h - 1) ; \ (37).$$

Faisons $a = 1 + b$ pour que a^h puisse se développer par la formule du binôme (art. 24), nous aurons, comme dans l'équation (28) :

$$a^h \text{ ou } (1+b)^h = 1 + h \frac{b}{1} + h (h - 1) \frac{b^2}{1.2} + h (h - 1)$$
$$(h - 2) \frac{b^3}{2.3} + h (h - 1) (h - 2) (h - 3) \frac{b^4}{2.3.4} + \text{etc.}$$

Multiplions par a^x les deux membres de cette équation après avoir fait passer l'unité dans le premier, nous aurons :

$$a^x (a^h - 1) = a^x \left[h \frac{b}{1} + h (h - 1) \frac{b^2}{1.2} + h (h - 1) (h - 2) \right.$$
$$\left. \frac{b^3}{1.2.3} + \text{etc.} \right].$$

Mais d'après l'équation (37), on peut remplacer le premier membre de cette équation par $y' - y$, et en divisant par h les deux membres, on aura alors

$$\frac{y'}{h} = a^x \left[\frac{b}{1} + (h - 1) \frac{b^2}{2} + (h - 1)(h - 2) \frac{b^3}{2.3} + \text{etc.} \right].$$

Et en passant à la limite où $h = 0$, cette équation deviendra

$$\frac{dy}{dx} = a^x \left(\frac{b}{1} - \frac{b^2}{2} + \frac{2\,b^3}{2\,3} - \text{etc.} \right) = a^x \left(b - \frac{b^2}{2} + \frac{b^3}{2} - \text{etc.} \right).$$

Et en remplaçant, dans le premier membre, y par sa valeur a^x, on aura :

$$\frac{d.\,a^x}{dx} = a^x \left(b - \frac{b^2}{2} + \frac{b^3}{3} - \text{etc.} \right).$$

Représentons par A la suite qui est entre les parenthèses, c'est-à-dire posons

$$A = b - \frac{b^2}{2} + \frac{b^3}{3} - \text{etc.},$$

l'équation précédente deviendra

$$\frac{d.\,a^x}{dx} = A\,a^x.$$

DES DIFFÉRENTIELLES LOGARITHMIQUES.

28. — Soit, comme nous avons vu à l'art. 26, x le logarithme de y dans le système dont la base est a, on a $y = a^x$, et l'équation (30) nous donne $dy = A\,a^x\,dx$ d'où $dx = \dfrac{dy}{A\,a^x}$.

Mais, éq. (34), $A = \dfrac{\log a}{\log e}$, donc $dx = \dfrac{dy}{\log a} = \dfrac{dy}{a^x} \cdot \dfrac{\log e}{\log a}$

Or, $a^x = y$ et $x = \log y$, par suite l'équation précédente deviendra dx ou $d.\log y = \dfrac{dy}{y} \cdot \dfrac{\log e}{\log a}$. (38).

Dans la formule qui précède, la base a du système est indéterminée. Mais si nous prenons les logarithmes dans le système Népérien, la base a devenant le nombre e (art. 26), nous aurons $\dfrac{\log e}{\log a} = \dfrac{\log e}{\log e} = 1$; donc dans le système Népérien, on a, au lieu de l'équation (38) :

$$d.\log y = \frac{dy}{y} \times 1 = \frac{dy}{y} \quad \text{ou} \quad \frac{d.\log y}{dy} = \frac{1}{y}.$$

DES DIFFÉRENTIELLES DES SINUS, COSINUS ET AUTRES LIGNES TRIGONOMÉTRIQUES, OU DES DIFFÉRENTIELLES DES FONCTIONS CIRCULAIRES.

29. — Nous allons d'abord démontrer qu'un arc est plus grand que le sinus et plus petit que la tangente qui y correspondent.

En effet, soit A B, fig. 2, un arc qui a B E pour sinus et 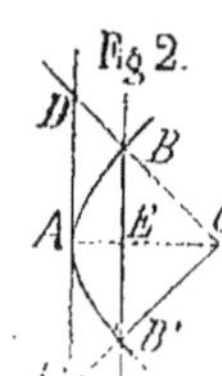 D A pour tangeante. Prenons l'arc A B' égal à l'arc A B. La corde B B' est plus petite que l'arc B A B', puisqu'elle est droite. Donc B E, moitié de B B' est plus court que A B, moitié de B A B'. Donc, le sinus est plus petit que l'arc.

Je dis maintenant que la tangente est plus grande que l'arc. Car on a : aire triangle D D' C $>$ aire secteur B A B' C, ou, en remplaçant l'indication de ces aires par leurs expressions géométriques :

$$ D\ D' \times \frac{1}{2}\ A\ C > \text{arc}\ B\ A\ B' \times \frac{1}{2}\ A\ C\ ; $$

supprimant le facteur commun $\frac{1}{2}\ A\ C$, il reste D D' $>$ arc B A B', et en prenant la moitié de chaque membre de cette inégalité, on a : D A $>$ arc B A.

Il résulte de là que la limite du rapport du sinus à l'arc est l'unité. En effet quand l'arc A B diminue et devient nul, le sinus et la tangente diminuent également et deviennent nuls en même temps que l'arc ; c'est à-dire qu'alors le sinus et la tangente se confondent, donc à plus forte raison le sinus se confond-t-il alors avec l'arc qui est compris entre la tangente et le sinus ; donc dans le cas de la limite on a :

$$ \frac{\sin h}{\text{arc } h} \quad \text{ou plutôt} \quad \frac{\sin h}{h} = 1. $$

30. — Maintenant, cherchons la différentielle du sinus dont l'arc est x.

Pour cela, remarquons que quand cet arc x reçoit un accroissement h, on a par la trigonométrie :

$$ \sin (x + h) = \sin x \cos h + \cos x \sin h,\ (39)\ ; $$

retranchant de chaque membre de cette équation la valeur primitive sin x, et divisant par l'accroissement h, on aura :

$$\frac{\sin(x+h) - \sin x}{h} = \frac{\sin x \cos h + \cos x \sin h - \sin x}{h}.$$

Mettant sin x en évidence, dans le second membre (1ᵉʳ et 3ᵉ terme), on aura :

$$\frac{\sin(x+h) - \sin x}{h} = \frac{\sin x (\cos h - 1) + \cos x \sin h}{h} = \sin x \frac{(\cos h - 1)}{h} + \frac{\cos x \sin h}{h} \quad (40).$$

Lorsque h devient nul, cos h $=$ 1 et cos h$—$1$=$1$—$1$=$0, de sort que $\dfrac{\cos h - 1}{h} = \dfrac{0}{0}$, valeur indéterminée. Nous mettrons donc ce terme sous une autre forme. Dans ce but, de l'équation cos² h $+$ sin² h $=$ 1 (trigonométrie), je tire cos² h$—$1$=—$ sin² h ou (cos h $—$1)(cos h $+$1)$=—$ sin² h, donc cos h $—$ 1 $=\dfrac{— \sin^2 h}{\cos h + 1}$. Cette valeur mise dans l'équation (40), nous donne

$$\frac{\sin(x+h) - \sin x}{h} = \frac{\sin x}{h}\left(\frac{— \sin^2 h}{\cos h + 1}\right) + \frac{\cos x \sin h}{h} =$$

$$\frac{— \sin x \sin^2 h}{h(\cos h + 1)} + \frac{\cos x \sin h}{h} = — \frac{\sin x \sin h \sin h}{(\cos h + 1) h} + \frac{\cos x \sin h}{h}$$

$$= — \sin x \frac{\sin h}{\cos h + 1} \frac{\sin h}{h} + \frac{\cos x \sin h}{h} \quad (41).$$

Quand h $=$ 0, l'arc et le sinus de h se confondent, c'est-à-dire qu'on a : h $=$ 0, sin h $=$ 0, et, comme à l'article précédent, $\dfrac{\sin h}{h} = 1$; d'autre part le cos h $=$ 1 quand h $=$ 0 ;

donc $\dfrac{\sin h}{\cos h + 1} = \dfrac{0}{1 + 1} = \dfrac{0}{2} = 0$, et l'équation (41) se ramène à $\dfrac{d. \sin x}{dx} = \cos x \dfrac{\sin h}{h} = \cos x \times 1 = \cos x$; d'où l'on déduit

$$d. \sin x = \cos x \, dx. \quad (42).$$

Remarque. — Dans cette démonstration, nous avons supposé que le rayon des tables avait été pris pour unité ; et pour avoir la différentielle d'un sinus dont le rayon serait a, par exemple, on ferait dans l'équation (39), (trigo nométrie) : $\sin(x+h) = \dfrac{\sin x \cos h + \cos x \sin h}{a}$, (43).

Il faudrait donc restituer la constante a dans l'équation (42), qui a été obtenue en supposant a $= 1$ (trigon.), et l'on aurait ainsi pour la différentielle du sinus d'un arc x, dont le rayon est a :

$$d.\sin x = \frac{dx \cos x}{a}, \ (44).$$

31. — Cherchons maintenant la différentielle de cos x. Pour cela prenons l'équation, (trigon.), $\sin^2 x + \cos^2 x = 1$ ou ce qui est la même chose, $(\sin x)^2 + (\cos x)^2 = 1$. Différentions-la, (art. 12), nous aurons :

$$2 \sin x \, d.\sin x + 2 \cos x \, d.\cos x = d.1 = 0,$$

d'où, en divisant par 2 et faisant passer le premier terme dans le second membre, puis divisant par cos x, on aura

$$d.\cos x = \frac{\sin x \, d.\sin x}{\cos x};$$

remplaçant, dans cette équation, d. sin x par sa valeur cos x dx, donnée par l'équation (42), on aura

$$d.\cos x = \frac{\sin x \cos x \, dx}{\cos x} = -\sin x \, dx, \ (45).$$

32. — Pour chercher la différentielle de tang.x, observons que la trigonométrie nous apprend que tang $x = \dfrac{\sin x}{\cos x}$.

Si nous différentions cette équation par la règle de l'art. 11, nous aurons

$$d.\tan x = d.\frac{\sin x}{\cos x} = \frac{\cos x \, d.\sin - \sin x \, d.\cos x}{\cos^2 x};$$

remplaçant, dans cette équation, d. sin x et d. cos x par leur valeurs trouvées précédemment, nous obtiendrons

$$d.\tan x = \frac{\cos x \cos x \, dx - \sin x \, (-\sin x \, dx)}{\cos^2 x} =$$

$$\frac{\cos^2 x \, dx + \sin^2 x \, dx}{\cos^2 x} \quad \frac{dx(\cos^2 x + \sin^2 x)}{\cos^2 x}.$$

Or, la trigonométrie enseigne que $\sin^2 x + \cos^2 x = 1$, donc, l'équation précédente se ramène à

$$d.\tan x = \frac{dx \times 1}{\cos^2 x} = \frac{dx}{\cos^2 x}, \ (46).$$

33. — Pour trouver la différentielle de cotangente x, remarquons que par la trigonométrie on sait que le rayon est une moyenne proportionelle entre la tangente et la cotangente, c'est-à-dire qu'on a $\cot x = \dfrac{1}{\operatorname{tang} x}$. Et en différentiant cette équation par la règle de l'art. 11, on aura

$$d.\cot x = \frac{\operatorname{tang} x \, d.\, 1 - 1.\, d.\operatorname{tang} x}{\operatorname{tang}^2 x} = \frac{\operatorname{tang} x \times 0 - d.\operatorname{tang} x}{\operatorname{tang}^2 x} =$$

$$= \frac{-\, d.\operatorname{tang} x}{\operatorname{tang}^2 x}$$

Et en remplaçant $d.\operatorname{tang} x$ par sa valeur $\dfrac{dx}{\cos^2 x}$ on aura :

$$d.\cot x = -\frac{dx}{\cos^2 x} : \operatorname{tang}^2 x = \frac{-\, dx}{\cos^2 x \, \operatorname{tang}^2 x}, \quad (47).$$

Or de l'équation $\dfrac{\sin x}{\cos x} = \operatorname{tang} x$, on tire $\sin x = \cos x \times \operatorname{tang} x$, d'où $\sin^2 x = \cos^2 x \, \operatorname{tang}^2 x$.

Donc, dans l'équation (47), on peut remplacer le dénominateur du second membre par $\sin^2 x$, et l'on aura enfin

$$d.\cot x = \frac{-\, dx}{\sin^2 x}, \quad (48).$$

34. — La différentielle de sécante x se trouverait d'une façon analogue. En effet, par la trigonométrie, on sait que le rayon est une moyenne proportionnelle entre le cosinus et la sécante, de sorte qu'on a $\sec x = \dfrac{1}{\cos x}$.

En différentiant cette équation par l'art. 11, on aura :

$$d.\sec x = d.\frac{1}{\cos x} = \frac{\cos x \, d.\, 1 - 1.\, d.\cos x}{\cos^2 x} = \frac{-\, d.\cos x}{\cos^2 x}.$$

Remplaçant, dans cette équation, — $d.\cos x$ par sa valeur $\sin x \, dx$ donnée par l'équation (45), on aura :

$$d.\sec. x = \frac{\sin x \, dx}{\cos^2 x} = \frac{\sin x}{\cos x} \, \frac{1}{\cos x} \, dx, \quad (49).$$

Or, nous avons vu précédemment que $\dfrac{\sin x}{\cos x} = \operatorname{tang} x$ et que $\dfrac{1}{\cos x} = \sec. x$. Mettant ces valeurs dans l'équation (49), on aura enfin :

$$d.\sec. x = \operatorname{tang} x \, \sec. x \, dx. \quad (49^{\text{bis}})$$

35. — De même pour trouver la différentielle de cosé-

cante x, on sait par la trigonométrie que coséc. $x = \dfrac{1}{\sin x}$.
En différentiant, on a, par l'art. 11,

$$d. \text{coséc. } x = \frac{\sin x \, d.1 - 1. d. \sin x}{\sin^2 x} = - \frac{d. \sin x}{\sin^2 x}.$$

En remplaçant, dans cette équation, — d . sin x par sa valeur — cos x dx, donnée par l'équation (42), on aura :

$$d. \text{coséc. } x = - \frac{\cos x \, dx}{\sin^2 x} = - \frac{\cos x}{\sin x} \frac{1}{\sin x} dx.$$

Or, comme nous avons vu que $\dfrac{\sin x}{\cos x} = \text{tang } x$, on a $-\dfrac{\cos x}{\sin x} = -\dfrac{1}{\text{tang } x}$ et nous avons vu également que $\dfrac{1}{\sin x} =$ coséc. x, donc en mettant ces valeurs dans l'équation précédente, on aura :

$$d. \text{coséc. } x = - \frac{1}{\text{tang } x} \text{coséc } x \, dx.$$

Mais, trigonométrie, comme tang x × cot x = le carré du rayon ou 1, on a aussi $\dfrac{1}{\text{tang } x} = \text{cot } x$; et en mettant cette valeur dans l'équation précédente, on aura :

$$d. \text{coséc. } x = - \text{cot } x \text{ coséc } x \, dx \quad (50).$$

36. — Cherchons encore maintenant la différentielle de sinus verse x. On sait que si l'on a le sinus A B d'un arc A C ou x, la partie B C du rayon, comprise entre le pied B du sinus et l'origine C de l'arc s'appelle sinus verse.

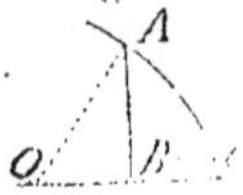

Cela posé, on voit que le cosinus O B de x plus le sinus verse B C donnent une somme égale au rayon O C ; donc on a :

$$\text{sin verse } x + \cos x = 1,$$

et en différentiant, on trouve

$$d. \sin \text{ verse } x + d. \cos x = d.1 \text{ ou } 0, \text{ d'où}$$

$$d. \sin \text{ verse } x = - d. \cos x ;$$

et en remplaçant — d . cos x par sa valeur sin x d x donnée par l'équation (45). on aura enfin :

$$d. \sin \text{ verse } x = \sin x \, dx. \quad (51).$$

37. *Remarque.* — Les principes précédents, bien appliqués, suffisent pour arriver à différentier toute expression

affectée de quantités transcendantes. Nous allons donner quelques exemples.

1°. — Soit à différentier $y = a^{b^x}$. Faisons $b^x = u$, nous aurons ainsi $y = a^u$; différentions, par l'art. 26, nous aurons en remplaçant x par u et d. a^x ou d a^u par dy :

$$\frac{dy}{du} = a^u \, L \, a,$$ ou en mettant pour a^u sa valeur : $\frac{dy}{du} = a^{b^x} \, L \, a.$

Différentions maintenant $u = b^x$ par le même article, en y remplaçant y par u et a par b, nous aurons :

$$\frac{du}{dx} = b^x \, L \, b.$$

En multipliant ces deux résultats membre à membre, (ce qui est permis, art. 17, car on a ici $y = a^u$ et $u = b^x$ ou $y = f \, u$ et $u = \varphi \, x$), on aura

$$\frac{dy}{du} \times \frac{du}{dx} \quad \text{ou} \quad \frac{dy}{dx} = a^{b^x} \, L \, a \, b^x \, L \, b = a^{b^x} \, b^x \, L \, a \, L \, b.$$

2° — Soit encore $y = z^v$. Par les logarithmes, on obtient $\log y = v \log z$. En différentiant, on a par l'art. 9.

$$d. \log y = v \, d. \log z + \log z. \, d. \, v.$$

En remplaçant l'indication des différentielles logarithmiques par leurs valeurs données par l'art. 28, on aura :

$$\frac{dy}{y} = v \frac{dz}{z} + \log z \, d \, v \quad \text{d'où} \quad dy = y \left(v \frac{dz}{z} + \log z \, d \, v \right),$$

et en remplaçant, dans le second membre, y par sa valeur z^v, on aura enfin

$$dy = z^v \left(v \frac{dz}{z} + \log z \, d \, v \right).$$

3° — Soit encore $y = z^{t^u}$; faisons $t^u = v$, l'équation se réduit à $y = z^v$. On a donc deux équations $y = z^v$ et $v = t^u$, qui sont de la même forme que l'équation traitée à l'exemple précédent. On aura donc, comme ci-dessus :

$$dy = z^v \left(v \frac{dz}{z} + \log z \, d \, v \right),$$

et par analogie

$$d \, v = t^u \left(u \frac{dt}{t} + \log t \, du \right).$$

Substituons maintenant dans la valeur de dy, donnée par l'avant dernière équation, les valeurs de v et de dv, nous aurons

$$dy = z^{t^u}\left[\,t^u\frac{dz}{z} + \log z\left(t^u\left(u\frac{dt}{t} + \log t\,du\right)\right)\right] = z^{t^u}$$

$$\left[\,t^u\frac{dz}{z} + \log z\,t^u\left(u\frac{dt}{t} + \log t\,du\right)\right] = z^{t^u}\,t^u\left(\frac{dz}{z} + \log z\left(u\frac{dt}{t} + \right.$$

$$\left.\log t\,du\right)\right) = z^{t^u}\,t^u\left(\frac{dz}{z} + \log z\,u\frac{dt}{t} + \log z\,\log t\,du\right).$$

4° — On a vu, art. 28, que $d.\,L\,y = \dfrac{dy}{y}$ d'une façon générale ; donc

$$d.\,L\sin x = \frac{d.\sin x}{\sin x} = \frac{\cos x\,dx}{\sin x}\quad\text{d'où cœfficient différen-}$$

tiel ou dérivée de $.\,L\sin x$ est $\dfrac{d.\,L\sin x}{dx} = \dfrac{\cos x}{\sin x} = \dfrac{1}{\operatorname{tg} x}$

car de $\operatorname{tg} x = \dfrac{\sin x}{\cos x}$ on tire $\dfrac{\cos x}{\sin x} = \dfrac{1}{\operatorname{tg} x}$.

On trouve donc par cette voie les dérivées :

$$\frac{d.\,L\sin x}{dx} = \frac{\cos x}{\sin x} = \frac{1}{\operatorname{tg} x}$$

$$\frac{d.\,L\cos x}{dx} = \frac{-\sin x}{\cos x} = -\operatorname{tg} x$$

$$\frac{d.\,L\operatorname{tg} x}{dx} = \frac{1}{\cos^2 x} : \operatorname{tg} x\ (\text{voir art. } 32) = \frac{1}{\cos^2 x\,\operatorname{tg} x} =$$

$$= \frac{1}{\cos^2 x\,\dfrac{\sin x}{\cos x}} = \frac{1}{\cos x\sin x} = \frac{2}{2\sin x\cos x} = \frac{2}{\sin 2x}.$$

Cette dernière peut encore se mettre sous la forme

$$\frac{d.\,L\operatorname{tg} x}{dx} = \operatorname{tg} x + \frac{1}{\operatorname{tg} x}.$$

En effet, on a, art. 32 : $\dfrac{d\operatorname{tg} x}{dx} = \dfrac{1}{\cos^2 x} = \dfrac{\sin^2 x + \cos^2 x}{\cos^2 x} =$

$= \dfrac{\sin^2 x}{\cos^2 x} + 1 = 1 + \operatorname{tg}^2 x$. Or, en vertu de $d.\,L\,y = \dfrac{dy}{y}$,

il vient $\dfrac{d.\,L\operatorname{tg} x}{dx} = \dfrac{d.\operatorname{tg} x : dx}{\operatorname{tg} x} = \dfrac{1 + \operatorname{tg}^2 x}{\operatorname{tg} x} = \dfrac{1}{\operatorname{tg} x} + \operatorname{tg} x.$

On a aussi $\hfill$ C Q F D.

$$\frac{d\left(\dfrac{1}{\operatorname{tg} x}\right)}{dx}\qquad \frac{d\left(\dfrac{\frac{1}{\sin x}}{\cos x}\right)}{dx}\qquad \frac{d\left(\dfrac{\cos x}{\sin x}\right)}{dx} = \text{art. } 11 —$$

$$= \frac{\sin x \, d \cos x - \cos x \, d \sin x}{\sin^2 x} : dx =$$

$$= \frac{\sin x \, (- \sin x \, dx) - \cos x \, (\cos x \, dx)}{\sin^2 x} : dx =$$

$$= \frac{- \sin^2 x - \cos^2 x}{\sin^2 x} = \frac{- (\sin^2 x + \cos^2 x)}{\sin^2 x} = \frac{- 1}{\sin^2 x}.$$

On encore

$$\frac{d\left(\frac{1}{\mathrm{tg}\, x}\right)}{dx} = \frac{-(\sin^2 x + \cos^2 x)}{\sin^2 x} = - \left(1 + \frac{\cos^2 x}{\sin^2 x} \right) =$$

$$= - \left(1 + \frac{1}{\mathrm{tg}^2 x} \right).$$

THÉORÈME DE TAYLOR.

38. — Remarquons d'abord qu'une expression telle que $\frac{dy}{dx}$ signifie qu'une fonction y d'une ou de plusieurs variables a été différentiée par rapport à la variable x et divisée par dx, et par suite une expression telle que $\frac{dy}{dx} dx$ veut dire différentielle de y par rapport à x ; donc si l'on avait l'équation $y = a\, v^4\, x^3\, u^2$, l'expression $\frac{dy}{dx}$ se déterminerait en considérant v et u comme constants, en différen iant alors par rapport à x et enfin en divisant le résultat par dx ; dans le cas présent, on aurait donc $\frac{dy}{dx} = 3\, a\, v^4\, x^2\, u^2$.

On trouverait de la même façon $\frac{dy}{dv} = 4\, a\, v^3\, x^3\, u^2$; et $\frac{dy}{du} = 2\, a\, v^4\, x^3\, u$.

39. — Lorsque dans une fonction y de x, la variable x se change en x+h, y devient y', et on a le même coefficient différentiel quand on considère x comme variable et h comme constant, que quand h est considéré comme variable et x comme constant, c'est-à-dire qu'on a

$$\frac{dy'}{dx} = \frac{dy'}{dh}.$$

En effet, si dans l'équation $y = f\,x$, nous mettons $x + h$, que nous représenterons par x', à la place de x, nous aurons $y' = f\,x'$. La différentielle dy' de $f\,x'$ sera une autre fonction de x', que nous représenterons par $\varphi\,x'$, et qui sera multipliée par dx'; donc on aura $dy' = \varphi\,x'\,dx'$, ou en remplaçant x' par sa valeur $x + h$, on aura

$$dy' = \varphi\,(x + h)\,d.\,(x + h).$$

Si l'on considère x comme variable et h comme constant dans cette équation, le facteur $d\,(x + h)$ devient dx, et on a alors

$$dy' = \varphi\,(x + h)\,dx,\ \text{d'où}\ \frac{dy'}{dx} = \varphi\,(x + h),\ \ (52).$$

Si, au contraire, on considère h comme variable et x comme constant, le facteur $d\,(x + h)$ devient dh, et on a

$$dy' = \varphi\,(x + h)\,dh,\ \text{d'où}\ \frac{dy'}{dh} = \varphi\,(x + h).\ \ (53).$$

Par conséquent $\dfrac{dy'}{dx}$ et $\dfrac{dy'}{dh}$ étant, respectivement, égaux à une même quantité $\varphi\,(x + h)$, sont égaux entr'eux, et l'on a enfin

$$\frac{dy'}{dx} = \frac{dy'}{dh},\ \ (54).$$

Par exemple, si l'on avait $y = a\,x^4$, en mettant $x + h$ à la place de x, on aurait $y' = a\,(x + h)^4$. Donc $dy' = 4\,a\,(x + h)^3\,d\,(x + h)$. Si x est variable et h constant, on a $dy' = 4\,a\,(x + h)^3\,dx$; et si c'est h qui est variable et x constant, on a $dy' = 4\,a\,(x + h)^3\,dh$. Donc dans le premier cas $\dfrac{dy'}{dx} = 4\,a\,(x + h)^3$; et dans le second cas, on a $\dfrac{dy'}{dh} =$ encore $4\,a\,(x + h)^3$; donc $\dfrac{dy'}{dx} = \dfrac{dy'}{dh}$.

40. — Si nous différentions maintenant les équations (52) et (53) par rapport à $(x + h)$, nous aurons

$$d.\,\frac{dy'}{dx}\ \text{ou}\ \frac{d^2 y'}{dx} = d.\,\varphi\,(x + h) = \varphi'\,(x + h)\,d\,(x + h).$$

$$d.\,\frac{dy'}{dh}\ \text{ou}\ \frac{d^2 y'}{dh} = d.\,\varphi\,(x + h) = \varphi'\,(x + h)\,d.\,(x + h).$$

Faisons, comme précédemment, x variable et h constant dans la première équation, et h variable et x constant dans la seconde, nous aurons

$$\frac{d^2 y'}{dx} = \varphi'(x+h)\, dx,$$

et

$$\frac{d^2 y'}{dh} = \varphi'(x+h)\, dh;$$

d'où en divisant, dans le premier cas par dx, et dans le second par dh, on a

$$\frac{d^2 y'}{dx^2} = \varphi'(x+h),$$

$$\frac{d^2 y'}{dh^2} = \varphi'(x+h);$$

donc enfin

$$\frac{d^2 y'}{dx^2} = \frac{d^2 y'}{dh^2}.$$

Par le même procédé on trouverait que $\dfrac{d^3 y'}{dx^3} = \dfrac{d^3 y'}{d\,h^3}$, $\dfrac{d^4 y'}{dx^4} = \dfrac{d^4 y'}{d\,h^4}$, et ainsi de suite.

41. — Soit encore y' une fonction de $x+h$; développons-la par rapport aux puissances de h et supposons le résultat représenté comme ceci

$$y' = y + A h + B h^2 + C h^3 + \text{etc...} \quad (55).$$

Les coefficients A, B, C, etc., sont des fonctions inconnues de x, que nous devons déterminer ; y est la fonction de x.

A cet effet, différentions cette équation (55) par rapport à x et divisions par dx, nous aurons

$$\frac{dy'}{dx} = \frac{dy}{dx} + h \frac{d\,A}{dx} + h^2 \frac{d\,B}{dx} + h^3 \frac{d\,C}{dx} + \text{etc.,} \quad (56).$$

Différentions maintenant la même équation (55) par rapport à h, et divisons par d h, nous aurons

$$\frac{dy'}{dh} = A + 2 B h + 3 C h^2 + \text{etc.,} \quad (57);$$

car, y, fonction de x, est ici considéré comme constant et n'a pas de différentielle, la différentielle de A h est A d h, et comme il faut diviser par d h, il reste A ; etc.

Les premiers membres des équations (56) et (57) étant égaux, les seconds membres seront identiques ; égalant donc entr'eux les coefficients des mêmes puissances de h, on aura :

$$\frac{dy}{dx} = A, \quad \frac{dA}{dx} = 2B \text{ ou } B = \frac{dA}{2\,dx}, \quad \frac{dB}{dx} = 3C \text{ ou } C = \frac{dB}{3\,dx},$$

etc.

Substituons maintenant la valeur de A, donnée par la première de ces équations, dans la seconde, on aura :

$$B = d\frac{dy}{dx} : 2\,dx = \frac{d^2 y}{dx} : 2\,dx = \frac{d^2 y}{2\,dx^2} = \frac{1}{1.2}\frac{d^2 y}{dx^2};$$

Substituons cette valeur dans celle de C, nous aurons

$$C = d.\frac{1}{1.2}\frac{d^2 y}{dx^2} : 3\,dx = \frac{1}{1.2}\frac{d^3 y}{dx^2} : 3\,dx = \frac{1}{1.2}\frac{1}{3}\frac{d^3 y}{dx^3} =$$

$$\frac{1}{1.2.3}\frac{d^3 y}{dx^3};$$

ainsi de suite.

Remplaçons maintenant dans l'équation (55), A, B, C, etc. par les valeurs que nous venons de trouver, on aura

$$y' = y + \frac{dy}{dx} h + \frac{1}{1.2}\frac{d^2 y}{dx^2} h^2 + \frac{1}{1.2.3}\frac{d^3 y}{dx^3} h^3 + \text{etc.},$$

ou

$$y' = y + \frac{dy}{dx} h + \frac{d^2 y}{dx^2}\frac{h^2}{1.2} + \frac{d^3 y}{dx^3}\frac{h^3}{1.2.3} + \text{etc.},$$

et en remplaçant y' par sa valeur $f(x+h)$, on aura enfin

$$f(x+h) = y + \frac{dy}{dx} h + \frac{d^2 y}{dx^2}\frac{h^2}{1.2} + \frac{d^3 y}{dx^3}\frac{h^3}{1.2.3} + \text{etc.,} \quad (58),$$

c'est ce qu'on appelle la formule de Taylor.

Elle peut encore se mettre sous la forme suivante en observant que $y = fx$:

$$f(x+h) = fx + \frac{dy}{dx} h + \frac{d^2 y}{dx^2}\frac{h^2}{1.2} + \frac{d^3 y}{dx^3}\frac{h^3}{1.2.3}, \text{etc.,} \quad (59).$$

42. — Comme application de cette formule, nous allons développer en séries quelques fontions.

1°. — Soit $y' = \sqrt{x+h}$; on a donc $y = \sqrt{x} = x^{1/2}$.

En différentiant successivement, on a :

$$\frac{dy}{dx} = \frac{1}{2} x^{1/2-1} \text{ ou } x^{-1/2} = \frac{1}{2}\frac{1}{x^{1/2}} = \frac{1}{2}\frac{1}{\sqrt{x}},$$

$$\frac{d^2 y}{dx^2} = \left(d.\frac{1}{2}\frac{1}{\sqrt{x}}\right) : dx = \left(\frac{1}{2} d.\frac{1}{\sqrt{x}}\right) : dx = \left(\frac{1}{2} d.\frac{1}{x^{1/2}}\right) :$$

$$dx = \left(\frac{1}{2}\, d\,.\, x^{-1/2}\right) : dx = \frac{1}{2}\left(-\frac{1}{2}\, x^{-1/2-1\ \text{ou}\ 3/2}\, dx\right) : dx = \frac{1}{2}$$

$$\left(-\frac{1}{2}\, x^{-3/2}\right) = -\frac{1}{4}\, x^{-3/2} = -\frac{1}{4}\, \frac{1}{x^{3/2}} = -\frac{1}{4}\, \frac{1}{\sqrt{x^3}}.$$

$$\frac{d^3 y}{dx^3} = \left(d. -\frac{1}{4}\, \frac{1}{\sqrt{x^3}}\right) : dx = \left(d. -\frac{1}{4}\, \frac{1}{x^{3/2}}\right) : dx = \left(d. -\frac{1}{4}\, x^{-3/2}\right) :$$

$$dx = -3/2\left(-\frac{1}{4}\, x^{-3/2-1\ \text{ou}\ -5/2}\, dx\right) : dx = -\frac{3}{2}\left(-\frac{1}{4}\, x^{-5/2}\right) =$$

$$\frac{3}{8}\, x^{-5/2} = \frac{3}{8}\, \frac{1}{x^{5/2}} = \frac{3}{8}\, \frac{1}{\sqrt{x^5}} = \frac{3}{8}\, \frac{1}{\sqrt{x^5}}.$$

$$\frac{d^4 y}{dx^4} = \text{etc.}$$

Substituant ces valeurs dans la formule de Taylor, on aura :

$$y' \text{ ou } \sqrt{x+h} = y \text{ ou } \sqrt{x} + \frac{1}{2}\, \frac{1}{\sqrt{x}}\, h - \frac{1}{4}\, \frac{1}{\sqrt{x^3}}\, \frac{h^2}{1.2} + \frac{3}{8}\, \frac{1}{\sqrt{x^5}}$$

$$\frac{h^3}{1.\,2.\,3}, \text{ etc.,}$$

$$\text{ou } \sqrt{x+h} = \sqrt{x} + \frac{1}{2}\, \frac{h}{\sqrt{x}} - \frac{1}{8}\, \frac{h^2}{\sqrt{x^3}} + \frac{1}{16}\, \frac{h^3}{\sqrt{x^5}}, \text{ etc.}$$

2° — Soit $y' = \sin(x+h)$, donc $y = \sin x$. Différentions successivement, nous aurons

$$\frac{dy}{dx} = \frac{d.\sin x}{dx} = \cos x, \text{ (art. 30 éq. 42)},$$

$$\frac{d^2 y}{dx^2} = \frac{d \cos x}{dx} = -\sin x, \text{ (art. 31 éq. 45)},$$

$$\frac{d^3 y}{dx^3} = \frac{d. -\sin x}{dx} = -\cos x, \text{ (art. 30 éq. 42)},$$

$$\frac{d^4 y}{dx^4} = \frac{d. -\cos x}{dx} = \sin x, \text{ (art. 31 éq. 45)},$$

etc.

Substituant ces valeurs dans la formule de Taylor, on a

$$y' \text{ ou } \sin(x+h) = y \text{ ou } \sin x + \cos x\, h - \sin x\, \frac{h^2}{1.2} -$$

$$\cos x\, \frac{h^3}{1.\,2.\,3.} + \sin x\, \frac{h^4}{1.\,2.\,3.\,4} + \text{etc., ou}$$

$$\sin(x+h) = \sin x + \cos x\, \frac{h}{1} - \sin x\, \frac{h^2}{1.\,2} - \cos x\, \frac{h^3}{1.2.3} +$$

$$\sin x\, \frac{h^4}{1.\,2.\,3.\,4} + \text{etc.}$$

Si dans cette équation, nous supposons $x = 0$, alors $\sin x = 0$, $\cos x = 1$, et le développement se réduit à

$$\sin (0 + h) = 0 + 1 \cdot \frac{h}{1} - 0 \cdot \frac{h^2}{1.2} - 1 \cdot \frac{h^3}{1.2.3} + 0 \cdot \frac{h^4}{1.2.3.4} + \text{etc.},$$

ou
$$\sin h = h - \frac{h^3}{1.2.3} + \text{etc.}$$

3° Soit $y' = \cos (x + h)$, donc $y = \cos x$. En opérant comme dans l'exemple précédent, on trouverait

$$\cos h = 1 - \frac{h^2}{1.2} + \frac{h^4}{1.2.3.4} - \text{etc.}$$

4 Soit $y' = \log (x + h)$, donc $y = \log x$. Différentions successivement :

$$dy = d. \log x = \frac{dx}{x} \text{ (art. 28), donc } \frac{dy}{dx} = \frac{1}{x},$$

$$\frac{d^2 y}{dx^2} = \left(d. \frac{1}{x}\right) : dx = (d. x^{-1}) : dx = (- 1 \ x^{-1-1} \ dx) :$$

$$dx = - x^{-2} = - \frac{1}{x^2},$$

$$\frac{d^3 y}{dx^3} = \left(d . - \frac{1}{x^2}\right) : dx = (d . - x^{-2}) : dx = - 2 \times - x^{-2-1}$$

$$dx : dx = 2 \ x^{-3} = 2 \ \frac{1}{x^3} = \frac{2}{x^3},$$
etc.

Substituant ces valeurs dans la formule de Tayolor, on a

$$y' \text{ ou } \log(x + h) = y \text{ ou } \log x + \frac{1}{x} h - \frac{1}{x^2} \frac{h^2}{1.2} + \frac{2}{x^3} \frac{h^3}{1.2.3} + \text{etc.},$$

$$\text{ou } \log (x + h) = \log x + \frac{h}{x} - \frac{h^2}{2 x^2} + \frac{h^3}{3 x^3}, \text{etc., (60)}.$$

5° — Voici un autre moyen de trouver le développement du logarithme de $x + h$.

On cherche d'abord le développement de $\log (1 + x)$, en égalant cette expression à une suite de termes ordonnés suivant les puissances de x, en observant toutefois que, dans cette suite, il ne peut y avoir de terme indépendant de x, car si l'on avait

$$\log (1 + x) = A + B x + C x^2 + \text{etc.},$$

cette équation devant se vérifier quel que soit x, il en résulterait qu'en faisant $x = 0$, on aurait $\log. 1 = A$; or log.

$1 = 0$, donc A devrait être zéro, donc il n'y pas de terme indépendant de x.

Nous écrirons donc

$$\log (1 + x) = A x + B x^2 + C x^3 + D x^4 + \text{etc.}, \quad (61),$$

et changeant x en z, nous aurons semblablement

$$\log (1 + z) = A z + B z^2 + C z^3 + D z^4 + \text{etc.}, \quad (62),$$

mais z est arbitraire ; donc nous pouvons supposer entre x et z la relation

$$(1 + x)^2 = 1 + z \; ; \; \text{ou} \; 1 + 2 x + x^2 = 1 + z,$$

d'où $z = 2 x + x^2$.

Substituant cette valeur de z dans l'équation (62), nous aurons

$$\log (1 + z) \; \text{ou} \; \log (1 + x^2) = A (2 x + x^2) + B (2 x + x^2)^2 + C (2 x + x^2)^3 + \text{etc.},$$

et en développant

$$\log (1 + x)^2 = 2 A x + A x^2 + B (4 x^2 + 4 x^3 + x^4) + C (8 x^3 + 12 x^4 + 6 x^5 + x^6) + \text{etc.},$$

$$= 2 A x + A x^2 + 4 B x^2 + 4 B x^3 + B x^4 + 8 C x^3 + 12 C x^4 + 6 C x^5 + C x^6 + \text{etc.}$$

$$= 2 A x + A \left\{ \begin{matrix} \\ + 4 B \end{matrix} \right. x^2 + 4 B \left\{ \begin{matrix} \\ + 8 C \end{matrix} \right. x^3 + \left\{ \begin{matrix} B \\ + 12 C \\ + 16 D \end{matrix} \right. x^4 + \text{etc.} \quad (63)$$

Mais d'après la théorie des logarithmes, on a aussi $\log (1 + x)^2 = 2 \log (1 + x)$, ou en mettant à la place de $\log (1 + x)$ sa valeur donnée par le développement (61), on a

$$\log (1 + x)^2 = 2 (A x + B x^2 + C x^3 + \text{ete.}) ;$$

et en substituant cette valeur de $\log (1 + x)^2$ dans le premier membre de l'équation (63), on aura :

$$2 A x + 2 B x^2 + 2 C x^3 + \text{etc.} = 2 A x + (A + 4 B) x^2 + (4 B + 8 C) x^3 + \text{etc.}$$

Cette équation devant se vérifier quel que soit x, on peut égaler entre eux les termes affectés des mêmes puissances de x, nous aurons ainsi :

$$2 A = 2 A , \; 2 B = A + 4 B, \; 2 C = 4 B + 8 C, \text{etc.}$$

d'où nous tirons

$$- A = 4 B - 2 B = 2 B, \; \text{donc} \; B = - \frac{A}{2},$$

$$-4\,B = 8\,C - 2\,C = 6\,C, \text{ donc } C = -\frac{4\,B}{6} = -\frac{2\,B}{3} = -$$

$$\frac{2}{3}\left(-\frac{A}{2}\right) = \frac{2\,A}{6} = \frac{A}{3},$$

etc.

Si nous substituons ces valeurs de B, C, etc., dans l'équation (61), nous aurons

$$\log(1+x) = A\,x - \frac{A}{2}\,x^2 + \frac{A}{2}\,x^3 - \text{etc.,} = A\left(x - \frac{x^2}{2} + \frac{x^3}{3} - \text{etc.}\right) + C, \quad (64).$$

La constante C est nulle, car en faisant $x = 0$, on aura $C = \log 1 = 0$.

Faisons $x = \dfrac{h}{x}$ nous aurons $1 + x = 1 + \dfrac{h}{x} = \dfrac{x+h}{x}$, donc

$$\log(1+x) = \log\frac{x+h}{x} = \log(x+h) - \log x\,; \text{ et si nous sub-}$$

stituons cette valeur de $\log(1+x)$ et celle de $x = \dfrac{h}{x}$, dans l'équation (64), nous aurons

$$\log(x+h) - \log x = A\left(\frac{h}{x} - \frac{h^2}{2\,x^2} + \frac{h^3}{3\,x^3} - \text{etc.}\right), \quad (65),$$

$$\text{ou } \log(x+h) = \log x + A\left(\frac{h}{x} - \frac{h^2}{2\,x^2} + \frac{h^3}{3\,x^3} - \text{etc.}\right), \quad (66),$$

Remarque I. — En divisant par h l'équation (65), on a

$$\frac{\log(x+h) - \log x}{h} = A\left(\frac{1}{x} - \frac{h}{2\,x^2} + \frac{h^2}{3\,x^3} - \text{etc.}\right),$$

et en passant à la limite où $h = 0$, on obtient,

$$\frac{d.\log x}{dx} = A\left(\frac{1}{x}\right) = \frac{A}{x} \text{ d'où } d.\log x = A\,\frac{dx}{x} \quad (67),$$

équation de même forme que l'équation (38).

Remarque II. — L'équation (60) donne

$$\log(x+h) - \log x = \frac{h}{x} - \frac{h^2}{2\,x^2} + \frac{h^3}{3\,x^3} - \text{etc.,}$$

$$\text{ou } \frac{\log(x+h) - \log x}{h} = \frac{1}{x} - \frac{h}{2\,x^2} + \frac{h^2}{3\,x^3} - \text{etc.}$$

et en passant à la limite, où $h = 0$, on trouve

$$\frac{d.\log x}{dx} = \frac{1}{x},$$

$$\text{ou } d. \log x = \frac{dx}{x},$$

éq. trouvée autrement à l'art, 28

d'où A de l'éq. (67) égale l'unité, voir art. 26 et 28 ;

donc d'après l'éq. (64), il vient $\log (1 + x) = x - \dfrac{x^2}{2} + \dfrac{x^3}{3} - \dfrac{x^4}{4} + \ldots$ (67 bis).

Remarque III. — Connaissant la différentielle de logarithme x, pour trouver celle de a^x, on fera $y = a^x$, et en prenant les logarithmes dans le système Népérien, on aura :

$$L\, y = L\, a^x \text{ où } L\, y = x\, L\, a \text{ ou } L\, a. \times x.$$

En différentiant, on aura

$$d.\, L\, y = \frac{dy}{y} \text{ (art. 28)} \quad L\, a.\, d\, x, \text{ d'où}$$

$$dy = y.\, L\, a.\, dx,$$

et en mettant la valeur de $y = a^x$, on aura

$$d.\, a^x = a^x.\, L\, a\, dx = a^x.\, dx.\, L\, a,$$

équation qui est la même que l'éq. (36) de l'art. 26.

Remarque IV. — D'après l'équation (38), art. 28, on a

$$d.\, \log x = \frac{dx}{x} \frac{\log e}{\log a}, \text{ cela a été démontré vrai, de même}$$

que l'expression (67) qui précède laquelle donne $d.\, \log x = \dfrac{dx}{x}\, A$; donc $A = \dfrac{\log e}{\log a}$.

Dans l'équation (60) on a fait usage du système Népérien de logarithmes, puisqu'on a posé $d.\, \log x = \dfrac{dx}{x}$ (art. 28) ;

donc dans le cas de cette éq. (60), A ou $\dfrac{\log e}{\log a} = \dfrac{\log e}{\log e} = 1$.

Dans l'équation (66) le système de logarithmes est quelconque, et A y est égal à $\dfrac{\log e}{\log a}$; mais si l'on veut y faire usage du système Népérien, il faudra y faire $A = 1$ et alors on retrouvera l'équation (60).

Exercice I. — Soit à trouver la différentielle ou ce qui revient au même le coefficient différentiel de $L\, [f (x)]$ ou plus simplement de L f ; voir art. 2 et 17. Nous représentons le logarithme Népérien par L, voir remarque II ci-dessus. La fonction de fonction L f est appelée la *fonction logarithmique* de la fonction f ; voir art. 28.

Représentons L f par y. On aura

$$d\,y = d\,L\,f = d\,L\,[f\,(x)] = L\,[f\,(x+h)] - L\,[f\,(x)]$$

expression dans laquelle h est l'infiniment petit ou différentielle de x. Donc

$$d\,y = L\,[f\,(x+dx)] - L\,[f\,(x)]$$

ou plus simplement

$$d\,y = L\,[f + d\,f] - L\,f = L\,f\left[\frac{f+d\,f}{f}\right] - L\,f = L\,f$$

$$+ L\left[\frac{f+d\,f}{f}\right] - L\,f = L\left[\frac{f+d\,f}{f}\right] = L\left[1 + \frac{d\,f}{f}\right]$$

Représentons le coefficient différentiel (qu'on appelle aussi dérivée art. 157) $\dfrac{d\,f}{dx}$ par f'. Nous aurons

$$d\,y = L\left[1 + \frac{d\,f}{f\,dx}\,dx\right] = L\left[1 + \frac{f'}{f}\,dx\right]$$

Par suite, le coefficient différentiel cherché donnera

$$\frac{dy}{dx} = \frac{L\left[1 + \frac{f'}{f}\,dx\right]}{dx} = \frac{1}{dx}L\left[1 + \frac{f'}{f}\,dx\right] = L\left[\left(1 + \frac{f'}{f}\,dx\right)^{\frac{1}{dx}}\right]$$

Mais nous avons, art. 26, $e^x = 1 + \dfrac{x}{1} + \dfrac{x^2}{1\,2} + \ldots$; et la formule, p. 56 de notre recueil, donne $(x+a)^m = x^m$

$$+ \frac{m}{1}\,x^{m-1}\,a + \frac{m\,(m-1)}{1.2}\,x^{m-2}\,a^2 + \ldots$$

Donc en faisant dans la seconde formule $x = 1$ et $a = \dfrac{K}{m}$ il viendra

$$\left(1 + \frac{K}{m}\right)^m = 1 + \frac{m}{1}\frac{K}{m} + \frac{m\,(m-1)}{1.2}\frac{K^2}{m^2} + \ldots = 1 + \frac{K}{1}$$

$$+ \frac{(m^2 - m)\,K^2}{1.2}\frac{}{m^2} + \ldots = 1 + \frac{K}{1} + \left(1 - \frac{1}{m}\right)\frac{K^2}{1.2} + \ldots$$

et si $m = \infty$, il vient

$$\left(1 + \frac{K}{m}\right)^m = 1 + \frac{K}{1} + \frac{K^2}{1.2} + \ldots = e^K = A\;;$$

d'où $\quad$ L. A $=$ K et $\left(1 + \dfrac{\text{L. A}}{m}\right)^{m} = $ A $=$ e^{K}.

Si dans cette dernière expression, on fait K ou L. A $=$ $= \dfrac{f'}{f}$ et m $= \dfrac{1}{dx}$, ce sont des indéterminées, il vient :

$$\left(1 + \dfrac{\frac{f'}{f}}{\frac{1}{dx}}\right)^{\frac{1}{dx}} = e^{\frac{f'}{f}} \quad \text{ou} \quad \left(1 + \frac{f'}{f}\,dx\right)^{\frac{1}{dx}} = e^{\frac{f'}{f}}$$

Par conséquent

$$\mathrm{L}\left[\left(1 + \frac{f'}{f}\,dx\right)^{\frac{1}{dx}}\right] = \mathrm{L}\,e^{\frac{f'}{f}} = \frac{f'}{f}.$$

Donc enfin

$$\frac{dy}{dx} = \frac{d\,(\mathrm{L}\,f)}{dx} = \frac{d\,\mathrm{L}\,[f(x)]}{dx} = \frac{f'}{f}.$$

Résultat qu'on énonce en disant que : le coefficient différentiel ou la dérivée d'une fonction logarithmique ou la dérivée logarithmique est obtenue en divisant la dérivée f' de la fonction simple f par cette fonction simple. Ou, plus simlement : *la dérivée logarithmique d'une fonction est donnée par le rapport de la dérivée à la fonction* : $\dfrac{d\,(\mathrm{L}\,f)}{dx} = \dfrac{f'}{f}.$

Exercice II. — On a vu, art. 9, que

$$\frac{d\,z\,y}{dx} = \frac{z\,dy}{dx} + \frac{y\,dz}{dx}$$

ou, en représentant les coefficients différentiels ou dérivées $\dfrac{dy}{dx}$ et $\dfrac{dz'}{dx}$ respectivement par y' et z', on a

$$\frac{d\,z\,y}{dx} = z\,y' + y\,z' \quad \text{ou, en employant d'autres signes :}$$

$$\frac{d.\,fg}{dx} = f\,g' + g\,f'$$

Donc pour obtenir la dérivée logarithmique du produit f g, nous prendrons, d'après ce qui précède, le rapport de la dérivée de f g à f g, soit

$$\frac{\frac{d.\,fg}{dx}}{f\,g} = \frac{f\,g' + g\,f'}{f\,g} = \frac{g'}{g} + \frac{f'}{f} = \frac{d.\,\mathrm{L}\,(fg)}{dx}.$$

De deux facteurs, on peut passer à un nombre quel-conque de facteurs : d'où la *dérivée logarithmique d'un produit est égale à la somme des dérivées logarithmiques des facteurs*.

Exercice III. — Nous savons, art. 11, que $d \dfrac{z}{y} = \dfrac{y\,dz - z\,dy}{y^2}$ d'où

$$\dfrac{d \dfrac{z}{y}}{dx} = \dfrac{y \dfrac{dz}{dx} - z \dfrac{dy}{dx}}{y^2} = \dfrac{y\,z' - z\,y'}{y^2} \text{ ou } \dfrac{d \dfrac{f}{g}}{dx} = \dfrac{g\,f' - f\,g'}{g^2}$$

Donc (excercice 1) on a :

$$\dfrac{d. \, \mathrm{L}\left(\dfrac{f}{g}\right)}{dx} = \dfrac{d. \dfrac{f}{g} : dx}{\dfrac{f}{g}} = \dfrac{g\,f' - f\,g'}{g^2} : \dfrac{f}{g} = \dfrac{g\,f' - f\,g'}{g^2} \times \dfrac{g}{f} =$$

$$= \dfrac{f'}{f} - \dfrac{g'}{g}.$$

Excercice IV. — Soit à trouver la dérivée ou coeffi-cient différentiel de e^{x^2}. On aura une fonction de fonc-tion, art. 17, et art. 26 :

Soit $x^2 = u$, on aura $y = e^u$ et $u = x^2$. Donc $dy =$
$= d\,e^u = e^u\,du = e^{x^2}\,d\,(x^2) = e^{x^2}\,2\,x\,dx$ et $\dfrac{dy}{dx} = 2\,x\,e^{x^2}$

Ou encore, $\dfrac{dy}{du} = e^u \, \mathrm{L}\,e = e^u$ car $\mathrm{L}\,e = 1$ (art. 26), ou
$= e^{x^2}$. Et $\dfrac{du}{dx} = 2\,x$. Donc, art. 17,

$$\dfrac{dy}{dx} = \dfrac{dy}{du} \times \dfrac{du}{dx} = e^{x^2} \times 2\,x = 2\,x\,e^{x^2}.$$

Exercice V. — Soit à trouver le cœfficient différentiel ou la dérivée de $x^{\sqrt{x}}$.

En vertu de l'art. 12, en considérant l'exposant comme constant, on aura la dérivée $\sqrt{x}\,x^{\sqrt{x}-1}$:

En vertu de l'art. 26, ou en considérant l'exposant comme variable, on aura la dérivée

$$\dfrac{x^{\sqrt{x}}\,\mathrm{L}\,x\,d\sqrt{x}}{dx} = \dfrac{x^{\sqrt{x}}\,\mathrm{L}\,x\,d\,x^{\frac{1}{2}}}{dx} = \dfrac{x^{\sqrt{x}}\,\mathrm{L}\,x\,\dfrac{1}{2}\,x^{-\frac{1}{2}}\,dx}{dx} =$$

$$x^{\sqrt{x}}\,L\,x\,\frac{1}{2}x^{-\frac{1}{2}}=x^{\sqrt{x}}\,L\,x\,\frac{1}{2\,x^{\frac{1}{2}}}=x^{\sqrt{x}}\,L\,x\,\frac{1}{2\sqrt{x}}\,.$$

Or, comme la dérivée d'une fonction composée est la somme des deux dérivées qu'on en tire, il vient pour la dérivée de $x^{\sqrt{x}}$:

$$\sqrt{x}\;\;x^{\sqrt{x}-1}+x^{\sqrt{x}}\,L\,x\,\frac{1}{2\sqrt{x}}.$$

Exercice VI. — Soit à trouver la différentielle seconde ou plutôt la dérivée seconde de l'expression ou intégrale

$$y=A\,e^{\omega x}+B\,e^{-\omega x}-\frac{\alpha}{\omega^2}.$$

Les cœfficients A et B sont deux constantes.

La différentielle 1re est $dy=A\,e^{\omega x}\,d\,\omega\,x-B\,e^{-\omega x}\,d\,\omega\,x=$
$=A\,\omega\,e^{\omega x}\,dx-B\,\omega\,e^{-\omega x}\,dx$ d'où $\frac{dy}{dx}=\omega\,A\,e^{\omega x}-\omega\,B\,e^{-\omega x}$

$$\text{et}\;\frac{d^2y}{dx^2}=d\left(\frac{dy}{dx}\right):dx=\frac{d\left|\omega\,A\,e^{\omega x}-\omega\,B\,e^{-\omega x}\right|}{dx}=$$

$$=\frac{\omega\,d\left(A\,e^{\omega x}-B\,e^{-\omega x}\right)}{dx}=\frac{\omega\left(A\,e^{\omega x}\,d\,\omega\,x+B\,e^{-\omega x}\,d\,\omega\,x\right)}{dx}=$$

$$=\frac{\omega^2\left(A\,e^{\omega x}\,dx+B\,e^{-\omega x}\,dx\right)}{dx}=\omega^2\left(A\,e^{\omega x}+B\,e^{-\omega x}\right)=$$

$$=\omega^2\left(A\,e^{\omega x}+B\,e^{-\omega x}-\frac{\alpha}{\omega^2}+\frac{\alpha}{\omega^2}\right)=\omega^2\left(A\,e^{\omega x}+B\,e^{-\omega x}-\frac{\alpha}{\omega^2}\right)+\alpha=\omega^2\,y+\alpha.$$

On sait que $d\,e^x=e^x\,dx$ et que $d\,e^{-x}=e^{-x}\,d\,(-x)=$ $=-e^{-x}\,dx.$

Exercice VII. — Cherchons la dérivée seconde de

$$y=A\,e^{\omega x}+B\,e^{-\omega x}-\frac{\alpha}{2\,\omega^2}\sin\omega\,x.$$

La différentielle 1re est $dy=A\,e^{\omega x}\,d\,\omega\,x-B\,e^{-\omega x}\,d\,\omega\,x$ $-\frac{\alpha}{2\,\omega^2}\cos\omega\,x\,d.\,\omega\,x=A\,\omega\,e^{\omega x}\,dx-B\,\omega\,e^{-\omega x}\,dx$

$$-\frac{\alpha\omega}{2\omega^2}\cos\omega x\, dx = A\omega e^{\omega x}dx - B\omega e^{-\omega x}dx - \frac{\alpha}{2\omega}$$

$$\cos\omega x\, dx \quad \text{d'où} \quad \frac{dy}{dx} = \omega A e^{\omega x} - \omega B e^{-\omega x} - \frac{\alpha}{2\omega}\cos\omega x$$

$$\text{et} \quad \frac{d^2 y}{dx^2} = d\left(\frac{dy}{dx}\right) : dx =$$

$$= d\left(\omega A e^{\omega x} - \omega B e^{-\omega x} - \frac{\alpha}{2\omega}\cos\omega x\right) : dx =$$

$$= \left(\omega A e^{\omega x}d\omega x + \omega B e^{-\omega x}d\omega x + \frac{\alpha}{2\omega}\sin\omega x\, d\omega x\right) : dx =$$

$$= \omega^2 A e^{\omega x} + \omega^2 B e^{-\omega x} + \frac{\alpha\omega}{2\omega}\sin\omega x =$$

$$= \omega^2\left(A e^{\omega x} + B e^{-\omega x} + \frac{\alpha}{2\omega^2}\sin\omega x\right) = \omega^2\left(A e^{\omega x} + B e^{-\omega x}\right.$$

$$-\frac{\alpha}{2\omega^2}\sin\omega x + \frac{2\alpha}{2\omega^2}\sin\omega x\right) = \omega^2\left(A e^{\omega x} + B e^{-\omega x}\right.$$

$$\left.-\frac{\alpha}{2\omega^2}\sin\omega x\right) + \alpha\sin\omega x = \omega^2 y + \alpha\sin\omega x.$$

Exercice VIII. — Soit à trouver la dérivée 2de de
$y = A e^{\omega' x} + B e^{\omega'' x}$ ∴ $y - A e^{\omega' x} - B e^{\omega'' x} = 0$.
On a, en vertu de ce que $d e^x = e^x dx$:

$$dy = A e^{\omega' x}\omega' dx + B e^{\omega'' x}\omega'' dx$$

d'où $\dfrac{dy}{dx} = A e^{\omega' x}\omega' + B e^{\omega'' x}\omega''$ et $\dfrac{d^2 y}{dx^2} = \dfrac{A e^{\omega' x}\omega' d\omega' x}{dx}$

$+ \dfrac{B e^{\omega'' x}\omega'' d.\omega'' x}{dx} = \dfrac{A e^{\omega' x}\omega'^2 dx}{dx} + \dfrac{B e^{\omega'' x}\omega''^2 dx}{dx}$ donc,

enfin, $\dfrac{d^2 y}{dx^2} = A e^{\omega' x}\omega'^2 + B e^{\omega'' x}\omega''^2$.

On a l'éq. différentielle du 2^d ordre :
$$\frac{d^2 y}{dx^2} - A e^{\omega' x}\omega'^2 - B e^{\omega'' x}\omega''^2 = 0.$$

Les valeurs ω' et ω'' sont les racines de l'éq. du 2^d degré
$\omega^2 + a\omega + b = 0$.

Dans l'équation $\omega^2 + a\omega + b = 0$, les racines ω' et ω''
(p. 35 de mon recueil où p et q sont respectivement remplacés ici par a et b) donnent
$$\omega' + \omega'' = -a \therefore a = -(\omega' + \omega'') \text{ et } \omega'\omega'' = b.$$

L'éq. ci dessus peut se mettre sous la forme :

$$\frac{d^2 y}{dx^2} + \left(- \omega' - \omega'' \right) \left[A\, e^{\omega' x}\, \omega' + B\, e^{\omega'' x}\, \omega'' \right] + \omega' \omega''$$

$$\left(A\, e^{\omega' x} + B\, e^{\omega'' x} \right) = 0.$$

Mais $- \omega' - \omega'' = a$ et $\omega' \omega'' = b$; donc cette éq. devient en y substituant ces valeurs :

$$\frac{d^2 y}{dx^2} + a \left(A\, e^{\omega' x}\, \omega' + B\, e^{\omega'' x}\, \omega'' \right) + b \left(A\, e^{\omega' x} + B\, e^{\omega'' x} \right) = 0.$$

Mais le facteur de a est la valeur de $\dfrac{dy}{dx}$ ci-dessus; et le facteur de b est la valeur de y ; donc il vient l'éq. différentielle du 2^d degré :

$$\frac{d^2 y}{dx^2} + a\, \frac{dy}{dx} + by = 0$$

dans laquelle a et b ont les valeurs tirées ci-dessus de l'éq. en ω

DE LA DIFFÉRENTIATION DES ÉQUATIONS OU FONCTIONS DE DEUX VARIABLES INDÉPENDANTES. EXPRESSION GÉNÉRALE DE LA DIFFÉRENTIELLE DE DEUX VARIABLES. EXPRESSION GÉNÉRALE DE LA DIFFÉRENTIELLE DE TROIS VARIABLES PARMI LESQUELLES ON EN PREND DEUX POUR VARIABLES INDÉPENDANTES.

43. — Soit une équation entre deux variables représentée par $F (x, y) = 0$, (68).

Si nous résolvions cette équation par rapport à l'une des inconnues, à y, par exemple, nous aurions un résultat de la forme $y = \varphi x$.

Si nous substituions maintenant cette valeur dans l'éq. (68), celle-ci pourrait être représentée par $F (x, \varphi x) = 0$, ou plus simplement par $f x = 0$.

Cette équation serait évidemment identique, tous les termes doivent s'y détruire quelque valeur que l'on veuille donner à x.

Si, par exemple, cette équation était du troisième degré, nous pourrions la représenter par $A x^3 + B x^2 + Cx$

+ D = o, et comme toute valeur de x doit la vérfier nous pourrions mettre x + h à la place de x et ainsi nous obtiendrions A $(x + h)^3$ + B $(x + h)^2$ + C $(x + h)$ + D = o, autrement dit si l'on a une équation f x = o, quelque soit x, on aura encore f $(x + h)$ = o ; et en retranchant de cette dernière, l'équation f x = o, il restera f $(x + h)$ — f x = o, et en divisant par h, on aura.

$$\frac{f(x + h) - f x}{h} = o.$$

Or. l'équation 7bis de l'art. 7, montre que

$$f(x + h) = f x + A h + B h^2 + \text{etc.},$$

d'où

$$\frac{f(x + h) - f x}{h} = A + B h + \text{etc.}, \quad (69),$$

et comme le premier membre de cette équation est nul d'après ce que nous venons de voir, on a donc A + B h + etc., = o, ce qui montre que A = o, quand on fait h = o.

Donc, si dans l'équation (69), on passe à la limite où h = o, on aura

$$\frac{d. f x}{dx} = A = o, \text{ d'où } d. f x = A dx = o,$$ ou en remettant à la place de f x son expression F $(x, \varphi x)$ = o, on aura d. F $(x, \varphi x)$ = A dx = o, et en mettant à la place de φ x sa valeur y, on aura enfin

$$d. F (x, y) = A dx = o, \quad (70).$$

Remarque I. — Nous venons de voir qu'en regardant y comme une fonctions de x, si l'on différentie l'équatton F (x, y) = o, on peut égaler le résultat à zéro. En agissant ainsi, dans chaque cas particulier, nous pourrons déterminer la valeur du cœfficient différentiel $\dfrac{dy}{dx}$.

Ainsi, soit par exemple

$$F (x, y) = x^2 + 3 ay - y^2 = o. \quad (71).$$

Différentions et égalons le résultat à zéro, nous aurons

$$2 x dx + 3 a dy - 2 y dy = o, (72),$$

d'où $2 x dx = 2 y dy - 3 a dy = dy (2 y - 3a)$,

d'où

$$\frac{d y}{d x} = \frac{2 x}{2 y - 3 a}, \quad (73).$$

Remarque II. — Si nous comparons le procédé qui nous a fait obtenir l'équation (73) avec le procédé de différentiation que nous avons employé jusqu'à présent, nous voyons qu'en opérant d'après cette seconde méthode, nous aurions dû d'abord mettre l'équation (71) sous la forme $y = f x$, et par conséquent la résoudre par rapport à y, pour en déduire ensuite, par la différentiation, la valeur de $\dfrac{dy}{dx}$. En suivant ce procédé, nous trouverions d'abord

$$y^2 - 3\,ay - x^2 = 0 \;\therefore\; y = \frac{3\,a}{2} \pm \sqrt{\frac{9\,a^2}{4} + x^2},$$

et ensuite, en différentiant, nous aurons

$$dy = d.\left(\frac{3\,a}{2} \pm \sqrt{\frac{9}{4}a^2 + x^2}\right) = d. \pm \sqrt{\frac{9}{4}a^2 + x^2} = d. \pm$$

$$\left(\frac{9}{4}a^2 + x^2\right)^{1/2} = \pm \frac{1}{2}\left(\frac{9}{4}a^2 + x^2\right)^{1/2 - 1} \text{ ou } -1/2\, d.\left(\frac{9}{4}a^2 + x^2\right) = \pm \frac{1}{2}$$

$$\left(\frac{9}{4}a^2 + x^2\right)^{-1/2} 2x\, dx = \pm \frac{1}{2} 2x\, dx \left(\frac{9}{4}a^2 + x^2\right)^{-1/2} = \pm x\, dx$$

$$\frac{1}{\left(\frac{9}{4}a^2 + x^2\right)^{1/2}} = \pm x\, dx\, \frac{1}{\sqrt{\frac{9}{4}a^2 + x^2}},$$

donc

$$\frac{dy}{dx} = \pm \frac{x}{\sqrt{\frac{9}{4}a^2 + x^2}}. \quad (74).$$

Cette valeur de $\dfrac{dy}{dx}$ affecte une autre forme que celle qui nous est donnée par l'équation (73) ; mais si nous mettons dans celle-ci la valeur de $y = \dfrac{3\,a}{2} \pm \sqrt{\dfrac{9}{4}a^2 + x^2}$, cette équation deviendra

$$\frac{dy}{dx} = \frac{2\,x}{2.\left(\frac{3\,a}{2} \pm \sqrt{\frac{9}{4}a^2 + x^2}\right) - 3\,a} = \frac{2\,x}{\pm 2\sqrt{\frac{9}{4}a^2 + x^2}} = \pm$$

$$\frac{x}{\sqrt{\frac{9}{4}a^2 + x^2}},$$

ainsi que nous venons de le trouver (équation 74).

Remarque III. — L'équation (72) est ce qu'on appelle la différentielle première de l'équation (71) ; et l'équation (73) donne le coefficient différentiel du premier ordre.

Si nous voulons avoir l'équation qui donne le coefficient différentiel du second ordre, c'est-à-dire $\dfrac{d^2 y}{dx^2}$, nous diviserons l'équation (72) par dx, et nous poserons $\dfrac{dy}{dx}=p$, art. 19, nous obtiendrons ainsi :

$$\frac{2\,x\,dx}{dx} + 3\,a\,\frac{dy}{dx} - 2\,y\,\frac{dy}{dx} = 0 \text{ ou } 2\,x + 3\,a\,p - 2\,y\,p = 0.$$

Regardons y et p comme des fonctions de x, et différentions, nous aurons

$$2\,dx + 3\,a\,dp - 2\,y\,dp - 2\,p\,dy = 0;$$

divisons par dx, et mettons p à la place de $\dfrac{dy}{dx}$, nous aurons

$$2\,\frac{dx}{dx} + 3\,a\,\frac{dp}{dx} - 2\,y\,\frac{dp}{dx} - 2\,p\,\frac{dy}{dx} = 0, \text{ ou } 2 + 3\,a\,\frac{dp}{dx} - 2\,y\,\frac{dp}{dx} - 2\,p^2 = 0,$$

d'où, nous tirerons

$$3\,a\,\frac{dp}{dx} - 2\,y\,\frac{dp}{dx} = 2\,p^2 - 2 \text{ ou } \frac{dp}{dx}(3a - 2y) = 2p^2 - 2, \text{ d'où}$$

$$\frac{dp}{dx} = \frac{2\,p^2 - 2}{3\,a - 2\,y}, \quad (75).$$

Or, nous avons vu que $p = \dfrac{dy}{dx}$, donc $\dfrac{dp}{dx} = \dfrac{d^2 y}{dx^2}$, et en mettant ces valeurs dans l'équation (75), nous aurons pour le coefficient différentiel du second ordre.

$$\frac{d^2 y}{dx^2} = \frac{2\,p^2 - 2}{3\,a - 2\,y} = \frac{2}{3a - 2y}(p^2 - 1) = \frac{2}{3a - 2y}\left(\frac{dy^2}{dx^2} - 1\right) =$$

$$\frac{2\,dy^2}{(3a - 2y)\,dx^2} - \frac{2}{3a - 2y}$$

et en chassant les dénominateurs nous aurons, pour la différentielle seconde de l'équation (71).

$$d^2 y\,(3a - 2y) = 2p^2\,dx^2 - 2\,dx^2 = 2\,\frac{dy^2}{dx^2}\,dx^2 - 2dx^2 = 2\,dy^2 - 2\,dx^2, \quad (76).$$

Remarque IV. — Pour avoir la différentielle troisième ou le coefficient différentiel du troisième ordre, on fera $\frac{dp}{dx} = q$ (art. 19), et l'équation (75) deviendra, après avoir chassé les dénominateurs :

$$q\,(3a - 2y) = 2p^2 - 2 \text{ ou } 3\,aq - 2y\,q = 2p^2 - 2\,;$$

différentiant, en regardant y, p, q, comme des fonctions de x, nous aurons

$$3\,a\,dq - 2\,y\,dq - 2\,q\,dy = 4\,p\,dp\,;$$

divisons par dx et mettons p à la place de $\frac{dy}{dx}$ et q à la place de $\frac{dp}{dx}$, nous aurons

$$3\,a\,\frac{dq}{dx} - 2\,y\,\frac{dq}{dx} - 2\,q\,p = 4\,pq,$$

d'où nous tirerons

$$\frac{dq}{dx}\,(3\,a - 2\,y) = 4\,p\,q + 2\,p\,q = 6\,p\,q$$

donc
$$\frac{dq}{dx} = \frac{6\,p\,q}{3\,a - 2\,y}.$$

Or, art. 19, $\frac{dq}{dx} = r = \frac{d^3 y}{dx^3}$, donc $\frac{d^3 y}{dx^3} = \frac{6\,p\,q}{3a - 2\,y} =$ (en mettant les valeurs de p et de q, art. 19) $= \frac{6}{3\,a - 2\,y}\,\frac{dy}{dx}$ $\frac{d^2 y}{dx^2} = \frac{6\,dy\,d^2 y}{(3\,a - 2\,y)\,dx^3}$, tel est le coefficient différentiel du troisième ordre.

Il suffiit de chasser les dénominateurs pour avoir la différentielle troisième savoir :

$$d^3 y\,(3\,a - 2\,y) = 6\,dy\,d^2 y.$$

Ainsi de suite pour la différentielle quatrième, etc.,

Remarque V. — Nous employons les lettres p, q, r. etc., pour effectuer les opérations de la manière que nous venons d'exposer ; mais on parviendrait au même résultat en différentiant l'équation (72) et en mettant dy pour la différentielle de y, $d^2 y$ pour celle de dy, $d^3 y$ pour celle de $d^2 y$, etc. ; en regardant dx comme constant, et en observant que, art 9, la différentielle du produit 2y dy de deux variables égale $2\,dy\,dy + 2\,y\,d^2 y$; on trouvait ainsi :

$$2 \, dx \, dx + 3 \, a \, d^2 y - 2 \, dy \, dy - 2 \, y \, d^2 y = 0, \text{ ou}$$
$$2 \, dx^2 + 3 \, a \, d^2 y - 2 \, dy^2 - 2y \, d^2 y = 0, \text{ ou}$$
$$d^2 y \, (3 \, a - 2 \, y) = 2 \, dy^2 - 2 \, dx^2,$$

expression qui est la même que l'éq. (76).

44. — Voyons maintenant *l'expression générale* de la différentielle d'une fonction f (x, y) de deux variables.

A cet effet, représentons f (x, y) par u. Nous aurons en différentiant cette fonction u par rapport à x, le terme $\frac{du}{dx} \, dx$; en effet, $\frac{du}{dx} \, dx$ veut dire différentielle de u par rapport à x, art. 38.

En différentiant ensuite cette équation u par rapport à y, nous aurons le second terme $\frac{du}{dy} \, dy$; de sorte que

$$d. \, f (x, y) \text{ ou } d. \, u = \frac{du}{dx} \, dx + \frac{du}{dy} \, dy, \, (77) \, ;$$

car la différentielle d'une somme est égale à la somme des différentielles de ses parties, art. 15. L'expression ci-dessus veut dire simplement que la différentielle de u est égale à la somme des différentielles de u par rapport à x et de u par rapport à y.

Nous avons considéré ici x et y comme variables indépendantes, ou comme l'expression générale de la différentielle de f (x, y) ; mais si y, par exemple, est une fonction de x, l'expression ci-dessus se modifie. En effet, en différentiant la fonction y par rapport à x, nous aurons $dy = \frac{dy}{dx} \, dx$, art. 38.

Si l'on substitue ensuite cette valeur de dy dans l'exsion différentielle de u ci-dessus, nous obtiendrons :

$$du = \frac{du}{dx} \, dx + \frac{du}{dy} \frac{dy}{dx} \, dx, \, (78).$$

Remarque I. — D'après l'art. 17, si u est considéré comme une fonction de y et y comme une fonction de x, le produit $\frac{du}{dy} \frac{dy}{dx} \, dx$ de l'équation (78), n'est autre chose que la différentielle de u prise par rapport à x renfermé dans y.

Remarque II. — La *différentielle totale* d'une fonction de x et de y étant donnée par l'équation (77), du =

$$\frac{du}{dx} dx + \frac{du}{dy} dy,$$ on nomme les expressions $\frac{du}{dx} dx$ et $\frac{du}{dy} dy$ les *différentielles partielles* de u :

Si u était une fonction de trois variables indépendantes x, y, z, nous aurions de même pour la différentielle totale de u:

$$du = \frac{du}{dx} dx + \frac{du}{dy} dy + \frac{du}{dz} dz, \qquad (78^{bis})$$

et les termes $\frac{du}{dx} dx$, $\frac{du}{dy} dy$, $\frac{du}{dz} dz$, seraient les différentielles partielles de u.

Ainsi de suite.

45. — Nous avons vu, art. 38, qu'une expression telle que $\frac{dy}{dx}$ signifiait qu'une fonction y avait été différentiée par rapport à la variable x, et divisée ensuite par dx.

Il résulte delà que si l'on a, par exemple, l'équation $\frac{dy}{dx} =$ A, et que, par division, l'on en déduit $1 = \dfrac{A}{\frac{dy}{dx}}$, on ne sait pas si l'on peut en conclure que $1 = A \dfrac{dx}{dy}$, comme l'algèbre le permet, car dans cette dernière équation la différentiation n'est plus celle de y par rapport à x, mais le contraire.

Nous devons donc démontré si ce résultat est vrai.

Pour cela, remarquons que, d'après l'art. 17, nous avons
$$\frac{du}{dx} = \frac{du}{dy} \frac{dy}{dx}.$$

Si, dans cette équation, nous faisons u = x, elle donne
$$\frac{dx}{dx} \text{ ou } 1 = \frac{dx}{dy} \frac{dy}{dx},$$

d'où l'on tire $\dfrac{dx}{dy} = 1 : \dfrac{dy}{dx} = \dfrac{1}{\frac{dy}{dx}},$

ce qui montre que le changement d'hypothèse de différentiation s'accorde avec l'Algèbre.

Méthode des Tangentes.

46. — On appelle méthode des tangentes celle qui donne les expressions différentielles des tangentes, sous-tangentes, normales et sous-normales. Nous considérerons une courbe quelconque, cas général.

47. — Cherchons d'abord l'expression différentielle qui donne la longueur de la sous-tangente,

Soient x et y les coordonnées d'un point M, fig. 4, pris sur une courbe ; augmentons l'abcisse A P = x d'une quantité PP' = h, menons l'ordonnée P' M', et par les points M et M' faisons passer une sécante M' S. Il est évident que plus PP' diminuera, plus P S tendra à se confondre avec la sous-tangente P T, et quand P P' = h deviendra nul, P S se confondra avac P T ; donc P T est la limite vers laquelle tendra P S.

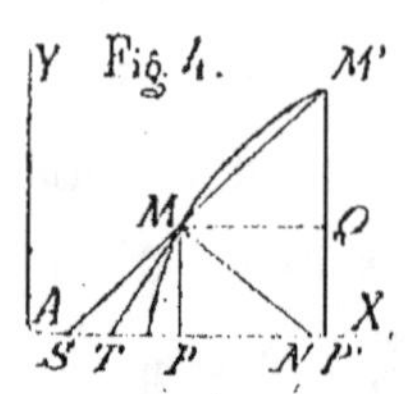

Si donc nous connaissons l'expression qui donne la valeur P S, en enprenant la limite, nous aurions celle qui donne la valeur de P T.

Or, les triangles semblables M' M Q et M S P donnent la proportion : M' Q : M Q :: M P : P S, ou, en remplaçant M Q et M P par leurs valeurs respectives h et y, M' Q : h :: y : P S, donc

$$P S = \frac{h.\,y}{M'\,Q}$$

Mais M' Q = M' P'— M P. Et M' P' = y' = f (x + h), ou d'après la formule de Taylor, art. 41, formule (58), M' P' =

$$y' = f(x+h) = y + \frac{dy}{dx}\,h + \frac{d^2 y}{dx^2}\frac{h^2}{1.2} + \text{etc.}$$

Et nous savons que M P = y, par hypothèse. Donc, en mettant pour M' P' et M P, ces valeurs, nous aurons

$$M' Q = M' P' - M P = \frac{dy}{dx}\,h + \frac{d^2 y}{dx^2}\frac{h^2}{1.2} + \text{etc.}$$

Si maintenant nous substituons cette valeur de M' Q dans celle P S, nous aurons :

$$P S = \frac{h. y}{M' Q} = \frac{h. y}{\frac{dy}{dx} h + \frac{d^2 y}{dx^2} \frac{h^2}{1.2} + \text{etc.}}, \text{ et en divisant les}$$

deux termes par h, nous obtiendrons enfin

$$P S = \frac{y}{\frac{dy}{dx} + \frac{d^2 y}{dx^2} \frac{h}{1.2} + \text{etc.}}$$

Et en passant à la limite où $h = 0$, P S se confond avec

P T, et nous aurons $P T = \dfrac{y}{\frac{dy}{dx}}$, ou, d'après l'art. 45, PT $=$

$y \dfrac{dx}{dy}$; et en représentant par x' et y', au lieu de x et y, les coordonnées du point M, nous aurons pour la valeur de la *sous-tangente* :

$$P T = y' \frac{dx'}{dy'}, \ (79).$$

48. — Pour trouver de même la valeur (longueur) de la sous-normale, au point M, même figure, menons la perpendiculaire M N sur M T, la sous normale sera P N. Pour la déterminer, remarquons que la perpendiculaire P M, du triangle rectangle T M N, étant moyenne proportionnelle entre les deux segments, de l'hypothénuse, T P et P N, nous avons la proportion

$$P T : P M :: P M : P N.$$

on, en remplaçant P T par sa valeur (éq. 79), et P M par sa valeur y', nous obtenons

$$y' \frac{dx'}{dy'} : y' :: y' : P N ;$$

donc $P N = y'^2 : y' \dfrac{dx'}{dy'} = y' : \dfrac{dx'}{dy'} = (\text{art.45}) = y' \dfrac{dy'}{dx'}$;

donc sous-normale $P N = y' \dfrac{dy'}{dx'}, \ (80).$

49. — Pour trouver également la valeur de la tangente, remarquons que $M T = \sqrt{T P^2 + P M^2}$, d'après la théorie du carré de l'hypothénuse, donc, en remplaçant T P et P M, par leur valeurs respectives $y' \dfrac{dx'}{dy'}$ et y', nous avons

pour la longueur de la tangente :

$$M\,T \text{ ou tangente} = \sqrt{y'^2 \frac{dx'^2}{dy'^2} + y'^2} = y' \sqrt{\frac{dx'^2}{dy'^2} + 1}, \ (81),$$

50. — Enfin la longueur de la normale se déterminera en remarquant que, dans le triangle rectangle PMN, on a

$$M\,N = \sqrt{P\,N^2 + P\,M^2},$$

et en remplaçant P N et P M par leurs valeurs respectives $y'\frac{dy'}{dx'}$ et y', on trouve

$$M\,N \text{ ou normale} = \sqrt{y'^2 \frac{dy'^2}{dx'^2} + y'^2} = y' \sqrt{\frac{dy'^2}{dx'^2} + 1}, \ (82).$$

51. — Cherchons maintenant l'équation différentielle qui représente la tangente. Soient x' et y' les coordonnées du point de tangence M, même figure.

D'après la géométrie analytique à deux dimensions, nous savons que l'équation d'une droite, en coordonnées rectangulaires, peut être représentée, en fonction de la tangente trigonométrique de l'angle α qu'elle fait avec l'axe des abscisses et de l'ordonnée b à l'origine, par l'équation suivante :

$$y = \text{tang } \alpha.\ x + b.$$

Donc la tangente M T à la courbe peut être représentée par cette équation générale. Mais cette droite M T passant par le point M de la courbe dont les coordonnées sont x' et y', son équation doit se vérifier par ces valeurs x' et y', on a donc

$$y' = \text{tang } \alpha.\ x' + b.$$

En retranchant ces équations l'une de l'autre, on a pour la tangente M T :

$$y - y' = \text{tang } \alpha\ (x - x').$$

Mais la tangente trigonométrique tang α a pour expression $\frac{P\,M}{P\,T}$, (d'après la trigonométrie, triangle rectangle M P T ; le rapport P T étant le rayon et P M la tangente trigonométrique), donc tang $\alpha = \frac{P\,M}{P\,T}$; et en observant que $P\,M = y'$ et $P\,T$, sous tangente, $= y'\,\dfrac{dx'}{dy'}$, on a

$$\tan \alpha = y' : y'\,\frac{dx'}{dy'} = \text{art. } 45 = y' : \frac{y'.\,dx'}{dy'} = \frac{y'\,dy'}{y'\,dx'} = \frac{dy'}{dx'}$$

$$(82^{\text{bis}}).$$

Substituant cette valeur de tang α dans l'équation de la tangente $M\,T$, on a pour *l'équation de la tangente* :

$$y - y' = \frac{dy'}{dx'}\,(x - x'), \quad (83).$$

52. — Pour trouver l'équation différentielle qui représente la normale, rappelons-nous que, d'après la géométrie analytique, si l'équation de la tangente est, comme nous venons de voir

$$y - y' = \frac{dy'}{dx'}\,(x - x')$$

l'équation de la normale peut se déduire de cette équation, en changeant le signe du cœfficient de $x - x'$ et en renversant la fraction qui représente ce cœfficient, on a donc *pour l'équation de la normale* :

$$y - y' = -\frac{dx'}{dy'}\,(x - x'), \quad (84).$$

53. — Nous donnons ci-après quelques applications des formules précédentes.

1° — *Chercher la sous-tangente de la parabole.* La géométrie analytique donne pour l'équation de la parabole rapportée à son axe, etc, l'équation $y^2 = 2\,px$. En la différentiant, on trouve

$$2\,y\,dy = 2\,p\,dx \,;\; \text{d'où } \frac{dy}{dx} = \frac{2\,p}{2\,y} = \frac{p}{y}.$$

Or, x' et y' étant les coordonnées du point de tangence, et ce point appartenant à la courbe, ses coordonnées doivent satisfaire à l'équation précédente ; on a donc pour le cœfficient différentiel qui correspond à ce point $\dfrac{dy'}{dx'} = \dfrac{p}{y'}$. Si nous substituons cette valeur dans celle de la sous-tangente $P\,T$, équation (79), nous aurons

$$P\,T = y'\,\frac{dx'}{dy'} = \frac{y'}{\dfrac{dy'}{dx'}} = \frac{y'}{\dfrac{p}{y'}} = y'\,\frac{y'}{p} = \frac{y'^2}{p}.$$

Mais l'équation de la courbe étant $y^2 = 2\,px$, on a aussi $y'^2 = 2\,px'$, et en mettant cette valeur de y'^2 dans l'équation $\dfrac{y'^2}{p}$, on a enfin pour la valeur PT de *la sous-tangente* :

$$PT \text{ ou sous-tangente} = \frac{y'^2}{p} = \frac{2\,p\,x'}{p} = 2\,x', \quad (85).$$

2° — *Trouver la sous-normale de l'ellipse.* L'équation de l'ellipse rapportée à son centre et à ses axes, etc , étant $b^2 x^2 + a^2 y^2 = a^2 b^2$; si on la différentie elle donne $2\,b^2 x\,dx + 2\,a^2 y\,dy = d\,(a^2 b^2$ ou constante$) = 0$; d'où $dy = -\dfrac{2\,b^2 x\,dx}{2\,a^2 y}$ et $\dfrac{dy}{dx} = -\dfrac{2\,b^2 x}{2\,a^2 y} = -\dfrac{b^2 x}{a^2 y}$; et en prenant, comme ci-dessus, les coordonnées x' et y' du point de tangence, on a $\dfrac{dy'}{dx'} = -\dfrac{b^2 x'}{a^2 y'}$. Substituant cette valeur de $\dfrac{dy'}{dx'}$ dans l'équation de la sous-normale P N (éq. 80), elle devient

$$PN \text{ ou sous-normale} = y'\frac{dy'}{dx'} = -y'\frac{b^2 x'}{a^2 y'} = -\frac{b^2}{a^2}x', \quad (86).$$

3° — *Donner l'expression de la tangente à l'hyperbole.* L'équation de l'hyperbole rapportée à ses axes, etc., origine au centre, pouvant être représentée par l'équation $y^2 - m^2 x^2 = p$; si l'on différentie cette équation, elle donne $2\,y\,dy - 2\,m^2 x\,dx = 0$; car d. p, constante, $= 0$. De cette équation on tire

$$dy = \frac{2\,m^2 x\,dx}{2\,y} = \frac{m^2 x\,dx}{y}, \text{ d'où } \frac{dy}{dx} = m^2\frac{x}{y} ;$$

et en mettant comme précédemment, les coordonnées x' et y' du point de tangence, on obtient $\dfrac{dy'}{dx'} = \dfrac{m^2 x'}{y'}$. En substituant cette valeur de $\dfrac{dy'}{dx'}$ dans l'équation générale (81) de la tangente M T, on a, en observant que d'après ce qui précède $\dfrac{dx'}{dy'} = \dfrac{y'}{m^2 x'}$:

$$MT \text{ ou tangente} = y'\sqrt{\frac{dx'^2}{dy'^2} + 1} = y'\sqrt{\left(\frac{y'}{m^2 x'}\right)^2 + 1} =$$

$$y' \sqrt{\frac{y'^2}{m^4 x'^2} + 1} = y \sqrt{\frac{y'^2 + m^4 x'^2}{m^4 x'^2}} = y' \frac{\sqrt{y'^2 + m^4 x'^2}}{m^2 x'} = \frac{y'}{m^2 x'} \sqrt{y'^2 + m^4 x'^2}$$

Mais de l'équation $y^2 - m^2 x^2 = p$ de l'hyperbole, on tire $y'^2 - m^2 x'^2 = p$, d'où $y'^2 = p + m^2 x'^2$, donc $y'^2 + m^4 x'^2 = p + m^2 x'^2 + m^4 x'^2 = p + m^2 x'^2 (1 + m^2)$, donc l'équation de la *tangente*

$$M T = \frac{y'}{m^2 x'} \sqrt{p + m^2 x'^2 (1 + m^2)}, \quad (87).$$

Si nous prenons pour l'équation de l'hyperbole, celle-ci $a^2 y^2 - b^2 x^2 = -a^2 b^2$; en la différentiant on trouve $2 a^2 y \, dy - 2 b^2 x \, dx = 0$; d'où $dy = \frac{2 b^2 x \, dx}{2 a^2 y} = \frac{b^2 x \, dx}{a^2 y}$ d'où $\frac{dy}{dx} = \frac{b^2}{a^2} \frac{x}{y}$, et en prenant x' et y' on a $\frac{dy'}{dx'} = \frac{b^2}{a^2} \frac{x'}{y'}$, d'où $\frac{dx'}{dy'} = \frac{a^2}{b^2} \frac{y'}{x'}$. Substituant cette valeur de $\frac{dx'}{dy'}$ dans l'équation générale M T de la tangente, (éq. 81), on a

$$M T \text{ ou tangente} = y' \sqrt{\frac{dx'^2}{dy'^2} + 1} = y' \sqrt{\left(\frac{a^2 y'}{b^2 x'}\right)^2 + 1} =$$

$$y' \sqrt{\frac{a^4 y'^2}{b^4 x'^2} + 1} = y' \sqrt{\frac{a^4 y'^2 + b^4 x'^2}{b^4 x'^2}} = \frac{y'}{b^2 x'} \sqrt{a^4 y'^2 + b^4 x'^2}, \quad (88).$$

MAXIMA ET MINIMA DANS LES FONCTIONS D'UNE SEULE VARIABLE.

54. — Nous avons vu, art. 41, formule (58), qu'en donnant à x un accroissement h, on change l'équation $y = f x$ en $y' = f (x + h)$, et on obtient la formule de Taylor, savoir :

$$f (x + h) = y + \frac{dy}{dx} h + \frac{d^2 y}{dx^2} \frac{h^2}{1.2} + \frac{d^3 y}{dx^3} \frac{h^3}{1.2.3} + \text{etc.}$$

Nous allons démontrer que l'on peut, dans cette série, donner à l'accroissement h. une valeur telle que l'un quelconque des termes de la série devienne plus grand que la somme de tous ceux qui le suivent.

En effet, si nous voulons, par exemple, que le terme $\frac{dy}{dx}h$ surpasse la somme de tous ceux qui le suivent, écrivons comme ceci la partie de la série comprenant ce terme et tous ceux qui le suivent :

$$\left(\frac{dy}{dx} + \frac{d^2 y}{dx^2}\, \frac{h}{2} + \frac{d^3 y}{dx^3}\, \frac{h^2}{2.3} + \text{ etc.}\right)h., \quad (89).$$

Or quand on fait $h = 0$, la partie $\frac{d^2 y}{dx^2}\, \frac{h}{2} + \frac{d^3 y}{dx^3}\, \frac{h^2}{2.3} +$ etc., de cette formule, s'anéantit, donc on conçoit que cette partie peut être rendue aussi petite qu'on voudra en prenant h très rapproché de zéro, et être alors plus petite que $\frac{dy}{dx}$, qui, lui, est indépendant de h.

On a donc alors $\frac{dy}{dx} > \frac{d^2 y}{dx^2}\, \frac{h}{2} + \frac{d^3 y}{dx^3}\, \frac{h^2}{2.3} +$ etc., et en multipliant par h les deux termes de cette inégalité, on a

$$\frac{dy}{dx}\, h > \frac{d^2 y}{dx^2}\, \frac{h^2}{2} + \frac{d^3 y}{dx^3} + \frac{h^3}{2.3} + \text{ etc.}$$

ce qu'il fallait démontrer.

On ferait la même démonstration pour tout autre terme à l'égard de ceux qui le suivent.

Cela peut servir à démontrer qu'un infiniment petit de l'ordre n est plus grand que la somme des infiniment petits d'ordre $n + 1$, $n + 2$, etc ; car h étant très-petit, $\frac{dy}{dx}\, h$ l'est aussi ; $\frac{d^2 y}{dx^2}\, h^2$ est un infiniment petit d'un ordre plus élevé, etc.

55.   Une équation entre deux variables $y = f\,x$ peut toujours être considérée comme l'équation d'une courbe dont les valeurs de la fonction y seraient les ordonnées et celles de x les abscisses. On dit que cette fonction y est à son minimum, lorsqu'après avoir diminué successivement, elle est sur le point de recommencer à croître ; et qu'elle est à son maximum, lorsqu'après avoir augmenté successivement, elle est arrivée au point passé lequel elle commence à décroître.

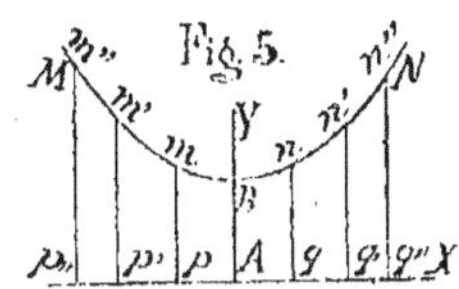

Soit, par exemple, la courbe M N, fig. 5., dont l'équation est $y = b + cx^2$. On voit que, à partir du point B, à droite comme à gauche, les ordonnées n q, n' q'. ., ou m p, m' p'. . ., etc.. vont en augmentant, donc l'ordonnée B A est un minimum de la fonction y. Et en effet, cela découle de la nature même de l'équation. Car, soit en A, l'origine des axes coordonnés ; en A, $x = 0$ et $y = b$ qui est positif. Quand les abscisses positives A q, A q', etc., ou négatives A p. A p'. etc., prennent de la valeur à partir de l'origine où elles sont égales à zéro, le produit cx^2 est positif et dès lors $y = b +$ une quantité positive cx^2 ; donc y augmente de valeur, et plus les abscisses positives ou négatives augmentent, plus la fonction y acquiert de valeur, et ainsi indéfiniment ; donc on peut conclure également que la fonction y n'a pas de maximum c'est-à-dire quelle peut augmenter jusqu'à l'infini, sans devoir jamais décroître ; c'est-à-dire enfin qu'en supposant un point mobile qui se meut sur cette ligne, à partir d'un point M vers N, en B, il arrive au point où la fonction y a son minimum, et passé ce point, vers N, situé à l'infini, le mobile ne rencontrera plus de point sur la courbe où y commencera à décroître, y augmentera jusqu'à l'infini.

La courbe M' N', fig. 6, dont l'équation est $y = b - cx^2$,

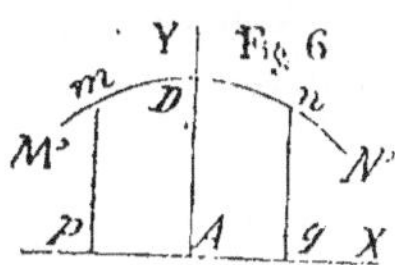

nous présente un cas de maximum au point D. En effet, les ordonnées y diminuent à partir de ce point, soit vers les abscisses positives A q; soit vers les abscisses négatives A p.

En A, origine des axes coordonnés, $x = 0$, et $y = AD = b$. Lorsque les abscisses prennent de la valeur, à partir de zéro, au point A, en augmentant soit positivement soit négativement, la fonction y qui égalait b diminue de cx^2 qui est toujours de même signe.

Quand $b = cx^2$, $y = 0$, la courbe rencontre l'axe des abscisses ; lorsque x augmente encore positivement ou négativement, y reste constamment négatif et augmente indéfiniment en valeur absolue ; y n'a donc pas de maximum négatif.

56. — Il y a des courbes qui n'ont qu'un maximum, d'autres qu'un minimum ; il en est qui ont l'un et l'autre, et d'autres qui n'en ont pas du tout.

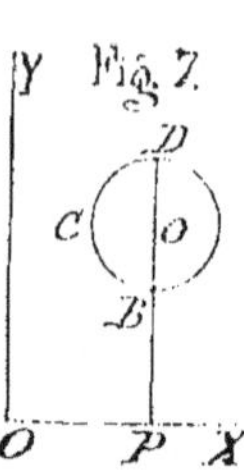

Le cercle C B D, fig. 7. nous offre un exemple de courbe ayant un maximum et un minimum. En effet, l'équation de ce cercle est $r^2 = (y-\beta)^2 + (x-\alpha)^2$.

Résolvons cette éq. par rapport à y, nous aurons : $(y-\beta)^2 = r^2 - (x-\alpha)^2$ $\therefore$ $y - \beta = \pm \sqrt{r^2 - (x-\alpha)^2}$ $\therefore$ $y = \beta \pm \sqrt{r^2 - (x-\alpha)^2}$.

Pour la même abscisse o P $= \alpha$, on a $y = \beta \pm \sqrt{r^2} = \beta \pm r$. Donc on a un maximum $\beta + r$ ou PD et un minimum $\beta - r = BP$.

C'est un maximum et un minimum, car pour toute autre valeur de x, $(x-\alpha)^2$ est une quantité positive. Donc si $(x-\alpha)^2$ est $< r^2$, on a $y = \beta \pm$ une quantité $< r$; donc $y = \beta + < r$ est $< y = \beta + r$ ou PD ; et $y = \beta - < r$ est $> y = \beta - r$ ou BP. Et si $(x-\alpha)^2$ est $> r^2$, on a $y = \beta \pm$ une quantité imaginaire.

57. — Comme nous venons de voir dans l'exemple précédent, quand une fonction y d'une variable x a un maximum ou un minimum, ce maximum ou ce minimum peut être déterminé quand on connaît l'abscisse qui y correspond. Ainsi, dans une courbe dont l'équation est $y = fx$, si on connaît la valeur a, de l'abscisse x, qui correspond au maximum ou au minimum, il suffit de faire $x = a$ dans l'équation $y = fx$. pour déterminer la valeur de y qui est le maximum ou le minimum cherché.

58. Soit $y = fx$, une fonction y de la variable x ; soit h un accroissement donné à la variable x. L'ordonnée y sera un maximum, lorsque les fonctions $f(x+h)$ et $f(x-h)$ seront en même temps plus petits que fx ; et elle sera un minimum, lorsque ces deux fonctions seront en même temps plus grandes que fx ; enfin si l'une de ces fonctions

est plus grande et l'autre moindre que f x, il n'y aura ni maximum ni minimum.

En effet, soit y = f x une ordonnée P M, fig. 8, qui est arrivée à son maximum. Si l'abscisse x = o P reçoit un accroissement h représenté par PP', et si cette même abscisse o P diminue de cette quantité h représentée par PP'', on aura pour les conditions que PM soit un maximum, les inégalités :

Fig. 8.

$$P' \, M' < P \, M, \quad P'' \, M'' < P \, M \text{ ou } f (x + h) < f \, x , \, f (x - h) < f x.$$

Si, au contraire, P M est arrivé à son minimum correspondant à l'abscisse x = o P, fig. 9, en prenant, comme ci-dessus, PP' = P P'' = h, nous aurons pour les conditions du minimum :

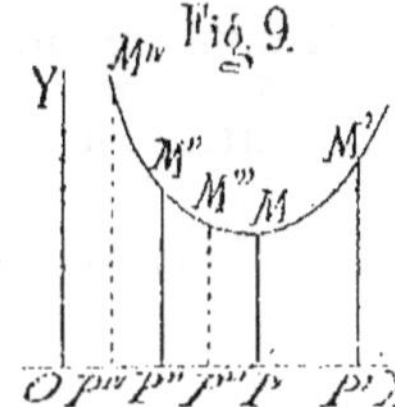

Fig. 9.

$$P' \, M' > P M, \quad P'' \, M'' > P M, \text{ ou } f (x + h) > f x, \, f (x - h) > f x.$$

Enfin, fig. 9, si on a l'ordonnée P'' M'' correspondant à l'abcisse x = o P'', et si l'on prend $P'' P''' = P'' P^{iv} = h'$, on peut considérer l'ordonnée P'' M'' comme y = f x, et les ordonnées P''' M''' et P^{iv} M^{iv}, respectivement comme f(x + h') et f(x - h').

Si alors on a P''' M''' ou f (x + h) < P'' M'' ou f x ; et P^{iv} M^{iv} ou f (x - h) > P'' M'' ou f x, il est clair que P'' M'' ou f x n'est ni un maximum ni un minimum.

59. — Examinons maintenant dans quel cas ces conditions de maximum et de minimum seront remplies.

Nous allons démontrer que pour que fx soit un maximum ou un minimum, il faut, après avoir développé f (x + h) et f (x − h) d'après le théorème de Taylor, art. 41, que $\frac{dy}{dx}$ soit nul ; cela étant, on aura un maximum si $\frac{d'y}{dx'}$ est négatif, et un minimum si ce coefficient est positif.

En effet, par le théorème de Taylor, on a

$$f(x+h) = y + \frac{dy}{dx} h + \frac{d^2y}{dx^2} \frac{h^2}{1.2} + \frac{d^3y}{dx^3} \frac{h^3}{2.3} + \text{etc.}, \quad (90) ;$$

et si, dans cette formule, on change h en $-h$, on obtient :

$$f(x-h) = y - \frac{dy}{dx} h + \frac{d^2y}{dx^2} \frac{h^2}{1.2} - \frac{d^3y}{dx^3} \frac{h^3}{2.3} + \text{etc.}, \quad (91).$$

D'après l'art. 58, pour que $y = fx$ soit un maximum ou un minimum, il faut que ces deux développements soient tous deux plus petits ou tous deux plus grands que y ou fx.

Or, pour que cela soit, il faut que $\frac{dy}{dx}$ soit nul, car, sinon, en donnant une valeur très-petite à h, on pourra toujours d'après l'art. 54, faire en sorte que $\frac{dy}{dx} h$ surpasse la somme algébrique de tous les termes qui le suivent, et par conséquent, la somme algébrique de tous ces termes, y compris $\frac{dy}{dx} h$, aura le signe de $\frac{dy}{dx} h$, dans les deux développements. Or, dans l'un ce signe est positif, et dans l'autre il est négatif. Donc, dans l'un des développements, $f(x+h)$, par exemple, y serait augmenté d'une quantité, et dans l'autre ou $f(x-h)$, il serait diminué d'une autre quantité. Donc, l'un des développements soit $f(x+h)$ serait plus grand que y ou fx et l'autre serait moindre ; par conséquent, il ne pourrait y avoir ni maximum ni minimum si $\frac{dy}{dx}$ n'est pas nul.

Mais si $\frac{dy}{dx} = 0$, alors les développements (90) et (91), se réduisent à ceux-ci :

$$f(x+h) = y + \frac{d^2y}{dx^2} \frac{h^2}{2} + \frac{d^3y}{dx^3} \frac{h^3}{2.3} + \text{etc.},$$

$$f(x-h) = y + \frac{d^2y}{dx^2} \frac{h^2}{2} - \frac{d^3y}{dx^3} \frac{h^3}{2.3} + \text{etc.}$$

Et si, alors, on donne à h une valeur assez petite pour que, d'après l'art. 54, le terme $\frac{d^2y}{dx^2} \frac{h^2}{2}$ soit plus grand que la somme algébrique de tous ceux qui le suivent dans les deux développements, comme $\frac{d^2y}{dx^2}$ a le même signe dans les deux développements, il en résultera que si $\dfrac{d^2 y}{dx^2}$ est positif, y ou f x sera augmenté dans les deux développements, et par suite $f(x+h)$ et $f(x-h)$ seront tous deux plus grands que y ou f x, donc il y aura un minimum ; si, au contraire, $\dfrac{d^2 y}{dx^2}$ est négatif, y ou f x sera diminué dans les deux développements, et ces développements étant tous deux moindres que f x, il y aura un maximum.

60. — Remarquons que si, outre $\dfrac{dy}{dx} = o$, on avait également $\dfrac{d^2 y}{dx^2} = o$, on prouverait de la même manière que ci-dessus, qu'il ne pourrait y avoir maximum ou minimum que si $\dfrac{d^3 y}{dx^3}$ s'annulait ; et alors, il y aurait maximum si $\dfrac{d^4 y}{dx^4}$ était négatif, et minimum si ce coefficient était positif. Ainsi de suite.

Donc d'une façon générale pour qu'il y ait maximum ou minimum, il faut que le premier coefficient qui ne s'évanouit pas soit *d'ordre* pair, et alors il y a maximum s'il est négatif et minimum s'il est positif.

61. — Nous donnons ci-après quelques exemples.

1° — Soit la fonction $a - bx + cx^2$. Faisons $y = a - bx + cx^2$. Différentiant, nous aurons $dy = -bdx + 2 cx \, dx$, d'où $\dfrac{dy}{dx} = -b + 2 cx.$ $\dfrac{d^2 y}{dx^2} = d. (-b + 2 cx) : dx = 2 c \, dx : dx = 2 c.$ En admettant que $\dfrac{dy}{dx}$ soit nul, cette valeur positive de $\dfrac{d^2 y}{dx^2}$ nous montre que la fonction a un minimum. Pour déterminer l'abscisse qui répond à ce minimum et par suite la valeur de ce minimum, nous devons donc poser $\dfrac{dy}{dx}$ ou $-b + 2 cx = o$, d'où $x = \dfrac{b}{2 c}$ et en substituant cette valeur dans celle de y, on aura pour le minimum

$$y = a - bx + cx^2 = a - \frac{b^2}{2\,c} + c\,\frac{b^2}{4\,c^2} = a - \frac{b^2}{2\,c} + \frac{b^2}{4\,c} =$$

$$a - \frac{b^2}{2c}\left(1 - \frac{1}{2}\right) = a - \frac{b^2}{4\,c}.$$

2° — Soit maintenant $a + bx - cx^2$.

Posons $y = a + bx - cx^2$.

Différentions par analogie avec l'exemple précédent, nous aurons $\dfrac{dy}{dx} = b - 2\,cx$ et $\dfrac{d^2\,y}{dx^2} = -2\,c$. Cette dernière valeur étant négative, la fonction aura un maximum, si l'on fait $\dfrac{dy}{dx}$ ou $b - 2\,cx = 0$. On tire de cette dernière équation, également, $x = \dfrac{b}{2\,c}$, et par suite l'ordonnée maximum $y = a + \dfrac{b^2}{2\,c} - c\,\dfrac{b^2}{4\,c^2} = a + \dfrac{b^2}{2\,c} - \dfrac{b^2}{4\,c} = a + \dfrac{b^2}{2\,c}$

$$\left(1 - \frac{1}{2}\right) = a + \frac{b^2}{4\,c}.$$

3° — Soit encore la fonction $3\,a^4\,x^3 - b^2\,x + c$. On a $y = 3\,a^4\,x^3 - b^2\,x + c$.

Et $\dfrac{dy}{dx} = 9\,a^4\,x^2 - b^2$; $\dfrac{d^2\,y}{dx^2} = d\,(9\,a^4\,x^2 - b^2):dx = 2.9\,a^4\,x\,dx : dx = 18\,a^4\,x$.

En égalant à zéro la valeur de $\dfrac{dy}{dx}$, nous avons $9\,a^4\,x^2 - b^2 = 0$, d'où $x^2 = \dfrac{b^2}{9a^4}$ et $x = \pm\dfrac{b}{3a^2}$. Remarquons qu'ici nous avons deux valeurs pour x. Si on les met successivement dans la valeur de $\dfrac{d^2\,y}{dx^2}$, on obtient

$$\frac{d^2\,y}{dx^2} = 18\,a^4\,x = 18\,a^4\left(\pm\frac{b}{3\,a^2}\right) = \pm\frac{18\,a^4\,b}{3\,a^2} \text{ ou } \pm 6\,a^2\,b.$$

Comme il y deux valeurs de signe contraire pour $\dfrac{d^2\,y}{dx^2}$, il y aura donc un maximum et un maximum ; le minimum correspond à l'abcisse positive $x = \dfrac{b}{3\,a^2}$, et le maximum à l'abscisse négative $x = -\dfrac{b}{3\,a^2}$

En mettant, successivement, ces valeurs de x dans celle de y, on trouvera :

$$y = 3\,a^4\,x^3 - b^2\,x + c = 3\,a^4 \left(\frac{b^3}{27\,a^6} \right) - b^2\,\frac{b}{3a^2} + c = \frac{b^3}{9a^2} - \frac{b^3}{3a^2} + c = \frac{b^3}{3\,a^2} \left(\frac{1}{3} - 1 \right) + c = -\frac{2}{3}\,\frac{b^3}{3a^2} + c = -\frac{2}{9}\,\frac{b^3}{a^2} + c$$

pour l'ordonnée minimum.

Et

$$y = 3\,a^4 \left(-\frac{b^3}{27\,a^6} \right) - b^2 \left(-\frac{b'}{3\,a^2} \right) + c = -\frac{b^3}{9\,a^2} + \frac{b^3}{3\,a^2} + c = \frac{b^3}{3\,a^2} \left(1 - \frac{1}{3} \right) + c = \frac{2}{3\cdot 3}\,\frac{b^3}{a^2} + c = \frac{2}{9}\,\frac{b^3}{a^2} + c$$

pour l'ordonnée maximum.

62. — On peut abréger parfois considérablement les opérations que nous avons indiquées pour reconnaître si une fonction est susceptible d'un maximum ou d'un minimum.

Remarquons d'abord que quand une fonction de x est nulle pour une certaine valeur donnée à x, il ne s'ensuit pas qu'en général son coefficient différentiel soit nul également. Ainsi, par exemple, si l'on a la fonction $x^2 - 5x + 6$, qui s'annule pour $x = 2$ ou $x = 3$, le coefficient différentiel, qui est $2x - 5$, ne s'annule pas pour ces valeurs de x.

Supposons maintenant qu'il s'agisse de déterminer le coefficient différentiel de l'équation $\dfrac{dy}{dx} = XX'$, dans laquelle X et X' sont des fonctions de x, dont la première seule devient nulle pour une certaine valeur donnée à x.

Si nous différentions cette équation, nous aurons, art. 9, en divisant par dx :

$$\frac{d^2 y}{dx^2} = d.(XX') : dx' = \frac{X\,d.X'}{dx} + \frac{X'\,d.X}{dx}.$$

Or, par hypothèse, X est nul, en vertu de la valeur donnée à x, ce qui n'entraine pas pour d.X l'égalité à zéro, d'après ce que nous venons de voir, donc

$$\frac{d^2 y}{dx^2} = \frac{X'\,d.X}{dx}$$

Ce qui nous donne cette règle que pour obtenir rapidement $\frac{d^2 y}{dx^2}$, il faut multiplier le cœfficient différentiel $\frac{d.X}{dx}$ du facteur nul, par l'autre facteur X'.

Par exemple, si l'on avait $\frac{dy}{dx} = \frac{x-a}{\sqrt{x}}$ et qu'on voulut obtenir le coefficient différentiel du second ordre $\frac{d^2 y}{dx^2}$ dans l'hypothèse de $x=a$ qui annule le facteur $(x-a)$, on écrirait comme ceci cette équation :

$$\frac{dy}{dx} = \frac{1}{\sqrt{x}}(x-a)$$

et l'on trouverait, d'après la règle précédente,

$$\frac{d^2 y}{dx^2} = \frac{d.(x-a)}{dx} \times \frac{1}{\sqrt{x}} = \frac{dx}{dx}\frac{1}{\sqrt{x}} = \frac{1}{\sqrt{x}}.$$

Remarque I.—La règle que nous venons d'exposer n'est pas sans exception car le coefficient différentiel $\frac{d.X}{dx}$ peut être nul aussi bien que X. Ainsi, si l'on avait l'équation $\frac{dy}{dx} = x^2 (x-a)^2$, laquelle renferme des racines égales, le second facteur s'annule pour $x=a$. Le coefficient différentiel $\frac{d.X}{dx}$ est donc $\frac{d.(x-a)^2}{dx} = \frac{2(x-a)d.(x-a)}{dx} =$

$$= \frac{2(x-a)dx}{dx} = 2(x-a) = 0, \text{ puisque } x=a.$$

Et les deux termes de la valeur de $\frac{d^2 y}{dx^2}$ étant $\frac{X d.X'}{dx} + \frac{X' d.X}{dx}$, s'annulent également. En effet, le second s'annule puisque $\frac{d X}{dx} = 0$; et le premier étant $\frac{X d X'}{dx}$ ou $\frac{(x-a)^2 d.x^2}{dx}$ ou $\frac{(x-a)^2 2 x dx}{dx}$ ou $2 x (x-a)^2$ s'annule aussi puisque $x=a$, donc $(x-a) = 0$.

Donc, dans ce cas et dans les autres qui lui sont analogues, au lieu de supprimer le facteur représenté par $\frac{X d.X'}{dx}$, on gardererait les deux termes de $\dfrac{d^2 y}{dx^2}$ et, conformément à l'art. 60, on aurait recours aux coefficients différentiels des ordres supérieurs à $\dfrac{d^2 y}{dx^2}$ pour reconnaître si la fonction considérée est susceptible d'un maximum ou d'un minimum.

Remarque II. — Lorsque dans la valeur du coefficient différentiel $\dfrac{dy}{dx}$, il y a un facteur (quantité constante) positif, on peut le supprimer. Ainsi, si nous avons, par exemple, $\dfrac{dy}{dx} = A \varphi x$, on en tire $\dfrac{d^2 y}{dx^2} = d. (A \varphi x) : dx = A \dfrac{d.\varphi x}{dx}$

Cette seconde équation n'ayant d'autre but que de faire connaître le signe de la valeur de $\dfrac{d^2 y}{dx^2}$, ce signe ne dépendant que de celui qui affecte $\dfrac{d.\varphi x}{dx}$, puisque A est une constante positive ; on peut donc supprimer A dans cette équation.

On peut également le supprimer dans l'équation $\dfrac{dy}{dx} = A \varphi x$, car, puisque nous devons égaler à zéro le second membre de cette équation pour en tirer la valeur de x, l'équation $A \varphi x = 0$, nous donnera $\varphi x = 0$, et c'est de cette dernière équation que nous tirerons la valeur de x, d'où, il résulte que A peut être également supprimé dans l'équation $\dfrac{dy}{dx} = A \varphi x$.

63. — Comme application de la théorie des mixima et minima que nous venons d'exposer, nous allons donner la solution de quelques problèmes.

Problème I. — Partager un nombre en deux parties telles que le produit de l'une par l'autre soit le plus grand possible. Soit a ce nombre, x l'une des parties, l'autre sera a— x. Donc x (a — x) est la quantité dont on doit chercher le maximum. Posons $y = x (a — x) = ax — x^2$; et différentions, on aura

$$dy = d (a x - x^2) = a\, dx - 2 x\, dx, \text{ d'où } \frac{dy}{dx} = a - 2 x.$$

$$\frac{d^2 y}{dx^2} = d (a - 2 x) : dx = - 2\, dx : dx = - 2.$$

La valeur de $\frac{d^2 y}{dx^2}$ étant négative, la fonction a réellement un maximum; si cette valeur eût été positive, il y aurait eu un minimum et non un maximum. Pour connaître la valeur de x correspondant à ce maximum, posons $\frac{dy}{dx}$ ou $a - 2x = 0$, on aura $x = \frac{a}{2}$, ce qui nous montre que le nombre a doit être partagé en deux parties égales pour que le produit soit un maximum.

Problème II. — Partager une droite A B en deux parties A C et C B, de manière que le produit $A C^3 \times C B$ soit un maximum (fig. 10).

Représentons par a la longueur de la droite A B, et par x la longueur de la partie A C de cette droite. On aura pour l'équation du problème :

$$y = x^3 (a - x) = a x^3 - x^4.$$

En différentiant, on obtient

$$dy = d (ax^3 - x^4) = 3 a x^2\, dx - 4 x^3\, dx, \text{ d'où } \frac{dy}{dx} = 3ax^2 - 4x^3.$$

$$\frac{d^2 y}{dx^2} = d. (3 a x^2 - 4 x^3) : dx = (2.3 a x\, dx - 3.4. x^2\, dx) : dx = 6 a x - 1 2 x^2.$$

En posant $\frac{dy}{dx}$ ou $3 a x^2 - 4 x^3 = 0$, on trouve $3 a x^2 = 4 x^3$, d'où $3 a = 4 x$, d'où $x = \frac{3 a}{4}$. Remarquons que $x = 0$ satisfait aussi à l'équation $3 a x^2 - 4 x^3 = 0$; mais la valeur $x = \frac{3 a}{4}$ résout seule le problème puisqu'elle donne pour $\frac{d^2 y}{dx^2}$ ou $6 a x - 12 x^2$ la valeur $6 a \frac{3 a}{4} - 1 2 \frac{9 a^2}{16}$ ou $\frac{18 a^2}{4} - \frac{108 a^2}{16}$ ou $\frac{18 a^2 - 27 a^2}{4}$ ou $- \frac{9 a^2}{4}$, qui étant négative indique que le maximum demandé est possible. $x = 0$ donnerait 0 pour $\frac{d^2 y}{dx^2}$.

Problème III. — On veut faire entrer dans un vase cylindrique une certaine quantité d'eau dont le volume est connu ; on demande quelles dimensions il faut donner à ce vase pour que sa surface interne soit aussi petite qu'il est possible.

Soit v le volume d'eau donné, x le rayon de la base du cylindre. La surface de la base du cylindre sera πx^2 ; et le volume du cylindre, en désignant par h sa hauteur, sera $\pi x^2 h$. Ce volume égale v, donc $h = \dfrac{v}{\pi x^2}$. La circonférence de la base est $2 \pi x$; et en multipliant cette circonférence par la hauteur h, on aura la surface convexe du cylindre ; donc on a pour cette surface $2 \pi x \times \dfrac{v}{\pi x^2} = \dfrac{2v}{x}$.

Si, à cette surface, on ajoute celle de la base du cylindre πx^2, on obtiendra la surface interne demandée que nous représenterons par y ; on aura donc à différentier :

$$y = \frac{2v}{x} + \pi x^2 ;$$

et à chercher quelle valeur il faut donner à x pour que y soit un minimum. Différentions

$$dy = d.\left(2 v \frac{1}{x} + \pi x^2\right) = d.\left(2 v x^{-1} + \pi x^2\right) = -2 v x^{-2} dx +$$

$$2 \pi x\, dx, \text{ d'où } \frac{dy}{dy} = -2 v x^{-2} + 2 \pi x = -\frac{2v}{x^2} + 2 \pi x ;$$

$$\frac{d^2 y}{dx^2} = d\left(-\frac{2v}{x^2} + 2 \pi x\right) : dx = d.\left(-2 v x^{-2} + 2 \pi x\right) : dx =$$

$$(4 v x^{-3} dx + 2 \pi\, dx) : dx = 4 v x^{-3} + 2 \pi = \frac{4v}{x^3} + 2 \pi$$

Reste à savoir si cette valeur est positive et quelle est la valeur de x.

Pour cela égalons à zéro la valeur de $\dfrac{dy}{dx}$, nous aurons:

$$-\frac{2v}{x^2} + 2 \pi x = 0, \text{ d'où } -2 v + 2 \pi x^3 = 0, \text{ d'où } x^3 = \frac{2v}{2\pi} =$$

$$\frac{v}{\pi} \text{ et } x = \sqrt[3]{\frac{v}{\pi}}.$$

Cette valeur mise dans celle de $\frac{d^2 y}{dx^2}$ donne

$$\frac{d^2 y}{dx^2} = \left(4\,v : \frac{v}{\pi}\right) + 2\pi = \frac{4\,v \times \pi}{v} + 2\,\pi = 4\,\pi + 2\,\pi = 6\,\pi\,;$$

valeur positive, donc le rayon $x = \sqrt[3]{\frac{v}{\pi}}$ répond à la question.

La hauteur est $\frac{v}{\pi\,x^2}$ ou $\frac{v}{\pi} \times \frac{1}{\left(\sqrt[3]{\frac{v}{\pi}}\right)^2} = \frac{v}{\pi\left(\sqrt[3]{\frac{v}{\pi}}\right)^2} = \frac{v}{\pi\left(\frac{v^{2/3}}{\pi^{2/3}}\right)} =$

$$\frac{v \times \pi^{2/3}}{\pi \times v^{2/3}} = \frac{v^{3/3}\,\pi^{2/3}}{\pi^{3/3}\,v^{2/3}} = \frac{v^{1/3}}{\pi^{1/3}} = \frac{\sqrt[3]{v}}{\sqrt[3]{\pi}} = \sqrt[3]{\frac{v}{\pi}}.$$

Problème IV. — Entre tous les cônes inscrits dans une sphère, déterminer celui qui a une plus grande surface convexe.

Supposons, fig. 11, que le demi-cercle A M B fasse une révolution complète autour de l'axe A B, la corde A M engendrera un cône dont PM sera le rayon de la base et A P la hauteur.

Fig. 11.

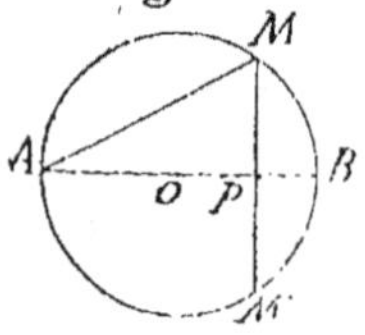

La surface convexe ou latérale de ce cône, d'après la géométrie élémentaire, aura pour expression : circonférence $P\,M \times \frac{1}{2} A\,M = 2\,\pi\,P\,M \times \frac{1}{2}\,A\,M = \pi.\,P\,M.\,A\,M.$

Il s'agit donc de déterminer PM et AM, de substituer leurs valeurs dans la surface convexe du cône et de déterminer la condition du maximum.

A cet effet, soient $AB = 2a$ (quantité connue), $AP = x$, $PB = 2a - x$; PM étant moyenne proportionnelle entre les deux segments AP et PB (géométrie élémentaire), nous avons

$x : PM :: PM : 2a - x$; d'où $PM = \sqrt{x\,(2a - x)} = \sqrt{2a\,x - x^2}$.

A M étant moyenne proportionnelle entre A P et A B (géom. élém.), nous avons

$x : A\,M :: AM : 2a$, d'où $A\,M = \sqrt{2\,ax}$.

Substituons ces valeurs de PM et de AM dans l'expression de la surface du cône, nous aurons

Surface convexe du cône $= \pi$ P M . A M $= \pi \sqrt{2ax - x^2} \sqrt{2ax} = \pi \sqrt{(2ax - x^2) 2ax} = \pi \sqrt{4a^2 x^2 - 2ax^3}$.

L'équation dont on doit trouver le maximum est donc

$$y = \pi \sqrt{4a^2 x^2 - 2ax^3}.$$

Différentions nous aurons

$dy = \pi . d. \sqrt{4a^2 x^2 - 2ax^3} =$ (d'après la remarque 11 du

n° 62) $= d. \sqrt{4a^2 x^2 - 2ax^3} = d. (4a^2 x^2 - 2ax^3)^{1/2} = \dfrac{1}{2}$

$(4a^2 x^2 - 2ax^3)^{1/2 - 1}$ ou $- 1/2$ $d. (4a^2 x^2 - 2ax^3) = \dfrac{1}{2(4a^2 x^2 - 2ax^3)^{1/2}}$

$(2. 4a^2 x\, dx - 3. 2ax^2\, dx) = \dfrac{1}{2 \sqrt{4a^2 x^2 - 2ax^3}} (8a^2 x\, dx -$

$6ax^2\, dx) = \dfrac{8a^2 x\, dx - 6ax^2\, dx}{2\sqrt{4a^2 x^2 - 2ax^3}} = \dfrac{4a^2 x\, dx - 3ax^2\, dx}{\sqrt{4a^2 x^2 - 2ax^3}}$, donc

$$\dfrac{dy}{dx} = \dfrac{4a^2 x - 3ax^2}{\sqrt{4a^2 x^2 - 2ax^3}} = \dfrac{4a^2 - 3ax}{\sqrt{4a^2 - 2ax}}, \quad (92)$$

en supprimant le facteur commun x.

Egalons à zéro cette valeur de $\dfrac{dy}{dx}$ nous aurons :

$$\dfrac{4a^2 - 3ax}{\sqrt{4a^2 - 2ax}} = 0, \text{ d'où } 4a^2 - 3ax = 0, \text{ d'où } x = \dfrac{4a^2}{3a} = \dfrac{4a}{3}.$$

Nous devons maintenant voir, pour qu'il y ait maximum, si cette valeur de x rend négative la valeur de $\dfrac{d^2 y}{dx^2}$, valeur que nous devons tirer de l'équation (92), dans l'hypothèse de $x = \dfrac{4a}{3}$.

En décomposant le numérateur de cette équation (92) en ses facteurs, nous aurons, après avoir restitué le facteur commun x à cette équation :

$$\dfrac{dy}{dx} = \dfrac{a x (4a - 3x)}{\sqrt{4a^2 x^2 - 2ax^3}}.$$

Le second membre peut être mis sous la forme

$$\frac{ax}{\sqrt{4a^2 x^2 - 2ax^3}} \times (4a - 3x)\,;\ \text{donc}\ \frac{dy}{dx} = \frac{ax}{\sqrt{4a^2 x^2 - 2ax^3}} \times (4a - 3x) = X'\,X.$$

Mais dans l'hypothèse actuelle de $x = \frac{4a}{3}$, le second facteur $(4a - 3x)$ ou X est nul ; nous avons donc, en vertu de l'art. 62,

$$\frac{d^2 y}{dx^2} = X' \frac{d.X}{dx} = \frac{ax}{\sqrt{4a^2 x^2 - 2ax^3}} \times \frac{d.(4a - 3x)}{dx} =$$

$$\frac{ax}{\sqrt{4a^2 x^2 - 2ax^3}} \times \left(-\frac{3\,dx}{dx}\ \text{ou} -3\right) = -\frac{3ax}{\sqrt{4a^2 x^2 - 2ax^3}},\ \text{et}$$

en divisant par x les deux termes, $= -\dfrac{3a}{\sqrt{4a^2 - 2ax}}$

Mettant dans cette expression la valeur de x ou $\frac{4a}{3}$, nous aurons

$$\frac{d^2 y}{dx^2} = -\frac{3a}{\sqrt{4a^2 - 2ax}} = -\frac{3a}{\sqrt{4a^2 - 2a\frac{4a}{3}}} = -\frac{3a}{\sqrt{4a^2 - \frac{8a^2}{3}}} = -\frac{3a}{\sqrt{\frac{4a^2}{3}}},$$

valeur négative ; donc A P' ou hauteur du cône ou $x = \frac{4a}{3}$ donne le maximum demandé.

SIGNIFICATION GÉOMÉTRIQUE DES COEFFICIENTS DIFFÉRENTIELS.

63. — Nous allons démontrer que l'éq. $\frac{dy}{dx} = 0$ signifie que la tangente, à une courbe, menée par le point dont les coordonnées sont x et y, est parallèle à l'axe des abcisses ; et le point de tangence correspond à un maximum ou à un minimum.

En effet, nous avons vu, art. 51, formule 82bis, que $\frac{dy'}{dx'}$ ou $\frac{dy}{dx}$ représentait la tangente trigonométrique de l'angle que fait, avec l'axe des abcisses, une tangente menée au point dont les coordonnées sont x' et y' ou x et y. On peut démontrer à priori cette proposition de la manière suivante :

Soient, fig.12, $PM = y = fx$; $PP' = h$, on a donc $M'P' = y' = f(x+h)$.

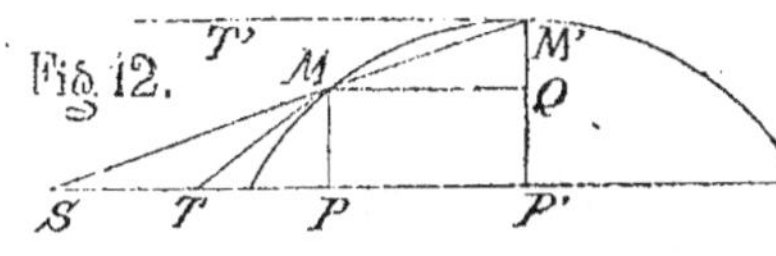

Menons MQ parallèle à l'axe des abscisses, nous aurons $M'Q = M'P' - QP'$ ou $= M'P' - MP =$ donc $y' - y = f(x+h) - fx$ ou $- y$.

D'après la formule de Taylor, art. 41, on a donc

$$M'Q = f(x+h) - y = \frac{dy}{dx} h + \frac{d^2 y}{dx^2} \frac{h^2}{1 \cdot 2} + \text{etc.}$$

Or, d'après la trigonométrie, on a dans le triangle rectangle $M M' Q$, (en remarquant que l'angle $M'M Q = $ l'angle $M S P$ ou angle S) :

$$M Q : M' Q :: \text{rayon ou } 1 : \text{tang } S,$$

donc tang. $S = \dfrac{M'Q}{MQ}$.

Et en remplaçant dans cette expression $M'Q$ et MQ par leurs valeurs, on aura

$$\text{tang. } S = \frac{\dfrac{dy}{dx} h + \dfrac{d^2 y}{dx^2} \dfrac{h^2}{1 \cdot 2} + \text{etc.}}{h} = \frac{dy}{dx} + \frac{d^2 y}{dx^2} \frac{h}{1 \cdot 2} + \text{etc.}$$

En passant à la limite où $h = 0$, tangente S se change en tangente T ; donc

$$\text{tangente } T = \frac{dy}{dx}.$$

Donc, si par un point d'une courbe, point dont les coordonnées sont x et y, on mène une tangente MT, la tangente trigonométrique de l'angle MTP est égale à $\dfrac{dy}{dx}$.

Cela étant, lorsque PM devient un maximum P'M', la tangente TM devient T'M' ; et étant alors parallèle à l'axe des abscisses, elle fait un angle nul avec cet axe ; et comme la tangente d'un angle nul est égale à zéro, on peut, d'après ce qui précède, poser dans ce cas :

$$\frac{dy}{dx} = 0.$$

On démontrerait, de la même manière, que lorsque PM, fig. 13, devient un minimum, la tangente trigonometrique devant également être nulle dans ce cas, on devrait avoir

$$\frac{dy}{dx} = 0.$$

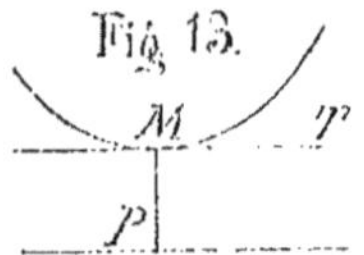

Donc ce coefficient différentiel exprime la condition de parallélisme, de la tangente en M, à l'axe des abcisses.

64. — Nous allons maintenant démontrer que lorsque le coefficient différentiel $\frac{d^2 y}{dx^2}$ est de même signe que l'ordonnée y d'un point considéré de la courbe, cette courbe tourne sa convexité vers l'axe des abscisses en ce point, et lorsqu'il est de signe contraire à l'ordonnée, la courbe tourne sa concavité vers le même axe ; dans le 1er cas il y a un minimum et dans le second un maximum, conformément à l'art. 59.

Pour cela, considérons d'abord le cas où la courbe tourne sa convexité vers l'axe des abcisses, fig. 14.

Soient, fig. 14, oP $=$x, PM $=$ y, PP'$=$ P'P''$=$ h, M'P'$=$ y'$=$f$(x+h)$, M''P''$=$ y''$=$f$(x+2h)$; MM'S une sécante passant par les points MM' ; MN et M'N' des parallèles à l'axe des abscisses.

Nous avons M'R$=$M'P'—MP$=$ f$(x+h)$ — fx.

Donc, d'après la formule de Taylor, art. 41, on a

$$M'R = f(x+h) - fx = \frac{dy}{dx}\, h + \frac{d^2 y}{dx^2}\,\frac{h^2}{1.2} + \text{etc.}$$

Or, les triangles semblables MSN, MM'R, nous donnent

MR : MN :: M'R : SN, ou h : 2 h :: M'R : SN,

d'où $\frac{M'R}{SN} = \frac{1}{2}$, donc SN$=$ 2 M'R; et en mettant à la place de M'R sa valeur trouvée ci-dessus, on a

$$SN = 2\,\frac{dy}{dx}\, h + 2\,\frac{d^2 y}{dx^2}\,\frac{h^2}{1.2} + \text{etc.}$$

. D'un autne côté $M'' P'' = y'' = f(x + 2h)$, et en rentran·
chant NP'' ou PM ou y ou $f x$, il restera $M'' N$, donc en
remplaçant dans la formule de Taylor h par 2 h., on a

$$M''N = f(x+2h) - f x \text{ ou } - y = \frac{dy}{dx} 2\,h + \frac{d^2 y}{dx^2} \frac{4\,h^2}{1.2} + \text{ etc. ;}$$

et en retranchant de cette valeur de $M''N$ celle de $S N$, il
reste $M''S$, donc

$$M'' S = \frac{dy}{dx} 2\,h + \frac{d^2 y}{dx^2} \frac{4\,h^2}{1.2} + \dots \text{ etc. } - 2 \frac{dy}{dx} h - 2 \frac{d^2 y}{dx^2} \frac{h^2}{1.2}$$

$$\text{etc.} = 4 \frac{d^2 y}{dx^2} \frac{h^2}{1.2} - 2 \frac{d^2 y}{dx^2} \frac{h^2}{1.2} + \dots - \dots \text{ etc.}, = 2 \frac{d^2 y}{dx^2} \frac{h^2}{1.2} +$$

$$\text{etc.} = \frac{d^2 y}{dx^2} h^2 + \text{ etc.}, \quad (93)$$

Si nous considérons maintenant le cas où la courbe,
fig. 15. tourne sa concavité vers l'axe des abscisses, on
voit que pour avoir $M''S$, contrairement à ce qui vient
d'avoir lieu, c'est de la valeur de $S N$ qu'il faudra retrancher celle de $M''N$, on aura ainsi :

$$M'' S = - \frac{d^2 y}{dx^2} h^2 + \text{ etc. } (94).$$

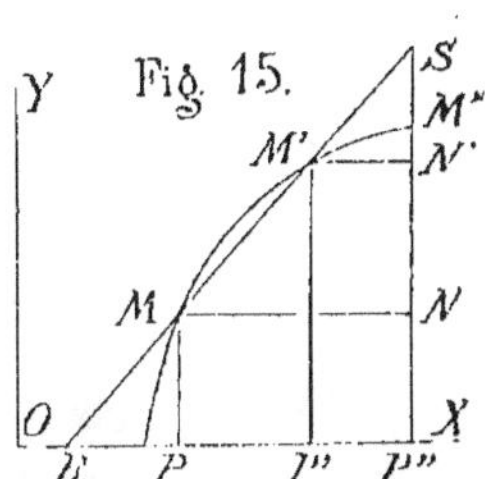

Si nous comparons les premiers
termes des développements (93) et
(94), nous voyons que l'un est pré-
cédé du signe + et l'antre du signe
—. Or, on peut donner à h une
valeur telle que ces termes sur-
passent respectivement la somme
de tous ceux qui les suivent, art. 54.
Donc ces premiers termes peuvent décider du signe des
développements, et comme h^2 est toujours positif, c'est le

signe de $\frac{d^2 y}{dx^2}$, dans chaque développement, qui décidera

du signe du développement

En ne considérant les équations (93) et (94) que par
rapport aux signes, on peut donc poser

$$M'' S = + \frac{d^2 y}{dx^2} \text{ ou } \frac{d^2 y}{dx^2} = + M'' S, \text{ dans le 1}^{\text{er}} \text{ cas ;}$$

$$M'' S = - \frac{d^2 y}{dx^2} \text{ ou } \frac{d^2 y}{dx^2} = - M'' S, \text{ dans le 2}^{\text{d}} \text{ cas.} \quad (95).$$

Cela étant, si l'on regarde l'ordonnée y comme une quantité positive, étant située au-dessus de l'axe des abscisses, et si l'on convient de regarder les autres parties de lignes comme étant de même signe ou de signe contraire à y, selon que par rapport à la courbe, elles tombent du même côté que y ou du côté opposé ; on remarquera que, dans la figure 14, la droite $M''S$ tombant du même côté que y, sera aussi positive ; donc la première des équations (95) nous montre que quand la courbe tourne sa convexité vers l'axe des abscisses $\dfrac{d^2 y}{dx^2}$ est positif. Dans la figure 15, au contraire, la droite $M''S$ est située du côté de la courbe opposé à y ; y étant positif, $M''S$ est donc négatif ; donc la seconde des équations (95) nous montre que quand la courbe tourne sa concavité vers l'axe des abscisses, $\dfrac{d^2 y}{dx^2}$ est négatif.

Ce qu'il fallait démontrer.

65. — Dans la démonstration précédente, nous avons supposé le cas particulier où la courbe est située au-dessus de l'axe des abscisses, mais si elle s'étendait au-dessous de l'axe, comme dans la fig. 16, on trouverait encore que $\dfrac{d^2 y}{dx^2}$ est du même signe que y quand la courbe tourne sa convexité vers l'axe des abscisses et est de signe contraire lorsque c'est sa concavité que la courbe tourne vers le même axe.

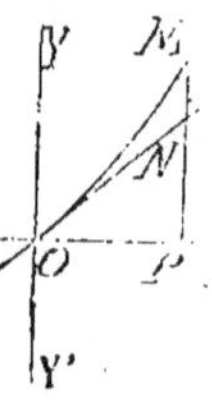

En effet, d'après ce que nous venons de voir, à l'art. précédent, $M N$ ou $\dfrac{d^2 y}{dx^2}$ est positif et de même signe que y, la courbe tournant en M sa convexité vers l'axe des abscisses. Mais les droites $M N$ et $M' N'$ tombant du même côté, par rapport à la tangente $T T'$, doivent avoir le même signe ; du reste $M' P'$ ou y' est négatif, et tombe, par rapport à la courbe, du côté opposé à celui de $M' N'$;

donc, pour ces raisons, M′ N′ ou $\dfrac{d^2 y}{dx^2}$ est positif et de signe contraire à y′ qui est négatif ; et, en effet, en M′, la courbe tourne sa concavité vers l'axe des abscisses ; ce serait sa convexité qu'elle tournerait si M′ N′ ou $\dfrac{d^2 y}{dx^2}$ était de même signe que y′.

Donc, la règle énoncée, art. 64, est générale.

Remarque I. — La courbe tournant sa convexité ou sa concavité vers l'axe des abscisses, suivant que l'ordonnée est parvenue à son minimum ou à son maximum, on comprend pourquoi $\dfrac{d^2 y}{dx^2}$ est positif dans le premier cas, art. 59, et négatif dans le second.

Remarque II. — On dit encore qu'il peut y avoir un maximum ou un minimum lorsque $\dfrac{dy}{dx} = \infty$; et la condition nécessaire pour qu'il y ait un maximum ou un minimum dans le sens des abscisses au lieu des ordonnées comme précédemment, est qu'on ait $\dfrac{dy}{dx} = \infty$.

En effet, soit y=fx l'équation de la courbe M N, fig. 17.

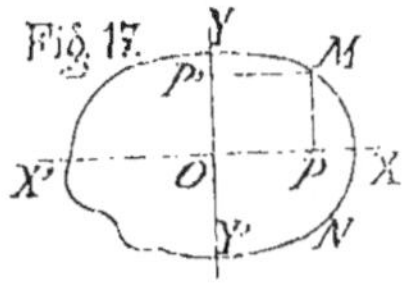

Si nous donnons à x une certaine valeur o P, en résolvant l'équation, on déterminera la valeur de l'ordonnée M P.

Si l'on résout ensuite l'équation par rapport à x, et qu'on en tire x=φ y ; en faisant dans cette équation y = o P′ ou M P (valeur précédente de y), on en tirera x = P′ M ou o P. Dans ce dernier cas, y sera considéré comme abscisse et x comme l'ordonnée ; et il est évident qu'on construira la même courbe, du moment qu'on porte les abscisses y sur l'axe o Y, et les ordonnées x sur l'axe o X.

On peut donc ainsi chercher le maximum ou le minimum de la fonction x de y. A cet effet, de l'équation proposée, on tirera semblablement à ce que nous avons démontré, art. 59, $\dfrac{dx}{dy}$ égal à une certaine valeur M, que, nous supposcrons également nul. Cela étant l'équation $\dfrac{dx}{dy} = M$

nous donnant $\dfrac{dy}{dx} = \dfrac{1}{M}$, on voit que quand $M = 0$, $\dfrac{dy}{dx} = \dfrac{1}{0} = \infty$.

Or, nous savons, par anologie à ce qui a été démontré art. 59, que pour qu'il y ait un maximum ou un minimum dans le sens des abcisses (au lieu des ordonnées), c'est que $\dfrac{dx}{dy} = 0$, mais dans ce cas $\dfrac{dy}{dx} = \infty$; donc la condition nécessaire pour qu'il y ait un maximum ou un minimum *dans le sens des abscisses* est que $\dfrac{dy}{dx} = \infty$.

Exemple. — Par exemple, soit l'équation $y^2 = ax - b$. On en tire $2\,y\,dy = a\,dx$, d'où $\dfrac{dy}{dx} = \dfrac{a}{2y}$. Si l'on égale à zéro, art. 59, le coefficient différentiel $\dfrac{dy}{dx}$, on en déduit $\dfrac{a}{2y} = 0$, d'où $y = \infty$; donc la courbe ne peut avoir un maximum dans le sens des ordonnées qu'à une distance infinie de l'axe ces x.

Voyons maintenant si elle a une limite (c'est-à-dire un maximum et un minimum) dans le sens des abscisses.

A cet effet, comme nous venons de voir, supposons $\dfrac{dy}{dx}$ infini ce qui donne $\dfrac{dy}{dx}$ ou $\dfrac{a}{2y} = \infty$, d'où $y = 0$. Dans ce cas, la valeur de $\dfrac{d^2 x}{dy^2}$ se réduit à $\dfrac{2}{a}$, car de $\dfrac{dy}{dx} = \dfrac{a}{2y}$ on tire $\dfrac{dx}{dy} = \dfrac{2y}{a}$ ou $\dfrac{2}{a}\,y$, donc $\dfrac{d^2 x}{dy^2} = d.\dfrac{2}{a}\,y : dy = \dfrac{2}{a}\,dy : dy = \dfrac{2}{a}$.

Cette valeur de $\dfrac{d^2 x}{dy^2}$ étant positive, la valeur de $y = 0$, correspond à un minimum de x, art. 59.

Pour déterminer ce minimum, faisons $y = 0$ dans l'équation proposée, nous aurons $0 = ax - b$, d'où $x = \dfrac{b}{a}$, qui est le minimum cherché; il est représenté par A M dans la fig. 18.

Remarque III. — Nous avons vu, art. 51, formule 82bis

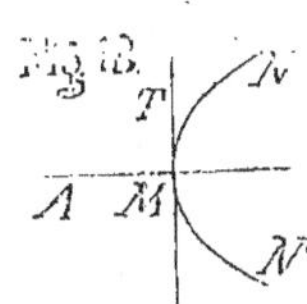

et art 63, que $\dfrac{dy}{dx}$ représentait la tangente trigonométrique de l'angle que fait, avec l'axe des abscisses, une tangente menée au point dont les coordonnées sont x et y.

Dans le cas que nous venons de voir $\dfrac{dy}{dx} = \infty$, donc la tangente MT, au point de la courbe où y=o et x $= \dfrac{b}{a}$, fait avec l'axe des x un angle dont la tangente trigonométrique est égale à l'infini, donc cet angle est droit, et la tangente MT, à la courbe, est perpendiculaire à l'axe des x.

POINTS SINGULIERS DES COURBES PLANES.

66. — On appelle ainsi, d'une façon générale, les points où une courbe éprouve des changements dans son cours.

Si l'on parvient à reconnaître les endroits où ces points existent, on pourra suivre la courbe dans son développement. Par la théorie des maxima et des minima, nous avons déjà pu déterminer les limites d'une courbe dans le sens des abscisses et dans celui des ordonnées ; par la reconnaissance des points singuliers, nous parviendrons à connaître la forme de la courbe.

Le calcul différentiel, qui permet d'arriver à ces résultats, est donc d'une grande utilité pour trouver la forme d'une courbe dont l'équation est donnée.

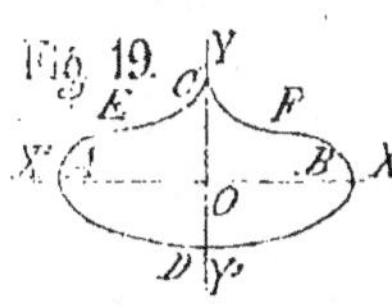

Par la théorie des maxima et minima, nous pouvons déterminer les limites, des courbes représentées fig. 19 et 20, dans le sens des abscisses et des ordonnées.

Ces limites peuvent être respectivement égales, dans les deux courbes, sans que pour cela ces courbes doivent se ressembler, comme on le voit. Il faut donc déterminer aussi les points singuliers pour arriver à connaître la

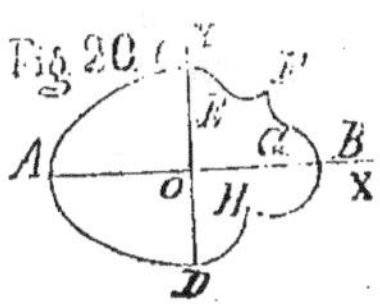

forme d'une courbe. Parmi les points singuliers, on distingue les points d'inflexion et les points de rebroussement, les maxima et minima.

On appelle *point d'inflexion*, un point où la courbe de concave devient convexe, ou de convexe devient concave. Ainsi, dans la fig. 19, il y un point d'inflexion en E et un autre en F ; en partant de gauche à droite, en E, la courbe de concave vers l'axe des abscisses, elle devient convexe ; en F, de convexe vers l'axe, elle devient concave.

On appelle *point de rebroussement*, un point où la courbe suspend tout d'un coup son cours ; ainsi dans la fig. 19, il y a un point de rebroussement en C.

Dans la fig. 20, il y a un point d'inflexion en E et un autre en G ; et un point de rebroussement en F et un autre en H ; on peut donc se faire une idée de la courbe représentée par cette figure, par l'analyse suivante :

En partant du point A, qui est une limite dans le sens des abscisses, la courbe tourne d'abord sa concavité vers l'axe des abscisses. jusqu'en C, qui est une limite dans le sens des ordonnées, elle continue sa concavité jusqu'en E, où il existe un point d'inflexion qui de concave la fait devenir convexe ; arrivée en F, à l'extrémité de la partie convexe E F, elle suspend son cours au point de rebroussement F ; au-delà duquel elle est encore convexe dans la partie FG, pour redevenir concave au point d'inflexion G, arriver ainsi jusqu'au point B, qui est une limite dans le sens des abscisses ; enfin, à partir de ce point, la courbe reste concave vers l'axe des abscisses jusqu'en A, point de départ, en passant par le point de rebroussement H, et par le point D qui est une limite dans le sens des ordonnées.

D'après ce qui précède, on voit qu'on saurait se faire une idée d'une courbe, si à l'aide de son équation, on pouvait déterminer les points singuliers. Nous avons déjà appris à reconnaître les maxima et les minima, il nous reste à chercher comment on pourra déterminer les autres points singuliers.

DES POINTS D'INFLEXION.

67. — Nous allons démontrer comment on peut reconnaître s'il y a des points d'inflexion dans une courbe donnée par son équation.

Pour qu'il puisse y avoir un point d'inflexion dans une courbe, il faut tout d'abord qu'on ait, pour une abscisse déterminée x de ce point, $\dfrac{d^2 y}{dx^2} = 0$, ou bien $\dfrac{d^2 y}{dx^2} = \infty$. En effet, à partir du point d'inflexion, $\dfrac{d^2 y}{dx^2}$ change de signe, art. 64 et 65. Et nous verrons plus loin que ce cœfficient différentiel peut encore changer de signe en passant par l'infini.

On s'assurera donc si l'une de ces conditions est remplie, après quoi, on augmentera et on diminuera successivement d'une quantité h très-petite l'abscisse du point qui remplit la condition prescrite ; si alors la valeur de $\dfrac{d^2 y}{dx^2}$, pour ces valeurs de x, est affectée de signes contraires, on pourra en conclure qu'il existe un point d'inflextion, au point x ; car, nous savons que quand $\dfrac{d^2 y}{dx^2}$ est positif, la courbe tourne sa convexité vers l'axe des abscisses, tandis que lorsque $\dfrac{d^2 y}{dx^2}$ est négatif, la courbe tourne sa concavité vers le même axe : or, c'est par ce changement de convexe en concave ou de concave en convexe, que la courbe manifeste son point d'inflexion.

La courbe A B ou M' M M", fig. 21, possède en M un point d'inflexion.

En effet, menons en M une tangente T T' à cette courbe ; cette tangente coupe la courbe, mais elle n'a qu'un point de commun avec elle, c'est comme une tangente commune aux deux parties M A, M B de la courbe. Prenons P P' = P P" = h, et menons les ordonnées.

Si nous considérons les diverses ordonnées comprises entre M'P' et MP, nous voyons que le prolongement M'N' de l'ordonnée, depuis la tangente jusqu'à la courbe, va en diminuant jusqu'au point M où il s'anéantit.

Si maintenant nous considérons les ordonnées suivantes, le prolongement N"M" de l'ordonnée, depuis la tangente jusqu'à la courbe, tombera au-dessous de la tangente, et par suite changera de signe de sorte que si M'N' est positif, M"N" est négatif. Telle est la condition que nous allons exprimer par une équation.

On a évidemment M'N' = M'P' — N'P', or MP = fx, donc M'P' = f (x+h), ainsi on a :
$$M'N' = f(x+h) - N'P', \quad (96).$$

Cherchons la valeur analytique de N'P'. Nous avons N'P' = MP + N'O, et comme MP = y, on a :
$$N'P' = y + N'O, \quad (97)$$

Cherchons également la valeur de N'O. Pour cela, par la trigonométrie, nous savons que dans le triangle rectangle N'MO, on a :
$$N'O = MO \times \text{tang } N'MO.$$

Or, nous avons vu, art. 51, éq. 82bis, que la tangente trigonométrique d'un angle, soit de N'MO, formé par la tangente en M, à une courbe, avec une parallèle à l'axe des abcisses, avait pour expression $\dfrac{dy}{dx}$.

Remplaçant donc tang. N'MO par $\dfrac{dy}{dx}$ et MO par h, nous aurons
$$N'O = h.\frac{dy}{dx}.$$

Substituant cette valeur dans l'équation (97), nous aurons
$$N'P' = y + h.\frac{dy}{dx}.$$

Mettant cette valeur dans l'équation (96), nous obtiendrons
$$M'N' = f(x+h) - y - \frac{dy}{dx} h, \quad (98).$$

Calculons de même la valeur de M"N", nous avons :
$$M''N'' = N''P'' - M''P'' = N''P'' - f(x-h).$$
$$N''P'' = MP - MO' = y - MO = y - N'O = y - \frac{dy}{dx}h,$$

donc, $M''N'' = y - \dfrac{dy}{dx} h - f(x-h)$; et comme M"N" est en-dessous de la tangente, c'est-à-dire de signe contraire à M'N', on a :

$$- M''N'' = y - \frac{dy}{dx} h - f(x-h), \text{ d'où}$$

$$M''N'' = -y + \frac{dy}{dx} h + f(x-h) = f(x-h) - y + \frac{dy}{dx} h. \quad (99).$$

On aurait pu se dispenser de calculer de nouveau M''N'', en déduisant sa valeur de celle de M'N'. En effet, si nous faisons reculer l'ordonnée parallèlement à elle-même, M'N' deviendra N''M'' lorsque h se changera en — h ; il suffit donc de faire h = — h dans l'équation (98), et nous obtiendrons comme ci-dessus, (éq. 99) :

$$M''N'' = f(x-h) - y + \frac{dy}{dx} h.$$

Maintenant remplaçons les expressions f (x+h) et f (x—h), par leurs développements, art. 41, nous aurons au lieu de l'éq. (98) :

$$M'N' = \left(y + \frac{dy}{dx} h + \frac{d^2 y}{dx^2} \frac{h^2}{1.2} + \frac{d^3 y}{dx^3} \frac{h^3}{1.2.3} + \text{etc..} \right) - y - \frac{dy}{dx} h;$$

et en faisant h = — h, dans le développement de f (x+h), nous aurons au lieu de l'équation (99) :

$$M''N'' = \left(y - \frac{dy}{dx} h + \frac{d^2 y}{dx^2} \frac{h^2}{1.2} + \frac{d^3 y}{dx^3} \frac{h^3}{1.2.3} + \text{etc.} \right) - y + \frac{dy}{dx} h.$$

En réduisant les termes semblables, ces équations deviennent.

$$M'N' = \frac{d^2 y}{dx^2} \frac{h^2}{1.2} + \frac{d^3 y}{dx^3} \frac{h^3}{1.2.3} + \text{etc.} \quad (100).$$

$$M''N'' = \frac{d^2 y}{dx^2} \frac{h^2}{1.2} - \frac{d^3 y}{dx^3} \frac{h^3}{1.2.3} + \text{etc.} \quad (101).$$

Cela étant, pour qu'il y ait inflexion en M, il faut nécessairement que lorsqu'on donnera à h une valeur très petite, les lignes M'N' et M''N'' tombent l'une au-dessus et l'autre au-dessous de la tangente TT', ce qui fait que M'N' et M''N'' soient de signes contraires. Or cela n'est possible que lorsque le premier terme $\frac{d^2 y}{dx^2} \frac{h^2}{1.2}$ des séries (100) et (101) est nul ; car si ce termes n'était pas nul, on pourrait, art. 54, donner à h une valeur assez petite pour que le terme $\frac{d^2 y}{dx^2} \frac{h^2}{1.2}$ surpassât la somme algébrique de tous les autres termes qui suivent, dans chaque série. Dans ce cas, le signe de ce terme serait donc celui du résultat de toute la suite, et comme ce terme est le même dans les deux développements, il en résulterait que $M'N'$ et $M''N''$ auraient le même signe, et que par suite, $M'N'$ et $M''N''$ ne seraient pas situés de part et d'autre de la tangente, et il n'y aurait pas inflexion. Donc pour qu'il y ait inflexion, c'est-à-dire que $M'N'$ et $M''N''$ soient de signes contraires, il faut que l'on ait d'abord : $\dfrac{d^2 y}{dx^2} \dfrac{h^2}{2} = 0$ ou plutôt $\dfrac{d^2 y}{dx^2} = 0$. car h^2 est toujours positif.

Remarque I. — S'il arrivait que la même valeur de x qui fait évanouir $\dfrac{d^2 y}{dx^2}$, fît aussi évanouir $\dfrac{d^3 y}{dx^3}$, il faudrait pour qu'il pût y avoir un point d'inflexion que $\dfrac{d^4 y}{dx^4}$ fût aussi nul. Dans ce cas, si $\dfrac{d^5 y}{dx^5}$ était aussi nul, il faudrait encore que $\dfrac{d^6 y}{dx^6}$ fût également nul ; et ainsi de suite ; de façon que le dernier cœfficient différentiel qui serait nul, soit d'ordre pair.

Remarque II. — Nous venons de démontrer que pour qu'il puisse y avoir un point d'inflexion, il faut que $\dfrac{d^2 y}{dx^2} = 0$, en ce point, ce qui veut dire, en général, que $\dfrac{d^2 y}{dx^2}$ doit changer de signe au point d'inflexion, ce qui s'accorde avec ce que nous avons dit à l'art. 64 ; mais $\dfrac{d^2 y}{dx^2}$ peut aussi changer de signe en passant par l'infini. Par exemple soit

$$\frac{d^2 y}{dx^2} = \frac{b^2}{x - a}.$$

Si l'on substitue successivement à x les valeurs

$$x = a - h, \text{ on trouve } \frac{d^2 y}{dx^2} = \frac{b^2}{a - h - a} = -\frac{b^2}{h};$$

$$x = a, \qquad \text{id.} \quad \frac{d^2 y}{dx^2} = \frac{b^2}{a - a} = \frac{b^2}{0} = \infty;$$

$$x = a + h, \text{ id.} \quad \frac{d^2 y}{dx^2} = \frac{b^2}{a + h - a} = +\frac{b^2}{h};$$

h peut être très petit, par conséquent $\frac{d^2 y}{dx^2}$ peut changer de signe en passant par l'infini; et l'on voit, dans le présent exemple, que c'est le dénominateur de la valeur de $\frac{d^2 y}{dx^2}$, qui fait changer de signe au cœfficient différentiel après le point d'inflexion.

Concluons donc que, si la valeur de x, qui est la même dans les développements (100) et (101), était telle que $\frac{d^2 y}{dx^2}$ fût infini, ces deux développements le seraient aussi, et alors, on ne pourrait rien conclure de la démonstration exposée ci-dessus qui repose sur la possibilité de ces développements; mais alors on doit faire usage de ce que nous venons d'exposer à la présente remarque, en observant que $\frac{d^2 y}{dx^2}$ peut changer de signe en passant par l'infini; si donc à l'abcisse x = a, par exemple, on obtient $\frac{d^2 y}{dx^2} = \infty$, on fera, successivement, x=a−h et x=a+h, et si l'on obtient pour $\frac{d^2 y}{dx^2}$ deux valeurs de signes contraires, le point correspondant à l'abcisse x = a sera un point d'inflexion.

68. — *Application.*

1° — Chercher s'il y a un point d'inflexion dans la courbe représentée par l'équation

$$y = b + 2(x - a)^3. \quad (102).$$

Différentions, nous aurons :

$$dy = 3.2(x-a)^2 \, d.(x-a) = 3.2(x-a)^2 \, dx, \text{ d'où } \frac{dy}{dx} = 3.2(x-a)^2 \, ;$$

$$\frac{d^2 y}{dx^2} = d. \lfloor 3.2(x-a)^2 \rfloor : dx = 2.3.2(x-a) \, d(x-a) : dx =$$

$$1\,2(x-a) \, dx : dx = 1\,2(x-a);$$

$$\frac{d^3 y}{dx^3} = d. \lfloor 12(x-a) \rfloor : dx = d. \lfloor 12\,x - 12\,a \rfloor : dx = 12 \, dx : dx = 12.$$

Pour qu'il puisse y avoir un point d'inflexion, il faut donc, art. 67, qu'il existe une valeur de x qui rende nulle la valeur du terme $\frac{d^2 y}{dx^2}$. Or, x étant une quantité variable, déterminons l'une de ses valeurs par la condition qu'on ait 12 (x—a)=0, d'où x=a, valeur qui peut être l'abscisse d'un point d'inflexion.

Pour nous assurer de l'existence de ce point, augmentons d'abord l'abscisse x, du point M, fig. 22; d'une petite quantité h, et substituons donc a+h à x, nous trouverons que pour le point M', dont l'abscisse est a+h, on a $\frac{d^2 y}{dx^2} =$ 12 (a+h—a) = 12 h. Diminuons ensuite l'abscisse x de h, et substituons donc a—h à x, nous trouverons que pour le point M″ dont l'abscisse est a - h, on a $\frac{d^2 y}{dx^2} =$ 12 (a—h—a)= - 12 h. Ces deux valeurs de signes contraires de $\frac{d^2 y}{dx^2}$ nous montrent qu'il y a un point d'inflexion en M, art. 67.

Remarquons que l'hypothèse de x=a fait évanouir le terme $\frac{dy}{dx}$; or, nous avons vu, art. 63, que l'expression $\frac{dy}{dx} = 0$ signifie que la tangente en M, est parallèle à l'axe des abscisses ; donc la tangente au point d'inflexion, dans la présente hypothèse, devrait être parallèle à l'axe des abscisses,

2°. — Il n'est pas toujours possible d'égaler à zéro la valeur de $\frac{d^2 y}{dx^2}$, et alors, si ce terme ne peut pas être égalé à l'infini, il n'y aura évidemment, d'après l'art. 67, pas de point d'inflexion.

Soit par exemple, l'équation suivante, y = b+ax² , qui est celle d'une parabole, (géom. analytique), et cherchons si la courbe possède des points d'inflexion.

Différentions, nous aurons :

$$dy = 2 \, ax \, dx, \text{ d'où } \frac{dy}{dx} = 2 \, ax ;$$

$$\frac{d^2 y}{dx^2} = d. (2 \, ax) : dx = 2a \, dx : dx = 2 \, a.$$

On voit qu'on ne peut égaler à zéro la valeur 2a, de $\frac{d^2 y'}{dx^2}$, qui ne renferme aucune indéterminée ; on ne peut pas non plus l'égaler à l'infini, donc la parabole n'a pas de point d'inflexion, ce que nous savions déja par la géométrie analytique.

La valeur $2a$ de $\dfrac{d^2 y}{dx^2}$, qui ne varie pas de [signe, nous montre seulement, art. 64, que la parabole représentée par l'équation en question, tourne continuellement sa convexité vers l'axe des abscisses.

$3^\circ. =$ Soit l'équation $y^3 = x^5$; d'où $y = \sqrt[3]{x^5}$.

D'après l'art. 14, pour différentier, nous ferons $y = x^{5/3}$, et nous aurons :

$$dy = \frac{5}{3} x^{5/3 - 1\ ou\ - 3/3}\ dx \; ; \; \text{d'où}\ \frac{dy}{dx} = \frac{5}{3} x^{2/3} \; ;$$

$$\frac{d^2 y}{dx^2} = d.\left(\frac{5}{3}x^{2/3}\right) : dx = \frac{2}{3} \cdot \frac{5}{3} x^{2/3 - 3/3}\, dx : dx = \frac{2}{3} \cdot \frac{5}{3} x^{-1/3} =$$

$$\frac{2}{5} \cdot \frac{5}{3}\frac{1}{x^{1/3}} = \frac{2}{3} \cdot \frac{5}{3}\frac{1}{\sqrt[3]{x}}.$$

Si l'on cherchait à déterminer x, comme nous l'avons dit, en égalant à zéro la valeur de $\dfrac{d^2 y}{dx^2}$, on aurait $\dfrac{2}{3} \cdot \dfrac{5}{3}, \dfrac{1}{\sqrt[3]{x}} = 0$, ou plus simplement $\dfrac{1}{\sqrt[3]{x}} = 0$, équation à laquelle on ne peut satisfaire qu'en faisant $\dfrac{1}{\sqrt[3]{x}} = \dfrac{1}{\infty} = 0$, d'où $x = \infty$, ce qui ne conduirait à rien, car en supposant que cela montre la possibilité de l'existence d'un point d'inflexion situé à une distance infinie de l'axe des ordonnées, nous ne pourrions pas nous assurer de l'existence de ce point en augmentant puis en diminuant d'une petite quantité la valeur de x qui serait infinie.

Mais remarquons que nous avons la faculté d'égaler à l'infini la valeur de $\dfrac{d^2 y}{dx^2}$, art. 67, et ainsi nous aurons $\dfrac{1}{\sqrt[3]{x}} = \infty$, d'où $x = 0$. Cette valeur nous montre qu'il peut y avoir un point d'inflexion sur l'axe des ordonnées ; et pour nous assurer que ce point existe, nous substituerons successivement à x les valeurs $x = 0 + h$ et $x = 0 - h$, c'est à dire $x = h$ et $x = -h$, et pour qu'il y ait inflexion, $\dfrac{d^2 y}{dx^2}$

devra nous donner, dans ces deux cas, des résultats de signes contraires.

Nous aurons donc, en observant que $\sqrt[3]{-h}$ est une quantité négative :

$$\frac{d^2 y}{dx^2} = \pm \frac{2}{3} \cdot \frac{5}{3} \frac{1}{\sqrt[3]{h}}.$$

valeurs de signes contraires, donc il y a inflexion au point où l'abcisse est zéro, et comme l'équation proposée donne pour $x = 0$, $y = 0$, l'inflexion a lieu à l'origine o, fig. 23.

4° — Soit la courbe M A N représentée fig. 24, qui a pour équation :

$$(y - b)^2 = x^3.$$

On en tire $y - b = \pm \sqrt{x^3}$, d'où $y = b \pm \sqrt{x^3} = b \pm x^{3/2}$.

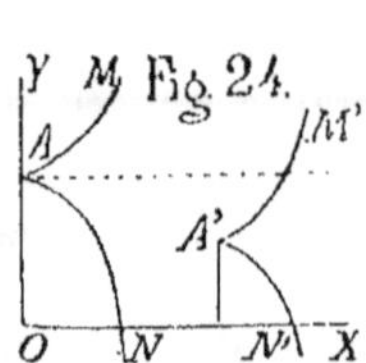

$$dy = \pm \frac{3}{2} x^{3/2-1} dx = \pm \frac{3}{2} x^{1/2} dx \; ; \; \text{d'où} \; \frac{dy}{dx} = \pm \frac{3}{2} x^{1/2}.$$

$$\frac{d^2 y}{dx^2} = d. \left(\pm \frac{3}{2} x^{1/2} \right) : dx = \pm \frac{1}{2} \cdot \frac{3}{2} x^{1/2-1} dx :$$

$$dx = \pm \frac{1}{2} \cdot \frac{3}{2} x^{-1/2} = \pm \frac{1}{2} \cdot \frac{3}{2} \frac{1}{x^{1/2}} = \pm \frac{1}{2} \cdot \frac{3}{2} \cdot \frac{1}{\sqrt{x}}$$

En faisant $\dfrac{d^2 y}{dx^2} = 0$, on aurait $x = \infty$, ce qui, comme dans l'exemple précédent, ne nous conduirait à rien ; mais on peut faire $\dfrac{d^2 y}{dx^2} = \infty$, d'où $x = 0$; il peut donc y avoir un point d'inflexion sur l'axe des ordonnées. Pour vérifier si ce point existe réellement, faisons d'abord $x = 0 + h = h$, et substituons cette valeur dans celle de $\dfrac{d^2 y}{dx^2}$, nous aurons.

$$\frac{d^2 y}{dx^2} = \pm \frac{1}{2} \cdot \frac{3}{2} \cdot \frac{1}{\sqrt{h}} ;$$

faisons ensuite $x = 0 - h = -h$, et substituons, la valeur de $\dfrac{d^2 y}{dx^2}$ devient $\pm \dfrac{1}{2} \cdot \dfrac{2}{3} \cdot \dfrac{1}{\sqrt{-h}}$, valeur imaginaire.

La valeur de y est également imaginaire, pour toute valeur négative de x, car pour $-h$, par exemple, on a :

$$y = b \pm \sqrt{-h^3}.$$

Ceci nous apprend que la courbe n'existe pas pour des valeurs négatives. Pour $x=o$, on a $y = b = O\,A$, fig. 24.

Concluons donc que, quoique $\dfrac{d^2\,y}{dx^2}$ soit infini pour $x=o$, il n'y a point d'inflexion, car on n'obtient pas deux valeurs réelles de signes contraires pour $\dfrac{d^2\,y}{dx^2}$, en augmentant puis en diminuant $x=o$ de la petite quantité h, art. 67.

D'après ce que nous allons démontrer à l'art. suivant, on pourra reconnaître que ce cœfficient différentiel appartient à une classe de points que l'on a appelés *points de rebroussement*.

DES POINTS DE REBROUSSEMENT.

69. — On appelle *points de rebroussement*, le point où une courbe s'arrête dans son cours pour revenir sur ses pas.

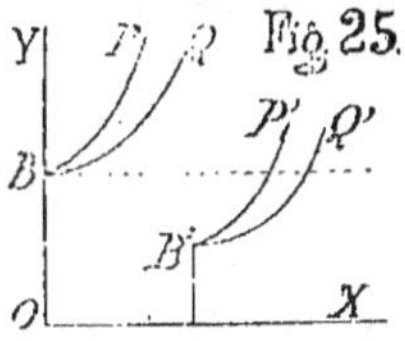

Le rebroussement est dit de la première espèce, lorsque les deux branches se tournent leurs convexités, comme dans la fig. 24, (AM et AN, ou A'M' et A'N') ; il est dit de la seconde espèce, quand les concavités sont concentriques, comme dans la fig. 25, (BP et BQ, ou B'P' et B'Q').

70. — Comment peut-on reconnaître un point de rebroussement ? Remarquons d'abord que la courbe s'arrête ainsi, au point de rebroussement, parce qu'au delà de ce point A ou A', B ou B', les valeurs que l'on donnerait à l'abscisse en déterminerait d'imaginaires pour l'ordonnée, ce qui suppose donc que la valeur de $\dfrac{d^2\,y}{dx^2}$, (que l'on doit égaler à o ou à l'infini pour déterminer l'abscisse), renferme un radical.

Maintenant, si avant que la courbe suspende son cours, $\dfrac{d^2\,y}{dx^2}$ donne deux valeurs, l'une du signe de l'ordonnée y et l'autre d'un signe contraire, on reconnaîtra qu'il y a deux branches de courbe réunies au point A ou A', fig. 24, l'une convexe vers l'axe des abscisses et l'autre concave, art. 64 ;

et par suite qu'il y a en ce point, A ou A', un point de rebroussement de la première espèce. Au contraire, si les deux valeurs que donne $\dfrac{d^2 y}{dx^2}$ sont de même signe, les deux branches qui se réunissent en B ou B', fig. 25, ne peuvent êtres que concentriques, toutes deux concaves ou toutes deux convexes, selon le signe, et, par conséquent, le rebroussement en ce cas, sera de la seconde espèce.

71. — Exemples.

1°. Soit la courbe représentée par l'équation $(y - x)^2 = x^9$; examinons si elle possède des points de rebroussement.

Cette équation donmne

$$y - x = \pm \sqrt{x^9} \text{, d'où } y = x \pm x^4 \sqrt{x} \text{, (103).}$$

On voit que lorsqu'on fait x négatif dans cette équation, y devient imaginaire, d'où l'on peut conclure que la courbe s'arrête à l'origine où $x = 0$ et $y = 0$; valeurs qui satisfont à l'équation. Mais cela ne prouve pas encore qu'il y ait à l'origine un point de rebroussement ; car il pourrait n'exister en ce point qu'un arc de courbe, toujours concave du même côté, comme cela a lieu au sommet de l'hyperbole. Donc pour reconnaître si la valeur de $x = 0$ correspond à un point de rebroussement, il faut voir ce que devient, près de l'origine, le coefficient différentiel du second ordre. Pour cela, on déduira de l'équation la valeur de ce coefficient différentiel; on y fera $x = 0 + h$, c'est-à-dire h, et si l'on obtient deux valeurs de signes contraires, (h étant une petite quantité), on aura, d'après ce que nous venons de voir à l'article précédent, un point de rebroussement de la première espèce. C'est ce qui a lieu.

En effet de l'équation $y - x = \pm \sqrt{x^9}$, on tire $y = x \pm x^{9/2}$; d'ou $dy = dx \pm \dfrac{9}{2} x^{9/2 - 1} dx = dx \left(1 \pm \dfrac{9}{2} x^{7/2} \right)$, donc $\dfrac{dy}{dx} = 1 \pm \dfrac{9}{2} x^{7/2}$; et $\dfrac{d^2 y}{dx^2} = d. \left(1 \pm \dfrac{9}{2} x^{7/2} \right) : dx = \pm \dfrac{7}{2} . \dfrac{9}{2} x^{7/2 - 1} dx :$

$$dx = \pm \dfrac{7}{2} . \dfrac{9}{2} x^{5/2} = \pm \dfrac{7}{2} . \dfrac{9}{2} \sqrt{x^5} = \pm \dfrac{7}{2} . \dfrac{9}{2} . x^2 \sqrt{x} .$$

Dans cette valeur, faisons $x = 0 + h = h$, on aura

$$\frac{d^2 y}{dx^2} = \pm \frac{7}{2} \cdot \frac{9}{2} \, h^2 \sqrt{h} .$$

Ces deux valeurs de signe contraire indiquent deux branches, l'une qui tourne sa convexité vers l'axe des abscisses et l'autre qui tourne sa concavité vers le même axe ; donc on a un point de rebroussement de la première espèce.

2°. — Soit l'équation $(y - b)^2 = (x - a)^3$, de laquelle on tire

$$y - b = \pm \sqrt{(x-a)^3} , \text{ d'où } y = b \pm \sqrt{(x-a)^3} . \quad (104).$$

En examinant cette équation, nous voyons que la plus petite valeur que l'on puisse donner à x, est $x = a$, laquelle donne $y = b$. En effet, pour toute autre valeur de x, moindre que a, y est imaginaire ; car si l'on fait $x = a - h$, on trouve $y = b \pm \sqrt{(a-h-a)^3} = b \pm \sqrt{-h^3} = b \pm h \sqrt{-h}$, valeur imaginaire. La courbe suspend donc son cours au point A', fig. 24, dont les coordonnées sont a et b.

(Remarquons en passant que l'équation de la courbe M A N, fig. 24, est, art. 68, 4°, $(y-b)^2 = x^3$; et celle de la courbe M' A' N', même fig., est $(y-b)^2 = (x-a)^3$.

Revenons à la courbe M' A' N que nous venons de considérer. Pour connaître de quelle manière s'étendent ses branches au delà du point A', nous substituerons à x la valeur $a + h$, dans celle de $\dfrac{d^2 y}{dx^2}$.

Cherchons donc d'abord cette dernière valeur.

On a :

$$y = b \pm \sqrt{(x-a)^3} , \text{ d'où } y = b \pm (x - a)^{3/2} .$$

$$dy = \pm \frac{3}{2} (x-a)^{3/2-1} d(x - a) = \pm \frac{3}{2} (x-a)^{1/2} \, dx, \text{ donc } \frac{dy}{dx} =$$

$$\pm \frac{3}{2} (x - a)^{1/2} ;$$

$$\frac{d^2 y}{dx^2} = d.\left(\pm \frac{3}{2} (x-a)^{1/2} \right) : dx = \pm \frac{1}{2} \cdot \frac{3}{2} (x-a)^{1/2-1} d(x-a) :$$

$$dx = \pm \frac{3}{4} (x - a)^{1/2} dx : dx = \pm \frac{3}{4 (x-a)^{1/2}} = \pm \frac{3}{4 \sqrt{x-a}} .$$

Et en remplaçant x par a+h, on a

$$\frac{d^2 y}{dx^2} = \pm \frac{3}{4} \frac{1}{\sqrt{a+h} - a} = \pm \frac{3}{4\sqrt{h}}.$$

Nous obtenons donc deux valeurs de signes contraires ; et en vertu des art. 64 et 70, nous reconnaissons que la valeur positive indique la branche A'M',convexe vers l'axe des abscisses,et la valeur négative indique la branche A'N' concave vers le même axe ; donc nous avons en A' un point de rebroussement de la première espèce.

3°. — L'équation $y = ax^2 \pm bx^2 \sqrt{x}$, (qui correspond à la courbe représentée par M O N, fig. 26, dont les deux

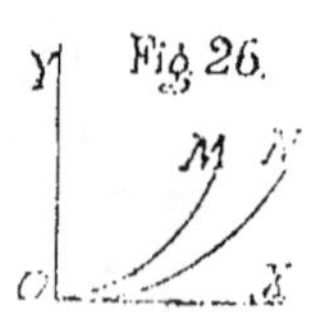

branches tournent leur convexité vers l'axe des x), donne un point de rebroussement de la seconde espèce.

En effet, si dans cette équation on fait $x = 0$, on trouve $y = 0$; mais x négatif, donne y imaginaire ; donc la courbe suspend son cours à l'origine.

Pour savoir comment vont ses branches, nous devons d'abord chercher la valeur de $\dfrac{d^2 y}{dx^2}$,

Pour cela, écrivons d'abord l'équation comme ceci : $y = ax^2 \pm b\sqrt{x^5} = ax^2 \pm b x^{5/2}$, et l'on a : $dy = 2\,ax\,dx \pm b \dfrac{5}{2} x^{5/2-1} dx = 2\,ax\,dx \pm \dfrac{5}{2} b x^{3/2} dx$; donc $\dfrac{dy}{dx} = 2\,ax \pm \dfrac{5}{2} b x^{3/2}$;

$$\frac{d^2 y}{dx^2} = d\left(2\,ax \pm \frac{5}{2} b x^{3/2}\right) : dx = \left(2\,a\,dx \pm \frac{3}{2} . \frac{5}{2} bx^{3/2-1}\,dx\right) :$$

$$dx = 2\,a \pm \frac{3}{2} . \frac{5}{2} bx^{1/2} = 2\,a \pm \frac{3}{2} . \frac{5}{2} b \sqrt{x}.$$

Si, dans cette valeur de $\dfrac{d^2 y}{dx^2}$, on donne à x une valeur positive *très petite* représentée par h, on aura

$$\frac{d^2 y}{dx^2} = 2\,a \pm \frac{3}{2} , \frac{5}{2} b \sqrt{h}.$$

Le second terme $\dfrac{3}{2} . \dfrac{5}{2} b \sqrt{h}$ du second membre sera moindre que le premier terme $2\,a$ puisque h est très petit ;

donc les deux valeurs de $\dfrac{d^2 y}{dx^2}$ seront du même signe que

2 a, c'est-à-dire positives, et par conséquent, de l'origine partiront deux branches convexes vers l'axe des x, donc il y a un point de rebroussement de seconde espèce à l'origine, art. 64 et 70.

DES POINTS MULTIPLES.

72. — On appelle ainsi les points où plusieurs branches de courbe se réunissent. Les points de rebroussement appartiennent donc à la classe des points multiples.

Un point multiple est double lorsqu'il est à l'intersection de deux branches ; il est triple s'il est à l'intersection de trois branches ; ainsi de suite.

73. — On reconnaît *qu'il peut* y avoir un point multiple, lorsque l'équation de la courbe ayant été délivrée de ses

radicaux, on en obtient, en différentiant, $\dfrac{dy}{dx} = \dfrac{o}{o}$.

Ainsi, soit le point double A, formé par les deux branches de courbe AM, AN, fig. 27. Menons, à ces branches, les deux tangentes AT, AT'.

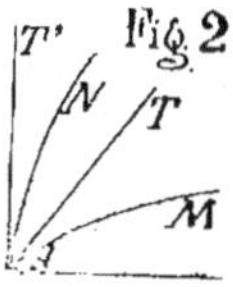

Représentons par F $(x, y) = o$ l'équation de la courbe, délivrée des radicaux. La différentielle de cette équation mise sous la forme P dx + Q dy = o ne renfermera aucun radical, car la différentiation d'une fonction rationnelle n'en introduit point dans cette fonction différentiée ; par conséquent P et Q seront des quantités rationnelles.

Cela étant, l'équation P dx + Q dy = o donne $\dfrac{dy}{dx} = -\dfrac{P}{Q}$.

Or, nous savons par l'art. 51, que la valeur $\dfrac{dy}{dx}$ représente la tangente trigonométrique de l'angle formé par la tangente à la courbe avec l'axe des abscisses ; et comme au point A, la courbe a deux tangentes, $\dfrac{dy}{dx}$ doit avoir deux valeurs.

Donc, $\dfrac{P}{Q}$ doit se déterminer de manière que cette condi-

tion soit remplie ; et elle le serait si $\frac{P}{Q}$ renfermait un radical, mais cela est impossible puisque nous avons vu que $\frac{P}{Q}$
était rationnel. Il faut donc, pour éviter cette contradiction,
que $\frac{P}{Q}$ se présente sous la forme $\frac{0}{0}$, symbole de l'indétermination, c'est-à-dire qu'alors $\frac{P}{Q}$ soit susceptible de plusieurs
valeurs.

Soient, en effet, α et α' les deux valeurs de la tangente
trigonométrique de la courbe au point multiple, c'est-à-
dire donc la tangente trigonométrique des angles TAx,
T'Ax, fig. 27. Ces deux valeurs, étant données par $\frac{dy}{dx}$, de-
vront donc satisfaire à l'équation $P + Q \frac{dy}{dx} = 0$, tirée de
l'équation $P\,dx + Q\,dy = 0$. On aura donc en remplaçant
$\frac{dy}{dx}$ respectivement par α et α' :
$$P + Q\,\alpha = 0, \qquad P + Q\,\alpha' = 0.$$
Et en retranchant ces équations l'une de l'autre, on aura
$$Q\,(\alpha - \alpha') = 0.$$
Or le facteur $(\alpha - \alpha')$, étant composé de deux quantités
inégales, ne peut être nul ; donc $Q = 0$, ce qui réduit l'équation $P + Q\,\alpha = 0$ à $P = 0$. Ces valeurs de P et de Q, réduisent l'équation
$$\frac{dy}{dx} = -\frac{P}{Q} \quad \text{à} \quad \frac{dy}{dx} = \frac{0}{0}$$
Donc, pour qu'il puisse y avoir un point multiple, il faut
qu'en tirant $\frac{dy}{dx}$ de l'équation de la courbe, délivrée de ses
radicaux, on ait $\frac{dy}{dx} = \frac{0}{0}$.

Nous disons délivrée de ses radicaux, car si l'on diffé-
rentiait sans les avoir préliminairement fait disparaître, il
se pourrait qu'une équation comportant des points mul-
tiples ne donnât pas $\frac{dy}{dx} = \frac{0}{0}$. Ainsi, par exemple, l'équation (103) art. 71, est dans ce cas : elle a un point double
à l'origine, et cependant, si l'on fait $x = 0$, l'équation

$\dfrac{dy}{dx} = 1 \pm \dfrac{9}{2}\,x^{7/2}$ qu'on a obtenue en différentiant, se réduit à $\dfrac{dy}{dx} = 1$.

Nous ferons observer également que quoique la condition $\dfrac{dy}{dx} = \dfrac{0}{0}$ soit nécessaire pour qu'il puisse y avoir un point multiple, comme nous l'avons démontré, il n'en résulte pas qu'elle soit une condition suffisante, car la démonstration précédente ne nous dit pas que cette propriété soit exclusive aux points multiples.

Donc, tout ce que l'on doit conclure, c'est que $\dfrac{dy}{dx} = \dfrac{0}{0}$ indique seulement qu'il peut y avoir une pointe multiple. Pour savoir ensuite si ce point est réellement multiple, on doit discuter la courbe aux environs de ce point.

De là la règle suivante :

Règle. — Pour reconnaître s'il existe des points multiples dans une courbe déterminée par une équation, que nous représenterons par u, par exemple, on doit en déduire par la différentiation, $P\,dx + Q\,dy = 0$, et l'on examinera si les mêmes valeurs de x et de y satisfont à la fois à la proposée u et aux équations $P = 0$, $Q = 0$; si cela est, ce sera un indice que ces valeurs de x et de y peuvent appartenir à un point multiple ; et en discutant la courbe aux environs de ce point, on verra s'il est réellement multiple.

DES POINTS CONJUGUÉS.

74. — On a donné le nom de *point isolé* ou *point conjugué* à un point entièrement détaché de la courbe à laquelle il se rapporte et dont les coordonnées sont les deux seules coordonnées réelles qui se trouvent dans la partie où les coordonnées de la courbe sont imaginaires.

75. — On reconnait qu'une courbe représentée, par exemple, par l'équation y=fx, *peut avoir* un point conjugué, quand en développant, par la formule de Taylor, art.41, l'équation y'=f (x+h), on obtient pour le développement une valeur imaginaire quand on y fait x égale à une valeur déterminée a ; ou, plus simplement, quand l'un

des coefficients différentiels $\frac{dy}{dx}$, $\frac{d^2y}{dx^2}$, etc., du développement, est imaginaire quand on y fait $x=a$.

Remarquons que c'est dans le développement effectué de $f(x+h)$ qu'on doit remplacer x par a. Autrement dit il faut faire $x = a + h$ dans l'équation primitive $y = fx$, et pour le développement par la formule de Taylor, on doit avoir une valeur imaginaire.

A la valeur $x = a$, correspond $y = b$: a et b sont les coordonnées du point conjugué s'il existe.

On *s'assurera ensuite si ce point conjugué existe réellement*, en augmentant et en diminuant successivement l'abscisse a d'une quantité h plus petite que a, et si, dans les deux cas, y devient imaginaire, c'est que, réellement, le point a, b, est un point conjugé.

Pour démontrer ce que nous venons de dire, représentons par $y = fx$ l'équation d'une courbe qui a un point conjugué.

Soient a et b les coordonnées de ce point ; puisqu'il est isolé il faut évidemment, qu'au moins, dans ses environs, les coordonnées soient imaginaires ; par conséquent si nous supposons que l'abscisse a s'augmente d'une petite quantité h, l'ordonnée correspondante, représentée par $f(a+h)$, devra être imaginaire. Or le série de Taylor, art. 41, nous donne, en général,

$$f(x + h) = y + \frac{dy}{dx}\,h + \frac{d^2y}{dx^2}\,\frac{h^2}{1.2} + \frac{d^3y}{dx^3}\,\frac{h^3}{1.2.3} + \text{etc.}$$

Si nous faisons $x=a$, l'ordonnée correspondante sera b, par suite nous changerons dans la série y en b ; et si nous représentons par $\left(\frac{dy}{dx}\right)$, $\left(\frac{d^2y}{dx^2}\right)$, etc., ce que deviennent les coefficients différentiels $\frac{dy}{dx}$, $\frac{d^2y}{dx^2}$, etc., dans cette hypothèse, nous aurons

$$f(a + h) = b + \left(\frac{dy}{dx}\right)h + \left(\frac{d^2y}{dx^2}\right)\frac{h^2}{1.2} + \left(\frac{d^3y}{dx^3}\right)\frac{h^3}{1.2.3} + \text{etc.}$$

Et cette série de $f(a+h)$ devra avoir une valeur imaginaire. Or, pour que cela soit, il faut au moins que l'une des expressions $\left(\dfrac{dy}{dx}\right)$, $\left(\dfrac{d^2 y}{dx^2}\right)$, etc., soit imaginaire, c'est-à-dire que l'hyphothèse de $x = a + h$ rende imaginaire l'un des coefficients différentiels ; (en effet, nous savions que les quantités b. h, h^2, etc. sont réelles). Donc, si la courbe a un point conjugué, la condition que nous venons d'énoncer devra être remplie ; et réciproquement, lorsqu'elle est remplie, on pourra conclure que la courbe que représente l'équation *peut avoir* un point conjugué. Mais on n'est pas encore certain que ce point existe, car la condition que nous avons énoncée, ci-dessus, a été démontrée nécessaire, mais pas suffisante. Pour vérifier que ce point existe réellement, on augmentera et l'on diminuera successivement l'abscisse d'une quantité h plus petite que cette abscisse et si, dans les deux cas, y devient imaginaire, c'est que le point est réellement un point conjugé.

Par exemple, si l'on a l'équation $y = \pm (x + b) \sqrt{x}$, qui représente la courbe LMN, fig. 28, et si l'on veut savoir si elle a un point conjugé, nous la différentierons et nous aurons

$$dy = \pm \, d\left[(x + b)\sqrt{x}\right] = \pm \, d\left(\sqrt{x^3} + b\sqrt{x}\right) = \pm \, d\left(x^{3/2} + bx^{1/2}\right) = \pm\left(\frac{3}{2} x^{3/2-1} dx + \frac{1}{2} bx^{1/2-1} dx\right) = \pm\left(\frac{3}{2} x^{1/2} dx + b \frac{1}{2} x^{-1/2} dx\right) = \pm\left(\frac{3}{2}\sqrt{x} + b \frac{1}{2} \frac{1}{x^{1/2}}\right) dx = \pm\left(\frac{3}{2}\sqrt{x} + b \frac{1}{2} \frac{1}{\sqrt{x}}\right) dx \; ;$$

donc

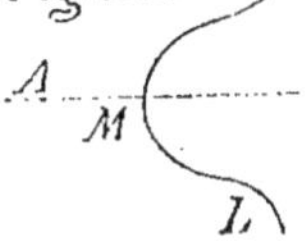

$$\frac{dy}{dx} = \pm\left(\frac{3}{2}\sqrt{x} + \frac{b}{2\sqrt{x}}\right)$$

Si dans l'équation primitive, on fait $x = -b$, on a $y = 0$. La valeur de $x = -b$ rend imaginaire la valeur de $\dfrac{dy}{dx}$ ci-dessus. Donc, il est à présumer que le point A, fig. 28 dont les coordonnées sont $x = -b$ et $y = 0$ est un point conjugué. Pour nous en assurer, augmentons et diminuons successivement l'abscisse $-b$ d'une quantité plus petite que b, et nous trouverons que, dans les deux cas, y devient imaginaire.

Ainsi, soit $b' < b$, nous aurons $y = \pm | (- b + b') + b) | \sqrt{- b + b'} = \pm b' \sqrt{- b''}$, en faisant $b'' =$ différence de $- b + b' =$ une quantité négative $- b''$. La valeur précédente obtenue en augmentant $- b$ de b', est comme on voit imaginaire. Si l'on diminue $- b$ de b', on aura

$$y = \pm | (- b - b') + b | \sqrt{- b - b'} = \pm (-b') \sqrt{- b'''} \, , \text{ en}$$

faissant $- b - b' = - b'''$.

Cette valeur étant également imaginaire, on peut conclure que le point A est réellement un point conjugué.

76. — Nous avons appris, à l'art. précédent, quelle est la condition nécessaire pour qu'il puisse y avoir un point conjugué, et la manière de s'assurer si ce point existe réellement.

En nous appuyant sur cette condition, l'un des coefficients différentiels imaginaire, nous allons démontrer que quand on sait obtenir $\dfrac{dy}{dx} = \dfrac{o}{o}$, il peut y avoir un point conjugué, c'est-à-dire que c'est là une condition nécessaire. De sorte que les points conjugués, comme les points multiples, art. 73, font présumer leur existence en rendant $\dfrac{dy}{dx} = \dfrac{o}{o}$.

En effet, l'équation $y = f x$ étant différentiée et pouvant se mettre sous la forme $P \, dx + Q \, dy = o$, on en déduit $P + Q \dfrac{dy}{dx} = o$; différentiant de nouveau, on obtient

$$d \, P + d \left(Q \frac{dy}{dx} \right) = o, \text{ ou art. 9, } d \, P + Q \frac{d^2 y}{dx} + \frac{dy}{dx} \cdot d \, Q = o \; ;$$

et en divisant par dx, on aura

$$\frac{d \, P}{dx} + Q \frac{d^2 y}{dx^2} + \frac{dQ}{dx} \frac{dy}{dx} = o.$$

Remarquons que le terme qui est affecté de $\dfrac{d^2 y}{dx^2}$ possède Q comme coefficient.

En différentiant de nouveau, et en divisant par dx, on a

$$\frac{d^2 P}{dx^2} + Q \frac{d^3 y}{dx^3} + \frac{dQ}{dx} \frac{d^2 y}{dx^2} + \frac{dQ}{dx} \frac{d^2 y}{dx^2} + \frac{d^2 Q}{dx^2} \frac{dy}{dx} = o,$$

et l'on voit que Q est encore le coefficient de $\dfrac{d^3 y}{dx^3}$; et ainsi de suite, de telle sorte que quand on sera arrivé au coefficient de l'ordre n, nous aurons une expression de la forme

$$Q \frac{d^n y}{dx^n} + K = 0, \quad (105),$$

en représentant par K tous les termes autres que $Q \dfrac{d^n y}{dx^n}$.

Cela étant, pour qu'il puisse y avoir un point conjugué il faut, avons-nous vu, qu'il y ait au moins l'un des coefficients différentiels qui devienne imaginaire pour une valeur de x, et qui par conséquent contienne un radical ; représentons ce coefficient par $\dfrac{d^n y}{dx^n}$, il s'ensuit donc que la fonction de x que représente cette expression a plus d'une valeur ; par suite Q doit égaler zéro, car de l'équation (105) on tire

$$Q \frac{d^n y}{dx^n} = - K$$

et comme $\dfrac{d^n y}{dx^n}$ a plusieurs valeurs il faut qve Q=0, ainsi que K.

Mais si Q=0, l'équation $P + Q \dfrac{dy}{dx} = 0$, donne P=0, et comme de l'équation $P + Q \dfrac{dy}{dx} = 0$, on tire $\dfrac{dy}{dx} = - \dfrac{P}{Q}$ on a $\dfrac{dy}{dx} = \dfrac{0}{0}$; ce qu'il fallait démontrer.

Donc $\dfrac{dy}{dx} = \dfrac{0}{0}$ indique *qu'il peut* y avoir un point conjugué, c'est une condition nécessaire.

COURBES OSCULATRICES.

77. — Soient $y = \varphi x$ et $y = Fx$, les équations de deux courbes MB, MC, qui se rencontrent, fig. 29, au point M, dont les coordonnées sont $O P = x'$, $PM = y'$; les coordonnées du point M, devant satisfaire à la fois aux deux équations, on aura :

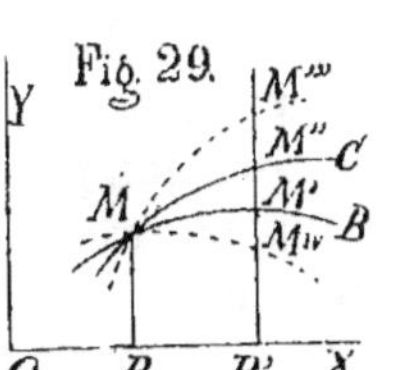

$y' = \varphi x'$ et $y' = Fx'$, d'où $\varphi x' = Fx'$.

Si maintenant O P ou x' s'accroît d'une quantité PP' ou h ; à l'abscisse OP' ou $x' + h$, correspondra l'ordonnée y'' ou M'P' pour la courbe M B et M'' P' pour la courbe M C ; et, en mettant $x + h$ au lieu de x', dans les équations $y' = \varphi x'$ et $y' = Fx'$, on aura y″ ou $M' P' = \varphi (x' + h)$ et $M'' P' = F (x' + h)$, d'où, d'après la formule de Taylor, art. 41, on aura :

$$M'P' = \varphi (x'+h) = \varphi x' + \frac{dy'}{dx'} h + \frac{d^2 y'}{dx'^2} \frac{h^2}{1.2} + \text{etc.}$$

$$M''P' = F (x'+h) = F x' + \frac{dy'}{dx'} h + \frac{d^2 y'}{dx'^2} \frac{h^2}{1.2} + \text{etc.}$$

Et en observant que $y' = \varphi x' = F x'$, on a

$$M'P' = \varphi (x'+h) = \varphi x' + \frac{d.\varphi x'}{dx'} h + \frac{d^2 \varphi x'}{dx'^2} \frac{h^2}{1.2} + \text{etc. (106)};$$

$$M''P' = F (x'+h) = F x' + \frac{d.F x'}{dx'} h + \frac{d^2 F x'}{dx'^2} \frac{h^2}{1.2} + \text{etc.(107.)}$$

Si tous les termes correspondants de ces développements sont identiquement les mêmes, $M''P' - M'P'$ égalera zéro, et les points M′ et M″ se confondront, ainsi que les points en M Les termes, étant identiquement les mêmes dans les deux développements, les points M′ et M″ sont quelconques ; donc les courbes se confondront.

Si l'on a seulement $Fx' = \varphi x'$, les courbes, comme nous l'avons vu, n'auront de commun que le point M ; si, outre $Fx' = \varphi x'$, on a $\frac{d.Fx'}{dx'} = \frac{d.\varphi x'}{dx'}$, ces courbes se rapprochent davantage ; et encore plus si, outre ces équations, on a aussi $\frac{d^2 Fx'}{dx'^2} = \frac{d^2 \varphi x'}{dx'^2}$; et ainsi de suite ; car il est évident que la différence de M″P′ à M′P′ sera d'autant moindre, qu'il y aura un plus grand nombre de termes égaux dans leurs développements.

Donc les équations $Fx' = \varphi x'$, $\frac{dFx'}{dx'} = \frac{d.\varphi x'}{dx'}$, etc., sont les équations de condition pour que les courbes MB, MC, se rapprochent, et plus elles sont nombreuses, plus le rapprochement est grand. Ces équations de condition peuvent servir à déterminer un nombre égal de constantes a, b, c, etc., de l'équation $y = Fx$. Et si l'on substitue alors la valeur de ces constantes, dans l'équation $y = Fx$, l'équation, qui résultera de cette substitution, représentera une courbe qui se rapprochera de la courbe $y = \varphi x$, et qui s'en rapprochera d'autant plus qu'on aura déterminé un plus grand nombre de constantes de l'équation $y = Fx$, en prenant un plus grand nombre d'équations de condition, c'est-à-dire en faisant égaux chacun à chacun, un plus grand nombre de termes correspondants des deux developpements.

La courbe que représente l'équation obtenue en substi-tuant dans l'éq. $y = F x$ les valeurs des constantes tirées des équations de condition, est ce qu'on appelle une osculatrice à la courbe représentée par l'équation $y = \varphi x$.

Elle est dite osculatrice du premier ordre, si l'on a sub-stitué les valeurs de deux constantes ; elle est dite du deuxième ordre si c'est trois constantes qu'on a éliminé de l'équation $y = F x$, au moyens de trois équations de con-dition ; et ainsi de suite.

78. — Remarquons que nous avons supposé que, sans changer la nature de la courbe représentée par l'équation $y = F x$, on pouvait donner des valeurs arbitraires aux constantes a, b, c, etc., qui entrent dans cette équation.

En effet, soit, par exemple, l'équation $y^2 = m x + n x^2$ qui est celle d'une ellipse. Quelles que soient les valeurs que l'on donne aux constantes m et n, *tant qu'elles ne font pas changer de signes et qu'elles ne rendent pas nulles* les constantes, l'équation conservera toujours la même forme et par conséquent représentera toujours une ellipse.

Donc, on peut regarder comme arbitraires les constantes a, b, c, etc., de l'équation $y = F x$, qui entrent dans les équations

$$F x' = \varphi x', \quad \frac{d.\, F x'}{dx'} = \frac{d.\, \varphi x'}{dx'}, \quad \frac{d^2 F x'}{dx'^2} = \frac{d^2 \varphi x'}{dx'^2}, \text{ etc.,}$$

et en prenant autant de ces équations qu'il y a de constan-tes, on déterminera ces constantes par la condition que ces équations soient satisfaites.

Par exemple, si l'équation $y = F x$ ne contient que trois constantes a, b, c, on posera

$$F x' = \varphi x' = y', \quad \frac{d\, F x'}{dx'} = \frac{d\varphi x'}{dx'} = \frac{dy'}{dx'}, \quad \frac{d^2 F x'}{dx'^2} = \frac{d^2 \varphi x'}{dx'^2} = \frac{d^2 y'}{dx'^2}.$$

On tirera, de ces équations, les valeurs de a, de b et de c, en fonction de x', de y', de $\frac{dy'}{dx'}$, etc. ; on les substituera dans l'équation $y = F x$. Alors, elle jouira de cette propriété que, lorsqu'on y mettra $x' + h$ à la place de x, l'équation (107), qu'on obtiendra à l'aide de la formule de Taylor, aura les trois premiers termes de son second membre respectivement égaux aux trois premiers termes du second membre de l'équation (106). En effet, nous avons vu qu'on déterminait les constantes en supposant que ces termes soient égaux deux à deux dans les deux développements.

Ce que nous disons d'une équation qui ne renferme que trois constantes, peut s'appliquer à une qui en contiendrait un plus grand membre.

79. — Comme applications de ce qui précède cherchons, par exemple, l'osculatrice à la courbe $y = \varphi\, x$ dans le cas où l'équation $y = Fx$ représente celle d'une ligne droite.

Cette équation $y = Fx$ sera donc remplacée par celle ci, qui est celle d'une ligne droite (géom. analytique) :

$$y = ax + b \quad (108).$$

Les équations de condition nécessaires pour l'élimination des constantes a et b seront $\varphi\, x' = F\, x' = a\, x' + b$,

$$\frac{d.\, \varphi\, x'}{dx'} = \frac{d.\, F\, x'}{dx'} = \frac{d.\, (a\, x' + b)}{dx'} = \frac{a\, dx'}{dx'} = a \quad (109).$$

Et comme $\varphi\, x'$ représente l'ordonnée y' du point M de la courbe dont l'équation est $y = \varphi\, x$, point dont les coordonnées sont x', y', nous pouvons remplacer $\varphi\, x'$ par y', et les équations (109) deviendront

$$y' = ax' + b, \quad \frac{dy'}{dx'}, = a \; ;$$

éliminant a, on obtiendra

$$y' = \frac{dy'}{dx'}\, x' + b \; ; \text{ d'où } b = y' - \frac{dy'}{dx'}\, x'.$$

Substituant les valeurs de a et de b, ci-dessus, dans l'équation, (tenant lieu de $y = F\, x$), de la ligne droite, donc dans $y = ax + b$, on obtiendra

$$y = \frac{dy'}{dx'}\, x + y' - \frac{dy'}{dx'}\, x' = \frac{dy'}{dx'}(x - x') + y', \text{ d'où } y - y' = \frac{dy'}{dx'}(x - x'). \quad (110).$$

Comme nous n'avons dû éliminer que deux constantes, cette équation (110) représente une osculatrice du premier ordre à la courbe représentée par l'équation $y = \varphi\, x$ (art. 77).

On reconnaît dans cette équation, pour cette osculatrice à la courbe $y = \varphi x$, l'équation d'une tangente MT, art. 51, au point M, dont les coordonnées sont x' et y'.

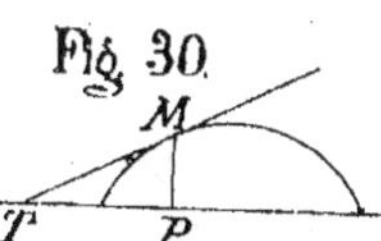

80. Résumons donc la théorie précédente en disant que si les courbes représentées par les équations $y = \varphi x$ et $y = Fx$ avaient seulement un point commun, en représantant par x' et y' les coordonnées de ce point, on aurait l'équation de condition $\varphi x' = Fx'$, mais qu'en déterminant deux constantes de l'équation $y = Fx$, par les condition $Fx' = \varphi x'$ et $\dfrac{d.Fx'}{dx'} = \dfrac{d.\varphi x'}{dx'}$, les courbes commenceraient à se rapprocher.

Représentons par $y = fx$ ce que devient $y = Fx$ après qu'on y a substitué les valeurs de ces deux constantes, la courbe $y = fx$ sera une osculatrice du premier ordre à la courbe $y = \varphi x$; et si, toujours en vertu des valeurs arbitraires qu'on peut donner aux constantes, on élimine trois des constantes de l'équation $y = Fx$, au moyen des équations suivantes :

$$Fx' = \varphi x', \quad \frac{d\,Fx'}{dx'} = \frac{d\,\varphi x'}{dx'}, \quad \frac{d^2\,Fx'}{dx'^2} = \frac{d^2\,\varphi x'}{dx'^2} \quad (111) ;$$

et qu'on représente par ψx ce que devient Fx, après cette substitution, cette courbe représentée par $y = \psi x$ sera une osculatrice du second ordre à la courbe représentée par l'équation $y = \varphi x$, dont elle approchera encore plus, et ainsi de suite ; de sorte que pour une osculatrice du $n^{\text{ième}}$ ordre, nous aurons les équations

$$Fx' = \varphi x', \quad \frac{d\,F\,x'}{dx'} = \frac{d.\,\varphi\,x'}{dx'}, \quad \frac{d^2\,F\,x'}{dx'^2} = \frac{d^2\,\varphi\,x'}{dx'^2}, \dots \frac{d^n\,F\,x'}{dx'^n} = \frac{d^n\,\varphi\,x'}{dx'^n}. \quad (112).$$

Remarque. — On peut donc conclure qu'à une même courbe $y = \varphi x$, il peut y avoir autant d'osculatrices différentes qu'il y a de constantes à déterminer moins une dans l'équation générale $y = Fx$ qui représente la courbe osculatrice, laquelle peut se réduire à une droite ; et que plus on aura déterminé de constantes, plus les osculatrices successives se rapprocheront de la courbe, $y = \varphi x$, à laquelle on mène ces osculatrices.

Le degré ou l'ordre d'une osculatrice est marqué par le nombre de constantes déterminées diminué d'une unité ; par exemple, pour deux constantes déterminées, on aura une osculatrice du premier degré ou ordre ; pour trois constantes, une osculatrice du deuxième degré et ainsi de suite.

81. — De deux osculatrices qu'on a obtenues, comme nous l'avons indiqué, en faisant varier les constantes d'une même équation, celle de ces osculatrices qui est d'un ordre inférieur ne peut pas passer entre l'autre et la courbe à laquelle on a mené ces osculatrices.

En effet, tout d'abord cela se conçoit puisque nous avons vu que plus on déterminait de constantes, donc plus le degré ou l'ordre de l'osculatrice était élevé, plus celle-ci si rapprochait de la courbe.

Mais nous pouvons le démontrer encore de la manière suivante :

Par exemple, soient MB et MC, fig. 29, la courbe $y = \varphi x$ et son osculatrice du second ordre $y = \psi x$; nous devons donc démontrer que l'osculatrice du premier ordre $y = fx$, ne peut passer entre les courbes MB et MC.

Pour celà, en mettant $x' + h$ à la place de x, dans les trois équations précédentes, nous trouverons, d'après la formule de Taylor, art. 41 et art. 77, éq. 106 :

$$y' \text{ ou } M'P' \text{ ou } \varphi(x'+h) = \varphi x' + \frac{d.\varphi x'}{dx'} h + \frac{d^2 \varphi x'}{dx'^2} \frac{h^2}{1.2} + \frac{d^3 \varphi x'}{dx'^3} \frac{h^3}{2.3} + \text{etc.,}$$

$$M''P' \text{ ou } \psi(x'+h) = \psi x' + \frac{d.\psi x'}{dx'} h + \frac{d^2 \psi x'}{dx'^2} \frac{h^2}{2} + \frac{d^3 \varphi x'}{dx'^3} \frac{h^3}{2.3} + \text{etc.}$$

$$f(x'+h) = fx' + \frac{d.fx'}{dx'} h + \frac{d^2 fx'}{dx'^2} \frac{h^2}{2} + \frac{d^3 fx'}{dx'^3} \frac{h^3}{2.3} + \text{etc.}$$

La courbe $y = \psi x$, étant une osculatrice du second ordre à $y = \varphi x$, il faut qu'on ait d'après ce que nous venons de voir

$$\psi x' = \varphi x', \quad \frac{d\psi x'}{dx'} = \frac{d\varphi x'}{dx'}, \quad \frac{d^2 \psi x'}{dx'^2} = \frac{d^2 \varphi x'}{dx'^2}.$$

De même, $y = fx$ étant une osculatrice du premier ordre à $y = \varphi x$, on a aussi

$$fx' = \varphi x', \quad \frac{dfx'}{dx'} = \frac{d\varphi x'}{dx'} ;$$

il résulte de là qu'on a :

$$\varphi x' = \psi x' = f x', \quad \frac{d\varphi x'}{dx'} = \frac{d\psi x'}{dx'} = \frac{dfx'}{dx'} ,$$

mais seulement

$$\frac{d^2 \varphi x'}{dx'^2} = \frac{d^2 \psi x'}{dx'^2} .$$

Pour simplifier, faisons

$$\varphi x' + \frac{d\varphi x'}{dx'} h = K \quad \text{et} \quad \frac{1}{2} \frac{d^2 \varphi x'}{dx'^2} = V ;$$

et les trois développements précédents pourront s'écrire ainsi :

$$M'P' \text{ ou } \varphi (x'+h) = K + Vh^2 + \frac{d^3 \varphi x'}{dx'^3} \frac{h^3}{2.3} + \text{etc.,}$$

$$M''P' \text{ ou } \psi (x'+h) = K + Vh^2 + \frac{d^3 \psi x'}{dx'^3} \frac{h^3}{2.3} + \text{etc.,}$$

$$f (x'+h) = K + \frac{d^2 f x'}{dx'^2} \frac{h^2}{2} + \frac{d^3 f x'}{dx'^3} \frac{h^3}{2.3} + \text{etc.,}$$

et en remarquant que tous les termes, à partir de celui qui est affecté de h^3, ont h^3 pour facteur commun, puisque pour h^4, on a $h^4 = h \times h^3$, $h^5 = h^2 \times h^3$, etc., on peut écrire $\frac{d^3 \varphi x'}{dx'^3} \frac{h^3}{2.3} + \dots \text{etc.} = M h^3$.

Et, en faisant des réductions analogues dans les autres équations, on aura pour les trois développements :

$$\varphi (x'+h) = K + Vh^2 + Mh^3 ,$$
$$\psi (x'+h) = K + Vh^2 + Nh^3 ,$$
$$f (x'+h) = K + \frac{1}{2} \frac{d^2 fx'}{dx'^2} h^2 + Ph^3 .$$

Les courbes $y = fx$ et $y = \psi x$ étant des osculatrices, l'une du premier ordre et l'autre du second ordre, V est nécessairement différent de la quantité correspondante $\frac{1}{2} \frac{d^2 fx'}{dx'^2}$, car autrement, on aurait, vu la valeur de K et les égalités qui précèdent, les trois premiers termes du développement de $f(x'+h)$ respectivement égaux à ceux correspondants de $\psi(x'+h)$, et par suite les deux osculatrices seraient du second ordre. Donc V diffère de $\dfrac{1}{2}\dfrac{d^2 fx'}{dx'^2}$.

On ne peut donc faire que les deux hypothèses suivantes sur V :
$$V < \frac{1}{2}\frac{d^2 fx'}{dx'^2} \text{ ou } V > \frac{1}{2}\frac{d^2 fx'}{dx'^2}.$$

Dans le premier cas, soit z l'excès de $\dfrac{1}{2}\dfrac{d^2 fx'}{dx'^2}$ sur V, on aura
$$V + Z = \frac{1}{2}\frac{d^2 fx'}{dx'^2}.$$

Dans le second cas, au contraire, on aura $V - Z = \dfrac{1}{2}\dfrac{d^2 fx'}{dx'^2}$; c'est-à-dire que Z sera négatif. Donc on a $\dfrac{1}{2}\dfrac{d^2 fx'}{dx'^2} = V + Z$, Z étant positif ou négatif.

En substituant cette valeur de $\dfrac{1}{2}\dfrac{d^2 fx'}{dx'^2}$ dans celle de $f(x'+h)$, on aura pour le troisième développement qui précède :
$$f(x'+h) = K + (V+Z)h^2 + Ph^3$$

Et, en remarquant que h^2 est un facteur commun aux deux derniers termes des trois développements ci-dessus, nous aurons, en mettant h^2 en évidence :
$$\varphi(x'+h) = K + (V + Mh)h^2,$$
$$\psi(x'+h) = K + (V + Nh)h^2,$$
$$f(x'+h) = K + (V+Z+Ph)h^2;$$
Z étant positif ou négatif.

Or, en faisant h suffisamment petit, il est possible de faire en sorte que la quantité Z, indépendante de h, soit plus grande que les expressions Mh et Nh qui tendent vers zéro, quand h devient très petit. Alors, si Z est positif, $f(x'+h)$ surpassera $\varphi(x'+h)$ et $\psi(x'+h)$; dans ce cas, on a donc $f(x'+h)$ ou $M'''P'$, fig. 29, plus grand que $M'P'$, et que $M''P'$, ce qui fait voir que la courbe $y=fx$, représentée par MM''' ne peut passer entre les deux autres représentées par MM'' ou MC et MM' ou MB.

Si, au contraire, Z est négatif, on a $f(x'+h)$ ou $M^{iv}P'$, moindre que $\varphi(x'+h)$ ou $M'P'$ et que $\psi(x'+h)$ ou $M''P'$; car Ph tend également vers zéro. La courbe MM^{iv} étant alors celle qui s'approche le plus de l'axe des x, ne peut être comprise entre les deux autres.

82. - *Remarque I.* — On voit pourquoi, art. 79, la ligne droite MT, qui avons nous vu, est une osculatrice du premier ordre à la courbe $y = \varphi x$, est tangente à cette courbe. En effet, d'après ce que nous venons d'exposer, entre cette droite MT et la courbe, on ne peut faire passer aucune autre droite, ce qui est la propriété de la tangente. Nous disons qu'on ne peut faire passer aucune autre osculatrice entre la droite MT et la courbe, en faisant varier les constantes de l'équation de la ligne droite, art. 79, car pour que cela fut possible, il faudrait que la nouvelle osculatrice soit d'un ordre supérieur au premier, c'est-à-dire qu'il faudrait qu'il y ait plus de deux constantes dans l'équation de la ligne droite, art. 79, ce qui n'est pas..

Remarque II. — On dit que la tangente a un contact du premier ordre avec la courbe.

En général, une osculatrice d'un ordre n a un contact de même ordre avec la courbe à laquelle elle est osculatrice ; ainsi, par exemple, quand on a entre deux courbes les équations

$$\varphi x' = Fx', \quad \frac{d\varphi x'}{dx'} = \frac{dFx'}{dx'}, \quad \frac{d^2 \varphi x'}{dx'^2} = \frac{d^2 Fx'}{dx'^2},$$

on peut déterminer trois constantes, c'est-à-dire une osculatrice du second ordre, donc les courbes ont un contact du second ordre. Le contact serai du troisième ordre si, outre ces équations, on avait encore celle-ci : $\dfrac{d^3 \varphi x'}{dx'^3} = \dfrac{d^3 Fx'}{dx'^3}$; et ainsi de suite

83. — L'équation du cercle qui est

$$(y - \beta)^2 + (x - \alpha)^2 = Y^2 ,$$

renfermant trois constantes, cette courbe (circonférence) pourra devenir une osculatrice du second ordre a une courbe quelconque MN, fig. 31, dont on a l'équation. Ce cercle, qu'on appelle *cercle osculateur*, a donc un contact du second ordre avec la courbe MN; le rayon de ce cercle s'appelle *rayon de courbure de la courbe MN.*

Nous allons chercher une formule qui nous donne le rayon, (dit rayon de courbure à une courbe MN), de ce cercle, en fonction des coefficients différentiels $\frac{dy}{dx}$ et $\frac{d^2 y}{dx^2}$ de la courbe quelconque MN ; de sorte que pour obtenir le rayon, du cercle osculateur à une courbe donnée par son équation, ou le rayon de courbure à cette courbe, il suffira de déduire de cette équation les valeurs des cofficients différentiels $\frac{dy}{dx}$ et $\frac{d^2 y}{dx^2}$ qu'on subst'tuera dans la formule que nous allons chercher, et le résultat donnera la valeur du rayon de courbure.

Soiel t x' et y' les coordonnées du point M de la circonférence du cercle donné par l'équation ci-dessus. Ces coordonnées satisfaisant à l'équation du cercle, on a l'équation suivante (tenant lieu de l'équation générale $y' = Fx'$) :

$$(y' - \beta)^2 + (x' - \alpha)^2 = Y^2 , \quad (113)$$

de laquelle on peut tirer la valeur de y', laquelle remplacera Fx' (car on a $y = Fx$ pour la courbe osculatrice) dans les équations de contact qui sont, d'après ce qui précède :

$$\varphi x' = Fx' = y' , \quad \frac{d\varphi x'}{dx'} = \frac{d\,Fx'}{dx'} = \frac{dy'}{dx'} , \quad \frac{d^2 \varphi x'}{dx'^2} = \frac{d^2 Fx'}{dx'^2} = \frac{d^2 y'}{dx'^2} .$$

Si nous adoptons en même temps x et y pour les coordonnées de la courbe $y = \varphi x$, au point de contact, pour la différentier de celles de la courbe osculatrice $y = Fx$, les équations précédentes deviendront, (x et y coordonnée du point de contact M pour la courbe $y = \varphi x$ et x', y', celles du même point, mais pour la courbe (cerclé) $y = Fx$) :

$$y = y' , \quad \frac{dy}{dx} = \frac{dy'}{dx'} , \quad \frac{d^2 y}{dx^2} = \frac{d^2 y'}{dx'^2} \quad (114).$$

Il nous foudra donc mettre dans ces équations, les valeurs de y', de $\frac{dy'}{dx'}$, et de $\frac{d^2 y'}{dx'^2}$, valeurs qu'on tirera de l'équation (113) et de ses deux différentielles successives.

Cherchons d'abord ces deux différentielles successives. On a pour la différentielle première :

différentielle de $\left[(y' - \beta)^2 + (x' - \alpha)^2 = Y^2 \right] =$

$\left[\, 2\,(y'-\beta)\,d.\,(y'-\beta) + 2\,(x'-\alpha)\,d.\,(x'-\alpha) = d.\,Y^2 \text{ ou constante} = 0 \,\right]$; divisant par 2, et observant que $d\,(y'-\beta)$ et $d\,(x'-\alpha)$ égalent dy' et dx', on aura $(y'-\beta)\,dy' + (x'-\alpha)\,dx' = 0$, et en divisant par dx', il viendra enfin

$$(y' - \beta)\frac{dy'}{dx'} + x' - \alpha = 0. \quad (115).$$

Pour la différentielle seconde, on aura (art. 9 et art. 19) :

$$d.\left[\,(y'-\beta)\frac{dy'}{dx'} + x' - \alpha = 0\,\right]$$ d'où le cœfficient différentiel de second ordre est

$$\left[\left((y'-\beta)\frac{d^2 y'}{dx'^2} + \frac{dy'}{dx'}\,d.\,(y'-\beta) + d\,x'\right) : dx' = 0\right] =$$

$$\left((y'-\beta)\frac{d^2 y'}{dx'^2} + \frac{dy'}{dx'^2}\,dy' + \frac{dx'}{dx'} = 0\right) = \left[\,(y'-\beta)\frac{d^2 y'}{dx'^2} + \frac{dy'^2}{dx'^2} + 1 = 0\,\right] :$$

donc ce coefficient différentiel est :

$$(y'-\beta)\frac{d^2 y'}{dx'^2} + \frac{dy'^2}{dx'^2} + 1 = 0 \quad (116).$$

Or, substituer dans les équations (114), les valeurs de y', de $\frac{dy'}{dx'}$ et de $\frac{d^2 y'}{dx'^2}$, données par les équations (113), (115) et (116), n'est autre chose qu'éliminer ces quantités entre les équations (113), (114), (115) et (116), ce qui revient à effacer les accents dans les équations (113), (115) et (116), puisque les équations (114) donnent $y = y'$, $\frac{dy}{dx} = \frac{dy'}{dx'}$ et $\frac{d^2 y}{dx^2} = \frac{d^2 y'}{dx'^2}$ et que quand $y = y'$, on a $x = x'$.

Supprimant donc les accents, on aura

$$(y - \beta)^2 + (x - \alpha)^2 = Y^2 \quad (117),$$

$$(y - \beta)\frac{dy}{dx} + x - \alpha = 0 \quad (118),$$

$$(y - \beta)\frac{d^2 y}{dx^2} + \frac{dy^2}{dx^2} + 1 = 0 \quad (119).$$

De cette dernière équation, on tire

$$y - \beta = \left(-1 - \frac{dy^2}{dx^2}\right) : \frac{d^2 y}{dx^2} = -\frac{\left(1 + \dfrac{dy^2}{dx^2}\right)}{\dfrac{d^2 y}{dx^2}} \quad (120).$$

Substituant cette valeur dans l'équation (118), on obtient

$$-\frac{\left(1+\dfrac{dy^2}{dx^2}\right)}{\dfrac{d^2y}{dx^2}}\frac{dy}{dx} + x - \alpha = 0,\ \text{d'où}\ x - \alpha = \frac{\left(1+\dfrac{dy^2}{dx^2}\right)}{\dfrac{d^2y}{dx^2}}\frac{dy}{dx}\ (121).$$

En mettant ces valeurs de $y-\beta$ et de $x-\alpha$ dans l'équation (117), on aura

$$\frac{\left(1+\dfrac{dy^2}{dx^2}\right)^2}{\left(\dfrac{d^2y}{dx^2}\right)^2} + \frac{\left(1+\dfrac{dy^2}{dx^2}\right)^2\dfrac{dy^2}{dx^2}}{\left(\dfrac{d^2y}{dx^2}\right)^2} = Y^2,$$

d'où, en ajoutant les numérateurs après avoir mis le facteur commun $\left(1+\dfrac{dy^2}{dx^2}\right)^2$ en évidence, on aura

$$\frac{\left(1+\dfrac{dy^2}{dx^2}\right)^2\left(1+\dfrac{dy^2}{dx^2}\right)}{\left(\dfrac{d^2y}{dx^2}\right)^2} = Y^2,\ \text{d'où}\ \frac{\left(1+\dfrac{dy^2}{dx^2}\right)^3}{\left(\dfrac{d^2y}{dx^2}\right)^2} = Y^2,\ \text{et en}$$

tirant la racine carrée, on obtiendra

$$\pm\frac{\sqrt{\left(1+\dfrac{dy^2}{dx^2}\right)^3}}{\dfrac{d^2y}{dx^2}} = Y\ \text{ou}\ \pm\frac{\left(1+\dfrac{dy^2}{dx^2}\right)^{3/2}}{\dfrac{d^2y}{dx^2}} = Y.\ (122).$$

On sait que Y de l'éq. 113 est le rayon du cercle.

Le double signe est relatif à la position de la courbe.

Si celle-ci tourne sa convexité, vers l'axe des x, alors $\dfrac{d^2y}{dx^2}$ étant positif, (art. 64), pour que Y se détermine positivement, on devra prendre le signe positif et nous écrirons :

$$Y = \frac{\left(1+\dfrac{dy^2}{dx^2}\right)^{3/2}}{\dfrac{d^2y}{dx^2}}\ (123),\ \text{ou en représentant par } y' \text{ le}$$

coefficient différentiel ou dérivée $\dfrac{dy}{dx}$; par y'' le coefficient différentiel du second ordre ou la dérivée seconde $\dfrac{d^2 y}{dx^2}$, on aura : $\quad Y = \dfrac{(1+y'^2)^{3/2}}{y''}$. $\quad (123^{\text{bis}})$.

Si, au contraire, la courbe tourne sa concavité vers l'axe des abscisses, alors $\dfrac{d^2 y}{dx^2}$ étant négatif, (art. 64), pour que Y reste positif, nous prendrons le signe négatif et nous aurons :

$$Y = - \frac{\left(1+\dfrac{dy^2}{dx^2}\right)^{3/2}}{\dfrac{d^2 y}{dx^2}} \;(124)\,; \text{ ou } Y = - \frac{(1+y'^2)^{3/2}}{y''}\cdot(124^{\text{bis}}).$$

car la courbe tournant sa concavité vers l'axe des x, $\dfrac{d^2 y}{dx^2}$ tient lieu d'une quantité négative, qui substituée dans la valeur de Y, rendra celle-ci positive.

La formule (122), ou les formules (123) et (124), qu'il s'agissait de trouver, donnent la valeur du rayon de courbure Y qu'on représente parfois par ρ. Quand on aura l'équation de la courbe quelconque MN, on en déduira les cœfficients différentiels $\dfrac{dy}{dx}$ et $\dfrac{d^2 y}{dx^2}$, on les substituera dans l'une des équations (123) et (124) selon le signe de $\dfrac{d^2 y}{dx^2}$, et l'on obtiendra ainsi la valeur (longueur) du rayon de courbure.

Par exemple, cherchons le rayon de courbure de la parabole MON, fig. 32, dont l'équation est $x^2 = m\,y$.

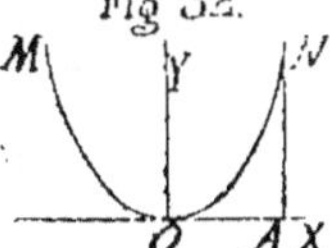

En différentiant, on obtient

$2x\,dx = m\,dy$, d'où $\dfrac{dy}{dx} = \dfrac{2\,x}{m}$, d'où $\dfrac{dy^2}{dx^2} = \dfrac{4x^2}{m^2}$; et $\dfrac{d^2 y}{dx^2} = d\left(\dfrac{dy}{dy}\right) : dx = d.\left(\dfrac{2\,x}{m}\right) : dx = 2\dfrac{dx}{m} : dx = \dfrac{2}{m}$.

La valeur de $\dfrac{d^2 y}{dx^2}$ étant positive, (comme cela doit être puisque la courbe tourne sa convexité vers l'axe de x), nous prendrons la formule (123) et nous y substituerons la valeur des deux cœfficients différentiels ci-dessus, nous aurons ainsi pour le rayon de courbure :

$$Y = \frac{\left(1 + \dfrac{4x^2}{m^2}\right)^{3/2}}{\dfrac{2}{m}} = \frac{\left[\dfrac{4}{m^2}\left(\dfrac{m^2}{4}+x^2\right)\right]^{3/2}}{\dfrac{2}{m}} = \frac{\left(\dfrac{4}{m^2}\right)^{3/2}\left(\dfrac{m^2}{4}+x^2\right)^{3/2}}{\dfrac{2}{m}} =$$

$$= \frac{\sqrt{\left(\dfrac{4}{m^2}\right)^3}\left(\dfrac{m^2}{4}+x^2\right)^{3/2}}{\dfrac{2}{m}} = \frac{\sqrt{\dfrac{64}{m^6}}\left(\dfrac{m^2}{4}+x^2\right)^{3/2}}{\dfrac{2}{m}} = \frac{\dfrac{8}{m^3}\left(\dfrac{m^2}{4}+x^2\right)^{3/2}}{\dfrac{2}{m}} =$$

$$\frac{8\times\left(\dfrac{m^2}{4}+x^2\right)^{3/2}\times m}{m^3\times 2} = \frac{4\times\left(\dfrac{m^2}{4}+x^2\right)^{3/2}}{m^2} = \frac{\left(\dfrac{m^2}{4}+x^2\right)^{3/2}}{\dfrac{m^2}{4}} \qquad (125);$$

telle est la valeur du rayon de courbure à la parabole représentée par l'équation $x^2 = m\,y$.

Or, dans la théorie des courbes, on trouve que la normale à la parabole a pour expression $\left(\dfrac{m^2}{4}+x^2\right)^{1/2}$; et en comparant cette valeur à la formule (125), nous voyons que *le rayon de courbure de la parabole est égal au cube de la normale, divisé par le carré du demi-paramètre* $\dfrac{m}{2}$.

$$\text{En effet }\left[\left(\frac{m^2}{4}+x^2\right)^{1/2}\right]^3 : \left(\frac{m}{2}\right)^2 = \frac{\left(\dfrac{m^2}{4}+x^2\right)^{3/2}}{\dfrac{m^2}{4}}.$$

84. — Le cercle osculateur peut servir à mesurer la courbure d'une courbe en un point M, fig. 31. En effet, remarquons d'abord que le rayon de courbure en un point quelconque M, de la courbe MN, ou le rayon du cercle osculateur, peut être regardé comme le rayon d'un arc de la courbe MN, mais d'un arc très petit passant au point M. Si donc en ce point M, on décrit avec le rayon de courbure, un arc ML, très petit, du cercle osculateur, cet arc pourra être considéré comme l'arc même de la courbe, dont il s'écarte très-peu ; or, plus l'arc ML, du cercle, a de courbure, plus son rayon est petit ; d'où il résulte que

par le décroissement du rayon de courbure, ou par son accroissement, on pourra connaître si la courbe MN, *augmente* ou *diminue de courbure* ; car en ce point M, le rayon de courbure peut-être considéré comme commun au cercle osculateur et à la courbe MN.

Par exemple, si nous considérons l'équation (125), qui donne le rayon de courbure de la parabole, on voit qu'au sommet o de la courbe,(origine des coordonnée),où x=o,

fig. 32, on a le rayon de courbure Y ou $\rho = \dfrac{\left(\dfrac{m^2}{4} + o\right)^{3/2}}{\dfrac{m^2}{4}}$

$$\frac{\sqrt{\left(\dfrac{m^2}{4}\right)^3}}{\dfrac{m^2}{4}} = \frac{\sqrt{\dfrac{m^6}{64}}}{\dfrac{m^2}{4}} = \frac{\dfrac{m^3}{8}}{\dfrac{m^2}{4}} = \frac{m^3}{8} \times \frac{4}{m^2} = \frac{m}{2}.$$

Mais lorsque x s'accroît successivement, soit positivement, soit négativement, x^2 étant toujours positif, le numérateur de la formule (125) augmente également successivement, et par suite le rayon de courbure Y, d'où la courbure de la parabole diminue successivement au fur et à mesure qu'on s'écarte du sommet o.

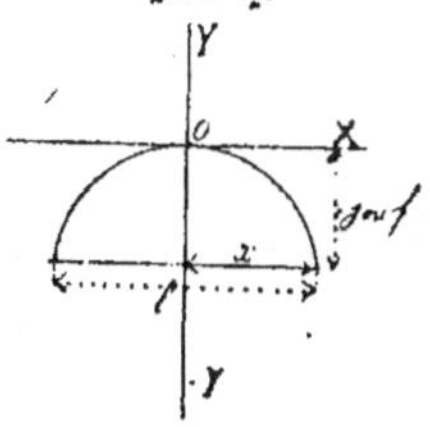

Soit fig. 32bis, l'arc de voûte $x^2 = m(-y)$ d'où $m = -\dfrac{x^2}{y}$.

Au sommet o ou clef, on a : $\rho = \dfrac{m}{2}$.

Mais $x = \dfrac{1}{2}\,l = \dfrac{1}{2}$ portée ; — $y =$ flèche f ;

donc

$$\rho = -\frac{1}{2}\cdot\frac{x^2}{y} = \frac{x^2}{2\,y} = \frac{\dfrac{l^2}{4}}{2\,f} = \frac{l^2}{8\,f}$$

C'est le rayon de courbure au sommet ou à la clef de l'axe parabolique d'une voûte.

85. — Nous avons vu, art. 51 et 63, que $\dfrac{dy}{dx}$ exprime la tangente trigonométrique de l'angle que la tangente MT en M, à la courbe MN, fait avec l'axe des x, fig, 33.

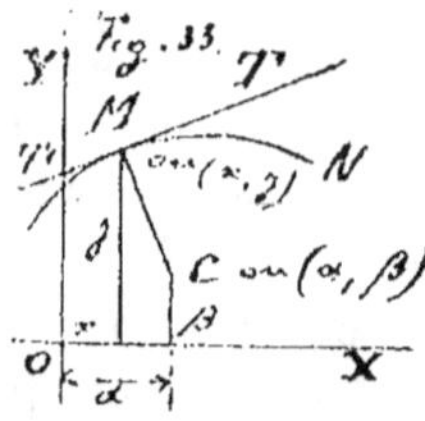

Or, la normale à une courbe MN, en un point M dont les coordonnées seraient x' et y', aurait pour expression, d'après l'art 52 :

$$y - y' = - \frac{dx'}{dy'} (x - x').$$

Si cette normale est assujettie à passer par un autre point dont les coordonnées seraient α et β, ces coordonnées devraient satisfaire à l'équation ci-dessus, de sorte qu'on aura :

$$\beta - y' = - \frac{dx'}{dy'} (\alpha - x').$$

Et en remarquant que dans le cas présent, les coordonnées du point M sont x et y, on a :

$$\beta - y = - \frac{dx}{dy} (\alpha - x),$$

ou en multipliant les deux membres par —1, on a

$$y - \beta = - \frac{dx}{dy} (x - \alpha),$$

pour l'équation de la normale à la courbe MN, au point M, cette normale passant par un point dont les coordonnées seraient α et β.

On tire de cette équation

$$(y - \beta) \frac{dy}{dx} + x - \alpha = 0.$$

Cette équation de la normale étant la même que l'équation (118) du rayon de courbure dans laquelle α et β sont les coordonnées du centre du cercle osculateur, on voit

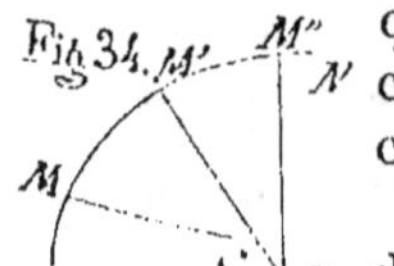

que le rayon de ce cercle, ou le rayon de courbure au point M, est normal à la courbe MN en ce point M.

86. — Si, maintenant, par tous les points d'une courbe MM'M", etc., fig. 34, on mène des rayons de courbure MC, M'C', M"C", etc., les points C, C', C", etc., ou centres des cercles osculateurs, que nous déterminerons ainsi, seront soumis à une certaine loi, qui est implicitement contenue dans

l'équation de la courbe M M'M", etc, puisque cette courbe étant donnée, la position de ces points en résulte. Étant soumis à une loi, ces points, nous pouvons donner le nom de courbe à leur système ; sans pouvoir encore nous prononcer sur la nature de cette courbe.

On lui a donné le nom de *développée de la courbe* M M' M'', etc., c'est donc le lieu des centres de courbure ou des centres des cercles osculateurs.

Celle-ci, considérée relativement à la développée, a été appelée la *développante*.

87. — Si l'on passe d'un point à l'autre de la développée, non-seulement x et y varient, x et y points de la courbe (développante) où aboutissent les rayons de courbure, mais encore α, β et Y varient en même temps ; car α et β sont, en général, les coordonnées des centres du cercle osculateur, c'est-à-dire du centre de chaque cercle osculateur, et comme la développée est formée par le système de ces centres, il en résulte que α et β sont les coordonnées de la développée ; coordonnées qui doivent varier évidemment d'un point de la courbe à l'autre. Il en est de même de Y, qui est le rayon du cercle osculateur, et qui représente alors la distance d'un point quelconque (α, β) de la développée à un point M ou (x,y) de la développante d'où est parti Y.

Par conséquent, en différentiant l'équation (118) par rapport à toutes les lettres (considérées comme variables), et en divisant par dx, nous obtiendrons, art. 9 :

$$\left[(y - \beta)\frac{d^2 y}{dx} + \frac{dy}{dx}\, d.\, (y - \beta) + dx - d\alpha \right] : dx = 0,$$

$$\text{on } (y - \beta)\frac{d^2 y}{dx^2} + \frac{dy}{dx}\frac{dy}{dx} - \frac{dy}{dx}\frac{d\beta}{dx} + 1 - \frac{d\alpha}{dx} = 0,$$

$$\text{ou } (y - \beta)\frac{d^2 y}{dx^2} + \frac{dy^2}{dx^2} - \frac{dy}{dx}\frac{d\beta}{dx} + 1 - \frac{d\alpha}{dx} = 0.$$

Retranchant l'équation (119) de celle-ci, il reste

$$-\frac{dy}{dx}\frac{d\beta}{dx} - \frac{d\alpha}{dx} = 0,$$

d'où l'on tire $-\dfrac{d\,\alpha}{d\,x} = \dfrac{d\,y}{d\,x}\dfrac{d\,\beta}{d\,x}$, d'où $-\dfrac{\dfrac{d\,\alpha}{d\,x}}{\dfrac{d\,\beta}{d\,x}} = \dfrac{d\,y}{d\,x}$ ou $-\dfrac{d\,\alpha}{d\,x} \times$

$\dfrac{1}{\dfrac{d\beta}{dx}} = \dfrac{dy}{dx}$. Or, art. 45, $\dfrac{1}{\dfrac{d\beta}{dx}} = \dfrac{d\,x}{d\,\beta}$; donc $-\dfrac{d\alpha}{dx}\dfrac{dx}{d\beta} = \dfrac{dy}{dx}$,

et par conséquent, art. 17, $-\dfrac{d\,\alpha}{d\,\beta} = \dfrac{dy}{dx}$.

Si l'on substitue cette valeur de $\dfrac{dy}{dx}$ dans l'équation (118), on obtiendra

$$(y - \beta)\left(-\frac{d\,\alpha}{d\,\beta}\right) + x - \alpha = 0$$

d'où

$$y - \beta = (x - \alpha) : \left(\frac{d\alpha}{d\beta}\right),$$

ou

$$y - \beta = (x - \alpha)\frac{d\beta}{d\alpha} = \frac{d\beta}{d\alpha}(x - \alpha). \quad (126).$$

Cela étant, nous avons vu, art. 85, que l'équation $y - \beta = -\dfrac{dx}{dy}(x - \alpha)$, était la même que celle du rayon de courbure qui passait par le point de la courbe M N dont les coordonnées sont x et y. En remplaçant $\dfrac{dx}{dy}$ par $-\dfrac{d\beta}{d\alpha}$, valeur trouvée ci-dessus, ce sera toujours l'équation du même rayon, et l'on aura comme à l'équation (126) :

$$y - \beta = \frac{d\beta}{d\alpha}(x - \alpha). \quad (127).$$

Mais l'épuation (126) est aussi celle d'une tangente menée au point de la développée, dont les coordonnées sont α et β ; car observons, qu'en général, α et β étant les coordonnées d'un point quelconque de la développée, l'équation de celle-ci sera $\beta = f\alpha$; donc $\dfrac{d\beta}{d\alpha}$ représente, art. 51 et 63, la tangente trigonométrique de l'angle que la tangente à la transformée au point α, β, fait avec l'axe des abscisses ; donc, art. 51, formule (83), l'équation (126) représente la tangente à la transformée au point α, β.

Mais cette équation (126) est la même que l'équation (127) qui est celle du rayon de courbure ; on peut donc conclure que *le rayon de courbure au point* α, β, *est tangent à la transformée en ce même point.*

Remarque. — Dans le cours de la démonstration qui précède nous avons différentié l'équation (118) par rapport à toutes les lettres. Et, en effet, on ne peut pas différentier autrement l'équation (117) soit $(y-\beta)^2 + (x-\alpha)^2 = Y^2$, et ses dérivées successives (118), etc. Cependant il semble que nous ayons agi autrement, lorsque de l'équation (113), nous avons déduit les équations (115) et (116). Mais observons que, comme nous avions deux constantes arbitraires α et β, dans l'équation (113), nous les avons déterminées par la condition que les fonctions représentées par les premiers membres des équations (115) et (116) fussent nulles ; autrement nous n'aurions pu conclure de ce que l'équation (113) a lieu, que les équations (115) et (116) doivent aussi avoir lieu.

88. — *La différentielle (voir art. 3) d'un arc S de courbe, en un point M dont les coordonnées sont x et y, est égale à la racine carrée de la somme des carrés des différentielles de ces coordonnées,* de sorte qu'on a

$$d.\ S = \sqrt{dx^2 + dy^2}.$$

En effet, supposons qu'une abscisse $OP = x$, fig. 35, s'accroisse de $PP' = h$; menons la parallèle MQ à l'axe des x, nous aurons, par la propriété du carré de l'hypothénuse : corde $MM' = \sqrt{MQ^2 + M'Q^2} = \sqrt{h^2 + M'Q^2}$; or, $M'Q = M'P' - QP' = f(x+h) - fx =$ (art. 41, formule (59)) $= \dfrac{dy}{dx} h + \dfrac{d^2 y}{dx^2} \dfrac{h^2}{2} +$

etc. Substituant cette valeur dans l'expression de MM', et représentant par A, par B, etc., les coefficients de h^3, de h^4, etc., on aura

$$MM' = \sqrt{h^2 + \frac{dy^2}{dx^2} h^2 + A\,h^3 + B\,h^4 + \text{etc.}.}$$

$$\text{ou} \quad MM' = \sqrt{h^2\left(1 + \frac{dy^2}{dx^2}\right) + A\,h^3 + B\,h^4 + \text{etc.},}$$

$$\text{donc} \quad \frac{MM'}{h} = \sqrt{1 + \frac{dy^2}{dx^2} + A\,h + B\,h^2 + \text{etc.}}$$

Dans le cas de la limite, la corde se confond avec l'arc que nous représentons par S, de sorte que nous aurons

$$\frac{dS}{dx} = \sqrt{1 + \frac{dy^2}{dx^2}},$$

d'où, en multipliant par dx,

$$dS = \sqrt{dx^2 + dy^2}, \quad (128).$$

Remarque I. — A la théorie des infiniment petits, nous verrons encore ce qu'on entend par différentielle d'un arc.

Remarque II. — Pour un arc de la développée, dont les coordonnées, avons nous vu, sont α et β, nous aurons pour la différentielle d'un arc de cette courbe.

$$dS = \sqrt{d\alpha^2 + d\beta^2}, \quad (129).$$

89. — *Le rayon de courbure Y varie par les mêmes différences que la développée, c'est-à-dire que si le rayon de courbure Y augmente, l'arc S de la développée diminue d'autant.*

Pour démontrer cette proposition, différentions, par rapport à toutes les lettres, l'équation (117), nous aurons :

$$2(y - \beta)\,d(y - \beta) + 2(x - \alpha)\,d(x - \alpha) = 2\,YdY.$$

ou

$$(y - \beta)(dy - d\beta) + (x - \alpha)(dx - d\alpha) = YdY.$$

L'équation (118) nous donne

$$(y - \beta)\,dy + (x - \alpha)\,dx = 0.$$

Retranchant cette équation de la précédente, il reste

$$-(y - \beta)\,d\beta - (x - \alpha)\,d\alpha = YdY. \quad (130).$$

Si dans cette équation (130) et dans l'équation (117), nous substituons la valeur de $y - \beta$, donnée par l'équation (126), nous aurons :

$$-\frac{d\beta}{d\alpha}(x - \alpha)\,d\beta - (x - \alpha)\,d\alpha = Y\,dY \quad \text{ou} \quad -\frac{d\beta^2}{d\alpha}(x - \alpha) -$$

$$(x - \alpha)\,d\alpha = Y\,dY ; \quad \text{et} \quad \frac{d\beta^2}{d\alpha^2}(x - \alpha)^2 + (x - \alpha)^2 = Y^2.$$

Mettant $(x - \alpha)$ en facteur commun, et tirant la racine carrée de la seconde, ces équations deviennent :

$$- (x-\alpha) \left(\frac{d\beta^2}{d\alpha} + d\alpha \right) = Y dY, \text{ ou } - (x - \alpha) \frac{d\beta^2 + d\alpha^2}{d\alpha} = Y dY ;$$

$$\text{et } \sqrt{ (x-\alpha)^2 \left(\frac{d\beta^2}{d\alpha^2} + 1 \right) } = Y \text{ ou } (x-\alpha) \sqrt{ \frac{d\beta^2 + d\alpha^2}{d\alpha^2} } = Y.$$

Divisant la première de ces équations par la seconde, on obtient

$$dY = - \frac{d\beta^2 + d\alpha^2}{d\alpha} : \sqrt{ \frac{d\beta^2 + d\alpha^2}{d\alpha^2} } = - (d\beta^2 + d\alpha^2) : \sqrt{d\beta^2 + d\alpha^2} =$$

$$- \sqrt{d\beta^2 + d\alpha^2}.$$

Or, nous avons vu, (art. 88, remarque II), qu'en appelant S un arc de la développée, on avait

$$d S = \sqrt{d\beta^2 + d\alpha^2}.$$

En comparant cette équation à la précédente, nous en déduirons

$$d Y = - d S \text{ ou } d Y + d S = 0 \text{ ou } d. (Y + S) = 0.$$

Et comme toute fonction dont la différentielle est nulle est constante, art. 6, 5°, nous aurons donc

$$Y + S = \text{constante} ;$$

et par suite si le rayon de courbure Y augmente, il faut que l'arc S diminue d'autant ; ce qu'il fallait démontrer.

90. — Nous avons vu, art. 87, que les rayons de courbure sont tangents à la transformée aux points où ils y aboutissent.

Nous allons démontrer que *la différence de deux rayons de courbure à une courbe est égale à l'arc de la transformée à cette courbe que ces rayons comprennent entr'eux.*

Soient fig. 36, une courbe M M'C et sa transformée OO'B ;

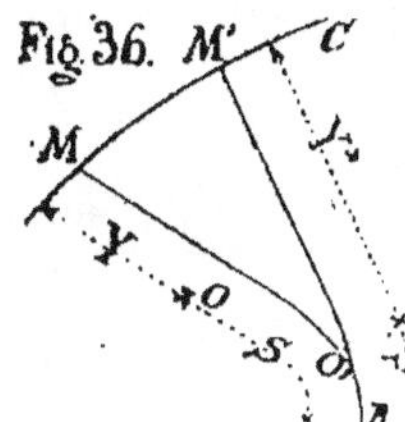

et M O = Y, le rayon de courbure tangent à l'arc de transformée OB = S ; M'O' = Y' le rayon de courbure tangent à l'arc O'B = S' ; nous avons donc pour le rayon de courbure MO, d'après l'art. précédent :

$$Y + S = \text{constante},$$

ou M O + arc O B = constante, (131).

De même, le rayon de courbure M'O' donne

$$Y' + S' = \text{constante}$$

ou M'O' + arc O'B = constante, (132).

Les seconds membres des équations (131) et (132) représentant une même constante, puisqu'il s'agit de la même courbe, nous tirerons de ces équations :

$$M'O' + \text{arc } O'B = MO + \text{arc } OB,$$

et par suite,

$$M'O' - M\,O = \text{arc } O\,B - \text{arc } O'B = \text{arc } O\,O',$$

ce qu'il fallait démontrer.

Remarque. — Il résulte de ce que nous venons de démontrer que si l'on applique sur la développée O B fig. 36, un fil qui, se terminant tangentiellement, soit fixé au point M de la développante MC, au fur et à mesure qu'on développera la partie de ce fil appliquée sur la courbe, en le laissant constamment tendu en la partie droite, son extrémité M *décrira dans ce mouvement la développante MC;* car, en supposant que dans son mouvement, le fil développé, droit, soit arrivé dans une position O'M', il se sera accru de OO', et par conséquent égalera en longueur le rayon de courbure qui passe par le point O' ; donc l'extrémité M' de ce fil sera sur la développante.

91. — D'après ce qui précède, *voici de quelle manière on peut trouver l'équation de la développée à une courbe donnée par son équation.* Il faut : 1°, tirer de l'équation donnée de la courbe de laquelle on cherche l'équation de la développée, les *valeurs* de y et des cœfficients différentiels $\dfrac{dy}{dx}$, $\dfrac{d^2\,y}{dx^2}$, etc.

2° Substituer ces *valeurs* dans les équations (118) et (119), ce qui donnera deux nouvelles équations, qui ne seront plus que des fonctions de x ;

3° Eliminer x entre ces équations.

On arrivera ainsi à une équation entre α et β, laquelle sera celle de la développée.

92. — Exemple. — Soit à chercher la développé de la parabole, dont l'équation est $x^2 = my$. On en tire :

$y = \dfrac{x^2}{m}$; et en différentiant l'équation $x^2 = m\,y$, on obtient successivement ;

$$2\,x\,dx = m\,dy, \text{ d'où } \dfrac{dy}{dx} = \dfrac{2\,x}{m} \ ;$$

$$\dfrac{d^2\,y}{dx^2} = d\left(\dfrac{2\,x}{m}\right) : dx = \dfrac{2}{m}\,dx : dx = \dfrac{2}{m}.$$

Substituants ces valeurs de y de $\dfrac{dy}{dx}$ et de $\dfrac{d^2\,y}{dx^2}$ dans les équations (118) et (119), ces équations deviennent

$$\left(\dfrac{x^2}{m} - \beta\right)\dfrac{2\,x}{m} + x - \alpha = 0, \ (133);$$

$$\left(\dfrac{x^2}{m} - \beta\right)\dfrac{2}{m} + \dfrac{4\,x^2}{m^2} + 1 = 0, \ (134).$$

Retranchant l'équation (133) de l'équation (134) multipliée par x, on obtiendra

$$\left(\dfrac{x^2}{m} - \beta\right)\dfrac{2\,x}{m} + \dfrac{4\,x^3}{m^2} + x - \left(\dfrac{x^2}{m} - \beta\right)\dfrac{2\,x}{m} - x + \alpha = 0,$$

ou, en réduisant,

$$\alpha + \dfrac{4\,x^3}{m^2} = 0, \ (135).$$

D'autre part, l'équation (134) multipliée par m^2 donne

$$\left(\dfrac{x^2}{m} - \beta\right)\dfrac{2\,m^2}{m} + 4\,x^2 + m^2 = 0,$$

ou, en réduisant,

$$\left(\dfrac{x^2}{m} - \beta\right)2\,m + 4\,x^2 + m^2 = 0, \text{ ou } 2\,x^2 - 2\,m\beta + 4\,x^2 + m^2 = 0,$$

ou $6\,x^2 - 2\,m\,\beta + m^2 = 0$, d'où

$$\beta = \dfrac{6\,x^2 + m^2}{2m} = \dfrac{3\,x^2}{m} + \dfrac{m}{2}, \ (136).$$

Et en éliminant x entre les équations (135) et (136), on aura pour l'équation de la développée, après la suite d'opérations suivante :

de l'équation (135), on obtient $m^2\,\alpha + 4\,x^3 = 0$, d'où $x^3 = -\dfrac{m^2\,\alpha}{4}$, donc $x = \sqrt[3]{-\dfrac{m^2\,\alpha}{4}}$;

de l'équation (136), on tire de même la valeur de x, comme il suit

$$m\beta = 3\,x^2 + \dfrac{m^2}{2}, \text{ d'où } 3\,x^2 = m\beta - \dfrac{m^2}{2}, \text{ et } x = \pm\sqrt{\dfrac{m\beta}{3} - \dfrac{m^2}{6}}.$$

En comparant ces deux valeurs de x, on obtient

$$\pm\sqrt{\frac{m\beta}{3}-\frac{m^2}{6}}=\sqrt[3]{\frac{-m^2\,\alpha}{4}}\ \text{ou}\pm\sqrt{\frac{m}{3}\left(\beta-\frac{m}{2}\right)}=\sqrt[3]{\frac{-m^2\,\alpha}{4}}.$$

En élevant les deux membres au carré, on a :

$$\frac{m}{3}\left(\beta-\frac{m}{2}\right)=\sqrt[3]{\frac{m^4\,\alpha^2}{16}}\ ;$$

en élevant au cube, on obtient

$$\frac{m^3}{27}\left(\beta-\frac{m}{2}\right)^3=\frac{m^4\,\alpha^2}{16}\ ;\ \text{en divisant par } m^3,\ \text{on a}\ \frac{1}{27}$$

$$\left(\beta-\frac{m}{2}\right)^3=\frac{m\,\alpha^2}{16}\ ;\ \text{et en multipliant par 27 on obtient}$$

$$\left(\beta-\frac{m}{2}\right)^3=\frac{27}{16}\,m\,\alpha^2\ ,\ (137).$$

Telle est l'équation de la développée à la parabole MAN dont l'équation est $x^2 = m\,y$ et qui est représentée fig. 37, avec l'origine en A.

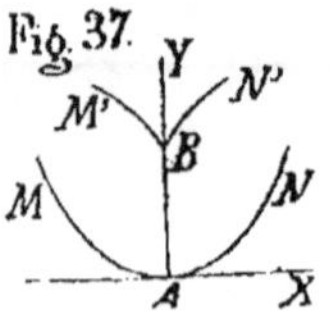

A cette origine A, on a $x = 0$ et par suite les équations (135) et (136) donnent :.

$$\alpha = 0\ \text{et}\ \beta = \frac{m}{2}.$$

Le point B, obtenu en prenant $A\,B = \frac{m}{2}$ appartient donc à la développée. En donnant ensuite des valeurs positives ou négatives à x, on voit par l'équation (136) que, (x^2 étant toujours positif), β augmente positivement à mesure que ces valeurs s'accroissent. Et l'équation (135) qui donne $\alpha = -\dfrac{4\,x^3}{m^2}$ montre que α augmente également positivement et négativement selon que x est négatif ou positif. Il résulte de là que la développée se compose des branches $B\,M'$ et $B\,N'$ l'origine des coordonnées étant en A.

Si nous voulons avoir *l'équation de la développée, avec l'origine en B*, nous aurons pour nouvelle ordonnée β', de la développée en fonction de l'ancienne β :

$$\beta' = \beta - A\,B = \beta - \frac{m}{2}\ ,$$

car de chaque ordonnée, de la développée, il faudra soustraire AB ou $\dfrac{m}{2}$, et alors l'équation (137) de la développée, rapportée aux coordonnées α et β' devient

$$\beta'^3 = \frac{27}{16}\, m\, \alpha^2\,,\quad (138).$$

Faisons pour abréger, $\dfrac{27}{16}\, m = n$, nous aurons

$$\beta'^3 = n\, \alpha^2\,,\quad (139).$$

Remarque. — On peut facilement prouver que les branches BM' et BN' de la développée se tournent leur convexité. En effet, d'après l'art. 64, nous devons voir de quel signe est la valeur du cœfficient différentiel du second ordre $\dfrac{d^2 \beta'}{d\alpha^2}$ tirée de l'équation (139). Différentions donc cette équation qui peut se mettre sous la forme suivante en extrayant la racine cubique :

$$\beta' = \sqrt[3]{n\, \alpha^2}\,,\ \text{ou, art. 14,}\ \beta' = n^{1/3}\, \alpha^{2/3}\,;$$

nous aurons successivement :

$$\frac{d\beta'}{d\alpha} = \frac{2}{3}\, n^{1/3}\, \alpha^{2/3-1} = \frac{2}{3}\, n^{1/3}\, \alpha^{-1/3}\,,\ \text{et}$$

$$\frac{d^2 \beta'}{d\alpha^2} = d\left(\frac{2}{3} n^{1/3}\alpha^{-1/3}\right) : d\alpha = -\frac{1}{3}\cdot\frac{2}{3}\cdot n^{1/3}\, \alpha^{-4/3}\, d\alpha : d\alpha = -\frac{2}{9}\, n^{1/3}\alpha^{-4/3} = -\frac{2}{9}\sqrt[3]{n}\,\frac{1}{\alpha^{4/3}} = -\frac{2}{9}\sqrt[3]{n}\,\frac{1}{\sqrt[3]{\alpha^4}} = -\frac{2\sqrt[3]{n}}{9\sqrt[3]{\alpha^4}} = -\frac{2}{9}\sqrt[3]{\frac{n}{\alpha^4}}\,;$$

cette valeur de $\dfrac{d^2 \beta'}{d\alpha^2}$ étant négative pour α positif comme pour α négatif (α^4 étant toujours positif), il en résulte d'après l'art. 64 précité que chaque branche tourne sa concavité vers l'axe des abscisses, et par conséquent se tournent leurs convexités.

93. — Une osculatrice peut être située de deux manières différentes à l'égard de la courbe avec laquelle elle est en contact ; ainsi : 1°) elle peut avoir ses deux branches toutes deux au-dessus de la courbe, comme dans la fig. 38,

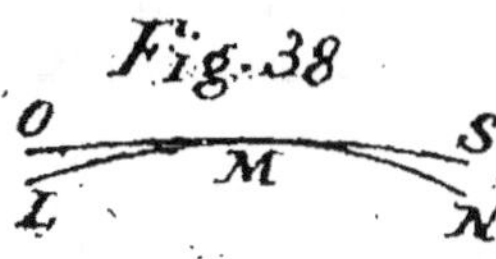

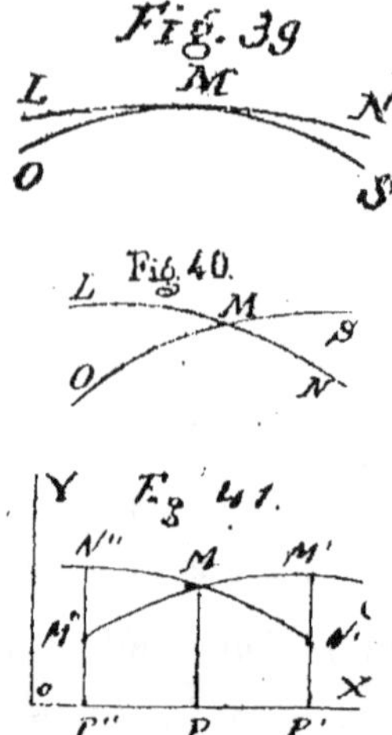

ou toutes deux au-dessous, comme dans la fig. 39 ; alors l'osculatrice ne fait que toucher la courbe ; 2°) l'osculatrice peut avoir une branche au-dessus de la courbe et l'autre au-dessous, comme dans la fig. 40 ; dans ce cas, l'osculatrice coupera la courbe au point M.

Le cercle osculateur appartient à la deuxième catégorie, c'est-à-dire qu'il coupe la courbe. En effet, soient pour une même abscisse x+h, Y l'ordonnée de la courbe y = φ x, Y' l'ordonnée de l'osculatrice y = Fx.

On a donc, art. 41.

$$Y = \varphi (x+h) = \varphi x + A h + B h^2 + C h^3 + D h^4 + \text{etc.}$$
$$Y' = F (x+h) = Fx + A'h + B'h^2 + C'h^3 + D'h^4 + \text{etc.} \bigg\} \ (140).$$

Or, puisque le cercle est une osculatrice du second ordre (art. 83), les trois premiers termes de ces développements seront les mêmes (art. 77) ; donc la différence des ordonnées, qui correspondent à x+h, sera

$$(C—C') h^3 + \text{etc.}, \ (141).$$

Supposons maintenant que l'abscisse devienne x—h ; il faudra changer h en —h dans la différence des ordonnées, qui deviendra

$$— (C—C') h^3 + \text{etc.}, \ (142).$$

Et, comme le premier terme des suites (141) et (142) peut surpasser la somme de tous les autres termes en prenant h assez petit, art. 54, il en résulte que la différence des ordonnées changera de signe, lorsque l'abscisse, au lieu d'être x+h, sera x—h ; ainsi, en prenant, fig. 41, P P"=P P' = h, si la différence des ordonnées correspondantes à x+h est une quantité positive, c'est-à-dire si l'ordonnée P'M' de la courbe M" M M' surpasse l'ordonnée P' N' de l'osculatrice N" M N', l'ordonnée P" N" de l'osculatrice surpassera l'ordonnée P" M" de la courbe, puisque ces dernières ordonnées correspondent à x—h et que leur différence doit changer de signe. De là, on doit conclure que l'osculatrice est d'un côté au-dessus de la courbe et de l'autre côté au-dessous, et par suite la coupe.

94. — Ce que nous venons de dire du cercle, qui est une osculatrice du second ordre, peut s'appliquer à toute osculatrice d'ordre pair, en employant un raisonnement semblable à celui qui précède.

95. — Si l'osculatrice était d'un ordre impair, elle toucherait seulement la courbe, au lieu de la couper. Cela est évident-d'après ce qui précède.

Par exemple, soit de l'ordre impair trois, alors il y aura quatre termes égaux dans les suites (141) et (142), par suite l'exposant de h serait quatre c'est-à-dire d'ordre pair et par conséquent la puissance paire de h, ici h^4 , serait toujours positive et la différence des ordonnées serait donc de même signe dans les deux cas de x+h et de x—h.

APPLICATION DE LA FORMULE DE TAYLOR AU DÉVELOPPEMENT DES FONCTIONS DE DEUX VARIABLES QUI REÇOIVENT DES ACCROISSEMENTS.

96. — Lorsque dans une fonction u, de deux variables indépendantes x et y, soit $u = f(x, y)$, on change x en x+h, et y en y+K, le théorème de Taylor, art. 41, peut nous donner le développement de cette fonction.

En effet, si l'on substitue à x, d'abord la valeur x+h, on aura d'après le théorème de Taylor :

$$f(x+h, y) = u + \frac{du}{dx} h + \frac{d^2 u}{dx^2} \frac{h^2}{2} + \frac{d^3 u}{dx^3} \frac{h^3}{2.3} + \text{etc.}, \quad (143).$$

h étant en évidence dans ce développement, y ne peut être contenu que dans les fonctions u, $\frac{du}{dx}$, $\frac{d^2 u}{dx^2}$, $\frac{d^3 u}{dx^3}$, etc.

Changeant donc y en y+K dans ces fonctions, nous remplacerons, dans l'équation (143), toujours d'après le théorème de Taylor, u par

$$u + \frac{du}{dy} K + \frac{d^2 u}{dy^2} \frac{K^2}{2} + \frac{d^3 u}{dy^3} \frac{K^3}{2.3} + \text{etc.};$$

$\frac{du}{dx}$ par

$$\frac{du}{dx} + \frac{d.\frac{du}{dx}}{dy} K + \frac{d^2.\frac{du}{dx} K^2}{dy^2 \quad 2} + \frac{d^3.\frac{du}{dx} K^3}{dy^3 \quad 2.3} + \text{etc.} ;$$

$\dfrac{d^2 u}{dx^2}$ par

$$\frac{d^2 u}{dx^2} + \frac{d.\frac{d^2 u}{dx^2}}{dy} K + \frac{d.^2\frac{d^2 u}{dx^2} K^2}{dy^2 \quad 2} + \frac{d.^3\frac{d^2 u}{dx^2} K^3}{dx^3 \quad 2.3} + \text{etc.} ;$$

etc., etc.

et formant autant de lignes qu'il y a de termes dans l'équation (143), nous obtiendrons

$$\left.\begin{aligned}
f(x+h, y+k) = u &+ \frac{du}{dy} K + \frac{d^2 u}{dy^2}\frac{K^2}{2} + \text{etc.} \\[2ex]
&+ \frac{du}{dx} h + \frac{d.\frac{du}{dx}}{dy} hK + \text{etc.} \\[2ex]
&+ \frac{d^2 u}{dx^2}\frac{h^2}{2} + \text{etc.} \\[1ex]
&+ \text{etc.}
\end{aligned}\right\} \quad (144).$$

97. — Si l'on faisait les substitutions dans l'ordre inverse, on trouverait d'abord en changeant y en $y+K$:

$$f(x, y+K) = u + \frac{du}{dy} K + \frac{d^2 u}{dy^2}\frac{K^2}{2} + \frac{d^3 u}{dy^3}\frac{K^3}{2.3} + \text{etc.} ;$$

et en remplaçant ensuite, dans chaque terme, x par $x+h$, on parviendrait au développement suivant :

$$\left.\begin{aligned}
f(y+K, x+h) = u &+ \frac{du}{dx} h + \frac{d^2 u}{dx^2}\frac{h^2}{2} + \text{etc.} \\[2ex]
&+ \frac{du}{dy} K + \frac{d.\frac{du}{dy}}{dx} h K + \text{etc.} \\[2ex]
&+ \frac{d^2 u}{dy^2}\frac{K^2}{2} + \text{etc.} \\[1ex]
&\qquad\qquad \text{etc.}
\end{aligned}\right\} \quad (145).$$

L'ordre dans lequel on fait les substitutions étant arbitraire, puisque devant remplacer partout x par $x+h$ et y par $y+k$, ces opérations ne peuvent influer l'une sur l'autre ; il résulte donc de là que les deux développements (144) et (145) doivent être identiques, et que, par suite, les termes affectés des mêmes produits de h et de K ont les mêmes valeurs. Soient donc, par exemple, les deux termes affectés du produit h K, comme ces deux termes ont même valeur puisque les deux développements sont identiques, nous pouvons poser

$$\frac{d.\dfrac{du}{dx}}{dy} = \frac{d.\dfrac{du}{dy}}{dx}.$$

Le premier terme veut dire, comme nous voyons, qu'on doit prendre le coefficient différentiel de u par rapport à x, puis le coefficient différentiel de ce premier coefficient $\dfrac{d\,u}{d\,x}$ par rapport à y ; en d'autres termes on doit prendre le coefficient différentiel de u, d'abord par rapport à x, puis par rapport à y, ce qu'on obtient est donc un coefficient différentiel de second ordre, et l'on peut poser,

$$\frac{d.\dfrac{du}{dx}}{dy} = \frac{d^2\,u}{dx\,dy}.$$

De même le second terme $\dfrac{d.\dfrac{du}{dy}}{dx} = \dfrac{d^2\,u}{dy\,dx}$.

On a donc encore l'égalité

$$\frac{d^2\,u}{dx\,dy} = \frac{d^2\,u}{dy\,dx} :$$

ce qui nous montre que pour prendre la différentielle seconde du produit de deux variables, soit $u = f(x,y)$, l'ordre des différentiations est arbitraire ; c'est-à-dire qu'on peut prendre la différentielle seconde de la fonction u, d'abord par rapport à x puis à y ; ou bien d'abord par rapport à y puis à x.

Remarque. — On prouverait la même chose pour les coefficients différentiels des ordres supérieurs au second, en égalant entre eux, comme précédemment, les coefficients différentiels des autres termes, pris deux à deux correspondants ; et, en effet, puisque les deux développements, (144) et (145), avons-nous vu, sont identiques.

TRANSFORMATION DES COORDONNÉES
RECTANGULAIRES EN COORDONNÉES POLAIRES

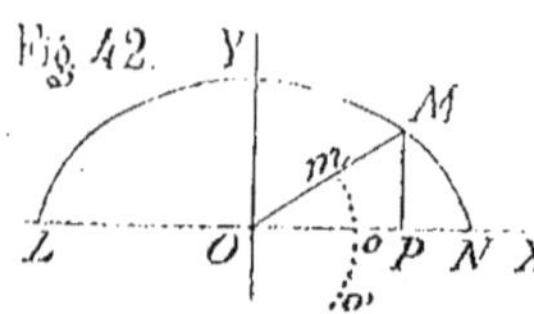

98. — Soit une courbe LMN, fig. 42, de laquelle on a déterminé la position d'un point M à l'aide des coordonnées rectangulaires OP=x et MP=y.

Ce point sera également déterminé si l'on donne l'angle M O N et le rayon vecteur OM.

Mais comme on mesure généralement les angles par les arcs qu'ils interceptent, nous remplacerons l'angle M O N par l'arc o m, décrit avec un rayon pris pour unité ; alors en représentant par t cet arc o m, et par u le rayon vecteur OM, nous pourrons substituer le système des coordonnées polaires t et u à celui des coordonnées rectangulaires O P = x et M P = y.

99. — Remarquons que l'origine des abscisses polaires o m peut être placée ailleurs qu'en o ; car le point M serait également déterminé, si en prenant un point o' pour origine, on donnait l'arc o' m et le rayon vecteur O M.

Dans ce cas, nous pourrions représenter o' m par t', et alors toutes les abscisses polaires comptées à partir de l'origine o différeraient des abscisses comptées de l'origine o', d'une quantité constante o o' ; et il y aurait entr'elles la relation : $\qquad t = t' - o\,o'$.

Mais, au moyen de cette relation, comme on peut toujours changer l'origine de la manière qui convient le mieux à la nature du problème, nous supposerons, dans ce qui va suivre, et pour plus de simplicité, que l'origine est en o.

100. — Soit par exemple, F (x, y) = o, l'équation dans laquelle nous voulons changer les coordonnées rectangulaires OP=x et MP=y en coordonnées polaires o m = t et OM=u. Cherchons les relations qui existent entre ces coordonnées ; nous avons, d'après la trigonométri rectiligne :
$$O P = O M \cos M O P, \quad M P = O M \sin M O P,$$
ou $\qquad x = u \cos t, \quad y = u \sin t \ (146).$

ou $o\,m = \omega$ et $O M = \rho$ d'où $x = \rho \cos \omega$ et $y = \rho \sin \omega$.

Et il suffit de substituer ces *valeurs* de x et de y dans l'équation représentée par F (x, y) = 0, pour avoir l'équation rapportée aux coordonnées polaires t et u ou ω et ρ.

101. — Lorsque l'origine O des coordonnées rectangulaires x et y n'est pas au centre C de la courbe, comme dans la figure 43, soient x′, y′, les coordonnées O P, M P, comptées à partir de l'origine O ; et a, b, les coordonnées O R et R C du centre C de la courbe ; soient encore x et y les coordonnés CQ et MQ rapportées au centre C pris pour origine, on aura

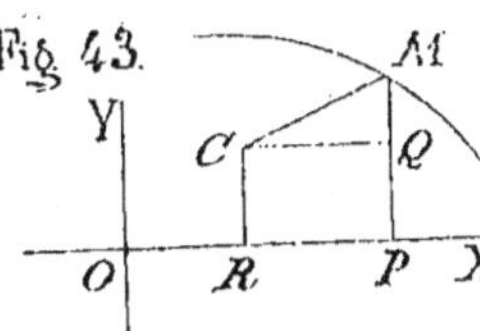

$$C Q = O P - O R, \quad M Q = M P - C R,$$

ou $\quad x = x' - a, \quad\quad y = y' - b,$

valeurs qu'il faudra substituer dans les formules précédentes, pour que la courbe soit rapportée à son centre C pris pour origine.

TRANSFORMATION DES COORDONNÉES POLAIRES EN COORDONNÉES RECTANGULAIRES, ET DÉTERMINATION DE L'EXPRESSION DIFFÉRENTIELLE DE L'ARC DANS UNE COURBE POLAIRE.

102. — Soit l'équation représentée par F (t, u) = 0, en coordonnées polaires, et supposons qu'on veuille passer de ces coordonnées polaires à des coordonnées rectangulaires.

D'abord, on voit, d'après la fig. 42, qu'on peut remplacer u par sa valeur tirée de l'équation (carré de l'hypothénuse) :

$$O M^2 = O P^2 + P M^2 .$$

ou $\quad u^2 = x^2 + y^2,$ d'où $u = \sqrt{x^2 + y^2}.$ (147).

Ensuite, pour avoir la valeur de t, en fonction de x, y, divisons, l'une par l'autre, les équation (146), nous aurons

$$\frac{y}{x} = \frac{\sin t}{\cos t} = \tan t. \text{ (Trigonométrie)}.$$

De cette équation, on tire

$$t = \text{arc} \left(\tan = \frac{y}{x} \right),$$

c'est-à-dire que t est égal à l'arc dont la tangente égale $\dfrac{y}{x}$

Ces valeurs de t et de u étant substituées dans l'équation représentée par F (t, u) = o, on obtiendra l'équation cherchée, en x et en y, savoir :

$$F \left[\operatorname{arc} \left(\tan = \frac{y}{x} \right), \sqrt{x^2 + x^2} \right] = 0, \quad (148).$$

103.—Comme on le voit, l'équation précédente contient la transcendante $\operatorname{arc} \left(\tan = \frac{y}{x} \right)$, on peut faire disparaître cette transcendante, mais alors l'équation renfermera des différentielles.

A cet effet, on devra différentier l'équation *représentée* par la formule (148) ; ou plutôt on employera le moyen suivant pour arriver au même but.

Représentons encore par F (t, u) = o l'équation qu'il faut transformer en une fonction de coordonnées rectangulaires x et y. Nous avons vu, à l'art. précédent, que la valeur de u pouvait s'exprimer en x et en y, sans transcendante, mais qu'il n'en était pas de même de t ; il nous faudra donc d'abord chercher à éliminer t entre l'équation F (t, u) = o et la différentielle de cette équation que nous pouvons représenter par F (t, u, d t, d u) = o. En agissant ainsi, nous introduirons les différentielles dt et du dans le résultat de l'élimination ; mais ensuite nous pourrons exprimer ces différentielles en fonction des variables x, y, dx et dy ; de sorte que l'équation finale sera rapportée aux coordonnées rectangulaires x et y. En effet les équations (146) donnent

$$\cos t = \frac{x}{u} ; \quad \sin t = \frac{y}{u}. \quad (149).$$

Divisant ces équations l'une par l'autre, on obtient

$$\frac{\sin t}{\cos t} \text{ ou } \tan t = \frac{y}{u} : \frac{x}{u} = \frac{y}{u} \times \frac{u}{x} = \frac{y}{x}.$$

En différentiant cette dernière équation, on a

$$d. \tan t = d. \frac{y}{x} = (\text{art. } 11) = \frac{x \, dy - y \, dx}{x^2}$$

Mais, art. 32, d. tang t. $= \dfrac{dt}{\cos^2 t}$

Donc, l'équation précédente devient

$$\frac{dt}{\cos^2 t} \text{ ou } dt \frac{1}{\cos^2 t} = \frac{x \, dy - y \, dx}{x^2}.$$

Or, la première des équations (149) donne

$$\cos^2 t = \frac{x^2}{u^2}, \text{ d'où } \frac{1}{\cos^2 t} = \frac{u^2}{x^2};$$

donc en mettant cette valeur de $\frac{1}{\cos^2 t}$ dans l'équation précédente, elle devient

$$dt\, \frac{u^2}{x^2} = \frac{x\, dy - y\, dx}{x^2}, \text{ d'où } u^2\, dt = x\, dy - y\, dx;$$

et par conséquent

$$dt = \frac{x\, dy - y\, dx}{u^2}, \quad (150).$$

Et en remplaçant dans cette équation u^2 par sa valeur $x^2 + y^2$ trouvée précédemment, on aura

$$dt = \frac{x\, dy - y\, dx}{x^2 + y^2}. \quad (150^{\text{bis}})$$

Pour obtenir la différentielle de u, remarquons que l'équation (147) donne

$$u = \sqrt{x^2 + y^2}.$$

et en différentiant, on aura, art. 14,

$$du = d.\,(x^2 + y^2)^{1/2} = \frac{1}{2}(x^2 + y^2)^{1/2 - 1}\, d.\,(x^2 + y^2) = \frac{1}{2}$$

$$(x^2 + y^2)^{-1/2}\, d\,(x^2 + y^2) = \frac{1}{2}\,\frac{1}{(x^2 + y^2)^{1/2}}\, d.\,(x^2 + y^2) =$$

$$\frac{1}{2}\,\frac{1}{\sqrt{x^2 + y^2}}\,(2x\, dx + 2y\, dy) = \frac{x\, dx + y\, dy}{\sqrt{x^2 + y^2}} \text{ donc}$$

$$du = \frac{x\, dx + y\, dy}{\sqrt{x^2 + y^2}}.$$

Nous avons donc les valeurs de u, de dt et de du, en fonction des variables x, y, dx et dy. Il suffira donc de substituer ces valeurs dans l'équation obtenue par l'élimination de t, pour obtenir une équation qui ne contiendra plus que x, y, dx et dy, et qui, par suite, sera rapportée aux coordonnées rectangulaires.

104. Nous avons vu, art. 88, que la différentielle d'un arc S, rapporté à des coordonnées rectangulaires, avait pour expression

$$ds = \sqrt{dx^2 + dy^2} \quad (151).$$

Si nous voulons avoir l'expression de cette différentielle en coordonnées polaires, nous devons substituer dans l'équation précédente les valeurs de dx et de dy exprimées en fonction des coordonnées polaires t et u. Pour cela, en différentiant les équations (146) nous avons, d'abord, art. 9, pour la première

$$dx = (u \times d. \cos. t) + (du \times \cos t);$$

or, art. 31, d. cos t = — dt sin t,

donc $\qquad dx = — u. dt. \sin t + du. \cos t.$

De la seconde, **on** tire, art. 9,

$$dy = u. d. \sin t + d. u. \sin t ;$$

or, art. 30, d. sin t = dt. cos t.

donc $\qquad dy = u. dt. \cos t + du. \sin t.$

Elevant maintenant au carré ces expressions de dx et de dy, nous aurons :

$$dx^2 = u^2 (d t)^2 \sin^2 t — 2 u. dt. \sin t. du. \cos t + du^2 \cos^2 t$$

et $dy^2 = u^2 dt^2 \cos^2 t + 2 u. dt. \cos t. du \sin t + du^2 \sin^2 t$;

donc $dx^2 + dy^2 = u^2 dt^2 (\sin^2 t + \cos^2 t) + du^2 (\cos^2 t + \sin^2 t),$

et comme $\sin^2 t + \cos^2 t = 1$, (Trigonométrie), on a

$$dx^2 + dy^2 = u^2 dt^2 + du^2 .$$

Substituant cette valeur de $dx^2 + dy^2$, dans l'équation (151), on aura enfin pour la différentielle de l'arc en fonction des coordonnées polaires :

$$d S = \sqrt{u^2 dt^2 + du^2}, \quad (152).$$

SOUS-TANGENTES, SOUS-NORMALES, NORMALES ET TANGENTES AUX COURBES RAPPORTÉES A DES COORDONNÉES POLAIRES.

105. — Dans les courbes à coordonnées rectangulaires, on appelle sous-tangente la ligne Pt, fig. 44, comprise

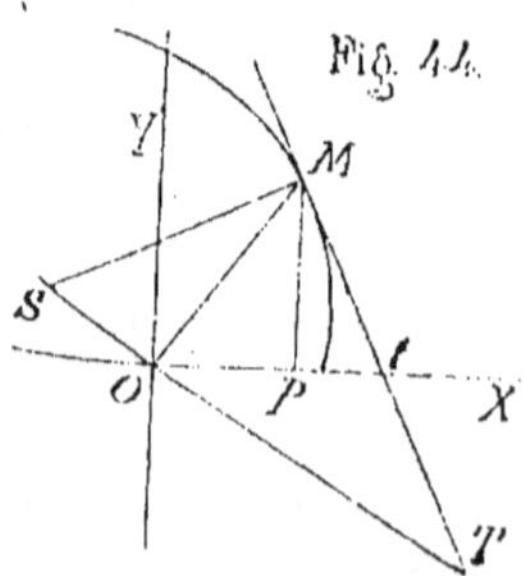

entre le pied P de l'ordonnée du point de tangence M, et le point t où une perpendiculaire O t à cette ordonnée, venant de l'origine O, rencontre la tangente M T.

Dans les courbes polaires, en observant la même définition, comme l'ordonnée n'est plus PM, mais bien le rayon vecteur

O M, la sous-tangente sera donc la perpendiculaire O T, à l'ordonnée O M, comprise depuis le point O (pied de la perpendiculaire OM) jusqu'à la rencontre T de la tangente.

Comme on le voit la sous-tangente aura une position différente selon que l'on aura une courbe représentée en coordonnées rectangulaires, ou une courbe polaire, c'est-à dire représentée en coordonnées polaires.

Dans le premier cas, la sous-tangente est toujours comptée sur l'axe des abscisses O X ; tandis que dans le second cas (courbe polaire) où l'axe des abscisses n'existe pas, la sous-tangente varie de position à chaque point de la courbe.

106, — Nous avons donné, art. 47, l'expression analytique de la longueur de la sous-tangente aux courbes représentées en coordonnées rectangulaires. Nous allons chercher maintenant cette expression analytique pour la longueur de la sous-tangente aux courbes polaires.

A cet effet, soient, fig. 45, O M et O M' deux rayons vecteurs ; du point M, menons la perpendiculaire M P sur le rayon vecteur O M' et à cette perpendiculaire, menons la parallèle O T.

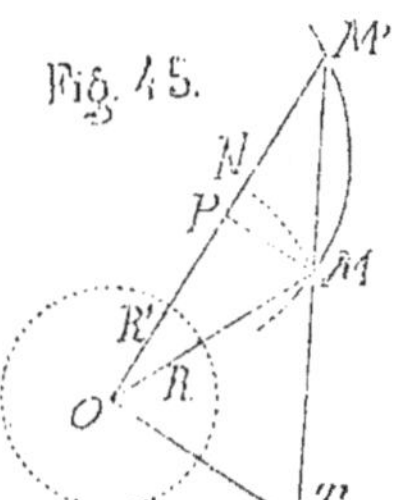

Les triangles semblables O T M' et P M M' nous donnent la proportion

$$O M' : O T :: P M' : P M,$$

d'où

$$O T = \frac{O M' \times P M}{P M'}.$$

Et, comme le triangle rectangle PM'M donne $PM' = \sqrt{MM'^2 - PM^2}$, l'égalité précédente devient :

$$O T = \frac{O M' \times P M}{\sqrt{MM'^2 - PM^2}}, \quad (153).$$

Supposons maintenant que le rayon vecteur OM' se rapproche infiniment du rayon vecteur OM, la sécante M'M tend à devenir tangente à la courbe M'M et elle la devient à la limite du rapprochement c'est-à-dire quand les deux rayons se confondent. La perpendiculaire OT à OM' devient perpendiculaire à OM à la limite, quand OM' se confond avec OM ; par suite, d'après la définition précédente, art. 105, à cette limite, la droite OT perpendiculaire au rayon vecteur OM et limitée à la tangente MT, est devenue la sous-tangente ; donc à la limite où les rayons vecteurs OM' et OM se confondent, OT devient la sous-tangente. Pour avoir l'équation de celle-ci, il faut donc voir d'abord ce que deviennent, dans le cas de la limite, les éléments composant le second membre de l'équation (153). Quand on connaîtra les valeurs de ces éléments ou lignes pour le cas de la limite, il suffira de substituer ces valeurs dans l'équation (153) pour avoir celle de la sous-tangente.

Or, à la limite :

1° OM' devient égal à OM, que, conformément à ce qui précède, art. 98. nous représenterons par u :

2° la droite P M se confond avec l'arc M N, car P N devient d'autant plus petit que le rayon vecteur OM' se rapproche davantage de O M, et à limite P M et M N se confondent, c'est-à-dire que P M a pour limite M N.

3° la corde MM' a pour limite l'arc MM', car à la limite ces deux lignes se confondent.

D'après cela, on voit qu'il suffit donc d'avoir pour le cas de la limite, les expressions des arcs M' M et M N.

Or, art. 88, l'expression de M' M, à la limite, est la différentielle de l'arc de courbe M' M, donc, d'après l'art. 104, en coordonnées polaires, on a :

$$\text{limite } M'M = \sqrt{u^2\,dt^2 + du^2}.$$

En ce qui concerne l'expression de MN, remarquons que les secteurs semblables O R R' et O M N, donnent la proportion :

$$O R : R R' :: O M : M N,$$

ou, en prenant l'unité pour le rayon de l'arc R R'.

$$1 : R R' :: u : M N, \text{ d'où } M N = u.\,R R'$$

Cette valeur de MN, dans le cas de la limite, se ramène à u dt : car art. 98, R R' ou t, à la limite, devient la différentielle dt, (art. 3) et u est le rayon vecteur O M.

Substituant donc ces valeurs de M'M et de M N dans l'équation (153), nous aurons :

$$\text{sous-tangente } OT = \frac{u \cdot u\, dt}{\sqrt{(\sqrt{u^2\, dt^2 + du^2})^2 - (u\, dt)^2}} =$$

$$\frac{u^2\, dt}{\sqrt{u^2\, dt^2 + du^2 - u^2\, dt^2}} = \frac{u^2\, dt}{\sqrt{du^2}} = \frac{u^2\, dt}{du}. \quad (154).$$

Telle est l'expression de la longueur de la sous-tangente aux courbes polaires, c'est-à-dire aux courbes exprimées en coordonnées polaires.

107. — Voyons maintenant quelle est l'expression de la sous-normale aux courbes polaires.

Pour cela, reprenons la fig. 44, et soit SM la normale perpendiculaire à la tangente MT et limitée à la sous-tangente O T prolongée, laquelle sous-tangente, avons nous vu, art. 105, est perpendiculaire au rayon vecteur O M.

On a donc un triangle rectangle S M T, dans lequel on a la perpendiculaire M O abaissée du sommet de l'angle droit sur l'hypothénuse ; donc, O M est une moyenne proportionnelle entre la sous-tangente O T et la sous-normale O S, donc nous avons

$$O\ T : O\ M :: O\ M : \text{sous-normale},$$

ou, en remplaçant O T par sa valeur ci-dessus, équation (154), et le rayon vecteur O M par u, art. 98, nous aurons

$$\frac{u^2\, dt}{du} : u :: u : \text{sous-normale},$$

donc la longueur de la sous-normale égale

$$u^2 : \frac{u^2\, dt}{du}.$$

Et en effectuant les opérations indiquées, nous obtiendrons

$$\text{sous-normale} = \frac{u^2\, du}{u^2\, dt} = \frac{du}{dt} \quad (155).$$

108. — L'expression de la longueur de la normale aux courbes polaires s'obtiendra en remarquant que dans le triangle rectangle M O S, fig. 44, on a

$$M\ S \text{ ou normale} = \sqrt{\overline{M\ O^2} + \overline{O\ S^2}},$$

et en remplaçant MO par sa valeur u, et OS par sa valeur $\frac{du}{dt}$, nous aurons

$$\text{normale} = \sqrt{u^2 + \frac{du^2}{dt^2}}, \quad (156).$$

109.—De même la longueur MT de la tangente s'obtient en remarquant que dans le triangle rectangle MOT, on a

$$\text{M T ou longueur tangente} = \sqrt{MO^2 + OT^2},$$

et en remplaçant MO par sa valeur u, et OT par sa valeur

$$\text{trouvée, art 106, on aura : tangente} = \sqrt{u^2 + \frac{u^4\,dt^2}{du^2}} = \sqrt{u^2\left(1 + \frac{u^2\,dt^2}{du^2}\right)} = u\sqrt{1 + \frac{u^2\,dt^2}{du^2}}, \quad (157).$$

110.— L'expression analytique du secteur dans les courbes polaires, c'est-à-dire de l'aire comprise entre deux rayons vecteurs MO et OM' et l'arc MM',fig. 45, s'obtient en remarquant d'abord que le triangle O M' M donne

$$\text{aire triangle O M' M} = \frac{O\,M' \times P\,M}{2}$$

Or, dans le cas de la limite, où O M' se rapproche de O M et tend à se confondre avec O M, l'aire du triangle O M' M devient celle d'un secteur élémentaire,c'est-à-dire d'un secteur dans lequel l'angle ou l'arc est infiniment petit; la corde M M' se confond avec l'arc M M' ; la perpendiculaire P M peut être remplacée par l'arc M N,et devient égal à u dt, art. 106 ; et O M' se confondant avec O M est égal à u. Substituant donc ces valeurs dans l'égalité ci-dessus, nous aurons

$$\text{aire du secteur élémentaire} = \frac{u \times u\,dt}{2} = \frac{u^2\,dt}{2}, \quad (158).$$

Remarque. — On peut exprimer le secteur élémentaire en fonction des coordonnées rectangulaires,en substituant dans l'équation (158), les valeurs de u et de dt en fonction des coordonnées rectangulaires, valeurs données par les équations (147) et (150bis), nous aurons ainsi :

$$\text{aire du secteur élémentaire} = \frac{1}{2}(x^2 + y^2)\left(\frac{x\,dy - y\,dx}{x^2 + y^2}\right) = \frac{1}{2}(x\,dy - y\,dx) = \frac{x\,dy - y\,dx}{2}, \quad (159)$$

COURBES TRANSCENDANTES.

111. - On appelle courbes transcendantes, celles dont les équations contiennent des quantités transcendantes

comme des sinus, des logarithmes, etc., et des coefficients différentiels, et en général, les courbes dont on ne peut exprimer les équations par un nombre fini de termes algébriques.

Nous allons, ci-après, examiner quelques-unes de ces courbes parmi les plus remarquables.

SPIRALE D'ARCHIMÈDE OU DE CONON.

112. — La génération de cette courbe se fait de la manière suivante :

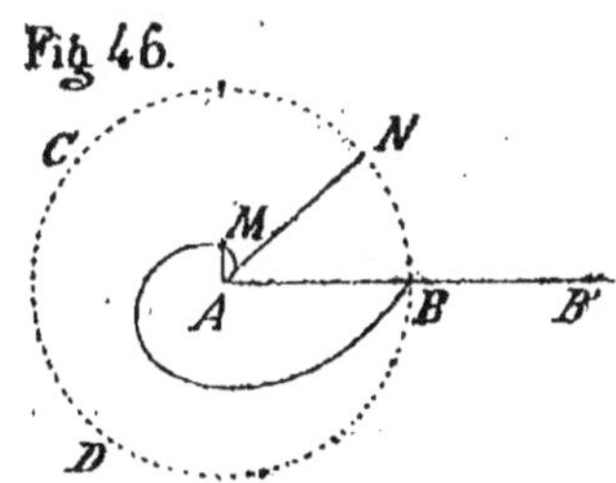

Le rayon A B, fig. 46, décrivant une révolution autour du point A, un point M se mouvant, d'un mouvement uniforme, le long de la droite A B, se transporte du centre A au point B après une révolution entière de la droite A B ; celle-ci continuant à se mouvoir, après une seconde révolution, le point M se trouvera en B', en observant que BB' = A B : et ainsi de suite.

Dans ce mouvement, la courbe que décrit le point mobile est appelée la spirale d'Archimède.

Cherchons l'expression analytique de cette courbe.

A cet effet, soient A B = a, arc B N = t, A M = u.

D'après la définition précédente, une distance quelconque A M, parcourue par le point M, à un instant donné, est à la longueur A B, comme l'arc B N, correspondant à la distance A M, est à la circonférence BCDB, révolution entière correspondant à la distance A B parcourue par le point M après cette révolution. On a donc

A M : A N ou A B :: arc N B : circonf. BCDB,

ou, en remplaçant ces termes par leurs valeurs,

$$u : a :: t : 2 \pi a,$$

d'où

$$u = \frac{a t}{2 \pi a} = \frac{t}{2 \pi}, \quad (160).$$

Comme on le voit, la courbe n'a pas ses coordonnées rectangulaires.

Quand AB a décrit une révolution entière, l'arc NB équivaut à la circonférence dont le rayon est a, donc alors NB ou t $= 2\,\pi\,a$, ce qui réduit l'équation précédente à :

$$u = \frac{2\,\pi\,a}{2\,\pi} = a.$$

Lorsque le point M continue à se mouvoir uniformément, le rayon AB décrivant une seconde révolution autour du centre A, le point mobile M arrivera en B' au bout de cette seconde révolution ; alors t sera égal à $4\,\pi\,a$, c'est-à-dire à deux fois la circonférence BCDB, ce qui donnera

$$u = \frac{4\,\pi\,a}{2\,\pi} = 2\,a.$$

Et ainsi de suite.

SPIRALE LOGARITHMIQUE.

133. — On entend par spirale logarithmique une courbe polaire dans laquelle l'angle AMT, fig. 47, formé par le rayon vecteur A M avec la tangente M T à la courbe, est constant.

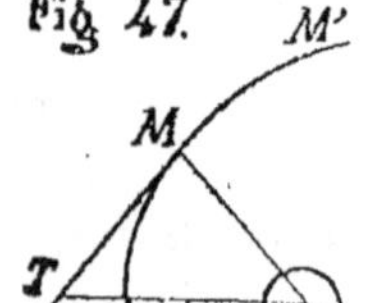

Par conséquent, en représentant par a la tangente trigonométrique de l'angle A M T, nous aurons

$$\text{tang. A M T} = a.$$

Or, quand A T sera perpendiculaire à A M, le triangle MA T sera rectangle en A, et A T sera la sous-tangente, (art. 105). On aura donc dans le triangle rectangle M A T, (trigonométrie) :

$$\text{A T} = \text{A M} \times \text{tang} \frac{\text{AMT}}{1 \text{ ou rayon}} \; ;$$

d'où

$$\text{tang A M T} = \frac{\text{A T}}{\text{A M}} .$$

Remplaçant, dans cette expression, le rayon vecteur A M par u, comme précédemment ; et la sous-tangente AT par $\frac{u^2\,dt}{du}$ (art. 106), nous aurons :

$$\text{tang AMT ou } a = \frac{u^2\, d\,t}{du} : u = \frac{u\, d\, t}{du}$$

d'où
$$a\, du = u\, dt \text{ ou } \frac{a\, du}{u} = dt, \ (161).$$

Mais, art. 28, $\dfrac{du}{u} = d.\log u$, donc l'équation (161) devient
$$a.\, d.\log u = dt.$$

Et en intégrant, c'est-à-dire en remplaçant les différentielles par les quantités dont elles sont les différentielles, et en ajoutant au second membre une constante, comme on peut le faire d'après le 5° de l'art. 6, ainsi que nous le verrons dans le calcul intégral, nous obtiendrons
$$a.\log u = t + \text{constante}, \ (162).$$

Telle est l'équation de la spirale logarithmique, le logarithme étant exprimé ici dans le système Népérien, art. 28.

Soit e la base du système Népérien. Si l'on regarde a comme le logarithme de e dans un certain système de tables, et en représentant par L les logarithmes dans ce système, nous aurons :
$$a = L\, e, \ (163).$$

Or, nous savons par l'Algèbre, que si l'on a l'équation
$$y = a^x$$
x est le logarithme de y dans le système dont la base est a.

Donc, en représentant par e la base du système Népérien, nous aurons évidemment dans ce système :
$$u = e^{\log u}.$$

Et en prenant les logarithmes dans le système indiqué ci-dessus par L, nous aurons aussi
$$L\, u = L\, (e^{\log u}).$$

Et comme le logarithme d'une quantité élevée à une certaine puissance est égal au logarithme de cette quantité multiplié par l'exposant de cette puissance, nous aurons
$$L\, u = L\, (e^{\log u}) = L\, e.\log u, \ (164) ;$$
maintenant, dans l'équation (162), remplaçons a par sa valeur donnée par l'équation (163), nous obtiendrons :
$$L\, e.\log u = t + \text{constante},$$
ou, d'après l'équation (164),
$$L\, u = t + \text{constante}, \ (165).$$

Telle est l'équation de la spirale logarithmique dans un certain système de logarithmes représenté par L.

114. — Soit, fig. 48, une spirale logarithmique A m m' m"...

Décrivons une circonférence BCD ayant A pour centre, et divisons-la en parties égales n n', n' n", n" n'", etc. ; par les points de devision menons les rayons A n, A n', etc., prolongés jusqu'à la spirale en m, m', m", etc.

Si les divisions m m', m' m", m" m'", etc., sont prises assez petites, on peut les considérer comme des droites et même comme des tangentes à la spirale.

Alors les triangles A m m', A m' m", A m" m'", etc., sont
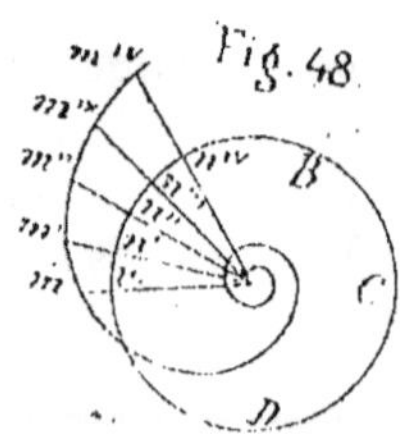
semblables, car ils sont équiangles puisque les angles au centre mAm', m'Am", etc., sont égaux comme interceptant des arcs égaux; et les angles m m'A, m'm" A, etc., sont également égaux, d'après la propriété de la spirale, les petits arcs m m', m' m", pouvant être, avons nous vu, considérer comme des tangentes à la courbe.

Ces triangles semblables donnent donc cette suite de proportions :

$$A m : A m' :: A m' : A m'',$$
$$A m' : A m'' :: A m'' : A m''' .$$
$$\text{etc.} \quad \text{etc.} \quad \text{etc.} \quad \text{etc.,}$$

ce qui nous montre que les ordonnées polaires, A m, A m', A m", etc., sont en progression géométrique.

De là, on conclut que :

Pour construire la spirale logarithmique par points, il faut décrire une circonférence B C D ayant pour centre le centre A que l'on veut donner à la spirale ; puis on divise la circonférence en parties égales ; on mène des rayons aux points de division et sur ces rayons on prend des longueurs A m, A m', A m", etc., telles qu'elles soient en progression géométrique, c'est-à-dire de façon à ce qu'on ait :

A m : A m' :: A m' : A m" :: A m" : A m‴, etc.,
les points m, m', m", etc., appartiendront à une spirale
logarithmique.

SPIRALE HYPERBOLIQUE ET SPIRALES COMPRISES DANS L'ÉQUATION $u = at^n$.

115. — La spirale hyperbolique est une courbe polaire
dont la propriété est d'avoir une sous-tangente constante.

Si nous représentons cette constante par a, comme
l'équation de la sous-tangente dans les courbes polaires
est, art. 106, $\dfrac{u^2\,dt}{du}$, nous aurons l'équation :

$$\frac{u^2\,dt}{du} = -a, \quad \text{d'où} \quad -\frac{du}{u^2} = \frac{dt}{a} = \frac{1}{a}\,dt.$$

Nous avons pris la constante a négative, pour pouvoir
intégrer facilement la dernière équation.

Intégrons donc cette équation, c'est à-dire remplaçons,
dans chaque membre, les quantités différentielles par les
quantités dont elles sont les différentielles, (comme nous
le verrons plus loin au calcul intégral).

Pour cela, le premier membre $-\dfrac{du}{u^2}$, est, art. 11, la différentielle de la fraction $\dfrac{1}{u}$, car $d\dfrac{1}{u} = \dfrac{u.d1 - 1.du}{u^2} =$
$\dfrac{u \times o - du}{u^2} = -\dfrac{du}{u^2}$; pour intégrer nous remplacerons ce
premier membre par $\dfrac{1}{u}$.

Le second membre intégré donne $\dfrac{1}{a}t +$ une constante
quelconque C qui n'a pas de différentielle, (art. 6, 4° et 5°).
En effet la différentielle de $\dfrac{1}{a}t + C = \dfrac{1}{a}\,dt$. Donc le second membre sera remplacé par $\dfrac{1}{a}t + C = \dfrac{t}{a} + C$.

Après intégration, l'équation $\dfrac{du}{u^2} = \dfrac{dt}{a}$, deviendra
donc $\dfrac{1}{u} = \dfrac{t}{a} + C$.

Et, en remplaçant la quantité indéterminée C par une autre quantité $\dfrac{C'}{a}$, on aura

$$\frac{1}{u} = \frac{t}{a} + \frac{C'}{a} = \frac{t+C'}{a} = \frac{1}{a}(t+C').$$

Si nous prenons maintenant l'origine de manière que l'abscisse $t+C'$ soit égale à une nouvelle abscisse t, art. 99, l'équation précédente deviendra

$$\frac{1}{u} = \frac{t}{a}, \text{ ou plutôt } u = \frac{a}{t}.$$

Remarque I.—Cette équation montre que dans la courbe, lorsque $t = 0$, $u = \dfrac{a}{0} = \infty$; d'où l'on peut conclure que le rayon vecteur u, qui correspond au point où l'abcisse t devient nulle, est une asymptote à la courbe, (asymptote, voir géom. analytique).

Remarque II. — L'équation $u = \dfrac{a}{t}$ nous montre également que le rayon vecteur u est en raison inverse de l'abscisse t ; c'est-à-dire que quand t diminue u augmente et quand t augmente u diminue.

Remarque. III. — Si nous faisons successivement $t = 2\pi$, $t = 4\pi$, $t = 6\pi$, etc., nous aurons pour u cette suite de valeurs : $\dfrac{a}{2\pi}$, $\dfrac{a}{4\pi}$, $\dfrac{a}{6\pi}$, etc., et comme 2π représente une circonférence ou une révolution, les suites qui précèdent nous apprennent qu'au bout de deux révolutions où $u = \dfrac{a}{4\pi} = \dfrac{1}{2}\dfrac{a}{2\pi}$, le rayon vecteur est deux fois plus petit ou la moitié de ce qu'il était après une révolution, autrement dit, il est réduit de moitié ; de même, on voit qu'après trois révolutions il est réduit au tiers ; et ainsi de suite.

116. — L'équation de la spirale hyperbolique $u = \dfrac{a}{t}$, art. 115, et celle $u = \dfrac{t}{2\pi}$ de la spirale de Conon, art. 112, sont des cas particuliers de l'équation $u = a\,t^n$. En effet, si nous faisons dans cette dernière $n = 1$ et $a = \dfrac{1}{2\pi}$, c'est-

à-dire si nous donnons ces valeurs 1 et $\dfrac{1}{2\pi}$ à u et à a, nous obtenons pour ce cas particulier, $u = \dfrac{1}{2\pi} t = \dfrac{t}{2\pi}$, équation de la spirale de Conon. Si nous faisons seulement $n = -1$ dans $u = at^n$, nous obtenons $u = at^{-1} = a\ \dfrac{1}{t^1} = \dfrac{a}{t}$, ce qui est l'équation de la spirale hyperbolique. Parmis les spirales déterminées par l'équation $u = at^n$, on distingue la spirale parabolique, dont on obtient l'équation en faisant $n = 2$ dans l'équation $u = at^n$.

LOGARITHMIQUE.

117. — On entend par logarithmique une courbe, à coordonnées rectangulaires, dans laquelle l'abscisse est le logarithme de l'ordonnée ; de sorte qu'on a pour l'équation de cette courbe : $\qquad x = \log y$.

Or, nous avons déjà rappelé, art. 113, que quand on a $y = a^x$, x est le logarihtme de y dans le système dont la base est a. Pour cette base l'équation ci-dessus de la courbe peut donc se mettre sous la forme :

$$y = a^x .$$

Et par la différentiation, comme à l'art. 26, nous aurons

$$\frac{d.a^x}{dx} \text{ ou} \frac{dy}{dx} = a^x \times \text{ le log. Népérien de a.}$$

En représentant donc par log. a, le logarithme de a dans le système Népérien, on aura donc encore pour l'équation de la courbe :

$$\frac{dy}{dx} = a^x \log a.$$

Pour discuter cette équation, faisons $x = 0$, nous trouverons

$$\frac{dy}{dx} = a^0 \log a = 1 \times \log a = \log a = \text{constante,}$$

donc $\qquad dy = \log a \times dy = \log a \times 0 = 0,$
car la différentielle de 0 est 0.

Donc la différentielle de y, dans le cas où $x = 0$, est 0 ; par conséquent, (art. 6, 5°), y est une constante, mais cette constante est encore indéterminée.

Pour la déterminer, reprenons la première équation $x = \log y$, et faisons $x = 0$, nous aurons $0 = \log y$, donc, d'après la théorie des logarithmes, $y = 1$.

Concluons donc que quand $x = 0$, $y = 1$.

Si l'on donne ensuite des valeurs croissantes et positives à x, l'équation $x = \log y$, montre que quand x augmente positivement, y ira toujours en croissant, car quand un logarithme croît positivement, le nombre auquel il correspond croît également ; de même l'équation $y = a^x$ montre assez cet accroissement.

Mais si l'on donne à x une valeur négative $-n$, on trouvera $y = a^{-n} = \dfrac{1}{a^n}$; et l'on voit que l'ordonnée y diminue d'autant plus que le dénominateur a^n augmente, c'est-à-dire que l'abscisse négative $-n$ augmente négativement ; ce qui revient à dire que l'ordonnée y diminue d'autant plus qu'on s'éloigne de l'origine dans le sens des abscisses négatives, et qu'enfin la courbe ne pourrait atteindre le prolongement de l'axe des x qu'à l'infini, cas où l'équation $y = \dfrac{1}{a^n}$ deviendrait $y = \dfrac{1}{a^\infty} = 0$, c'est-à-dire quand l'abscisse négative est devenue infinie.

On peut donc conclure que le prolongement de l'axe des x négatives est une asymptote à la courbe.

118. — Si à partir de l'origine, on prend des abscisses égales, fig. 49, $O\,P$ et $O\,P' = n$, on trouvera, en vertu de l'équation $y = a^x$:

$$M\,P = a^n, \quad M'\,P' = a^{-n} = \frac{1}{a^n},$$

$$\text{donc } M\,P \times M'\,P' = 1.$$

Fig. 49.

119. — La propriété la plus remarquable de la courbe que nous venons d'étudier est que la sous-tangente a une valeur constante. En effet, nous avons vu que l'équation de la logarithmique étant différentiée donne $\dfrac{dy}{dx} = a^x \log a$,

d'où l'on tire $\dfrac{a^x\, dx}{dy} = \dfrac{1}{\log a}$ ou, comme $a^x = y$, $\dfrac{y\, dx}{dy} = \dfrac{1}{\log a}$.

— 160 —

Or, art. 47, le premier membre $\dfrac{ydx}{dy}$ exprime la longueur de la sous-tangente à la courbe, et le second membre $\dfrac{1}{\log a}$ est une constante ; donc cette sous-tangente est constante.

CYCLOÏDE.

120. — Soit un cercle A M B, fig. 50, roulant sur une droite C D. Dans ce mouvement, le point M, pris sur la circonférence de ce cercle, décrit une courbe M' M O qu'on appelle cycloïde ; cette courbe est le lieu de tous les points par où passe le point M.

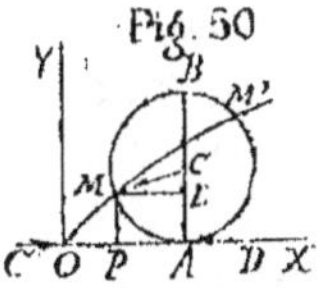

Il est évident que dans le mouvement de A vers C, tous les points de l'arc A M viendront successivement s'appliquer sur la droite A O, jusqu'à ce que M, à son tour, s'y applique en O ; par suite l'arc A M sera égal à la droite A O.

Prenons le point O, qui appartient à la cycloïde, comme origine des coordonnées. Abaissons les perpendiculaires M P et M E, respectivement sur la droite C D ou O X, et sur le diamètre AB. Faisons $OP = x$, $MP = y$, diamètre $AB = 2a$, $ME = v$, arc $MA = z$, nous aurons :

$$OP = OA - PA, \text{ ou } x = \text{arc } MA - ME,$$

ou
$$x = z - v, \quad (166).$$

Il nous faut une équation ne renfermant que les inconnues x et y et leurs différentielles.

Cherchons donc d'abord à éliminer l'arc z. Pour cela, différentions l'équation (166), nous aurons, (art. 15) :

$$dx = dz - dv. \quad (167).$$

Pour avoir la valeur de dz en fonction de v, remarquons qu'entre v et z nous avons la relation

$$v = \sin z.$$

En la différentiant, art. 30, remarque, nous trouverons

$$dv = dz \frac{\cos z}{a} \text{ d'où } dz = \frac{a \cdot dv}{\cos z}, \quad (168).$$

Remplaçons,dans la dernière équation, la valeur de cos z par celle que nous déduirons de cette équation(trigonom.):

$$\sin^2 z + \cos^2 z = a^2,$$

$$v^2 + \cos^2 z = a^2 \; ; \text{ d'où } \cos z = \sqrt{a^2 - v^2} \; ;$$

donc l'équation (168) devient

$$dz = \frac{a \, d v}{\sqrt{a^2 - v^2}}.$$

Substituons cette valeur dans l'équation (167), il viendra

$$dx = \frac{a \, d v}{\sqrt{a^2 - v^2}} - dv, \; (169).$$

Il faut encore, maintenant que z est éliminée, exprimer v en fonction de y. A cet effet, observons que, par la propriété du carré de l'hypothénuse, nous avons dans le cercle A B M, c étant le centre :

$$E\,c = \sqrt{M\,c^2 - M\,E^2}, \text{ ou } a - y = \sqrt{a^2 - v^2}.$$

Elevons cette équation au carré et réduisons,nous aurons

$$y^2 - 2\,ay + a^2 = a^2 - v^2 \text{ ou } v^2 = a^2 - y^2 + 2\,ay - a^2,$$

$$\text{d'où } v = \sqrt{2\,ay - y^2}, \; (170).$$

Différentions, nous obtiendrons

$$dv = d\sqrt{2\,ay - y^2} = d\,(2\,ay - y^2)^{1/2} = \frac{1}{2}(2\,ay - y^2)^{1/2 - 1\,\text{ou} - 1/2}$$

$$d(2\,ay - y^2) = \frac{1}{2} \frac{1}{(2ay - y^2)^{1/2}} (2\,ady - 2ydy) = \frac{2\,ady - 2\,ydy}{2\sqrt{2\,ay - y^2}} = \frac{(a - y)\,dy}{\sqrt{2ay - y^2}}. \; (171).$$

Les équations (170) et (171) transforment l'équation (169) en

$$dx = \frac{a\,(a - y)\,dy}{\sqrt{2\,ay - y^2}} : \sqrt{a^2 - 2ay + y^2} - \frac{(a - y)\,dy}{\sqrt{2\,ay - y^2}} =$$

$$\frac{a\,(a - y)\,dy}{\sqrt{(2ay - y^2)}\sqrt{(a^2 - 2ay + y^2}} \quad \frac{(a - y)\,dy}{\sqrt{2ay - y^2}} \quad \frac{a\,(a - y)\,dy}{\sqrt{(2ay - y^2)}\sqrt{(a - y)^2}} \text{ ou }$$

$$\frac{a\,(a - y)\,dy}{\sqrt{(2ay - y^2)}(a - y)} - \frac{(a - y)\,dy}{\sqrt{2ay - y^2}} = \frac{a\,dy}{\sqrt{(2ay - y^2)}} - \frac{(a - y)\,dy}{\sqrt{2ay - y^2}}$$

$$\frac{dy\,(a - a + y)}{\sqrt{2\,ay - y^2}} = \text{ donc } dx = \frac{y\,dy}{\sqrt{2\,ay - y^2}}. \; (172)$$

Telle est l'équation de la cycloïde.

121. — Pour obtenir l'équation de la cycloïde en fonction de l'arc, reprenons l'équation $v = \sin z$, et mettons-la sous la forme

$$z = \text{l'arc dont le sinus est } v = \text{arc } (\sin = v) \,;$$

remplaçons v par sa valeur donnée par l'équation (170), nous aurons

$$z = \text{arc} (\sin = \sqrt{(2\,ay - y^2)}\,)\,;$$

cette valeur et celle de v étant substituées dans l'équation (166), nous avons

$$x = \text{arc} (\sin = \sqrt{2\,ay - y^2}\,) - \sqrt{2\,ay - y^2}\,. \quad (173).$$

Remarque. — Le sinus dans les formules qui précèdent correspond au rayon a, puisque, art. 120, nous avons fait $\sin^2 z + \cos^2 z = a^2$.

Le sinus des tables dont on fait usage ayant l'unité pour rayon, sera obtenu par la proportion

$$a : 1 :: \sqrt{2\,ay - y^2} : \text{sinus cherché,}$$

d'où le sinus de l'arc z, l'unité étant prise pour rayon, sera

$$\frac{\sqrt{2\,ay - y^2}}{a}\,;$$

En effet, la proportion précédente exprime cette propriété que pour un même arc, les sinus sont entr'eux comme les rayons correspondants. Remplaçons donc dans l'équation (173), la valeur de $\sin z$ correspondant au rayon a par celle correspondante au rayon 1, ou $\sqrt{2\,ay - y^2}$ par

$$\frac{\sqrt{2\,ay - y^2}}{a}\,,$$

et nous aurons pour la formule de la cycloïde en fonction de l'arc et en considérant l'unité pour rayon :

$$x = \text{arc} \left(\sin = \frac{\sqrt{2\,ay - y^2}}{a}\right) - \sqrt{2\,ay - y^2}\,. \quad (174).$$

122. — Discutons l'équation (173).

Nous remarquons d'abord que y ne peut être négatif ni plus grand que $2a$. En effet, si nous supposons y négatif, faisons donc $y = -y'$ dans l'équation (173), l'expression $\text{arc} (\sin = \sqrt{2\,ay - y^2}\,)$ devient $\text{arc} (\sin = \sqrt{-2\,ay' - y'^2}\,)$ valeur imaginaire ; donc y ne peut être négatif.

Il ne peut être plus grand que 2a, car si nous faisons $y = 2a + \delta$, l'expression arc $(\sin = \sqrt{2ay - y^2})$ devient arc $(\sin = \sqrt{4a^2 + 2a\delta - (2a+\delta)^2})$ ou arc$(\sin = \sqrt{4a^2 + 2a\delta - 4a^2 - 4a\delta - \delta^2})$ ou arc $(\sin = \sqrt{-2a\delta - \delta^2})$, valeur également imaginaire.

Donc, si à une distance EF=2a de l'axe des x, on mène une droite CD parallèle à la droite AB, fig. 51, la courbe sera comprise entre ces deux parallèles.

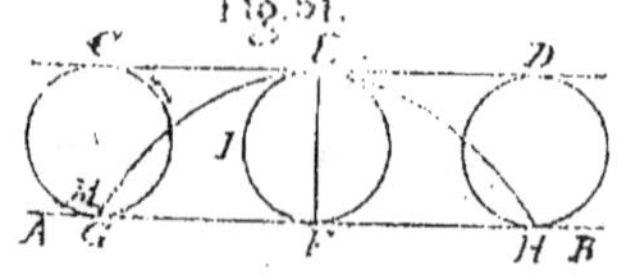

La plus grande valeur que puisse atteindre y est 2a, comme nous l'avons démontré. On le constate encore en considérant la figure 51.

En effet, si l'on fait rouler le cercle générateur de G en H, le point M, qui était d'abord en G, s'élèvera successivement jusqu'à ce qu'il arrive en E, à l'extrémité du diamètre EF, alors l'abscisse G F sera égale à EIF, c'est-à-dire à la demi-circonférence du cercle générateur. L'équation (173) sert à confirmer ce résultat, car, si dans cette équation, on fait y=2a, on trouve x=arc $(\sin = \sqrt{4a^2 - 4a^2}) - \sqrt{4a^2 - 4a^2} = $ arc $(\sin = 0)$. Or, nous savons que l'arc dont le sinus est nul, doit être de 0 degré, de 180 degrés, de 2 fois 180 degrés, de 3 fois 180 degrés, etc. ; ou 0, ou FIE, ou 2 FIE, ou 3 FIE. etc., et dans le cas présent, on voit que cet arc est FIE.

Le point M étant parvenu en E, ayant décrit l'arc GE, si le cercle continue à rouler, vers le même sens, le point M décrira le second arc E H, semblable au premier.

Le cercle continuant toujours à se mouvoir, le point M engendrera une suite indéfinie d'arcs de cycloïde, fig. 52,

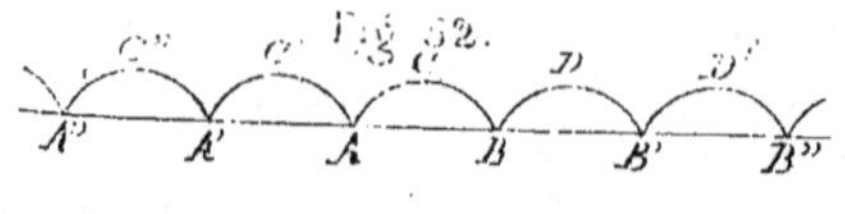

ACB, BDB', B'D' B",... etc., le cercle se mouvant vers la droite. Comme il peut aussi rouler vers la gauche, on aura également la suite d'arcs AC'A', A'C"A",... etc. L'ensemble de tous ces arcs, dans le sens le plus général, constitue la cycloïde.

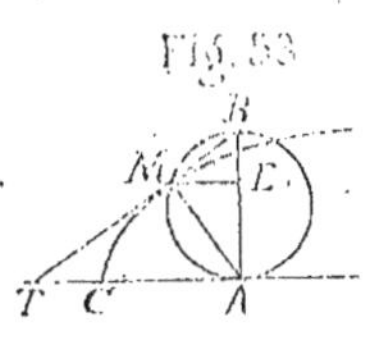

123.—Nous avons vu, art. 50, que la longueur de la normale à une courbe $y = fx$, au point M dont les coordonnées sont x' et y', est exprimée par la formule

$$\text{normale} = y'\sqrt{\frac{dy'^2}{dx'^2} + 1}$$ et d'une façon

générale la normale au point x et $y = y\sqrt{\frac{dy^2}{dx^2} + 1}$.

Cette équation est générale. Pour l'appliquer au cas particulier de la cycloïde, il faut tirer de l'équation de celle-ci, (équation 172), la valeur du coefficient différentiel $\frac{dy}{dx}$ et la substituer dans l'équation générale ci-dessus. On aura donc d'abord, par l'équation (172) :

$$\frac{dy}{dx} = \frac{\sqrt{2ay - y^2}}{y} \text{ et } \frac{dy^2}{dx^2} = \frac{2ay - y^2}{y^2}.$$

Substituant cette dernière valeur dans l'équation générale ci-dessus, nous aurons pour *l'équation de la normale à la cycloïde* :

$$\text{normale} = y\sqrt{\frac{2ay - y^2}{y^2} + 1} = y\sqrt{\frac{2a}{y} - 1 + 1} = \sqrt{y^2 \frac{2a}{y}} = \sqrt{2ay}. \ (175).$$

124. — Si nous voulons construire cette valeur, dans le triangle rectangle inscrit BMA, fig. 53, abaissons la perpendiculaire ME sur l'hypothénuse, nous avons, par la géométrie élémentaire :

AE : MA :: MA : AB, ou y : MA :: MA : 2a ;

donc la corde MA $= \sqrt{2ay}$,

ce qui est la normale (éq. 175).

Mais puisque le triangle inscrit BMA est rectangle en M, la corde BM est perpendiculaire sur la normale MA à la cycloïde, au point M ; et comme la tangente à la cycloïde en ce point, est également perpendiculaire à la normale, il en résulte que la corde BM prolongée est tangente à la cycloïde au point M.

On voit donc qu'on pourrait construire la tangente, à la cycloïde, au point M, en décrivant le demi-cercle générateur BMA, cercle passant par le point M et tangent à l'axe des x, puis en prolongeant la corde B M. Mais pour ne pas devoir construire de cercle générateur à chaque point de la courbe, il suffirait de construire le cercle générateur à la plus grande ordonnée BA de la cycloïde,

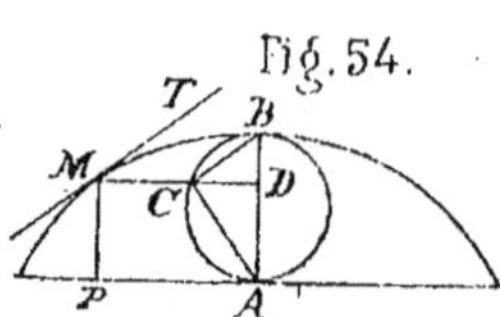

fig. 54, et, par le point donné M, de mener la perpendiculaire MD sur B A, puis tracer la corde BC.

La parallèle MT à cette corde sera la tangente cherchée ; car, d'après ce qui précède, cette corde BC, perpendiculaire à AC, se confondrait avec la tangente MT à la cycloïde, si on reculait le cercle vers la gauche jusqu'à ce que le point C, glissant sur la droite MD, vienne coïncider avec le point M.

125. — Cherchons maintenant l'expression du rayon de courbure à la cycloïde.

Nous savons, art. 83, que l'expression générale du rayon de courbure est

$$Y = - \frac{\left(1 + \dfrac{dy^2}{dx^2}\right)^{3/2}}{\dfrac{d^2 y}{dx^2}}.$$

Donc, pour avoir l'expression du rayon de courbure, dans le cas particulier de la cycloïde, il faudra déduire, de l'équation de cette courbe, les valeurs de $\dfrac{dy}{dx}$ et de $\dfrac{d^2 y}{dx^2}$, que l'on substituera dans l'équation générale ci-dessus, et dans laquelle nous avons adopté le signe négatif, parce que nous savons que la courbe tourne sa concavité vers l'axe des x, art 83, équation (124).

L'équation (172) de la cycloïde nous donne

$$\frac{dy}{dx} = \frac{\sqrt{2\,ay - y^2}}{y}, \quad (176).$$

Faisons $\dfrac{dy}{dx} = p$, nous aurons $p = \dfrac{\sqrt{2\,ay - y^2}}{y} = \sqrt{\dfrac{2\,ay - y^2}{y^2}} = \sqrt{\dfrac{2\,a}{y} - 1}.$

En différentiant cette dernière expression, art. 14 et 11, nous obtiendrons

$$dp = d.\left(\frac{2a}{y} - 1\right)^{1/2} = \frac{1}{2}\left(\frac{2a}{y} - 1\right)^{1/2 - 1 \text{ ou } \cdot 1/2} d\left(\frac{2a}{y} - 1\right) = \frac{1}{2}$$

$$\frac{1}{\left(\frac{2a}{y} - 1\right)^{1/2}} d\left(\frac{2a}{y} - 1\right) = \frac{1}{2\sqrt{\frac{2a}{y} - 1}}\left(\frac{y.\,d\,2a - 2a.\,dy}{y^2}\right) = -$$

$$\frac{\dfrac{2a\,dy}{y^2}}{2\sqrt{\dfrac{2a}{y} - 1}} \qquad \frac{a\,dy}{y^2\sqrt{\dfrac{2a}{y} - 1}} \qquad \frac{a\,dy}{y\sqrt{\dfrac{2ay^2}{y} - y^2}} \qquad \frac{a\,dy}{y\sqrt{2ay - y^2}},$$

donc
$$\frac{dp}{dy} = -\frac{a}{y\sqrt{2ay - y^2}}.$$

Multiplant cette équation par l'équation (176), nous aurons :

$$\frac{dp}{dy} \times \frac{dy}{dx} = -\frac{a}{y\sqrt{2ay - y^2}} \times \frac{\sqrt{2ay - y^2}}{y},$$

ou, art. 17, éq. 20,

$$\frac{dp}{dx} = -\frac{a}{y^2}, \text{ ou } d.\left(\frac{dy}{dx}\right) : dx = -\frac{a}{y^2}.$$

ou
$$\frac{d^2 y}{dx^2} = -\frac{a}{y^2}. \quad (177).$$

Substituant donc ces valeurs de $\dfrac{dy}{dx}$ et de $\dfrac{d^2 y}{dx^2}$, (éq. 176 et 177) dans l'équation générale du rayon de courbure, *nous aurons pour le rayon de courbure de la cycloïde.*

$$\dot{Y} = -\frac{\left(1 + \dfrac{2ay - y^2}{y^2}\right)^{3/2}}{-\dfrac{a}{y^2}} = \frac{\left(\dfrac{y^2 + 2ay - y^2}{y^2}\right)^{3/2}}{\dfrac{a}{y^2}} = \frac{\left(\dfrac{2a}{y}\right)^{3/2}}{\dfrac{a}{y^2}} =$$

$$\frac{(2a)^{3/2}}{y^{3/2}\dfrac{a}{y^2}} = \frac{(2a)^{3/2}}{\left(\sqrt{y}\right)^3\dfrac{a}{y^2}} = \frac{(2a)^{3/2}}{\sqrt{y}\left(\sqrt{y}\right)^2\dfrac{a}{y^2}} = \frac{(2a)^{3/2}}{\sqrt{y}\,y\,\dfrac{a}{y^2}} = \frac{(2a)^{3/2}}{\dfrac{a}{y}\sqrt{y}} =$$

$$\frac{2^{3/2}\sqrt{a^3}}{a\dfrac{\sqrt{y}}{y}} = 2^{1/2}\frac{a\sqrt{a}}{a\dfrac{\sqrt{y}}{y}} = \frac{2^{2/3}\sqrt{a}}{\dfrac{\sqrt{y}}{y}} = \frac{2^{3/2}\,a^{1/2}}{y^{1/2} : y \text{ ou } y^{-1/2}} = 2^{3/2}\,a^{1/2}$$

$$\frac{1}{y^{-1/2}} = 2^{3/2}\, a^{1/2}\, y^{1/2} \left(\text{en nous rappelant (algèbre) que } a^{-m} =\right.$$

$$\left.\frac{1}{a^m} \text{ ou } a^m = \frac{1}{a^{-m}}\right) = 2^{2/2}\, 2^{1/2}\, a^{1/2}\, y^{1/2} = 2\,\left(2^{1/2}\, a^{1/2}\, y^{1/2}\right) =$$

$$2\,\sqrt{2ay}\;(178).$$

Cette expression du rayon du courbure de la cycloïde

$$Y = 2\,\sqrt{2\,a\,y},$$

et celle de la normale, (équation 175) ou

$$\text{normale} = \sqrt{2\,a\,y},$$

nous montrent que le rayon de courbure MM′ de la cycloïde, fig. 55, est double de la normale MR.

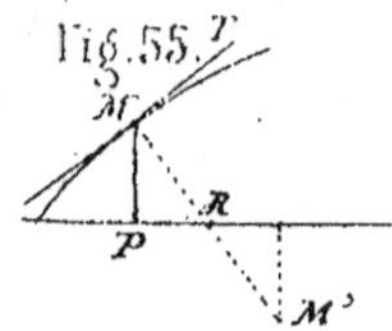

126. — *Cherchons maintenant l'équation de la développée à la cycloïde.*

Nous avons vu, art. 83, équations (120) et (121), qu'entre les coordonnées α et β de la développée à une courbe, on a les relations

$$y - \beta = -\frac{1 + \dfrac{dy^2}{dx^2}}{\dfrac{d^2 y}{dx^2}} \quad \text{et} \quad x - \alpha = \frac{\left(1 + \dfrac{dy^2}{dx^2}\right)\dfrac{dy}{dx}}{\dfrac{d^2 y}{dx^2}} = -(y-\beta)\frac{dy}{dx}.$$

Substituons, art. 91, dans ces expressions, les valeurs de $\dfrac{dy}{dx}$ et de $\dfrac{d^2 y}{dx^2}$ tirées de l'équation de la cycloïde (équations (176) et (177), et nous aurons

$$y - \beta = -\frac{1 + \dfrac{2ay - y^2}{y^2}}{-\dfrac{a}{y^2}} = \frac{1 + \dfrac{2a}{y} - 1}{\dfrac{a}{y^2}} = \frac{2a}{y} : \frac{a}{y^2} = \frac{2ay^2}{ay} = 2\,y\,;$$

$$x - \alpha = \frac{\left(1 + \dfrac{2ay - y^2}{y^2}\right)\dfrac{\sqrt{2ay - y^2}}{y}}{-\dfrac{a}{y^2}} = \frac{\left(1 + \dfrac{2a}{y} - 1\right)\dfrac{\sqrt{2ay - y^2}}{y}}{-\dfrac{a}{y^2}} =$$

$$\left[\frac{2a}{y^2}\sqrt{2ay - y^2} : \frac{a}{y^2}\right] = -\left[\frac{2a}{y^2} \times \frac{y^2}{a}\sqrt{2ay - y^2}\right] = -2\sqrt{2ay - y^2}\,;$$

donc de $\quad y - \beta = 2y$ on tire $y = -\beta$;

et de $x - \alpha = -2\sqrt{2ay - y^2}$ on tire $x = \alpha - 2\sqrt{2ay - y^2}$;

et en remplaçant dans cette dernière équation y par $-\beta$, on aura

$$x = \alpha - 2\sqrt{-2\,a\,\beta - \beta^2}$$

Substituant ces valeurs de y et de x dans l'équation (172) de la cycloïde, art. 120, on obtiendra

$$d.(\alpha - 2\sqrt{-2\,a\,\beta - \beta^2}) = \frac{-\beta\,d\,(-\beta)}{\sqrt{-2\,a\,\beta - \beta^2}}$$

ou

$$d\alpha - 2d(-2\,a\,\beta - \beta^2)^{1/2} = \frac{\beta\,d\,\beta}{\sqrt{-2\,a\,\beta - \beta^2}},$$

ou

$$d\,\alpha - 2\left[\frac{1}{2}(-2a\beta - \beta^2)^{-1/2}d.(-2a\beta - \beta^2)\right] = \frac{\beta\,d\,\beta}{\sqrt{-2a\beta - \beta^2}},$$

ou

$$d\alpha - \left[\frac{1}{(-2a\beta - \beta^2)^{1/2}} \times (-2ad\beta - 2\,\beta d\beta)\right] = \frac{\beta\,d\,\beta}{\sqrt{-2a\beta - \beta^2}},$$

ou

$$d\,\alpha - \frac{-2ad\,\beta - 2\beta\,d\,\beta}{\sqrt{-2\,a\,\beta - \beta^2}} \quad \frac{\beta\,d\,\beta}{\sqrt{-2\,a\,\beta - \beta^2}},$$

ou

$$d\,\alpha\sqrt{-2a\,\beta - \beta^2} - (-2\,a\,d\,\beta - 2\,\beta\,d\,\beta) = \beta\,d\,\beta,$$

ou

$$d\,\alpha\sqrt{-2a\,\beta - \beta^2} + 2\,a\,d\,\beta + 2\,\beta\,d\,\beta = \beta\,d\,\beta,$$

ou

$$d\,\alpha\sqrt{-2a\,\beta - \beta^2} + 2\,a\,d\,\beta + \beta\,d\,\beta = 0,$$

ou

$$d\,\alpha\sqrt{-2a\,\beta - \beta^2} + (2\,a + \beta)\,d\,\beta = 0. \quad (179).$$

Telle est l'équation de la développée à la cycloïde représentée par l'équation (172), dont le diamètre du cercle générateur est $2a$ et l'origine des coordonnées en o, fiig. 50.

127. — Si l'on veut avoir l'équation de cette développée en fonction de l'arc, le tout étant comme à la fig. 50, prenons, fig. 56, $AQ = AP = ME = $ (art. 120) $= \sqrt{2ay - y^2}$.

D'où $OQ = OP + 2ME = x + 2\sqrt{2ay - y^2} = \alpha$ d'après ce qui précède.

Prenons $QM' = -MP = -y = \beta$, également valeur trouvée ci-dessus.

Donc le point M', ayant pour coordonnées les valeurs de α et de β, trouvées ci-dessus, appartient à la transformée.

Mais, nous avons vu, art. 120, que OP + AP ou $x + \sqrt{2ay-y^2}$ = l'arc MA ; donc la valeur de α trouvée ci-dessus peut se mettre sous la forme

$$\alpha = \text{arc M'A} + \sqrt{2ay-y^2} = \text{arc MA} + \text{ME}. \quad (180).$$

Prolongeons BA et prenons AL = BA = 2a, et sur AL décrivons la demi-circonférence AM'L ; cette demi-circonférence passera par le point M', à cause des cordes égales MA et M'A prises sur deux circonférences de même diamètre. Ces cordes sont égales comme hypothénuses de triangles rectangles égaux. On a donc arc MA = arc M'A et ME = M'E'.

Substituant ces valeurs dans l'équation (180), on aura

$$\alpha = \text{arc M'A} + \text{M'E'}.$$

Or, M'E' est une moyenne proportionnelle (géométrie élémentaire) entre les deux segments AE' et E'L du diamètre ou entre β et $2a - \beta$.

On a donc M'E' $= \sqrt{\beta(2a-\beta)} = \sqrt{2a\beta-\beta^2}$; et en mettant cette valeur dans l'équation précédente, on trouvera

$$\alpha = \text{arc M'A} + \sqrt{2a\beta-\beta^2}. \quad (181).$$

Telle est la relation qui existe entre les coordonnées $OQ = \alpha$ *et* $QM' = \beta$ *d'un point M' de la développée ; telle est donc l'équation de la développée en fonction de l'arc, l'origine étant en o.*

Si nous voulons avoir cette équation avec l'origine transportée de O en O', fig. 56, prolongeons l'ordonnée B'D = BA = 2a, d'une quantité DO' égale également à 2a, et par le point O' menons la parallèle O'D' à OD ; soient O'Q' = α', Q'M' = β', les coordonnées du point M', avec l'origine en O' ; nous avons pour l'abscisse α', O'Q' = OD — OQ,

ou $\qquad \alpha' = \dfrac{1}{2}$ circonférence génératrice — OQ,

ou $\qquad\qquad\qquad \alpha' = \pi a - \alpha.$

Pour l'ordonnée β', nous avons

$$\text{M'Q'} = \text{O'D} - \text{Q M'}, \text{ ou } \beta' = 2a - \beta.$$

On tire de ces équations

$$\alpha = \pi a - \alpha' \text{ et } \beta = 2a - \beta'.$$

Ces valeurs transforment l'équation (181) en

$$\pi a - \alpha' = \text{arc } M'A + \sqrt{2a(2a-\beta') - (2a-\beta')^2} = \text{arc } M'A + $$
$$\sqrt{4a^2 - 2a\beta' - 4a^2 + 4a\beta' - \beta'^2} = \text{arc } M'A + \sqrt{2a\beta' - \beta'^2}$$
$$\text{ou } \pi a - \alpha' = \text{arc } AM'L - \text{arc } M'L + \sqrt{2a\beta' - \beta'^2} = \pi a - $$
$$\text{arc } M'L + \sqrt{2a\beta' - \beta'^2},$$

et par suite

$$\alpha' = \pi a - \pi a + \text{arc } M'L - \sqrt{2a\beta' - \beta'^2} = \text{arc } M'L - $$
$$\sqrt{2a\beta' - \beta'^2}. \qquad (182).$$

Telle est l'équation de la développée en fonction des coordonnées α' et β' et de l'arc $M'L$, c'est-à-dire avec l'origine en O'.

Remarque. — Cette équation est celle d'une cycloïde, art. 121 ; donc la développée d'une cycloïde est une autre cycloïde.

128.— On peut encore démontrer de la manière suivante que la développée $O M' O'$, fig. 56, est une cycloïde. En effet, nous avons

$$\text{arc } LM' + \text{arc } M'A = \tfrac{1}{2} \text{ circonf.} = \pi a,$$

donc $\qquad\qquad \text{arc } L M' = \pi a - \text{arc } M' A.$

D'un autre côté,

$$\text{arc } M'A = \text{arc } AM = OA, \quad (120 \text{ et } 127).$$

Substituant cette valeur dans l'équation précédente et remarquant que $\pi a = OD$, en admettant que DB' soit au milieu de l'arc de cycloïde, (plus grande ordonnée), on aura

$$\text{arc } LM' = \pi a - OA = OD - OA = AD = LO'.$$

Mais l'égalité arc $LM' = LO'$, indique la propriété de la cycloïde, art. 120 ; donc la développée $O M' O'$ est une cycloïde.

Remarque.— On peut donc résumer ce que nous venons d'exposer en disant que la cycloïde OMB', fig. 56, (dont le cercle générateur AMB a pour diamètre BA), a pour développée une autre cycloïde $OM'O'$ (dont le cercle générateur $AM'L$ a pour diamètre AL égal à BA). On voit aussi que OD est la ligne sur laquelle roule le cercle générateur de la cycloïde, tandis que $D'O'$ est celle sur laquelle roule le cercle générateur de la développée ; on voit encore que le

point o, où commence la cycloïde, est le point correspondant à l'ordonnée la plus élévée (milieu d'un arc) de la

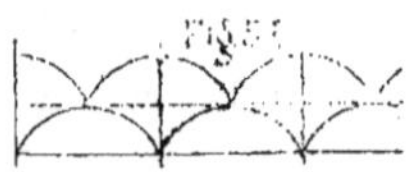

développée ; on a donc, fig. 57, la
série supérieure d'arcs appartenant à
la cycloïde et la série inférieure à sa
développée.

2° — Méthode des infiniment petits.

129. — Nous avons étudié le calcul différentiel par la
méthode des limites ; nous allons examiner maintenant la
méthode des infiniment petits.

Les notions que nous avons de l'infini se réduisent à cette
proposition : *Une quantité n'est pas infinie quand elle est
susceptible d'augmentation*. Par conséquent, si l'on a l'expression $x + a$, et que x devienne infini, il faut supprimer
a, autrement ce serait supposer que x peut encore s'augmenter de a, ce qui est contre la définition ci-dessus.

130.—Cette proposition étant fondamentale, nous allons
la démontrer d'une manière plus satisfaisante. Soit donc
l'équation $$x + a = y \ldots \text{(183)}.$$
dans laquelle a est une quantité constante. Nous pouvons
au moyen d'une indéterminée m, représenter par ma le rapport des variables y et x, ou, ce qui revient au même, supposer $$\frac{y}{x} = ma \text{ ou } max = y \quad \text{(184)}.$$

Substituant cette valeur dans l'équation (183), on a
$$x + a = max \quad \text{(185)} ;$$
divisant les deux membres de l'équation (185) par ax, il vient
$$\frac{1}{a} + \frac{1}{x} = m \quad \text{(186)}.$$

Lorsque x devient infini, la fraction $\frac{1}{x}$ atteignant son
dernier degré de décroissement, se réduit évidemment à
zéro ; alors l'équation (186) devient
$$\frac{1}{a} = m.$$

Cette valeur étant substituée dans l'équation (185), o na
$$x + a = \frac{1}{a} a x = x,$$

ce qui montre que quand x est infini, $x + a$ se réduit à x ;
donc alors on peut supprimer a, (art. 129).

131. — La quantité a, à l'égard de laquelle x est infini,
est ce qu'on appelle un *infiniment petit*, par rapport à x.

On dit aussi qu'un *infiniment petit* est une quantité
variable qui a zéro pour limite ; on peut le concevoir plus
petit que toute quantité donnée.

132. — Comme nous ne considérons ici que les rapports
des quantités, la démonstration de l'art. 130, a lieu lors
même que x a une valeur finie, c'est-à-dire lorsqu'on donne
une valeur déterminée à x, pourvu seulement que a soit
infiniment petit par rapport à cette valeur de x.

Par la théorie des fractions nous pouvons encore rendre
sensible cette vérité. En effet, si l'on compare la quantité
finie a, par exemple, à la fraction $\frac{a}{x}$, il est certain que plus
le dénominateur x augmentera, plus la fraction diminuera;
de sorte que quand x deviendra infini, cette fraction
deviendra absolument nulle, et, comme telle, devra être
supprimée devant a qui alors sera infini à l'égard de $\frac{a}{x}$;
car une quantité finie quelconque a peut être considérée
comme infinie vis-à-vis d'une quantité infiniment petite
ou zéro, obtenue en divisant cette quantité a en une nombre
infini de parties et en prenant l'une de ces parties comme
terme de comparaison avec l'ensemble a de cette infinité
de parties.

133. — Quoique deux quantités soient infiniment petites
il ne s'ensuit pas que leur rapport soit nul ; car

$$\frac{a}{\infty} : \frac{b}{\infty} :: a : b,$$

puisqu'une fraction $\frac{a}{b}$ ne change pas quand on divise ses
deux termes par un même nombre, soit ∞.

On conçoit du reste que deux quantités infiniment petite peuvent se contenir comme deux quantités très-gran-
des ; ainsi, en représentant deux quantités infiniment petites par dy et par dx, art. 3, il résulte de ce qui précède

que leur rapport $\dfrac{dy}{dx}$ ne sera pas nul ; résultat conforme à celui que nous avons montré, art. 3 et 5, par la considération des limites. Donc, deux quantités *infiniment petites* comme deux quantités infinies peuvent avoir un rapport fini.

134. — Quand une quantité x est infiniment petite par rapport à une grandeur finie a, que nous ferons d'abord égale à l'unité, le carré x^2 est infiniment petit par rapport à x, car la proportion

$$1 : x :: x : x^2,$$

qui est vraie puisque le produit des extrêmes est égal à celui des moyens, nous prouve que x^2 est renfermé dans x autant de fois que x l'est dans l'unité, c'est-à-dire un nombre infini de fois.

Or, si cela est vrai quand a est l'unité, il n'en est pas moins ainsi quand a égale plusieurs fois l'unité ou est une autre quantité finie.

En effet, si x est infiniment petit par rapport à a, la proportion $\qquad a : x :: ax : x^2,$

qui est vraie, montre que x^2 est infiniment petit par rapport à ax, (a étant une quantité finie) ; donc en divisant par a les deux termes du second rapport, on aura $a : x :: x : \dfrac{1}{a} x^2$, donc $\dfrac{1}{a} x^2$ sera infiniment petit par rapport à x.

Mais puisque $\dfrac{1}{a} x^2$ est infiniment petit par rapport à x, on peut représenter $\dfrac{1}{a} x^2$ par $\dfrac{b}{\infty}$, donc on aura $\dfrac{1}{a} x^2 = \dfrac{b}{\infty}$, d'où $x^2 = \dfrac{ab}{\infty} =$ un infiniment petit ; donc si $\dfrac{1}{a} x^2$ est infiniment petit, x^2 l'est aussi, et l'on a

$$a : x :: x : x^2.$$

On démontrerait de même, à l'aide de la proportion

$$x : x^2 :: x^2 : x^3,$$

que x^2 étant infiniment petit par rapport à x, le terme x^3 doit être infiniment petit par rapport à x^2 ; et ainsi de suite.

Pour cette raison, on a divisé les infiniment petits en différents ordres : ainsi, dans les exemples précédents,

x est un infiniment petit du premier ordre par rapport à a;
x^2 est un infiniment petit du second ordre par rapport à a
et du premier ordre par rapport à x ; x^3 est un infiniment
petit du troisième ordre par rapport à a, du second ordre
par rapport à x, du premier ordre par rapport à x^2 ; ainsi
de suite.

135. — Si x est infiniment petit par rapport à a, il en
sera de même de x multiplié par une quantité finie b. En
effet, x peut être considéré comme une fraction dont le
dénominateur serait infini, et ainsi peut être représenté
par $\dfrac{c}{\infty}$; or, que l'on ait $\dfrac{c}{\infty}$ ou $\dfrac{bc}{\infty}$, ces quantités n'en sont
pas moins nulles par rapport à a.

136. — Nous avons vu, art. 130, qu'on peut supprimer
une quantité finie qui est à ajouter à une quantité infinie.
De même, on peut supprimer un infiniment petit du premier ordre x par rapport à une quantité finie a, lorsque
cet infiniment petit x est à ajouter à la quantité finie a,
qu'il ne peut augmenter puisqu'il est plus petit que toute
quantité donnée. Pour la même raison, on doit effacer un
infiniment petit du second ordre qui serait à ajouter à un
infiniment petit du premier ordre ; ainsi de suite.

Par exemple, si l'on a l'expression
$$a + by + cy^2 + dy^3 + ey^4,$$
et que y (ou by art. 135) soit un infiniment petit du premier ordre, cy^2 en sera un du second (art. 134 et 135) ;
dy^3 en sera un du troisième et ey^4 du quatrième. On doit
donc effacer ey^4 parce que ce terme ne peut augmenter dy^3 ;
de même on droit effacer dy^3 parce que ce terme ne peut
augmenter le terme cy^2 ; et celui-ci droit être effacé à son
tour parce qu'il ne peut augmenter b y ; enfin ce dernier
disparaîtra également parce qu'il ne peut augmenter la
quantité finie a ; il restera donc a.

137. — Deux quantités infiniment petites du premier
ordre x et y donnent pour produit un infiniment petit du
second ordre. En effet, du produit $x \times y$, on tire la proportion
$$1 : y :: x : xy,$$
le produit des extrêmes étant égal à celui des moyens.

Cette proportion nous montre que puisque y est un infiniment petit du premier ordre par rapport à la quantité finie 1, x y sera infiniment petit par rapport à x puisque le second rapport est égal au premier dans toute proportion ; x y sera donc un infiniment petit du second ordre par rapport à la quantité finie 1 et du premier ordre par rapport à x.

De même, on prouverait que le produit de trois infiniment petits du premier ordre donne un infiniment petit du troisième ordre ; ainsi de suite.

138. — Le principe fondamental de l'emploi des *infinis* ou des *infiniment petits*, en analyse, est de ne concerver, dans une équation où entrent des quantités de divers ordres, que les termes de l'ordre de grandeur le plus élevé, art. 130 et art. 136.

Le *calcul infinitésimal* n'est autre chose que l'application systématique des infiniment petits. Mais, en géométrie élémentaire, on en fait usage, soit directement, soit indirectement, dans la *méthode des limites*.

Par exemple, la proportionnalité des circonférences de cercle à leurs rayons se déduit de la proportionnalité des périmètres des polygones réguliers d'un même nombre de côtés à leurs apothèmes ; etc. Il est vrai qu'un cercle n'est pas un polygone et ne se confondra jamais avec un polygone inscrit quelque grand que puisse être le nombre de ses côtés ; mais la différence entre les périmètres tend vers zéro à mesure que le nombre des côtés du polygone augmente ; et il en est de même de la différence entre les surfaces ou entre les apothèmes. Ces différences sont donc des infiniment petits; si on les supprime en présence des quantités finies, conformément au principe fondamental de la méthode infinitésimale, cela revient à opérer comme si le cercle était un polygone régulier à côtés infiniment petits.

Le calcul infinitésimal ou analyse infinitésimale comprend le calcul différentiel, démontré par la méthode des infiniment petits ; le calcul intégral, et s'applique du reste par ses principes généraux à toutes les formes diverses de l'analyse mathématique.

THÉORIE DE LA DIFFÉRENTIATION D'APRÈS LA MÉTHODE DES INFINIMENT PETITS.

139. — Si l'on suppose que dans une fonction de x, la variable x prenne un accroissement infiniment petit que nous représenterons par dx, de sorte que x dans f(x) devienne $x + dx$ et la fonction $f(x + dx)$, la différence du nouvel état au premier ou $f(x + dx) - fx$ est ce qu'on appelle la différentielle de la fonction fx.

Par exemple, soit à trouver la différentielle de ax, comme cette fonction devient $a(x + dx)$ ou $ax + a\,dx$, en retranchant ax, on aura $a\,dx$ pour la différentielle cherchée ; résultat que nous avons déjà trouvé, art. 6, n° 4. par la méthode des limites.

140. — Soit maintenant à trouver la différentielle de ax^3. Faisons dans cette expression $x = x + dx$, et nous aurons $a(x + dx)^3$ ou $a(x^3 + 3x^2\,dx + 3x\,dx^2 + dx^3)$ ou $a\,x^3 + 3a\,x^2\,dx + 3ax\,dx^2 + a\,dx^3$. Retranchons de cette expression ax^3 et il restera

$$3a\,x^2\,dx + 3a\,x\,dx^2 + a\,dx^3.$$

Cela étant, $a\,dx^3$ étant un infiniment petit du troisième ordre, (d'après ce que nous avons vu, art. 134 et 135, puisque dx est infiniment petit), adx^3 ne peut donc augmenter $3ax\,dx^2$ et par conséquent nous pourrons l'effacer, art. 136. De même $3ax\,dx^2$, qui est un infiniment petit du second ordre ne peut augmenter $3ax^2\,dx$ qui est un infiniment petit du premier ordre, on effacera donc aussi $3ax\,dx^2$ et il restera $3ax^2\,dx$ pour la différentielle, comme on l'aurait trouvé aussi par la méthode des limites.

141. — D'après le même principe, on différentiera toute autre fonction de x, en ayant soin de supprimer les infiniment petits des ordres supérieurs, ce qui se ramène à ne conserver que le premier terme du développement, comme on le fait par la méthode des limites.

Par exemple, pour trouver la différentielle de fx, au lieu d'écrire, comme à l'art. 7, équation (7^{tiers}) :

$$\frac{f(x + h) - fx}{h} = A + Bh + Ch^2 + \text{etc.,}$$

équation qui, dans le cas de la limite où $h = 0$, donne

$$\frac{d. f x}{dx} dx = A\, dx$$

pour la différentielle;
on aurait, par la méthode des infiniment petits

$$f (x + dx) = f x + A\, dx + B\, (dx)^2 + C\, (dx)^3 + \text{etc.},$$

(d'après la formule du binôme et où A, B, C, etc., représentent des fonctions de x).

Retranchant de cette équation la fonction primitive, art. 139, il reste

$$A\, dx + B\, dx^2 + C\, dx^3 + \text{etc.},$$

et en supprimant les infiniment petits des ordres supérieurs, dx étant infiniment petit, art. 140, il resterait seulement le terme $A\, dx$ qui serait la différentielle cherchée, résultat conforme à celui obtenu ci-dessus par la méthode des limites.

142. — La différentielle du produit de deux variables x et y s'obtient en supposant que quand x devient $x+dx$, y devienne $y + dy$; dx et dy étant des infiniment petits. Le produit $x \times y$ sera donc alors

$$(x + dx) (y + dy) \text{ ou } x\, y + y\, dx + x\, dy + dx\, dy ;$$

et en retranchant $x\, y$, art. 139, il reste

$$y\, dx + x\, dy + dx\, dy.$$

Le dernier terme de ce résultat étant un infiniment petit du second ordre, art. 137, peut être supprimé, et l'on a enfin pour la différentielle de $x \times y$:

$$y\, dx + x\, dy,$$

résultat obtenu déjà par la méthode des limites.

De cette différentielle, on déduira celle du produit d'un plus grand nombre de variables et ensuite de celle de x^m, par les mêmes procédés que ceux que nous avons employés dans la méthode des limites.

143. — Pour obtenir la différentielle de a^x, on cherchera d'abord le développement de a^{x+dx}, dx étant un infiniment petit, ce développement, analogue à celui de a^{x+h}, art. 24, sera

$$a^{x+dx} = a^x + A\, a^x\, dx + a^x\, (\text{termes en } dx^2, \text{ en } dx^3, \text{ etc.}).$$

On retranchera de ce développement a^x , et il restera

$$a^{x+dx} - a^x = A\, a^x\, dx + a^x \text{ (termes en } dx^2 \text{ , en } dx^3 \text{ , etc.).}$$

On supprimera ensuite tous les termes d'ordres supérieurs au premier, et il ne restera que le premier terme $A\, a^x\, dx$ qui sera la différentielle cherchée, comme celle obtenue par la méthode des limites, art. 24, éq. 31.

De la différentielle de a^x , on déduira, comme nous l'avons fait par la méthode des limites, art. 28, la différentielle de log. x.

144. — Pour trouver la différentielle de sin x, on posera d'abord, d'après la trigonométrie, sin $(x+dx)$ — sin x $=$ sin x cos dx $+$ sin dx cos x $-$ sin x.

L'arc dx étant infiniment petit, on a, (trigonométrie) : cos dx ou cos o $=$ R $=$ 1, et sin dx ou sin o $=$ o $=$ dx.

Ces valeurs substituées dans l'équation précédente donnent

sin $(x+dx)$ — sin x $=$ sin x $\times$ 1 $+$ dx cos x — sin x $=$ dx cos x,

donc $\qquad$ d. sin x $=$ dx cos x,

comme avec la méthode des limites, art. 30.

145. — Le problème des tangentes a donné en quelque sorte naissance au calcul différentiel. Pour résoudre ce problème par la méthode des infiniment petits nous opérerons de la manière suivante :

Soient fig. 58, MP et M'P' deux ordonnées, de la courbe OMM', infiniment proches, PP' est donc un infiniment petit. Soit ME une parallèle à l'axe des x; la tangente MT, au point M, peut être considérée comme le prolongement de l'élément MM' de la courbe, parce que cet élément ou arc étant très-petit, peut-être considéré comme étant en ligne droite.

Faisons OP $=$ x ; MP $=$ y ; PP' $=$ dx, l'accroissement infiniment petit de x ; et M'E $=$ dy, l'accroissement infiniment petit de y.

Le triangle infiniment petit M'ME étant semblable au triangle MTP, on a

M'E : ME :: MP : TP, ou dy : dx :: y : TP ;

donc la *sous-tangente* $\text{TP} = y \dfrac{dx}{dy}$,

comme par la méthode des limites, art. 47.

La longueur de la *normale*, de la *tangente* et les équations de ces lignes se trouveront ensuite comme dans les articles 50, 49, 51 et 52 de la méthode des limites.

146. — Pour obtenir la différentielle d'un arc $f(x, y)$, on considérera comme une ligne droite l'arc compris entre les coordonnées infiniment proches MP et M'P', fig. 58, ou coordonnées y et $y + dy$; alors en désignant par S l'arc total jusqu'au point M, et par dS l'accroissement infiniment petit MM' de cet arc, on aura, dans le triangle rectangle M'ME dont les côtés sont M'E$=dy$, ME$=dx$ et MM'$=dS$, par la propriété du carré de l'hypoténuse :

$$d S = \sqrt{dx^2 + dy^2},$$

ce qui est la différentielle de l'arc S, laquelle est la même que celle obtenue par la méthode des limites, art. 88.

3° — Méthode de Lagrange pour démontrer les principes du calcul différentiel, indépendemment de la considération des limites, des infiniment petits, ou de toute quantité évanouissante.

147. — Nous avons étudié la différentiation par la méthode des limites et par celle des infiniment petits. Nous allons maintenant démontrer le théorème de Taylor sans faire usage de calcul différentiel, en employant seulement des procédés analytiques pour trouver le développement des différentes sortes de fonctions que l'algèbre peut nous offrir. Une fois le théorème de Taylor connu, on peut en déduire avec facilité les principes de la différentiation.

Ce théorème de Taylor, qui est aussi d'une si grande utilité, avons-nous vu, pour développer des fonctions en séries, peut s'obtenir donc de la manière suivante :

Soit $y = f(x + h)$ On conçoit parfaitement qui si, dans cette fonction, on fait $h = o$, l'expression $f(x + h)$ se réduira à fx ; et c'est ce qui aura lieu si, dans le développement de cette fonction, la partie qui contient h est un multiple de h.

Représentons-la donc par Ph ; nous aurons

$$f(x+h) = fx + Ph ;$$

P pouvant être une fonction de h et pouvant aussi avoir des termes indépendants de h.

Si, maintenant, nous représentons par p ce que devient P lorsqu'on fait $h=o$, et par Q h la partie de P qui dépend de h et qui s'évanouit quand $h=o$, nous aurons encore

$$P = p + Q h.$$

En continuant ce raisonnement, nous obtiendrons cette suite d'équations :

$$y = fx + Ph,$$
$$P = p + Qh,$$
$$Q = q + Rh,$$
$$\text{etc. etc. etc.}$$

Remplaçant, dans la première de ces équations, P par sa valeur tirée de la seconde, nous aurons

$$y = fx + (p + Qh) h = fx + qh + Q h^2 .$$

De même, en mettant dans ce résultat la valeur de Q, donnée par la troisième, il viendra

$$y = fx + ph + qh^2 + Rh^3 .$$

En continuant ainsi, et en mettant $f(x+h)$ à la place de y, nous aurons, en général

$$f(x+h) = fx + ph + qh^2 + rh^3 + sh^4 + th^5 + \text{etc.} \quad (187).$$

148. — L'expression $f(x+h)$ représente, en général, la fonction qui n'est pas encore réduite en séries. Si on veut la réduire en séries en changeant x en $x+i$, on obtiendra le même résultat que si l'on changeait h en $h+i$. En effet, cette fonction ne pouvant renfermer x sans que cette variable ne soit suivie immédiatement de h, puisque partout on remplace x par $x+h$, une terme quelconque, tel que $A(x+h)^m$, par exemple, quand on aura changé x en $x+i$, deviendra $A(x+i+h)^m$, quantité qui est la même que $A(x+h+i)^m$ qui résulterait de la substitution de $h+i$ à la place de h, dans la fonction $A(x+h)^m$.

Ce que nous venons de dire de ce terme devant s'appliquer à tous les autres, il en résulte que, dans les deux hyphotèses, le premier membre de l'équation (187) donnera lieu à des résultats identiques ; donc le développement $fx + ph + qh^2 + $ etc., donnera le même résultat en y remplaçant x par $x + i$, ou h par $h + i$.

149. – En substituant d'abord $h + i$ à h dans $fx + ph + qh^2 + $ etc., on aura

$f(x+h+i) = fx + p(h+i) + q(h+i)^2 + r(h+i)^3 + $ etc (188) ; développant les termes en h de ces binômes, il viendra

$f(x+h+i) = fx + ph... + qh^2 + 2qhi... + rh^3 + 3rh^2 i + 3rhi^2 + $ etc. $+ pi + qi^2 + $ etc..$)...(189)$.

Pour obtenir ensuite le résultat de la substitution de x à $x + i$, dans l'expression $fx + ph + qh^2 + rh^3 + $ etc., remarquons que dans cette série, tous les h étant en évidence, cet accroissement n'entre pas dans fx ni dans les coefficients p, q, r, s. etc., quantités qui ne pouvant donc renfermer que x, en doivent être regardées comme des fonctions ; et puisque l'équation (187) a lieu pour toute fonction de x, la substitution de $x + i$ à la place de x changera, d'après l'équation (187) :

$$fx \text{ en } fx + pi + qi^2 + ri^3 + si^4 + \text{etc.},$$
$$p \text{ en } p + p'i + p''i^2 + p'''i^3 + p^{iv}i^4 + \text{etc.},$$
$$q \text{ en } q + q'i + q''i^2 + q'''i^3 + q^{iv}i^4 + \text{etc..}$$
$$r \text{ en } r + r'i + r''i^2 + r'''i^3 + r^{vi}i^4 + \text{etc.},$$
$$s \text{ en } s + s'i + s''i^2 + s'''i^3 + s^{iv}i^4 + \text{etc.},$$
$$\text{etc.} \quad \text{etc.} \quad \text{etc.} \quad \text{etc.} \quad \text{etc.} :$$

les lettres accentuées, représentant les coefficients des différentes puissances de i dans ces développements.

En substituant ces valeurs de fx, de p. de q, de r,. de s, etc·, dans la suite, (éq. 187), $fx + ph + qh^2 + rh^3 + $ etc . nous obtiendrons : $f(x+i+h)$ ou, art. 148, $f(x+h+i) = fx + pi + qi^2 + ri^3 + $ etc. $+ (p + p'i + p''i^2 + $ etc.$)h + (q + q'i + q''i^2 + $ etc.$)h^2 + (r + r'i + r''i^2 + $ etc.$)h^3 + $ etc. (190).

150. — Ce développement du second membre devant être identique, art. 148, à celui qui est donné par l'équation (189), il faut que les termes qui y contiennent les mêmes

puissances de h soient égaux. (1) Nous aurons donc

$$p + p'i + p''i^2 + \text{etc.} = p + 2qi + \text{etc.} ;$$
$$q + q'i + q''i^2 + \text{etc.} = q + 3ri + \text{etc.} ;$$
$$r + r'i + r''i^2 + \text{etc.} = r + 4si + \text{etc.}$$

Cè que nous disons de h pouvant s'appliquer à i, en égalant les termes affectés des mêmes puissances de i, nous trouverons

$$p' = 2q, \quad q' = 3r, \quad r' = 4s, \quad \text{etc.} \quad (191) ;$$

---

(1) Lorsqu'une équation, telle que

$$Ax^m + Bx^{m-1} + Cx^{m-2} \ldots + Dx + E = 0 \ldots (1),$$

a lieu quel que soit x, il faut nécessairement que chacun des coefficients A, B, C, D, E, soit nul. En effet, puisque x peut avoir une valeur quelconque, faisons x = 0, l'équation (1) se réduira à E = 0 ; et comme E est indépendant de x, ce terme sera donc encore nul lorsque x n'égalera pas zéro ; d'où il suit que l'équation (1) se réduira à

$$Ax^m + Bx^{m-1} + Cx^{m-2} + \ldots + Dx = 0 ;$$

supprimant le facteur commun x, il restera

$$Ax^{m-1} + Bx^{m-2} + Cx^{m-3} + \ldots + D = 0.$$

Appliquant à cette équation le même raisonnement que nous avons employé à l'égard de l'équation (1), nous prouverons que D est nul ; et en continuant ainsi, nous trouverons successivement que les autres coefficients le sont également.

Cela étant, comme les seconds membres des équations (189) et (190) sont identiques, art. 148, on a

$$fx + ph + \ldots + qh^2 + 2qhi + \ldots + rh^3 + 3rh^2i + 3rhi^2 + \text{etc.} + pi + qi^2 +$$
etc. $= fx + pi + qi^2 + \text{etc.} + (p+p'i + p''i^2 + \text{etc.}) h + (q+q'i+ \text{etc.}) h^2 + (+ r'i + r''i^2 + \text{etc.}) h^3 + \text{etc.}$

En retranchant le second membre du premier, mettant h, h^2, etc., en évidence, on aura :

$$fx - fx + pi + qi^2 + \text{etc.} - pi - qi^2 - \text{etc.} + [(p + 2qi + 3ri^2 + \text{etc}) - (p + p'i + p''i^2 + \text{etc.})] h + [(q + 3ri + \text{etc.}) - (q + q'i + \text{etc.})] h^2 + \text{etc.} = 0,$$

ou

$$[(p + 2qi + 3ri^2 + \text{etc.}) - (p + p'i + p''i^2 + \text{etc.})] h + [(q + 3ri + \text{etc.} - (q + q'i + \text{etc})] h^2 + \text{etc.} = 0.$$

Or, pour que cela ait lieu quel que soit h, il faut d'après ce que nous venons de dire au commencement, que chacun des coefficients de h, de h^2, etc., soit nul ; et comme ces coefficients sont formés respectivement de la différence des coefficients de h, de h^2, etc., des seconds membres des équations (189) et (190), il faut pour que cette différence soit nulle, que ces coefficients soient égaux deux à deux ; donc que les termes qui dans ces équations contiennent les mêmes puissances de h soient égaux. C. Q. F. D.

ce qui revient à égaler les termes affectés de hi, de h² i, de h³ i, etc., des équations (189) et (190).

151. — Nous avons vu, art. 149, que p était en général une fonction de x ; représentons donc p par f'x, et appelons f"x le terme qui multiplie h dans le développement de f' (x+h) ; nommons de même f'''x le coefficient de h dans le développement de f" (x+h) ; et ainsi de suite, nous aurons les équations. art. 147,

$$\left.\begin{array}{l} f(x+h) = fx + hf'x + \text{termes en } h^2, \text{ en } h^3, \text{ etc.} \\ f'(x+h) = f'x + hf"x + \text{termes en } h^2, \text{ en } h^3, \text{ etc.} \\ f"(x+h) = f"x + hf'''x + \text{termes en } h^2, \text{ en } h^3, \text{ etc.} \\ \quad\text{etc.} \qquad\qquad \text{etc.} \qquad\qquad\quad \text{etc.} \end{array}\right\} \quad (192).$$

152. — Nous venons de voir, article précédent que p = f'x, par hypothèse. Donc, si dans cette équation, on fait x=x+h, nous aurons, semblablement à la valeur de p, art. 149 :

$$f'(x+h) = p + p'h + p"h^2 + p'''h^3 + \text{etc. } (193).$$

Remplaçant, dans cette équation, f' (x+h) par sa valeur donnée par la seconde des équations (192), nous aurons

$$p+p'h+p"h^2 + \text{etc} = f'x+hf"x+\text{termes en } h^2 \text{.en } h^3 \text{.etc.}$$

Cette équation ayant lieu. quelque soit h, il faut que les termes des mêmes puissances de h soient égaux ; donc

$$p' = f" x ;$$

cette valeur de p' changera la première des équations (191) en f" x = 2 q ; d'où nous tirerons

$$q = \frac{1}{2} f" x.$$

Si dans cette équation, nous changeons x en x+h, nous aurons, (comme à l'art. 149, développement de q où h est remplacé par i) :

$$q+q'h+q"h^2 + \text{etc.} = \frac{1}{2} f" (x+h) ;$$

remplaçant f" (x+h) par son développement donné par la troisième des équations (192), nous obtiendrions :

$$q+q'h+q"h^2 + \text{etc} = \frac{1}{2} (f"x+hf'''x + \text{termes en } h^2, \text{ en } h^3, \text{ etc.}).$$

Comparant les termes qui multiplient la première puissance de h, nous aurons $q' = \frac{1}{2} f'''x$, valeur qui étant mise dans la seconde des équations (191) la changera en $\frac{1}{2} f'''x = 3r$, d'où nous tirerons

$$r = \frac{1}{3} \cdot \frac{1}{2} \cdot f'''x.$$

En continuant ainsi, nous trouverons successivement tous les autres coefficients de l'équation (187) ; substituant dans cette équation les valeurs de p, de q, de r, etc., nous aurons

$$f(x+h) = fx + hf'x + \frac{h^2}{1.2} f''x + \frac{h^3}{2.3} f'''x + \text{etc.} \quad (194).$$

153. — Si nous considérons maintenant la première des équations (192), nous verrons que $f'x$ étant le coefficient de h dans le développement de $f(x+h)$, est ce que nous avons désigné, dans la méthode des limites, par $\frac{d.\,fx}{dx}$ ou $\frac{dy}{dx}$; par la même raison, en considérant la seconde des équations (192), nous reconnaîtrons que le coefficient $f''x$ de la première puissance de h, dans le développement de $f'(x+h)$, doit être représenté par $\frac{d\,f'x}{dx}$ c'est-à-dire par $\frac{d.\frac{dy}{dx}}{dx}$ ou $\frac{d^2 y}{dx^2}$; et ainsi de suite; par conséquent, en mettant ces valeurs de fx, de $f'x$, de $f''x$, etc., dans l'équation (194), nous trouverons

$$f(x+h) = fx + \frac{dy}{dx} h + \frac{d^2 y}{dx^2} \frac{h^2}{1.2} + \frac{d^3 y}{dx^3} \frac{h^3}{2.3} + \text{etc...} \quad (195) ;$$

ce qui est la formule de Taylor que nous avons obtenue par la méthode des limites.

Mais pour ne pas emprunter à la méthode des limites et ne pas faire usage de calcul différentiel pour obtenir cette formule, l'expression $\frac{dy}{dx}$ qui entre dans cette formule sera considérée ici comme le signe de l'opération algébrique par laquelle on obtient le coefficient de h dans le développement de $f(x+h)$; ce coefficient une fois trouvé, les expressions $\frac{d^2 y}{dx^2}$, $\frac{d^3 y}{dx^3}$, etc., nous indiquent que la même opération répétée nous fera connaître les cœfficients des autres puissances de h ; de sorte que pour ne pas faire usage de calcul différentiel, nous n'avons besoin que de connaître, par des moyens tirés de l'algèbre, ce que doit être l'opération représentée par le signe $\frac{dy}{dx}$ pour chaque fonction.

Ainsi, par exemple, si nous voulons savoir quel est $\frac{dy}{dx}$ pour la fonction x^m, nous devrons développer $(x+h)^m$ par la formule du binôme, (algèbre), qui donnerait $x^m + m\,x^{m-1}\,h + $ etc ; et comme $\frac{dy}{dx}$ doit indiquer le cœfficient de la première puissance de h, dans ce développement, nous aurons $\frac{dy}{dx} = m\,x^{m-1}$. Ainsi, tout se ramène à pouvoir trouver, par des procédés analytiques, le développement des différentes sortes de fonctions que l'algèbre peut présenter ; ces procédés ne sont pas différents de ceux que nous avons fait connaître pour développer les diverses fonctions, qui, par leur combinaison, donnent toutes les autres ; c'est ainsi que nous avons donné, par exemple, le développement de a^{x+h}, art. 24.

154. — Nous avons donc ici une troisième méthode, qui nous permet de démontrer les principes du calcul différentiel indépendemment de toute considération de limites, d'infiniment petits, ou de quantités évanouissantes ; en effet algébriquement nous pouvons obtenir la formule de Taylor et en déduire les principes de la différentiation.

Mais cette méthode ne peut exclure les deux autres, parce que quand on arrive aux applications et qu'on veut, par exemple, déterminer les volumes ou les surfaces, rectifier les courbes, ou obtenir les expressions des sous-tangentes, etc., on est toujours obligé de recourir aux limites ou aux infiniment petits.

155. — Si nous considérons les développements des diverses fonctions $(x+h)^m$, a^{x+h}, $\log(x+h)$, $\sin(x+h)$, etc., que l'algèbre nous présente ; ces fonctions étant en nombre très limité, il est facile de reconnaître que, dans leurs

développaments, le cœfficient de la première puissance de h n'est ni nul ni infini, du moins tant que x conserve sa valeur indéterminée ; c'est du reste ce qui résulte de la démonstration précédente. En effet, supposons qu'on eût p=o dans l'équation

$$f(x+h) = fx + ph + qh^2 + rh^3 + etc.,$$

il pourrait se présenter deux cas : ou la valeur de x, que renferme p ou f'x devrait être donnée par une équation f'x, qui serait identique ou qui ne le serait pas. Or, nous allons démontrer : 1°, que si cette équation n'est pas identique la valeur de x n'a plus une valeur quelconque, ce qui est contre l'hypothèse ci-dessus ; et 2°, si cette équation f'x=o était une équation identique alors on aurait l'éqnation fx qui serait ou identique ou constante, ce qui est également contre l'hypothèse. Donc p ne peut égaler zéro.

En effet, dans le cas où p=o représente une équation qui n'est pas identique, elle est alors d'un certain degré, et elle ne donne ainsi qu'on nombre limité de valeurs de x, ce qui est contre l'hypothèse qui admet pour x une valeur quelconque.

Et si p ou f'x = o était une équation identique en x, (1) en faisant x = x + h, on aurait encore f'(x+h) = o ; et comme h entrerait partout où entre x, cette équation, condérée par rapport à h, serait encore identiquement nulle, c'est-à-dire que cette équation aurait lieu quelque soit h ; il en serait donc de même de son développement, qui, d'après l'équation (193), est

$$p + p'h + p''h^2 + p'''h^3 + etc. = o ;$$

mais lorsqu'une équation de ce genre est nulle, indépendemment de h, il faut que les cœfficients des différentes puissances de h soient séparément nuls, page 170, et par conséquent que l'on ait

$$p' = o, p'' = o, p''' = o, etc.$$

---

(1) Le cas où p ne contient pas x est compris dans celui-ci ; car si la valeur de p, qui est nulle, est représentée par a—a, par exemple, on peut la considérer comme a—x—(a—x).

En substituant ces valeurs dans les équations
$$p' = 2q, \quad p'' = 3\,r, \quad p''' = 4\,s, \text{ etc.},$$
qui résultent de l'identité des termes affectés des mêmes puissances de $i\,h$, de $i^2\,h$, de $i^3\,h$, etc., dans les suites (189) et (190), on obtiendrait
$$q = 0, \quad r = 0, \quad s = 0, \text{ etc.};$$
et, comme en outre $p = 0$, l'équation (192) se réduirait à
$$f(x+h) = fx.$$

Il faudrait donc que $x+h$, mis à la place de x, ne changeât pas la fonction, ce qui exigerait que cette fonction fût identique ou constante ; car on sait que si fx était, par exemple, de cette forme, $x^2 - x^2$, ou de celle-ci, $c + x^2 - x^2$, la substition de $x+h$ à la place de x donnerait toujours le même résultat ; et l'on voit que dans le premier cas, la fonction serait identique, et dans le second, se réduirait à une constante c..

Donc, on peut conclure de ce qui précéde, que p ne peut être nul, c'est-à-dire que le coefficient de la première puissance de h, dans le développement général de $f(x+h)$, ne peut être nul.

Nous allons maintenant démontrer que ce coefficient ne peut être infini, sans que la fonction proposée fx le soit également, ce qui est contre l'hyphothèse,

En effet, si p était infini, le second membre de l'équation (187) devenant infini, le premier membre le serait aussi, c'est-à-dire qu'on aurait $f(x+h) = \infty$; et comme $f(x+h)$ est composé en $x+h$, comme fx l'est en x, le terme qui, dans $f(x+h)$, rendrait cette expression infinie, devrait aussi rendre infini fx. Par exemple, si $f(x+h)$ renfermait une terme tel que $\dfrac{A}{(x+h)-(x+h)}$, qui est infini, il est évident qu'on devrait avoir dans fx, le terme $\dfrac{A}{x-x}$, qui serait également infini ; et par conséquent la fonction proposée serait infinie ; ce qui est contre l'hypothèse.

Donc le coefficient de la première puissance de h, ne peut être ni nul ni infini, tant que x conserve sa valeur indéterminée.

156. — Lagrange appelle la *fonction prime*, la *fonction seconde*, la *fonction tierce*, etc , de fx, les expressions f'x, f''x, f'''x, etc., ces fonctions sont, en général, les fonctions dérivées, art. 157, de fx.

Lagrange indique également, d'une autre manière, les fonctions dérivées en remplaçant $\dfrac{dy}{dx}$ par y', $\dfrac{d^2 y}{dx^2}$ par y'', $\dfrac{d^3 y}{dx^3}$ par y''', et ainsi de suite.

DES DÉRIVÉES.

157. — On appelle *dérivée* d'une fonction y=fx, relativement à la variable x dont cette fonction dépend, la limite du rapport de l'accroissement de la fonction à l'accroissement correspondant de la variable.

Représentons par Δx l'accroissement donné à x ; par Δy celui qui en résulte pour y, de telle sorte que l'on ait $y + \Delta y = f(x + \Delta x)$, et par suite, $\Delta y = f(x + \Delta x) - fx$, et

$$\frac{\Delta y}{\Delta x} = \frac{f(x + \Delta x) - fx}{\Delta x}.$$

Si, dans cette fonction, qui est le rapport des accroissements finis de y et de x, on suppose que Δx décroisse indéfiniment, ce rapport tend, en général, vers une certaine limite qu'on nomme la *dérivée* de la fonction. On la désigne par l'une des notation y' ou f'(x). Donc, par définition :

$$y' = \lim. \frac{\Delta y}{\Delta x} = \lim. \frac{f(x + \Delta x) - fx}{\Delta x} = f'(x).$$

Dans le calcul différentiel, cette dérivée est représentée par $\dfrac{dy}{dx}$, c'est-à-dire par le quotient des deux différentielles dy et dx.

Les accroissements correspondants Δx et Δy de la variable indépendante x et de la fonction y peuvent être positifs ou négatifs ; on leur donne cependant toujours le nom d'accroissement, mais l'on doit se rappeler que ce mot est pris dans un sens algébrique et peut signifier diminution.

Soit la fonction algébrique rationnelle et entière :

$$y = A x^m + B x^{m-1} + \ldots + P x + Q.$$

Remplaçons x par $x + \Delta x$, calculons l'accroissement de y, et divisons par Δx, nous aurons, en vertu de la formule du binôme de Newton :

$$\frac{\Delta y}{\Delta x} = A\,(m\,x^{m-1} + \ldots) + B\,((m-1)\,x^{m-2} + \ldots) + \ldots + \ldots + P;$$

expression où tous les termes représentés par des points contiennent Δx en facteur ; il en résulte qu'à la limite, pour $\Delta x = 0$, ces termes disparaissent et nous trouverons simplement

$$y' = m\,A\,x^{m-1} + (m-1)\,B\,x^{m-2} + \ldots + P.$$

Remarquons que ce nouveau polynôme, qui est la dérivée du polynôme proposé, s'obtient en multipliant chaque terme par l'exposant de x dans ce terme, et diminuant l'exposant d'une unité.

Comme cas particulier, la dérivée de x est 1.

On définit quelquefois en algèbre le polynôme dérivé comme étant le coefficient de la première puissance de h dans le développement du polynôme où l'on remplacerait x par $x + h$. Il est facile de reconnaître que cela a lieu effectivement.

La définition de la dérivée, donnée plus haut, n'est donc pas contradictoire avec celle qu'on donne en algèbre, mais elle est beaucoup plus générale et s'applique à une fonction quelconque.

Une dérivée étant connue, on peut se proposer de retrouver la *fonction primitive*, c'est-à-dire la fonction dont elle est la dérivée ; cette recherche qui est l'objet du *calcul intégral*, n'est pas susceptible d'une solution générale, tandis que, quelle soit une fonction donnée, on peut toujours en obtenir la dérivée.

DES SÉRIES.

158. — On appelle *série* une suite indéfinie de termes procédant suivant une loi déterminée.

Si les termes d'une série sont désignés par $u_1, u_2, \ldots u_n$, le terme général u_n est fonction de n.

Représentons par Sn la somme des n premiers termes d'une série, savoir :

$$Sn = u_1 + u_2 + \ldots + u_n .$$

Cette somme, de même que u_n, sont des fonctions de n. Cela posé, trois cas peuvent se présenter :

1° — Si la somme Sn des n premiers termes tend vers une limite finie et déterminée S, lorsque le nombre n croît indéfiniment, la série est dite convergente.

2° — Dans le cas contraire, c'est-à-dire quand la somme Sn peut croître (en valeur absolue) au delà de toute limite, la série est dite divergente.

3° — Enfin, s'il arrive que la somme Sn, sans croître au delà de toute limite, n'ait pas de limite déterminée, la série n'est ni convergente ni divergente ; on l'appelle, dans ce cas, série indéterminée.

DÉVELOPPEMENT EN SÉRIE.

159. — Nous avons déjà vu, art. 24, 25, 26 et 42, des exemples de développement en série de certaines fonctions. Nous donnerons encore ci-après quelques exemples.

1°) *Fonction exponentielle.* — Nous avons vu, art. 25, que

$$a^x = 1 + \frac{A\,x}{1} + \frac{A^2\,x^2}{1.2} + \frac{A^3\,x^3}{1.2.3} + \ldots$$

a étant un nombre positif quelconque.

Par suite, quand art. 26, $A = L\,a$, il vient

$$a^x = 1 + x\,L\,a + \frac{x^2\,(L\,a)^2}{1.2} + \frac{x^3\,(L\,a)^3}{1.3.3} + \ldots$$

ou.

$$a^x = 1 + x\,L\,a + \frac{(x\,L\,a)^2}{1.2} + \frac{(x\,L\,a)^3}{1.2.3} + \ldots$$

Et en représentant par le signe n ! les permutations de 1.2 … n ou P n, il vient

$$a^x = 1 + x\,L\,a + \frac{(x\,L\,a)^2}{2\,!} + \frac{(x\,L\,a)^3}{3\,!} + \ldots$$

Note 1. — Pour ne pas sortir du cadre que nous nous sommes tracé, nous nous contenterons de ces quelques notions sur les dérivées notions que nous avons crû utile de donner.

Si l'on fait $x = 1$, il vient

$$a = 1 + L\,a + \frac{(L\,a)^2}{2!} + \frac{(L\,a)^3}{3!} + \ldots$$

$2°)$ *Fonction trigonométrique.* — On sait que les cœfficients différentiels ou dérivées successives de $y = \sin x$, sont $\cos x$, $- \sin x$, $- \cos x$, $\sin x$, etc., car

$$\frac{d \sin x}{dx} = \cos x ; \quad \frac{d^2 \sin x}{dx^2} \quad \frac{d \cos x}{dx} = \sin x ; \text{ etc.}$$

Les valeurs initiales ou pour $x = 0$, sont $1, 0, -1, 0$, etc. Donc, d'après la série de Max-Laurin, art. 20,

$$y = (y) + \left(\frac{dy}{dx}\right) x + \frac{1}{2}\left(\frac{d^2 y}{dx^2}\right) x^2 + \frac{1}{2.3}\left(\frac{d^3 y}{dx^3}\right) x^3 + \text{etc.}$$

en remarquant que les parenthèses ( ) sont les valeurs correspondant à $x = 0$, on aura

$$\sin x = 0 + (1 \times x) + \frac{1}{2}(0 \times x^2) + \frac{1}{1.2.3}(-1 \times x^3) + \text{etc.}$$

ou $\sin x = x - \frac{1}{1.2.3} x^3 + \text{etc.} = x - \frac{x^3}{3!} + \frac{x^5}{5!} - \ldots$

Soit encore à chercher le développement de y ou $f(x) = $ arc tangente x.

La formule de Marc-Laurin, en remarquant que (y) c'est la valeur de y pour $x = 0$; $\left(\frac{dy}{dx}\right)$ c'est la valeur de la dérivée pour $x = 0$, etc. ; et en représentant (y) par $f(0)$; $\left(\frac{dy}{dx}\right)$ par $f'(0)$ puisque $f'(x)$ représente la dérivée de $f(x)$, art. 157 ; $\left(\frac{d^2 y}{dx^2}\right) = f''(0)$ etc. ; donnera $f(x) = f(0) + x\,f'(0) + \frac{x^2}{2!} f''(0) + \frac{x^3}{3!} f'''(0) + \ldots$

Or, ici $f(x) = $ arc tg x ; $f(0) = $ arc tg $0 = 0$; $f'(x) = \frac{d.\text{arc tg } x}{dx} = \frac{1}{1+x^2}$ comme nous verrons à l'art. 13 du culcul intégral, d'où $f'(0) = \frac{1}{1+0} = 1$; $f''(x) = \frac{d.\,f'(x)}{dx} =$

$$= d.\left(\frac{1}{1+x^2}\right) : dx = \frac{(1+x^2)\,d.\,1 - 1\,d.(1+x^2)}{(1+x^2)^2} : dx =$$

$$= \frac{0 - 2x\,dx}{(1+x^2)^2} : dx = - \frac{2x}{(1+x^2)^2} \text{ et } f''(0) = 0.$$

On trouverait de même en développant, $f''' (x) = \dfrac{d\, f'' (x)}{dx}$

$$= d\left(\dfrac{-\,2\,x}{(1+x^2)^2}\right) : dx = \dfrac{(1+x^2)^2\,(-2\,dx) + 2\,x\,.\,d.\,(1+x^2)^2}{(1+x^2)^4\,dx} =$$

$$= \dfrac{-\,2\,(1+x^2)^2\,dx + 2\,x\,2\,(1+x^2)\,2\,x\,dx}{(1+x^2)^4\,dx} =$$

$$= \dfrac{-\,2\,(1+x^2)^2 + 8\,x^2\,(1+x^2)}{(1+x^2)^3} \quad \dfrac{-\,2\,(1+x^2) + 8\,x^2}{(1+x^2)^3}$$

d'où $\qquad f''' (o) = \dfrac{-\,2}{1} = -\,2.$ etc.

Il vient donc

$f (x)$ ou arc tg $x = o + (x \times 1) + \left(\dfrac{x^2}{2\,!} \times o\right) + \dfrac{x^3}{3\,!}\,(-\,2) + \ldots$

$$= x - \dfrac{2\,x^3}{2.3} + \ldots = x - \dfrac{x^3}{3} + \dfrac{x^5}{5} - \text{ etc.}$$

3°) *Fonction logarithmique*. — La dérivée de L x a une valeur indéfinie pour $x = o$, car $\dfrac{d.\,L\,x}{dx} = \dfrac{1}{x}$, art. 28 et pour $x = o$, $\dfrac{d.\,L\,x}{dx} = \infty$.

Nous ne ferons donc pas l'analyse infinitésimale de cette fonction à partir de $x = o$; mais nous la ferons à partir de $x = a$, nous aurons donc L a ; ou ce qui revient au même, nous analyserons, art. 2, la fonction de fonction L $(x + a)$ ou $f = L (x + a)$ à partir de $x = o$ ou à partir donc de L a. Par suite :

Pour $x = o$, L $(x + a) = L$ a.

La dérivée première est $f' = \dfrac{d.\,L\,(x + a)}{dx} = \dfrac{1}{x + a}$ (voir ci-dessus) $= (a + x)^{-1} = a^{-1}$ pour $x = o$ ou $f' (o)$.

La dérivée seconde est $f'' = \dfrac{d\,f'}{dx} = -\,1\,(a + x)^{-2} = (-1)\,a^{-2}$ pour $x = o$ ou $f'' (o)$.

On trouverait de même que $f''' (o) = (-1)\,(-2)\,a^{-3}$.

Et, en général, $f^n (o) = (-1)\,(-2) \ldots -\,(n-1)\,a^{-n} =$ $= (-1)^{n-1}(n-1)\,!\,a^{-n}$ d'où pour $n = \infty$, il vient $f^n (o) = \pm\,\infty$ $\dfrac{1}{a^\infty} = \dfrac{\infty}{\infty}$; donc si $a > 1$, on aura $f^n (o) = \dfrac{\infty}{\infty} = 1$ et

$f^n (o) = \dfrac{\infty}{o} = \infty$ si $a < 1$; par conséquant la dérivée d'ordre n sera donc infinie si $n = \infty$ et $a < 1$.

D'après la formule de Mac-Laurin, art. 20, on aura

$$f \text{ ou } L(x+a) = La + x(a^{-1}) + \frac{x^2}{2!}(-1)a^{-2} + \frac{x^3}{3!}(-1)(-2)a^{-3} + \dots + \frac{x^n}{n!}(-1)(-2)\dots -(n-1)a^{-n}.$$

Le dernier terme (terme général de rang n à partir du second terme) peut se mettre sous la forme

$$\frac{x^n}{a^n}(-1)^{n-1}\frac{(n-1)!}{n!} \text{ ou } \left(\frac{x}{a}\right)^n(-1)^{n-1}\frac{1}{n}.$$

On voit que la valeur absolue (abstraction faite du signe) du terme suivant sera

$$\left(\frac{x}{a}\right)^{n+1}\frac{1}{n+1}.$$

Le rapport de ce dernier terme au précédent est en valeur absolue

$$\left(\frac{x}{a}\right)^{n+1}\frac{1}{n+1} : \left(\frac{x}{a}\right)^n\frac{1}{n} = \frac{x}{a}\frac{n}{n+1}.$$

Donc, les termes de la série sont plus petits, (en valeur absolue) que les termes de même rang d'une progression géométrique de raison $\frac{x}{a}$. Et pour $n=\infty$, le rapport d'un terme au précédent est $\frac{x}{a}\frac{\infty}{\infty} = \frac{x}{a}$. D'où l'on voit que la série sera convergente si $\frac{x}{a} < 1$ en valeur absolue, autrement dit si $x < a$ et $> -a$.

Nous pourrons donc effectuer le développement, suivant la formule de Mac-Laurin :

$$L(x+a) = La + \frac{x}{a} - \frac{1}{2}\left(\frac{x}{a}\right)^2 + \frac{1}{3}\left(\frac{x}{a}\right)^3 + \dots + (-1)^{n-1}\frac{1}{n}\left(\frac{x}{a}\right)^n + \dots$$

car $x a^{-1} = \frac{x}{a}$; $\frac{x^2}{2}\left(-\frac{1}{a^2}\right) = \frac{1}{2}\left(\frac{x}{a}\right)^2$; etc.

Lorsque $x > a$, on aura en renversant

$$L(x+a) = Lx + \frac{a}{x} - \frac{1}{2}\left(\frac{a}{x}\right)^2 + \dots$$

Remarquons que cette dernière série est convergente puisque $\frac{a}{x} < 1$ en valeur absolue ; alors la précédente est divergente.

Lorsque $x < 1$ et > -1 donc en faisant. cas particulier, $a = 1$, voir ci-dessus, on aura. puisque $L\,a = L\,1 = 0$;

$$L\,(1+x) = x - \frac{x^2}{2} + \frac{x^3}{3} - \frac{x^4}{4} + \ldots + (-1)^{n-1}\frac{x^n}{n} + \ldots$$

et $\;-L\,(1-x) = x + \frac{x^2}{2} + \frac{x^3}{3} + \frac{x^4}{4} + \ldots + \frac{x^n}{n} + \ldots$

Et si $a = 1$ pour $x = 1$, il viendra

$$L\,(1+1)\text{ ou } L.\,2 = 1 - \frac{1}{2} + \frac{1}{3} \quad \frac{1}{4} + \ldots \pm \frac{1}{n}.$$

CALCUL INTÉGRAL.

1. — Le calcul intégral est l'inverse du calcul différentiel ; son objet est de remonter d'une dérivée ou d'une différentielle donnée à la fonction d'où elle a pu être déduite.

Soit, par exemple, $u = F(x)$ une fonction de la variable x et $f(x) dx$ sa différentielle ; par définition, on a $du = f(x) dx$. La fonction u est appelée *l'intégrale* de $f(x) dx$, et on la représente par le signe $\int f(x) dx$.

Une différentielle a une infinité d'intégrales, lesquelles ne diffèrent que par une constante. Si, par exemple, $F(x)$ a pour différentielle $f(x) dx$, $F(x) +$ constante sera l'expression la plus générale qui possède cette différentielle.

C'est *l'intégrale générale*, ainsi appelée parce que la constante n'est pas déterminée. Ainsi, par exemple,

$$\int 3 x^2 dx = x^3 + C^{te}.$$

En effet, comme nous avons vu, 5° art. 6, calcul diff., une constante n'a pas de différentielle ou, si l'on veut, a pour différentielle zéro ; donc en intégrant un différentielle on peut ajouter une constante quelconque ; donc une différentielle a une infinité d'intégrales différant par la constante seulement.

Les *intégrales particulières* sont celles qui se déduisent de l'intégrale générale pour une valeur particulière attribuée à la *constante arbitraire*.

On sait toujours différentier une fontion $f(x)$ exprimée au moyen des signes ordinaires de l'analyse. Au contraire, on ne sait que rarement intégrer une différentielle $f(x) dx$ prise au hazard. Toutefois, on conçoit que l'intégrale existe toujours, et on peut se proposer ou de la trouver ou d'en connaître les propriétés.

INTÉGRATION DES DIFFÉRENTIELLES MONOMES.

2. — Nous commencerons par le cas le plus simple ; et, à cet effet, nous allons examiner comment on peut trouver l'intégrale de l'expression $x^m\, dx$. Voici la règle :

Pour intégrer l'expression $x^m\, dx$, il faut augmenter l'exposant d'une unité, et diviser par cet exposant ainsi augmenté et par la différentielle. Ainsi, on aura pour l'intégrale cherchée : $\dfrac{x^{m+1}}{m+1}$.

En effet, différentions l'expression x^{m+1}, nous trouverons, art. 12, calcul différentiel :

$$d.\ x^{m+1} = (m+1)\, x^m\, dx,$$

d'où nous tirerons

$$\frac{d.\ x^{m+1}}{m+1} = x^m\, dx\ ;$$

et puisque la constante $m+1$ n'influe par sur la différentiation, nous pourrons écrire ainsi l'équation précédente

$$d.\ \frac{x^{m+1}}{m+1} = x^m\, dx\ ;$$

donc, la quantité qui, par la différentiation, a donné $x^m\, dx$, est $\dfrac{x^{m+1}}{m+1}$; C. Q. F. D.

On indique cette opération en plaçant, avant la différentielle, la caractéristique $\int$, qui signifie *somme* ou *intégrale*, de sorte que nous aurons

$$\int x^m\, dx = \frac{x^{m+1}}{m+1}.\ (1).$$

Comme second exemple, soit à intégrer l'expression $\dfrac{a\, dx}{x^3}$, nous aurons :

$$\int \frac{a\, dx}{x^3} = \int a\, dx\, x^{-3} = \frac{a x^{-3+1}}{-3+1} = \frac{a x^{-2}}{-2} = \frac{a}{-2x^2} = -\frac{a}{2x^2}\ .$$

Pour troisième exemple, soit à intégrer $\sqrt[3]{x^2}\, dx$, nous aurons

$$\int \sqrt[3]{x^2}\, dx = \int x^{2/3}\, dx = \frac{x^{2/3+1}}{\frac{2}{3}+1} = \frac{x^{5/3}}{\frac{5}{3}} = \frac{3\, x^{5/3}}{5} = \frac{3}{5}\sqrt[3]{x^5}\ .$$

3. — Si maintenant nous différentions a + x^m, nous obtiendrons m x^{m-1} dx, comme si nous n'eussions différentié que x^m, puisqu'une constante n'a pas de différentielle ; par suite, en intégrant, nous devrons restituer une constante à l'intégrale, art. 1. Ainsi, dans les exemples précédents, nous écrirons

$$\int x^m\, dx = \frac{x^{m+1}}{m+1} + C\,;\ \int \frac{a\, dx}{x^3} = -\frac{a}{2\, x^2} + C\,;\ \int \sqrt[3]{x^2}\, dx = \frac{3}{5}\sqrt[3]{x^5} + C\ (2).$$

Cette constante C, qui disparaît par la différentiation, est quelconque, à moins que la nature du problème ne la détermine, comme dans le cas suivant, par exemple. Soit à intégrer l'expression a dx ; on aura

$$\int a\, dx = ax + C,$$

qui est l'intégrale générale, et qui représente une infinité de droites parallèles MN, M'N', M"N", etc., fig. 59.

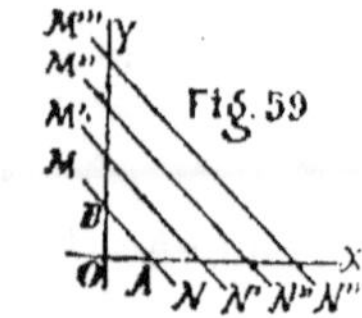

Mais si dans le problème, l'on n'envisage que la droite MN, déterminée de position, parce qu'elle passe par le point B dont les coordonnées sont x = o et y = o B = b, on aura en portant ces coordonnées de B dans l'intégrale générale y = ax + C :

$$b = a \times o + C,$$

d'où

$$C = b\,;$$

donc, à la droite AB correspondra l'intégrale particulière

$$y = ax + b\,;$$

dans laquelle la constante est déterminée.

4. — Si la nature du problème ne détermine pas la constante, on peut déterminer celle-ci en l'assujettissant à certaines conditions. Ainsi, soit par exemple, la différentielle adx dont l'intégrale générale est

$$y = ax + C.$$

On peut déterminer C de manière que quand y = o, x = b ; on fera donc dans l'équation

$$O = a\, b + C,\ \text{d'où}\ C = -\, ab\,;$$

et l'intégrale particulière sera, en substituant cette valeur de C dont l'équation générale :

$$y = ax - ab = a\,(x - b).$$

Et, en effet, les coordonnées $y=0$, $x=b$, satisfont à cette équation.

5. — **Remarque.** — La règle exposée à l'art. 2 admet une exception lorsqu'il s'agit d'intégrer $dy=x^m dx$, c'est lorsque dans cette expression on a $m=-1$. En effet, alors la règle conduit à ce résultat

$$y = \frac{x^{-1+1}}{-1+1} + C = \frac{x^0}{0} + C = \frac{1}{0} + C = \infty + C.$$

Donc la règle n'est pas applicable dans ce cas.

Mais alors on peut recourir à ce procédé : on remarquera que $x^{-1} dx = \frac{1}{x} dx = \frac{dx}{x}$. Or, cette expression est la différentielle de log x, (art. 28. cal. diff.) ; donc, nous aurons

$$\int x^{-1} dx = \int \frac{dx}{x} = \log x + C. \quad (3).$$

INTÉGRATION DES DIFFÉRENTIELLES POLYNOMES, AINSI QUE DES DIFFÉRENTIELLES COMPLEXES DONT L'INTÉGRATION PEUT S'EFFECTUER PAR LA RÈGLE EXPOSÉE A L'ARTICLE 2.

6. — De même que la différentielle d'un polynôme est composée de la somme des différentielles de ses termes, art. 15, C. D, de même *l'intégrale d'un polynôme est égale à la somme des intégrales des termes qui le composent.*

Par exemple,

$$\int \left(x^m dx + \frac{adx}{x^3} - dx. \sqrt[3]{x^2} \right) = \int x^m dx + \int \frac{adx}{x^3} - \int dx \times$$

$$\sqrt[3]{x^2} + C = \text{(article 2.)} = \frac{x^{m+1}}{m+1} + \left(-\frac{a}{2x^2} \right) - \frac{3}{5} \sqrt[3]{x^5} + C.$$

Remarquons que nous n'avons mis ici qu'une constante quoique chaque terme donne une constante à l'intégration ; mais la lettre C représente ici la somme de ces constantes partielles

7. — *Tout polynôme, tel que $(a + bx - cx^2 + dx^3 \dots$ etc.$)^m dx$, peut s'intégrer par la même règle, lorsque m est un nombre entier positif.* A cet effet, il suffit d'élever le polynôme à la puissance m et nous retombons sur la règle précédente, c'est-à-dire qu'il faudra ensuite intégrer chaque terme séparément.

Ainsi, par exemple, si l'on veut intégrer $(a + bx)^2\, dx$, nous aurons

$$\int (a+bx)^2\, dx = \int (a^2 + 2abx + b^2 x^2)\, dx = \int (a^2\, dx + 2abx\, dx + b^2 x^2\, dx) = a^2 x + abx^2 + \frac{b^2 x^3}{3} + C.$$

8. — *Lorsque la différentielle à intégrer est sous la forme* $(Fx)^m\, d.\, Fx$, *c'est-à-dire lorsqu'elle est composée de deux facteurs dont l'un est la différentielle de la partie* Fx *qui est comprise entre parenthèses, on posera* $Fx = z$, *et par suite* $d.\, Fx = dz$; *on substituera ces valeurs dans l'expression de la différentielle et l'on intégrera par la règle ordinaire, art. 2, on remplacera ensuite dans le résultat* z *et* dz *par leurs valeurs.*

Ainsi, l'on aura donc :

$$(Fx)^m\, d.\, Fx = z^m\, dz.$$

$$\int (Fx)^m\, d.\, Fx = \int z^m\, dz = \frac{z^{m+1}}{m+1} + C = \frac{(Fx)^{m+1}}{m+1} + C ; \quad (4).$$

Exemple. — Soit à intégrer $(a + bx - cx^2)^2\, (b\, dx - 2cx\, dx)$. On voit que $b\, dx - 2cx\, dx$ est la différentielle de $a + bx - cx^2$ car la constante a n'a pas de différentielle. Conformément à la règle précédente, on fera donc

$$a + bx - cx^2 = z,\ \text{d'où}\ b\, dx - 2cx\, dx = dz ;$$

et l'expression donnée deviendra

$$z^2\, dz.$$

En intégrant ou aura

$$\int z^2\, dz = \frac{z^3}{3} + C.$$

Et en remplaçant z et dz par leurs valeurs, il viendra $\int (a + bx - cx^2)^2\, d(a + bx - cx^2)$, ou, en effectuant la différentiation dans le second facteur,

$$\int (a + bx - cx^2)^2\, (b\, dx - 2cx\, dx) = \frac{(a + bx - cx^2)^3}{3} + C.$$

9. — *De même, si l'un des facteurs est la différentielle de l'autre, à une constante près, l'on emploie le même procédé que ci-dessus.*

Ainsi, par exemple, soit à intégrer

$$(a - cx^2)^{1/2} \cdot 3x\, dx.$$

La différentielle de $F(x)$ ou de $(a - cx^2)$ étant $- 2cx\, dx$, on voit qué cette différentielle diffère de 3 x dx par la constante qui est — 2 c au lieu d'être 3.

Néanmoins, nous poserons, comme à l'art. précédent, $a - cx^2 = z$ et par suite $- 2\,cx\,dx = dz$, d'où nous tiré-rons $xdx = -\dfrac{dz}{2c}$.

Substituant ensuite ces valeurs dans l'expression donnée, nous aurons

$$(a - cx^2)^{1/2}.3\,x\,dx = z^{1/2}.\,3.\left(-\dfrac{dz}{2c}\right) = -\dfrac{3}{2c}\,z^{1/2}\,dz\,;$$

et en intégrant, l'on aura

$$\int (a - cx^2)^{1/2}.\,3\,x\,dx = \int\left(-\dfrac{3}{2c}\,z^{1/2}dz\right) = -\dfrac{3}{2c}\dfrac{z^{1/2+1}}{\frac{1}{2}+1} + C =$$

$$-\dfrac{3}{2c}\dfrac{z^{3/2}}{\frac{3}{2}} + C = -\dfrac{3}{2c}\times\dfrac{2}{3}\times z^{3/2} + C = -\dfrac{1}{c}\,z^{3/2} + C.$$

Et en remplaçant z par sa valeur, on aura enfin

$$\int (a - cx^2)^{1/2}\,3\,x\,dx = -\dfrac{1}{c}(a - c\,x^2)^{3/2} + C,$$

10. — *Le même procédé pourrait s'appliquer pour rapporter l'intégrale de certaines différentielles à des logarithmes.*

Ainsi, par exemple, si l'on avait à intégrer $\dfrac{dx}{a + bx}$, et qu'on voulut que l'intégrale se rapportât à des logarithmes, on ferait $a + bx = z$, d'où $bdx = dz$, donc $dx = \dfrac{dz}{b}$.

Substituant ces valeurs dans l'expression ci-dessus, on aurait

$$\int\dfrac{dx}{a + bx} = \int\dfrac{dz}{b} : z = \int\dfrac{1}{b}\dfrac{dz}{z} = \text{art. } 28 = \int\dfrac{1}{b}\,d.\log z. =$$

$$\dfrac{1}{b}\log z + C = \dfrac{1}{b}\log (a + bx) + C,\ (5).$$

INTÉGRATION PAR ARCS DE CERCLE

11. — On a d'abord

$$\int\dfrac{dx}{\sqrt{1 - x^2}} = \text{arc (sin} = x),\ (6),$$

c'est à-dire égale l'arc dont le sinus est x.

En effet, soient, fig. 60, l'arc BC$=$z et son sinus CE$=$x, sinus rapporté au rayon pris comme unité.

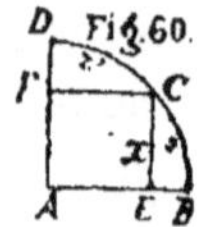

Nous avons donc, par hypothèse, x$=$sin z. En différentiant cette expression, nous aurons d'après l'art. 30, formule 42, C.D.

$$dx \text{ ou } d \sin z = \cos z \, dz, \text{ d'où } dz = \frac{dx}{\cos z}.$$

Or, d'après la trigonométrie, nous avons $\sin^2 z + \cos^2 z = 1$, d'où

$$\cos z = \sqrt{1 - \sin^2 z} = \sqrt{1 - x^2}.$$

Substituant cette valeur dans celle de dz, nous aurons

$$dz = \frac{dx}{\sqrt{1 - x^2}}.$$

Donc, en intégrant, nous trouverons

$$\int \frac{dx}{\sqrt{1 - x^2}} = \int dz = z + \text{Constante} = z + C. \quad (7).$$

Si nous voulons déterminer cette constante, nous remarquerons que quand x$=$o, on peut poser

$$\int \frac{dx}{\sqrt{1 - x^2}} = 0,$$

et arc B C ou z $=$ o ;

substituant ces valeurs particulières dans l'équation (7) laquelle doit être vérifiée, nous aurons

$$o = o + C ; \text{ d'où } C = o.$$

Donc la constante est nulle dans ce cas particulier et par conséquent aussi dans la formule générale, et l'on a

$$\int \frac{dx}{\sqrt{1 - x^2}} = z + o = z ;$$

et comme x $=$ sin z, ou par suite, z $=$ l'arc dont le sinus égal x, on a

$$\int \frac{dx}{\sqrt{1 - x^2}} = \text{arc } (\sin = x). \quad (8).$$

Remarque. — Dans la démonstration précédente, nous avons pris le rayon égal à l'unité ; si ce rayon est pris égal à a, soit x' le sinus correspondant à ce rayon a et au même arc z ; par la trigonométrie, nous savons que pour un même nombre de degrés, les sinus sont entr'eux comme les rayons correspondants ; nous avons donc

$$x : x' :: 1 : a, \text{ d'où } x = \frac{x'}{a}.$$

Substituant cette valeur dans l'équation (8), nous obtiendrons pour le premier membre

$$\int \frac{dx}{\sqrt{1-x^2}} = \int \frac{d.\dfrac{x'}{a}}{\sqrt{1-\dfrac{x'^2}{a^2}}} = \int \frac{d.\dfrac{1}{a}x'}{\sqrt{\dfrac{a^2-x'^2}{a^2}}} = \int \frac{\dfrac{1}{a}dx'}{\dfrac{\sqrt{a^2-x'^2}}{a}},$$

$$(\text{art. } 6, 4^\circ) = \int \frac{dx'}{\sqrt{a^2-x'^2}} ;$$

et pour le second nombre on aura $\operatorname{arc}\left(\sin = \dfrac{x'}{a}\right)$.

Par conséquent en égalant les deux membres ainsi transformés, on obtient

$$\int \frac{dx'}{\sqrt{a^2-x'^2}} = \operatorname{arc}\left(\sin = \frac{x'}{a}\right).$$

Et, en représentant par x le sinus dont le rayon est a, nous pourrons supprimer l'accent de x dans l'équation précédente qui deviendra

$$\int \frac{dx}{\sqrt{a^2-x^2}} = \operatorname{arc}\left(\sin = \frac{x}{a}\right). \quad (9).$$

12. — On a aussi :

$$\int -\frac{dx}{\sqrt{1-x^2}} = \operatorname{arc}(\cos = x). \quad (10).$$

En effet, soit z' l'arc CD, dont le cosinus AF est égal à x, le rayon étant pris pour unité, fig. 60, nous aurons ainsi
$$x = \cos z',$$

et, en différentiant, art. 31, calc. diff., nous obtiendrons
$$dx = d\cos z' = -dz' \sin z',$$

d'où,
$$dz' = -\frac{dx}{\sin z'} ;$$

et, en remplaçant dans cette expression $\sin z'$ par sa valeur $\sqrt{1-\cos^2 z'}$ tirée de l'équation $\sin^2 z' + \cos^2 z' = 1$, nous aurons
$$dz' = -\frac{dx}{\sqrt{1-\cos^2 z'}},$$

ou, puisque $\cos z' = x$, voir ci-dessus, nous obtiendrons
$$dz' = -\frac{dx}{\sqrt{1-x^2}},$$

et, en intégrant, il viendra

$$\int -\frac{dx}{\sqrt{1-x^2}} = \int dz' = z' + C = \text{l'arc dont le cos égale}$$

$x, + C = \text{arc} (\cos = x) + C. \ (11).$

Déterminons la constante C ; pour cela, prenons le cas particulier où, (fig. 60), le cosinus $CE = x$ se réduit à zéro au point B ; alors l'arc CD ou z' qui est représenté par l'expression générale

$$\int -\frac{dx}{\sqrt{1-x^2}}$$

devient alors $DB = \dfrac{\text{circonférence}}{4} = \dfrac{1}{2} \pi.$

Faisons donc $\displaystyle\int -\frac{dx}{\sqrt{1-x^2}} = \frac{1}{2} \pi$ et $x=0$ dans l'équation (11), il viendra

$$\frac{1}{2} \pi = \text{arc} (\cos = 0) + C. \ (12).$$

Mais l'arc dont le cosinus est zéro est égal à $\dfrac{1}{2} \pi$, donc C doit égaler zéro d'après cette équation (12). Mettant cette valeur dans l'équation générale (11), nous aurons enfin

$$\int -\frac{dx}{\sqrt{1-x^2}} = \text{arc} (\cos = x) \ (13).$$

Remarque.—Dans le cas où le rayon au lieu d'être l'unité serait a, le cosinus x serait $\dfrac{x}{a}$, et en remplaçant partout x par $\dfrac{x}{a}$ dans l'équation (13), comme à la remarque de l'article précédent, nous aurons dans le cas où le rayon est a :

$$\int -\frac{d\frac{x}{a}}{\sqrt{1-\frac{x^2}{a^2}}} \ \text{ou} \ \int -\frac{dx}{a\sqrt{\frac{a^2-x^2}{a^2}}} \ \text{ou} \ \int -\frac{dx}{\frac{a\sqrt{a^2-x^2}}{a}} \ \text{ou}$$

$$\int -\frac{dx}{\sqrt{a^2-x^2}} = \text{arc} \left(\cos = \frac{x}{a} \right) \ (14).$$

13. — On a également

$$\int \frac{dx}{1+x^2} = \text{arc dont la tang. est x.} \ (15).$$

En effet, on sait, art. 32, C. D., qu'on a

$$d.\,\tang x = \frac{dx}{\cos^2 x}.$$

Posons $x =$ tang. d'un arc z, nous aurons,

$$dx = d\,\tang z = (\text{art. 32}) = \frac{dz}{\cos^2 z}.$$

d'où
$$dz = dx \times \cos^2 z. \;(16).$$

Or, la trigonométrie nous donne

$$\cos z : 1 :: 1 : \sec. z,$$

d'où $\cos z = \dfrac{1}{\sec. z}$, ou $\cos^2 z = \dfrac{1}{\sec^2 z} = \dfrac{1}{1+\tang^2 z}$ comme l'indique la fig. 61, le rayon étant l'unité.

Mais $\tang^2 z = x^2$ comme nous avons vu, donc

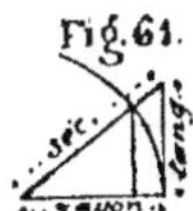

$$\cos^2 z = \frac{1}{1+x^2}.$$

Substituant cette valeur dans l'équation (16), nous aurons

$$dz = dx \times \frac{1}{1+x^2} = \frac{dx}{1+x^2}.$$

et en intégrant, il viendra

$$\int \frac{dx}{1+x^2} = \int dz = z + C. \;(17).$$

Pour déterminer la constante C, supposons le cas où $x = \tang z = 0$, d'où $z = 0$, alors l'intégrale s'évanouit et l'on a
$$0 = 0 + C \,;\ \text{d'où } C = 0,$$
donc, enfin, la formule (17) devient

$$\int \frac{dx}{1+x^2} = z + 0 = z = \text{arc dont la tang est } x. \;(18).$$

Remarque. — Le rayon a été pris pour unité dans la démonstration précédente, s'il était égal à a, il faudrait remplacer partout x par $\dfrac{x}{a}$ dans l'équation (18) comme dans la remarque de l'art. 11, C. I., on aurait ainsi,

$$\int \frac{d.\dfrac{x}{a}}{1+\dfrac{x^2}{a^2}} \text{ ou } \int \frac{d.x}{a\left(\dfrac{a^2+x^2}{a^2}\right)} \text{ ou } \int \frac{dx}{\dfrac{a^2+x^2}{a}} \text{ ou } \int a\frac{dx}{a^2+x^2} =$$

$$\text{arc dont la tang est } \frac{x}{a} \,; \text{ ou } a\int \frac{dx}{a^2+x^2} = \text{arc}\left(\tang = \frac{x}{a}\right)$$

comme une constante a peut être mise en dehors de l'intégrale ; ou

$$\int \frac{dx}{a^2 + x^2} = \frac{1}{a}\,\text{arc}\left(\,\text{tang} = \frac{x}{a}\right). \ (19)$$

14. — On sait qu'on appelle sinus verse d'un arc CD ou z', par exemple, fig. 60, la partie DF du rayon, partie comprise entre le pied F du sinus CF et l'origine D de l'arc ou extrémité de ce rayon ; il équivaut au rayon diminué du cosinus.

Cela étant, on a la formule

$$\int \frac{dx}{\sqrt{2x-x^2}} = \text{arc (sinus verse} = x). \ (20).$$

En effet, soit x le sinus verse DF. Comme le sinus verse augmenté du cosinus donne pour somme le rayon, on a

$$x + \cos z' = 1,$$

d'où $\quad dx + d\cos z' = d.\ 1 = 0$; donc $dx = -d\cos z'$;

et comme, art. 31, $- d\cos z' = dz' \sin z'$, il vient :

$$dx = dz' \sin z',$$

d'où $\qquad\qquad d z' = \dfrac{dx}{\sin z'}. \ (21).$

Mais de $\sin^2 z' + \cos^2 z' = 1$, (trig.) on tire

$$\sin z' = \sqrt{1 - \cos^2 z'} = \sqrt{(1 - \cos z')(1 + \cos z')}. \ (22).$$

Or, nous avons vu que $x + \cos z' = 1$, donc $1 - \cos z' = x$; de l'équation précédente on tire $\cos z' = 1 - x$, donc $1 + \cos z' = 1 + 1 - x = 2 - x$; substituant ces valeurs de $1 - \cos z'$ et de $1 + \cos z'$ dans l'équation (22), il vient

$$\sin z' = \sqrt{x\,(2-x)} = \sqrt{2x - x^2}.$$

Substituant maintenant cette valeur de $\sin z'$ dans l'équation (21), nous obtiendrons

$$dz' = \frac{dx}{\sqrt{2x - x^2}},$$

et intégrant, nous aurons

$$\int \frac{dx}{\sqrt{2x - x^2}} = \int dz' = z' = \text{l'arc dont le sinus verse est } x \ ;$$

donc plus simplement

$$\int \frac{dx}{\sqrt{2x - x^2}} = \text{arc (sin verse} = x) + C. \ (23).$$

Pour déterminer la constante C, remarquons que dans le cas ou l'intégrale s'évanouit quand le sinus verse x est nul, l'arc z' est aussi nul, et par suite on a

$$o = o + C, \text{ d'où } C = o.$$

Mettant cette valeur dans l'équation(23),nous aurons enfin

$$\int \frac{dx}{\sqrt{2\,x - x^2}} = \text{arc (sin verse} = x). \quad (24).$$

Remarque. — Le rayon a été pris pour unité ; dans le cas où il serait a, il faudrait, dans la formule (24), remplacer partout x par $\dfrac{x}{a}$, remarque art, 11, et l'on aurait :

$$\int \frac{d\frac{x}{a}}{\sqrt{2\frac{x}{a} - \frac{x^2}{a^2}}} \text{ ou } \int \frac{d\frac{x}{a}}{\frac{\sqrt{2\,ax - x^2}}{a}} \text{ ou } \int \frac{d.\frac{1}{a}x}{\frac{\sqrt{2\,ax - x^2}}{a}} \text{ ou }$$

$$\int \frac{\frac{1}{a}dx}{\frac{\sqrt{2\,ax - x^2}}{a}} \text{ ou } \int \frac{dx}{\sqrt{2\,ax - x^2}} = \text{arc}\left(\text{sin verse} = \frac{x}{a}\right).$$

Donc l'équation (24) devient dans le cas du rayon $= a$,

$$\int \frac{dx}{\sqrt{2\,ax - x^2}} = \text{arc}\left(\text{sin verse} = \frac{x}{a}\right). \quad (25).$$

15. — Voici comment on pourrait calculer la valeur d'une intégrale, par exemple celle de $\dfrac{dx}{1+x^2}$, art. 13, C. I., lorsque l'on donne à x une valeur déterminée.Soit,par exemple, $x = 7$, le rayon étant l'unité, la tangente qui est x sera donc 7 ; et si les tables des lignes trigonométriques sont construites avec un rayon de dix milliards de parties, la tangente relative à ce rayon sera dix milliards de fois plus grande ; par suite cette tangente vaudra 7×10 milliards.

Le logarithme de la tangente tabulaire aura donc pour expression

log 10 milliards $+$ log 7 $=$ 10 $+$ log 7 $=$ 10$+$0,845098 $=$ 10,845098.

Si nous cherchons ce logarithme dans les tables des tangentes, nous verrons qu'il correspond à un arc de

90°96' division décimale, c'est-à-dire avec la circonférence divisée en 400 degrés : le degré
ou de en 100 minutes, etc.

81°52' division sexagésimale, ou circonf. divisée en 360 degrés, le degré en 60 minutes, etc.

Pour trouver la valeur numérique de cet arc, dans l'hypothèse du rayon égal à l'unité, nous remarquerons d'abord que dans cette hypothèse, la circonférence égale 6,283.... ; par suite, nous aurons

$$400° : 90°96' :: 6,283... : \text{arc cherché, d'où arc} = 1,42.... ;$$
ou
$$360° : 81°52' :: 6,283... : \text{arc cherché, d'où arc} = 1,42....$$

Méthodes d'intégration.

Nous exposerons quatre méthodes d'intégration, savoir : intégration par parties ; intégration par les séries, (art. 158, C. D) ; intégration des fractions rationnelles, et intégration des fractions irrationnelles.

1°. – INTÉGRATION PAR PARTIES.

16. — Les différentielles que l'on veut intégrer par parties sont rapportées à la formule

$$\int u\,dv = uv - \int v\,du. \quad (26) ;$$

que l'on obtient en prenant la différentielle du produit des deux variables u et v par le procécé indiqué à l'article 9, C. D., puis en intégrant et transposant ; donc on fait

$$d.\,u\,v = u\,dv + v\,du ;$$

$$\int d\,uv = \int u\,dv + \int v\,du, \text{ ou } uv = \int u\,dv + \int v\,du ;$$

d'où $\int u\,dv = uv - \int v\,du.$ C. Q. F. D.

17. — *Exemple 1.* — Soit à chercher l'intégrale de $x^m\,dx$. Faisons $x^m = u,\ dx = dv\ \therefore\ x = v$; on a

$$uv = x^m \times x = x^{m+1},$$

$$v\,du = x\,d.\,x^m = x \times mx^{m-1}\,dx.$$

Substituant ces valeurs dans l'équation (26), nous aurons

$$\int x^m\,dx = x^{m+1} - \int x.\,mx^{m-1}\,dx = x^{m+1} - m\int x^m\,dx ;$$

et en réunissant les intégrales affectées de $x^m\,dx$, il viendra

$$\int x^m\,dx + m\int x^m\,dx = x^{m+1} \text{ ou } (m+1)\int x^m\,dx = x^{m+1} ;$$

d'où
$$\int x^m dx = \frac{x^{m+1}}{m+1} + C.$$

Exemple II. — Soit à trouver l'intégrale suivante :
$$\int dx \log. x.$$

Faisons $\log x = u$; $dx = dv \therefore x = v$; et $u v = x \log x$.

On aura d'après la formule (26),
$$\int \log x \, dx \text{ ou } \int dx \log x = x \log x - \int x \, d. \log x = x \log$$
$$x - \int x \frac{dx}{x}, \text{ art. 28,} = x \log x - \int dx = x \log x - x + C =$$
$$x (\log x - 1) + C \text{ ; ce qui est l'intégrale cherchée.}$$

Exemple III. — Soit encore à trouver l'intégrale de
$$dx \sqrt{a^2 - x^2}.$$

Faisons $\sqrt{a^2 - x^2} = u$; $dx = dv \therefore x = v$; $uv = x \sqrt{a^2 - x^2}$;
nous aurons donc, d'après la formule (26) :
$$\int \sqrt{a^2 - x^2} \, dx \text{ ou } \int dx \sqrt{a^2 - x^2} = x \sqrt{a^2 - x^2} - \int x \, d$$
$$\sqrt{a^2 - x^2} = x\sqrt{a^2 - x^2} - \int x d(a^2 - x^2)^{1/2} = x\sqrt{a^2 - x^2} - \int x$$
$$\left[\left(\frac{1}{2}(a^2 - x^2)^{-1/2} d(a^2 - x^2) \right) \right] = x\sqrt{a^2 - x^2} - \int x \left[\frac{1 \, d. (a^2 - x^2)}{2 (a^2 - x^2)^{1/2}} \right] =$$
$$x \sqrt{a^2 - x^2} - \int \frac{x \, d(a^2 - x^2)}{2 \sqrt{a^2 - x^2}} = x \sqrt{a^2 - x^2} - \int \frac{x (-2 x dx)}{2\sqrt{a^2 - x^2}} =$$
$$x \sqrt{a^2 - x^2} - \int \frac{-2x^2 \, dx}{2 \sqrt{a^2 - x^2}} = x \sqrt{a^2 - x^2} - \int - \frac{x^2 \, dx}{\sqrt{a^2 - x^2}} =$$
$$x \sqrt{a^2 - x^2} + \int \frac{x^2 \, dx}{\sqrt{a^2 - x^2}}. \ (27).$$

Cherchons maintenant une autre valeur de $\int dx\sqrt{a^2 - x^2}$.

Pour cela multipliant cette expression par $\dfrac{\sqrt{a^2 - x^2}}{\sqrt{a^2 - x^2}}$, ce qui

ne la changera pas de valeur car ce facteur est égal à l'unité ; nous aurons l'équation identique
$$\int dx\sqrt{a^2 - x^2} = \int \frac{d x \sqrt{a^2 - x^2} \sqrt{a^2 - x^2}}{\sqrt{a^2 - x^2}} = \int \frac{dx(a^2 - x^2)}{\sqrt{a^2 - x^2}} =$$
$$\int \frac{dx \, a^2}{\sqrt{a^2 - x^2}} - \int \frac{dx \, x^2}{\sqrt{a^2 - x^2}} ;$$

en effectuant la première des intégrations indiquées dans le second membre, nous aurons art. 11, remarque :

$$\int dx \sqrt{a^2 - x^2} = a^2 \operatorname{arc}\left(\sin = \frac{x}{a}\right) - \int \frac{x^2\, dx}{\sqrt{a^2 - x^2}}.$$

Ajoutant cette équation à l'équation (27), nous aurons :

$$2 \int dx\sqrt{a^2 - x^2} = x\sqrt{a^2 - x^2} + a^2 \operatorname{arc}\left(\sin = \frac{x}{a}\right);$$

donc enfin

$$\int dx \sqrt{a^2 - x^2} = \frac{1}{2} x\sqrt{a^2 - x^2} + \frac{1}{2} a^2 \operatorname{arc}\left(\sin = \frac{x}{a}\right) + C.$$

Si l'on prend l'intégrale de o à a, (voir art. 68 et 69 ci-après), il vient

$$\int_o^a dx\sqrt{a^2 - x^2} = \frac{a}{2}\sqrt{0} + \frac{a^2}{2} \operatorname{arc} \sin 1 = \frac{a^2}{2} \cdot \frac{\pi}{2} = \frac{\pi a^2}{4}.$$

18. — *Remarque.* — Ces trois exemples nous montrent que lorsqu'en général on a une expression telle que $\int v\, du$, l'intégration par parties, fait dépendre cette intégrale de celle de $\int u\, dv$, et que, par suite, cette méthode d'intégration n'est pas toujours applicable.

2°. INTÉGRATION PAR LES SÉRIES,
(art. 158, C. D.)

19.—Soit une différentielle représentée par l'expression générale X dx, expression dans laquelle X représente une fonction de x. Développons X et représentons ce développement par la suite

$$Ax^\alpha + Bx^\beta + Cx^\gamma + Dx^\delta + Ex^\varepsilon + \text{etc.},$$

ordonnée par rapport aux expressions α, β, γ, etc.

D'après les articles 2 et 6, nous aurons

$$\int X\, dx = \int (Ax^\alpha + Bx^\beta + Cx^\gamma + Dx^\delta + Ex^\varepsilon + \text{etc.})\, dx =$$
$$\frac{Ax^{\alpha+1}}{\alpha+1} + \frac{Bx^{\beta+1}}{\beta+1} + \frac{Cx^{\gamma+1}}{\gamma+1} + \frac{Dx^{\delta+1}}{\delta+1} + \frac{Ex^{\varepsilon+1}}{\varepsilon+1} + \text{etc.} + C \ (28).$$

C'est de cette manière, que par la méthode d'intégration par les séries, on cherche l'intégrale d'une différentielle donnée, en la mettant sous la forme X dx, en faisant le développement de l'expresion représentée par X, en multipliant par dx, puis en intégrant chaque terme en particulier.

Remarque. — Si l'un des exposants α, β, γ, etc., était égal à —1, on intégrerait par logarithmes, voir art. 5, C. I., le terme qui en serait affecté.

20. — Comme application de cette méthode, cherchons l'intégrale de $\dfrac{dx}{a+x}$, expression qui d'après l'art. 28, C. D., est la différentielle de $\log(a+x)$; car $d.\log(a+x) = \dfrac{d(a+x)}{a+x} = \dfrac{dx}{a+x}$.

Conformément à la méthode, écrivons donc l'expression donnée sous la forme $\dfrac{1}{a+x} \times dx$, et il faudra d'abord trouver le développement de $\dfrac{1}{a+x}$, ce que l'on pourrait obtenir au moyen de la division ; mais nous pouvons aussi le déduire de la formule suivante, facile à retenir, et dont le développement s'obtient par la division de 1 par $1-z$:

$$\frac{1}{1-z} = 1 + z + z^2 + z^3 + z^4 + \text{etc...} \quad (29).$$

Si nous changons z en $-\dfrac{x}{a}$ dans cette équation, nous aurons :

$$\frac{1}{1+\frac{x}{a}} = 1 - \frac{x}{a} + \frac{x^2}{a^2} - \frac{x^3}{a^3} + \text{etc.}$$

Multiplions les deux termes du premier membre de cette équation par a, et divisons ensuite toute l'équation par a, nous aurons pour le développement cherché :

$$\frac{a}{a+x} : a \quad \text{ou} \quad \frac{1}{a+x} = \frac{1}{a} - \frac{x}{a^2} + \frac{x^2}{a^3} - \frac{x^3}{a^4} + \text{etc...} \quad (30).$$

Par conséquent

$$\int \frac{1}{a+x}dx \quad \text{ou} \quad \int \frac{dx}{a+x} = \int \left(\frac{1}{a} - \frac{x}{a^2} + \frac{x^2}{a^3} - \frac{x^3}{a^4} + \text{etc.} \right)dx \ ;$$

et, en intégrant chaque terme en particulier, nous obtiendrons, en observant que $\displaystyle\int \frac{1}{a}dx = \frac{1}{a}x = \frac{x}{a}$ et que $\displaystyle\int \frac{x^m dx}{a^n} =$

$$\int \frac{1}{a^n} x^m dx = \frac{1}{a^n} \frac{x^{m+1}}{m+1} = \frac{x^{m+1}}{(m+1)a^n} \quad \text{donc}$$

$$\int \frac{dx}{a+x} = \frac{x}{a} - \frac{x^2}{2a^2} + \frac{x^3}{3a^3} - \frac{x^4}{4a^4} + \text{etc...} + C. (31).$$

Remplaçons le premier membre de cette équation par $\log(a+x)$, intégrale trouvée en faisant $b=1$, dans la formule générale de l'article 10, C. I., nous aurons la série :

$$\log(a+x) = \frac{x}{a} - \frac{x^2}{2a^2} + \frac{x^3}{3a^3} - \frac{x^4}{4a^4} + \text{etc...} + C. (32).$$

Pour déterminer la constante, remarquons que dans le cas particulier où $x=0$, cette équation se réduit à $\log a = 0 + C$, donc $C = \log a$.

Substituant cette valeur de C dans l'équation (32), nous obtiendrons enfin

$$\log(a+x) = \frac{x}{a} - \frac{x^2}{2a^2} + \frac{x^3}{3a^3} - \frac{x^4}{4a^4} + \text{etc...} + \log a \ (33).$$

Remarque.— En déterminant la constante comme nous venons de le faire, nous ne la regardons plus comme arbitraire, attendu qu'elle est nécessairement égale au logarithme de a, dans le cas particulier où l'on fait $x=0$, dans l'équation (32). Cette constante a pris une valeur déterminée lorsqu'au lieu de $\int \frac{dx}{a+x}$, nous avons mis $\log(a+x)$, en prenant le cas particulier où $b=1$ dans la formule générale de l'art. 10. Et, en effet, l'équation (31) montre que $\frac{dx}{a+x}$ est, en général, la différentielle de $\frac{x}{a} - \frac{x^2}{2a^2} + \text{etc.} + C$; or la suite $\frac{x}{a} - \frac{x^2}{2a^2} + \text{etc.} + \log a$, éq. (33), qui est le développement de $\log(a+x)$, est un cas particulier de la suite (32), c'est celui où $x=0$ et par suite où $C = \log a$. Par conséquent, lorsque nous avons mis $\log(x+a)$ à la place de $\int \frac{dx}{a+x}$, c'est comme si nous eussions pris parmi toutes les suites qui sont l'intégrale de $\frac{dx}{a+x}$, celle où la constante est égale à $\log. a$.

Cette remarque est applicable aux autres expressions que nous allons intégrer par les séries

21. — Cherchons encore l'intégrale de $\frac{dx}{1+x^2}$

Pour cela, mettons cette différentielle sous la forme $\dfrac{1}{1+x^2} \times dx$, conformément à l'art. 19, C. I. Nous devons trouver maintenant, même art., le développement de $\dfrac{1}{1+x^2}$. A cet effet, posons $\dfrac{1}{1+x^2} = \dfrac{1}{1-z}$, expression dont nous avons déjà le développement, éq, (29), art. 20. C. 1. Nous avons donc $z = -x^2$. Substituant cette valeur dans l'équation (29), nous aurons pour le développement de $\dfrac{1}{1+x^2}$:

$$\frac{1}{1+x^2} = 1 - x^2 + x^4 - x^6 + \text{etc. (34)}.$$

Par suite

$$\int \frac{dx}{1+x^2} = \int (1 - x^2 + x^4 - \text{etc.})\, dx = \int (dx - x^2\, dx +$$
$$x^4\, dx - \text{etc.}) = x - \frac{x^3}{3} + \frac{x^5}{5} - \text{etc} \ldots + C. \ (35).$$

Or, art. 13, éq. (18), CI, nous savons que $\int \dfrac{dx}{1+x^2} = \text{arc}$ (tang $= x$), et en substituant cette valeur dans le premier membre de l'équation (35), nous aurons

$$\text{arc (tang} = x) = x - \frac{x^3}{3} + \frac{x^5}{5} - \ldots \text{etc} \ldots + C. \ (36).$$

Dans le cas particulier où $x = 0$, l'arc devenant nul, nous avons $0 = 0 + C$; donc, la constante $C = 0$.

Si la tangente x est plus grande que l'unité, les termes de cette série allant en augmentant, nous ne pourrons donner une valeur approchée de l'arc. Mais, dans ce cas, nous obtiendrons une série descendante en faisant $x = \dfrac{1}{x}$ dans l'équation (34), ce qui la changera en celle-ci :

$$\frac{1}{1+\dfrac{1}{x^2}} = 1 - \frac{1}{x^2} + \frac{1}{x^4} - \frac{1}{x^6} + \text{etc} \ ;$$

multipliant ensuite les deux termes du premier membre par x^2, nous aurons

$$\frac{x^2}{x^2 + 1} = 1 - \frac{1}{x^2} + \frac{1}{x^4} - \frac{1}{x^6} + \text{etc.} \ ;$$

divisant les deux membres par x^2, il viendra

$$\frac{1}{1+x^2} = \frac{1}{x^2} - \frac{1}{x^4} + \frac{1}{x^6} - \frac{1}{x^8} + \text{etc} \ ;$$

donc

$$\int \frac{dx}{1+x^2} = \int \left(\frac{1}{x^2} - \frac{1}{x^4} + \frac{1}{x^6} - \frac{1}{x^8} + \text{etc.} \right) dx \; ;$$

et en effectuant l'intégration, nous aurons

$$\text{arc (tang} = x) = \int \left(\frac{1}{x^2} dx - \frac{1}{x^4} dx + \frac{1}{x^6} dx - \frac{1}{x^8} dx + \text{etc.} \right) = \int \left(x^{-2} dx - x^{-4} dx + x^{-6} dx - x^{-8} dx + \text{etc.} \right) =$$

$$\frac{x^{-1}}{-1} - \frac{x^{-3}}{-3} + \frac{x^{-5}}{-5} - \frac{x^{-7}}{-7} + \text{etc.} = - \frac{1}{x^1} - \left[\left(\frac{1}{x^3} : -3 \right) \text{ ou } - \frac{1}{3\,x^3} \right] + \left(\frac{1}{x^5} : -5 \text{ ou } - \frac{1}{5\,x^5} \right) - \text{etc.} = - \frac{1}{x} + \frac{1}{3\,x^3} - \frac{1}{5\,x^5} + \text{etc.} + C. \; (37).$$

Pour trouver la valeur de la constante, nous ne pouvons pas faire, comme précédemment, $x=0$, car ainsi nous rendrions infinis les termes du second membre de l'équation (37) ; mais si nous faisons $x=\infty$ l'expression arc (tang$=x$) sera égale au quart de la circonférence, arc dont la tangente est infinie ; alors l'équation (37) deviendra

$$\frac{1}{4} \text{ circonf.} = - \frac{1}{\infty} + \frac{1}{\infty} - \text{etc.} \dots + C = 0 + C \; ; \text{ donc } C = \frac{1}{4}$$

de la circonférence, que l'on représente par $\frac{1}{2} \pi$; par conséquent l'équation (37) nous donnera

$$\text{arc (tang} = x) = - \frac{1}{x} + \frac{1}{3\,x^3} - \frac{1}{5\,x^5} + \text{etc.} \dots + \frac{1}{2} \pi. \; (38).$$

22. — Soit encore à intégrer, par les séries, l'expression :

$$\frac{dx}{\sqrt{1-x^2}} \text{ ou } (1-x^2)^{-1/2} \, dx.$$

A cet effet, nous développerons $(1-x^2)^{-1/2}$ par la formule du binôme, laquelle est

$$(a-b)^m = a^m - \frac{m}{1} a^{m-1} b + \frac{m(m-1)}{1.2} a^{m-2} b^2 + \dots \text{etc.} \dots + b^m \; ;$$

il suffit, pour cela, de remplacer dans cette formule a par 1, b par x^2 et m par $-\frac{1}{2}$; nous aurons ainsi :

$$(1-x^2)^{-1/2} = 1^{-1/2} - \left(- \frac{1}{2} 1^{-3/2} x^2 \right) + \dots \text{etc.} \; ;$$

ou $\dfrac{1}{(1-x^2)^{1/2}} = \dfrac{1}{1^{1/2}} - \left(-\dfrac{1}{2} \cdot \dfrac{1}{1^{3/2}} x^2\right) + \dots$ etc. ;

ou $\dfrac{1}{\sqrt{1-x^2}} = \dfrac{1}{\sqrt{1}} - \left(-\dfrac{1}{2} \cdot \dfrac{1}{\sqrt{1^3}} x^2\right) + \dots$ etc. ; donc :

$$\dfrac{dx}{\sqrt{1-x^2}} = \left(1 + \dfrac{1}{2} x^2 + \dots \text{ etc.}\right) dx,$$

et, en intégrant, nous obtiendrons

$$\int \dfrac{dx}{\sqrt{1-x^2}} = \int \left(dx + \dfrac{1}{2} x^2\, dx + \text{etc.}\dots\right)$$

ou art. 11,

$$\text{arc} (\sin = x) = x + \dfrac{1}{2} \dfrac{x^3}{3} + \dfrac{1}{2} \dfrac{3}{4} \dfrac{x^5}{5} + \text{ etc.}\right) \quad (39).$$

Nous ne mettons pas de constante, attendu que lorsque $x = 0$, l'arc dont le sinus est x s'évanouit, et par suite, nous aurions $\qquad o = o + C$ ou $C = o$.

. 23. — La formule (39) que nous venons d'obtenir peut nous permettre de trouver une valeur approchée de la circonférence. A cet effet, faisons dans cette formule $x = \dfrac{1}{2}$, elle se réduit à

$$\text{arc} \left(\sin = \dfrac{1}{2}\right) = \dfrac{1}{2} + \dfrac{1}{2} \cdot \dfrac{1}{3} \cdot \dfrac{1}{2^3} + \dfrac{1}{2} \cdot \dfrac{3}{4} \cdot \dfrac{1}{5} \cdot \dfrac{1}{2^5} + \text{ etc.} ;$$

or le sinus qui est exprimé par $\dfrac{1}{2}$ étant égal à la moitié du côté de l'hexagone régulier, et par suite, ce sinus répondant à la douzième partie de la circonférence, nous aurons donc $\dfrac{1}{12}$ circonférence $= \dfrac{1}{2} + \dfrac{1}{2} \cdot \dfrac{1}{3} \cdot \dfrac{1}{2^3} + \dfrac{1}{2} \cdot \dfrac{3}{4} \cdot \dfrac{1}{5} \cdot \dfrac{1}{2^5} + \text{ etc.} ;$ par conséquent

$$\text{circonférence} = 12 \left(\dfrac{1}{2} + \dfrac{1}{2} \cdot \dfrac{1}{3} \cdot \dfrac{1}{2^3} + \dfrac{1}{2} \cdot \dfrac{3}{4} \cdot \dfrac{1}{5} \dfrac{1}{2^5} + \text{ etc.}\right)$$

24. — La formule (33) de l'article 20), CI., en lui faisant subir quelques modifications, peut servir à calculer les logarithmes. Pour cela, comme cette série est peu convergente, faisons-y $\qquad x = -x$,

nous aurons

$$\log (a - x) = \log a - \dfrac{x}{a} - \dfrac{x^2}{2 a^2} - \dfrac{x^3}{3 a^3} - \text{ etc.} ;$$

retranchons cette dernière équation de l'équation (33), nous obtiendrons

$$\log (a+x) - \log (a - x) = 2 \left(\frac{x}{a} + \frac{x^3}{3\,a^3} + \text{ etc.} \right) ;$$

$$\text{ou } \log \left(\frac{a+x}{a-x} \right) = 2 \left(\frac{x}{a} + \frac{x^3}{3\,a^3} + \text{etc.} \right), \quad (40) ;$$

telle est la formule que nous pourrons employer pour déterminer les logarithmes.

Ainsi, par exemple, si nous voulons calculer le logarithme de 2, nous poserons $\frac{a+x}{a-x} = \frac{2}{1} = 2$, et ainsi le logarithme de $\frac{a+x}{a-x}$ sera le logarithme de 2. Il suffira donc de déterminer à l'aide de $\frac{a+x}{a-x} = \frac{2}{1}$, les valeurs de a et de x que nous substituerons dans le second membre de l'équation (40) ; en faisant $a+x = 2$ et $a - x = 1$, on connaît la somme et la différence de deux nombres et le plus grand $a = \frac{2}{2} + \frac{1}{2} = \frac{3}{2}$, le plus petit $x = \frac{2}{2} - \frac{1}{2} = \frac{1}{2}$; on aura ensuite

$$\frac{x}{a} = \frac{1}{2} : \frac{3}{2} = \frac{1}{2} \times \frac{2}{3} = \frac{1}{3}, \quad \frac{x^3}{3\,a^3} = \frac{1}{8} : \frac{3 \times 27}{8} = \frac{1}{8} \times \frac{8}{3 \cdot 27} = \frac{1}{3 \times 27} = \frac{1}{3} \times \frac{1}{27} ; \text{ etc.}$$

Substituant dans l'équation (40) on aura

$$\log. 2 = 2 \left(\frac{1}{3} + \frac{1}{3} \cdot \frac{1}{27} + \text{ etc.} \right).$$

Si nous nous bornions aux dix premiers termes de cette série, réduite en décimales, nous déterminerions la valeur du logarithme de 2 ; en doublant ce logarithme, nous aurions celui de 2^2 ou de 4, etc. Si nous calculions par la formule (40), le logarithme de $\frac{10}{4}$ et que nous ajoutions à ce logarithme celui de 4, nous aurions le logarithme de $\frac{10}{4} \times 4 =$ log 10. Par des procédés analogues, la formule (40) nous donnerait tout autre logarithme.

Il est à observer que les logarithmes que nous obtiendrions ainsi seraient des logarithmes népériens, car la formule (33) de l'art. 20, Cl, a été obtenue en nous basant sur la dernière formule de l'art. 28,CD, obtenue en prenant les logarithmes dans le système Népérien ; que nous représenterions par le signe log.

Pour déduire des logarithmes précédents, les logarithmes tabulaires, c'est-à-dire dont la base est 10, en représentant par L a le logarithme tabulaire d'un nombre a, nous aurons $a = 10^{L\,a}$, art. 26, C. D. ; prenant les logarithmes Népériens, cette équation nous donne

$$\log a = \log (10^{L\,a}) = \log 10 . L\,a ;$$

par suite, le logarithme tabulaire

$$L\,a = \frac{\log a}{\log . 10} ;$$

formule qu'on peut exprimer en disant qu'un logarithme tabulaire représenté par L d'un nombre a est égal au logarithme Népérien représenté par log de ce nombre, divisé par le logarithme Népérien de 10.

3° INTÉGRATION PAR LA MÉTHODE DES FRACTIONS RATIONNELLES.

25. — Tout d'abord nous allons démontrer que lorsqu'on doit intégrer une expression telle que

$$\frac{Px^m + Qx^{m-1} + \ldots + Rx + S}{P'x^n + Q'x^{n-1} + \ldots + R'x + S'}\,dx,$$

ordonnée par rapport aux puissances décroissantes de x, et dans laquelle le multiplicateur de dx est une fraction rationnelle, on peut toujours supposer que n surpasse m ; car, si cela n'était pas, on pourrait ramener l'intégrale de cette expression à celle d'une autre différentielle de même forme, dans laquelle la plus haute puissance de x du dénominateur surpasserait la plus haute puissance de x du numérateur.

En effet, pour cela, il suffirait d'effectuer la division comme dans l'exemple suivant :

Soit l'expression particulière,

$$\frac{Px^3 + Qx^2 + Rx + S}{Q'x^2 + R'x + S'} :$$

en divisant d'abord tous les termes par le cœfficient Q' du premier terme (plus haute puissance de x) du dénominateur, nous aurons

$$\frac{\dfrac{P}{Q'}x^3 + \dfrac{Q}{Q'}x^2 + \dfrac{R}{Q'}x + \dfrac{S}{Q'}}{x^2 + \dfrac{R'}{Q'}x + \dfrac{S'}{Q'}} \; ;$$

faisant $\dfrac{P}{Q'}=P''$, $\dfrac{Q}{Q'}=Q''$, $\dfrac{R}{Q'}=R''$, $\dfrac{S}{Q'}=S''$, $\dfrac{R'}{Q'}=R'''$, $\dfrac{S'}{Q'}=S'''$,

et substituant, nous obtiendrons

$$\frac{P''\,x^3 + Q''\,x^2 + R''\,x + S''}{x^2 + R'''x + S'''}$$

On effectuera ensuite la division indiquée, par cette expression, de la manière suivante :

$$
\begin{array}{l|l}
P''\,x^3 + Q''\,x^2 + R''\,x + S'' & x^2 + R'''\,x + S''' \\
\;-\,P''\,x^3 - R'''P''\,x^2 - P''S''\,x & \overline{\;P''\,x + M\;} \\
\hline
\end{array}
$$

1er reste $(Q'' - R'''P'')\,x^2 + (R'' - P''S''')\,x + S''$

représentons par M et par N les coefficients de x^2 et de x, dans ce premier reste, il deviendra

$$M\,x^2 + N\,x + S''$$

suite de la division $\quad - M\,x^2 - M\,R'''\,x - M\,S'''$

second reste $\qquad \overline{(N - M\,R''')\,x + S'' - M\,S'''}$

On peut représenter ce dernier reste par $Kx+L$, K égalant $N - M\,R'''$ et L égalant $S'' - MS'''$, et alors il viendra

$$\frac{Px^3 + Qx^2 + Rx + S}{Q'x^2 + R'x + S'}\,dx = (P''\,x + M)\,dx + \frac{(Kx+L)\,dx}{x^2 + R'''x + S'''}\;;$$

et, en intégrant, nous obtiendrons

$$\int \frac{Px^3 + Qx^2 + Rx + S}{Q'x^2 + R'x + S'}\,dx = \int (P''\,x + M)\,dx +$$

$$\int \frac{(Kx+L)\,dx}{x^2 + R'''x + S'''} = P''\frac{x^2}{2} + Mx + \int \frac{(Kx+L)\,dx}{x^2 + R'''x + S'''} + C\;;$$

et, ainsi, la question est ramenée à intégrer l'expression

$$\frac{Kx + L}{x^2 + R'''x + S'''}\,dx,$$

dans laquelle la plus haute puissance de x du dénominateur surpasse la plus haute puissance de x du numérateur ; C. Q. F. D.

On peut donc dire, d'une façon générale, que quelle que soit la fraction rationnelle que l'on considère, son intégration peut toujours être ramenée, dans le cas le plus général, à celle de

$$\frac{P\,x^{n-1} + Q\,x^{n-2} + \dots + R\,x + S}{P'\,x^n + Q'\,x^{n-1} + \dots + R'\,x + S'}\,dx.$$

26. — L'intégration se fera ensuite en regardant le dénominateur de cette fraction comme le produit d'un nombre n de facteurs tels que x — a, x — b, x — c, etc., ces facteurs pouvant être réels ou imaginaires, égaux ou inégaux ; de là différents cas d'intégration que nous allons examiner.

27. — *Premier cas.* — *Intégration lorsque les facteurs sont réels et inégaux.*

Soit en général,

$$\frac{Px^{m-1} + Qx^{m-2} + \dots + Rx + S}{x^m + Q'x^{m-1} + \dots + R'x + S'}\,dx,$$

une fraction rationnelle dans laquelle les facteurs du premier degré du dénominateur sont supposés inégaux ; pour trouver ces facteurs, nous résoudrons l'équation :

$$x^m + Q'x^{m-1} + \dots + R'x + S' = 0 ;$$

et ayant trouvé qu'elle est le produit des facteurs $(x-a)$, $(x-b)$, $(x-c)$, etc., nous poserons

$$\frac{Px^{m-1} + Qx^{m-2} + \dots + Rx + S}{x^m + Q'x^{m-1} + \dots + R'x + S'} = \frac{A}{x-a} + \frac{B}{x-b} + \frac{C}{x-c} + \text{etc.}$$

En réduisant au même dénominateur le second membre de cette équation, chaque terme du numérateur de l'une des fractions devra être multiplié par le produit des dénominateurs des autres, c'est à-dire par un polynôme en x de l'ordre m - 1 ; donc le second membre de cette équation sera un polynôme composé de m termes. Il en résulte que si nous égalons entre eux les coefficients des mêmes puissances de x, du polynôme ci-dessus, et du premier membre de l'équation, après que son dénominateur aura été décomposé en facteurs (comme dans l'exemple suivant). nous aurons m équations de condition pour déterminer les coefficients A, B, C, etc.

Ces coefficients étant connus, nous n'aurons plus qu'à intégrer une suite de termes tels que

$$\frac{A}{x-a}\,dx,\quad \frac{B}{x-b}\,dx,\quad \frac{C}{x-c}\,dx,\ \text{etc.}\ ;$$

et l'intégrale cherchée sera donc

$$\int\left(\frac{A}{x-a}\,dx+\frac{B}{x-b}\,dx+\frac{C}{x-c}\,dx+\text{etc.}\right)\text{ou}$$

$$\int\left(A\,\frac{dx}{x-a}+B\,\frac{dx}{x-b}+C\,\frac{dx}{x-c}+\text{etc.}\right).$$

Or, art. 28, $d.\ \log(x-a)=\dfrac{d(x-a)}{x-a}=\dfrac{dx}{x-a}$, donc, $\displaystyle\int\frac{dx}{x-a}=$
$\log(x-a)$; d'après cela, l'intégrale cherchée ci-dessus sera
$A\log(x-a)+B\log(x-b)+C\log(x-c)+\text{etc.}+C.$

Exemple. — Soit à intégrer

$$\frac{a^3+bx^2}{a^2\,x-x^3}\,dx.$$

Les facteurs du dénominateur sont x et a^2-x^2, et comme $a^2-x^2=(a-x)(a+x)$, les facteurs premiers du dénominateur sont x, $a-x$ et $a+x$; donc l'expression ci-dessus à intégrer devient

$$\frac{a^3+bx^2}{x\,(a-x)\,(a+x)}\,dx.$$

Posant

$$\frac{a^3+bx^2}{x\,(a-x)\,(a+x)}=\frac{A}{x}+\frac{B}{a-x}+\frac{C}{a+x}.\ (41)\ ;$$

réduisant au même dénominateur, il vient

$$\frac{a^3+bx^2}{x\,(a-x)\,(a+x)}=\frac{A\,a^2-A\,x^2+B\,a\,x+B\,x^2+C\,a\,x-C\,x^2}{x\,(a-x)\,(a+x)}\ ;$$

égalant entre eux les coefficients des mêmes puissances de x, nous aurons

$$B-A-C=b,\quad Ba+Ca=0,\quad Aa^2=a^3.$$

La troisième de ces équations nous donne $A=a$; cette valeur réduit la première à $B-C=a+b$, et comme la seconde donne $B+C=0$, nous connaissons la somme et la différence des deux quantités B et C, et, par suite, la plus grande

$$B=\frac{o}{2}+\frac{a+b}{2}=\frac{a+b}{2},\ \text{et l'autre}\ C=\frac{o}{2}-\frac{a+b}{2}=-\frac{a+b}{2}.$$

Substituant les valeurs de A, de B et de C dans l'équation (41), nous trouverons

$$\frac{a^3 + bx^2}{a^2 x - x^3}\, dx = \frac{a\,dx}{x} + \frac{a+b}{2(a-x)}dx - \frac{a+b}{2(a+x)}\, dx\ ;$$

en intégrant d'après l'article 28, C. D., et en remarquant que pour prendre l'intégrale de $\dfrac{a+b}{2(a-x)}\, dx$, comme la différentielle de $a-x$ est $-dx$, nous devons écrire ainsi ce terme

$$\frac{-(a+b)}{2} \times -\frac{dx}{a-x}\,,$$

et nous voyons que l'intégrale sera

$$\frac{-(a+b)}{2}\, \log (a - x) + C.\ \text{(art. 20 où } x = - x).$$

Donc, nous aurons

$$\int \frac{a^3 + bx^2}{a^2 x - x^3}\, dx = a \log x - \frac{(a+b)}{2} \log (a-x) - \frac{(a+b)}{2} \log (a+x) + C =$$

$$a \log x - \frac{(a+b)}{2} [\log (a-x) + \log (a+x)] + C =$$

$$a \log x - \frac{(a+b)}{2} \log (a - x) (a+x) + C =$$

$$a \log x - \frac{(a+b)}{2} \log (a^2 - x^2) + C =$$

$$a \log x - (a+b) \log \sqrt{a^2 - x^2} + C.$$

28. — *Deuxième cas. — Intégration lorsque parmi les facteurs du dénominateur, que nous supposerons toujours réels, il y en a qui sont égaux.*

Remarquons d'abord que la méthode que nous venons d'exposer à l'article précédent, ne peut servir si parmi les racines il y en a qui sont égales, car on ne peut calculer toutes les indéterminées A, B, C, etc. En effet, lorsque les racines sont inégales, nous avons vu qu'on peut écrire

$$\frac{P x^4 + Q x^3 + R x^2 + S x + T}{(x-a)(x-b)(x-c)(x-d)(x-e)} = \frac{A}{x-a} + \frac{B}{x-b} + \frac{C}{x-c} + \frac{D}{x-d} + \frac{E}{x-e}\ ;$$

mais si plusieurs de ces racines étaient égales, si, par exemple, nous avions $a = b = c$, l'équation précédente deviendrait

$$\frac{P x^4 + \text{etc.}}{(x-a)^3 (x-d)(x-e)} = \frac{A+B+C}{x-a} + \frac{D}{x-d} + \frac{E}{x-e}.$$

Alors, en réduisant le second membre au même dénominateur, $A + B + C$ pouvant être considéré comme une seule constante A', nous voyons que les trois constantes A', D et E ne pourraient suffire pour établir les cinq équations de condition que nous devrions obtenir en égalant entre eux les cœfficients des mêmes puissances de x.

Pour éviter cet inconvénient, nous devrons chercher à décomposer la fraction.

$$\frac{Px^4 + Qx^3 + \text{etc.}}{(x-a)^3 \,(x-d)\,(x-e)},$$

en un autre assemblage de fractions, qui, réduites au même dénomiteur, puissent la reproduire.

Nous supposerons donc que

$$\frac{Px^4 + Qx^3 + \text{etc.}}{(x-a)^3 \,(x-d)\,(x-e)} = \frac{A + Bx + Cx^2}{(x-a)^3} + \frac{D}{x-d} + \frac{E}{x-e}.$$

De cette manière, en réduisant le second membre de cette équation au même dénominateur, nous obtiendrons au numérateur un polynome en x du quatrième degré, qui renfermera cinq constantes arbitraires ; ce qui suffira pour établir l'identité des termes affectés des mêmes puissances de x.

Mais nous pouvons mettre le terme

$$\frac{A + Bx + Cx^2}{(x-a)^3}$$

sous la forme

$$\frac{A'}{(x-a)^3} + \frac{B'}{(x-a)^2} + \frac{C'}{(x-a)},$$

A', B', C', étant des constantes indéterminées. En effet, faisont $x - a = z$; nous aurons $x = z + a$, donc

$$\frac{A + Bx + Cx^2}{(x-a)^3} = \frac{A + Bz + Ba + Cz^2 + 2\,Caz + Ca^2}{z^3} =$$

$$\frac{A + Ba + Ca^2 + Bz + 2\,Ca\,z + Cz^2}{z^3} = \frac{A + Ba + Ca^2}{z^3} +$$

$$\frac{B + 2\,Ca}{z^2} + \frac{C}{z} \,;$$

mettant la valeur de z dans cette équation, nous obtiendrons

$$\frac{A + Bx + Cx^2}{(x-a)^3} = \frac{A + Ba + Ca^2}{(x-a)^3} + \frac{B + 2\,Ca}{(x-a)^2} + \frac{C}{x-a},$$

résultat de la forme prescrite puisque A′, B′, C′, sont des constantes. Et la même démonstration pouvant s'appliquer à une équation d'un degré plus élevé, nous pouvons donc, d'une façon générale, supposer que

$$\frac{Px^{m-1}+Qx^{m-2}+\ldots+Rx+S}{(x-a)^m}=\frac{A}{(x-a)^m}+\frac{A'}{(x-a)^{m-1}}+$$

$$\frac{A''}{(x-a)^{m-2}}+\ldots+\frac{A^n}{x-a}.$$

Nous pouvons conclure, de ce qui précède, que pour intégrer l'expression

$$\frac{Px^4+Qx^3+\text{etc.}}{(x-a)^3\,(x-d)\,(x-e)}\,dx,$$

nous devrons écrire

$$\frac{Px^4+Qx^3+\text{etc.}}{(x-a)^3\,(x-d)(x-e)}=\frac{A}{(x-a)^3}+\frac{A'}{(x-a)^2}+\frac{A''}{x-a}+\frac{D}{x-d}+\frac{E}{x-e}\,;$$

réduisant ensuite les fractions au même dénominateur, nous déterminerons les constantes A, A′, A″, D, E, etc., par le procédé que nous avons déjà employé, c'est-à-dire, en égalant les cœfficients des mêmes puissances de x dans les deux membres de l'équation. Nous aurons ensuite à trouver les intégrales des expressions :

$$\frac{A}{(x-a)^3}\,dx,\quad\frac{A'}{(x-a)^2}\,dx,\quad\frac{A''}{(x-a)}\,dx,\quad\frac{D}{(x-d)}\,dx,\quad\frac{E}{(x-e)}\,dx\,;$$

pour intégrer les deux premières, comme dx est la différentielle de l'expression x—a, renfermée entre les parenthèses, nous supposerons, art. 8, CI, x − a = z, et nous aurons

$$\int\frac{A\,dx}{(x-a)^3}=\int\frac{A\,dz}{z^3}=A\int z^{-3}dz=A\frac{z^{-3+1}\,\text{ou}\,-2}{-3+1\,\text{ou}\,-2}=\frac{A}{-2}$$

$$\frac{1}{z^2}=-\frac{A}{2\,z^2}=-\frac{A}{2\,(x-a)^2}\,;$$

$$\int\frac{A'\,dx}{(x-a)^2}=\int\frac{A'dz}{z^2}=\int A'z^{-2}\,dz=A'\frac{z^{-1}}{-1}=-\frac{A'}{z}=-\frac{A'}{x-a}\,;$$

$$\int\frac{A''\,dx}{x-a}=\int\frac{A''dz}{z}=\text{art. 28, C.D.}=A''\int\frac{dz}{z}=A''\log z=A''$$

$\log(x-a)$.

En faisant x - d = z′, et x − e = z″, nous aurons :

$$\int \frac{D\, dx}{x - d} = \int \frac{D\, dz'}{z'} = D \int \frac{dz'}{z'} = D \log z' = D \log (x - d);$$

$$\int \frac{E\, dx}{x - e} = \int \frac{E\, dz''}{z''} = E \int \frac{dz''}{z''} = E \log z'' = E \log (x - e);$$

donc, enfin nous avons

$$\int \frac{(Px^4 + Qx^3 + \text{etc.})\, dx}{(x-a)^3\,(x-d)\,(x-e)} = - \frac{A}{2(x-a)^2} - \frac{A'}{x-a} + A'' \log$$

$(x-a) + D \log (x - d) + E \log (x - e) + $ constante.

Exemple. — Soit à intéger la fraction

$$\frac{2\, ax\, dx}{(x+a)^2}$$

nous avons, d'après ce qui précède :

$$\frac{2ax}{(x+a)^2} = \frac{A}{(x+a)^2} + \frac{A'}{x+a};$$

réduisant le second membre au même dénominateur, en multipliant les deux termes du second terme par $x+a$, puis supprimant le dénominateur commun $(x+a)^2$, nous aurons

$$2\, ax = A + A'\, x + A'a,$$

d'où, nous déduisons les équations de condition :

$$2\, a = A' \text{ et } A + A'a = 0 ;$$

nous en tirons

$$A' = 2\, a \text{ et } A = - A'a = - 2\, a^2 ;$$

par conséquent,

$$\frac{2\, ax\, dx}{(x+a)^2} = - \frac{2\, a^2\, dx}{(x+a)^2} + \frac{2\, a\, dx}{x+a} . \quad (42).$$

Pour obtenir l'intégrale, comme dx est la différentielle de $x+a$, nous pouvons, art. 8, C.I., supposer $x+a=z$; donc

$$\frac{2\, ax\, dx}{(x+a)^2} = - \frac{2\, a^2\, dz}{z^2} + 2\, a\, \frac{dz}{z},$$

d'où, en intégrant par l'article 2, C.I., pour le premier terme du second membre et par l'art. 28, C D. pour le second terme de ce membre, nous aurons

$$\int \frac{2\, ax\, dx}{(x+a)^2} = \int - 2a^2\, z^{-2}\, dz + \int 2a\, \frac{dz}{z} = - 2a^2 \frac{z^{-1}}{-1} +$$

$2a \log z + C = 2a^2 \dfrac{1}{z} + 2a \log z + C = \dfrac{2a^2}{z} + 2\, a \log z + {}'C ;$

et, en remettant la valeur de z, nous aurons enfin

$$\int \frac{2\,ax\,dx}{(x+a)^2} = \frac{2a^2}{x+a} + 2a \log (x+a) + C.$$

Troisième cas. — *Intégration lorsque le dénominateur contient des facteurs (racines) imaginaires.*

29. — Tout d'abord nous allons démontrer que les conditions nécessaires pour que l'équation du second degré

$$x^2 + px + q = 0, \quad (43),$$

aient des racines imaginaires sont les suivantes :

1° le dernier terme q doit être positif ;

2° q doit surpasser $\frac{1}{4} p^2$.

En effet, résolvons l''équation (43)) nous aurons

$$x = -\frac{1}{2}p \pm \sqrt{\frac{p^2}{4} - q} \, ;$$

et 1°) nous voyons que si q était négatif, l'expression $-q$, qui est sous le radical, changerait de signe, et le radical, n'affectant alors que des quantités positives, x ne pourrait être imaginaire ; et 2°) si q surpasse $\frac{1}{4} p^2$, l'excès de q sur $\frac{1}{4} p^2$ étant alors une quantité essentiellement positive, nous pourrons le représenter par β^2 , puisque un carré est toujours positif ; nous aurons ainsi

$$q = \frac{1}{4} p^2 + \beta^2 \, ;$$

faisant $\frac{p}{2} = \alpha$ pour éviter les fractions, cette expression devient
$$q = \alpha^2 + \beta^2 \, ;$$
substituons ces valeurs de p et de q dans l'équation (43), nous obtiendrons

$$x^2 + 2\alpha x + \alpha^2 + \beta^2 = 0. \quad (44).$$

En résolvant cette équation, nous avons

$$x = -\alpha \pm \beta \sqrt{-1}. \quad (45) \, ;$$

et par suite, les deux racines sont donc

$$-\alpha + \beta \sqrt{-1} \quad \text{et} \quad -\alpha - \beta \sqrt{-1}.$$

L'éq. (45) donne les 2 éq.

$$x + \alpha - \beta \sqrt{-1} = 0 \quad \text{et} \quad x + \alpha + \beta \sqrt{-1} = 0$$

qui, multipliées l'une par l'autre, reproduisent l'éq. (44),

On voit que les deux racines sont imaginaires. Elles

sont disposées par couple, de telle sorte que l'une étant connue, on connaît l'autre en changeant le signe de la partie imaginaire.

30. — En général, une équation peut avoir plusieurs couples de racines imaginaires, et chaque couple donne lieu à un facteur du second degré de la forme

$$x^2 + 2\alpha x + \alpha^2 + \beta^2 \ . \ (46)$$

Parfois, les racines imaginaires sont égales, au signe près ; c'est ce qui arrive lorsque $\alpha = 0$; alors l'une des racines est $\beta\sqrt{-1}$ et l'autre $-\beta\sqrt{-1}$, et le facteur (46), du second degré se réduit à

$$x^2 + \beta^2$$

31. — Comme exemple d'une équation dont les racines sont imaginaires nous prendrons l'équation

$$x^2 - 6\,ax + 10\,a^2 = 0 \ ;$$

résolue, elle donne

$$x = 3\,a \pm \sqrt{-a^2} = 3\,a \pm a\sqrt{-1} \ ;$$

couple de valeurs imaginaires.

En comparant cette valeur de x avec l'équation (45), nous trouvons $\quad -\alpha = 3a, \ \beta = a \ ;$
donc, dans le cas présent, l'équation (46) devient

$$x^2 - 6\,ax + 9\,a^2 + a^2 \ \text{ou} \ x^2 - 6\,ax + 10\,a^2 \ .$$

32. — Du reste, quand on a une équation telle que

$$x^2 + 4\,x + 12 = 0,$$

dont les racines sont imaginaires, ce que l'on reconnaît quand les conditions de l'art. 29, C. I., sont remplies, on peut la comparer immédiatement à la formule (46), et l'on a ainsi dans le cas présent, $2\alpha = 4$, donc $4\alpha^2 = 16$ ou $\alpha^2 = 4$.

Si nous retranchons 4 de 12, il reste 8 pour β^2, et l'équation proposée peut se mettre sous la forme

$$x^2 + 4x + 4 + 8 = 0.$$

Remarquons que le terme 8 n'est pas un carré parfait, mais on peut le regarder comme celui de $\sqrt{8}$.

33. — Nous allons maintenant passer à l'intégration des fractions rationnelles dont les dénominateurs contiennent des facteurs imaginaires.

Prenons d'abord le cas le plus simple, c'est-à-dire celui où il n'y a qu'une couple de racines imaginaires dans le dénominateur ; supposons, par exemple, qu'après avoir décomposé le dénominateur en ses facteurs, on ait trouvé

$$\frac{P + Qx + Rx^2 + Sx^3 + \text{etc.}}{(x-a)(x-b)\ldots(x-h)(x^2 + 2\alpha x + \alpha^2 + \theta^2)}\, dx,$$

expression dans laquelle le dernier facteur du dénominateur contient des racines imaginaires (équation 46), art. 30.

Nous égalerons, comme nous l'avons déjà fait, art, 28, C. I. cette expression à cette suite de termes :

$$\frac{A\,dx}{x-a} + \frac{B\,dx}{x-b} + \cdot\cdot + \frac{H\,dx}{x-h} + \frac{Mx + N}{x^2 + 2\alpha x + \alpha^2 + \theta^2}\, dx,$$

et après avoir déterminé les constantes A, B, … H, M, N, par le procédé que nous avons employé précédemment, tous ces termes, excepté le dernier, s'intégreront par logarithmes, art. 28, calcul différentiel. Quant au dernier, il s'intégrera de la manière suivante :

Nous remarquerons d'abord que les termes $x^2 + 2\alpha x + \alpha^2$ constituent un carré parfait, et que, par suite, le terme à intégrer peut se mettre sous la forme

$$\frac{Mx + N}{(x+\alpha)^2 + \theta^2}\, dx\ ;$$

en posant $x + \alpha = z$, il devient

$$\frac{Mz + N - M\alpha}{z^2 + \theta^2}\, dz\ ;$$

et en représentant par P la partie constante $N - M\alpha$, i. se réduit à

$$\frac{Mz + P}{z^2 + \theta^2}\, dz\ ;$$

expression qui se décompose en celle-ci

$$\frac{Mz\,dz}{z^2 + \theta^2} + \frac{P\,dz}{z^2 + \theta^2}\cdot$$

Le premier terme s'intégrera en observant que $z\,dz$ étant la différentielle de $z^2 + \theta^2$ à un facteur constant près, le facteur 2, nous pouvons, art. 9, C. I., supposer $z^2 + \theta^2 = y$, expression qui, différentiée, nous donne,

$$2z\,dz = dy \text{ ou } z\,dz = \frac{dy}{2}\ ;$$

substituant ces valeurs dans ce premier terme, nous aurons

$$\frac{M\,dy}{2} : y \text{ ou } \frac{M\,dy}{2\,y}\ ;$$

et en intégrant d'après l'art. 28 du calcul différentiel, nous obtiendrons pour l'intégrale de ce premier terme, en remplaçant y et z par leurs valeurs :

$$\int \frac{M}{2}\frac{dy}{y} = \frac{M}{2}\log y = \frac{M}{2}\log (z^2 + b^2) = \frac{M}{2}\log [(x+\alpha)^2 + b^2] = \frac{M}{2}\log (x^2 + 2\alpha x + \alpha^2 + b^2) = M\log (x^2 + 2\alpha x + \alpha^2 + b^2)^{1/2} = M\log\sqrt{x^2 + 2\alpha x + \alpha^2 + b^2}.$$

Pour intégrer le second terme $\dfrac{Pdz}{z^2 + b^2}$, divisons d'abord ses deux termes par b^2, nous aurons

$$\frac{P}{b}\cdot\frac{\dfrac{dz}{b}}{\dfrac{z^2}{b^2} + 1},$$

et en intégrant, d'après l'art. 13, C. I., en y remplaçant x par $\dfrac{z}{b}$, nous obtiendrons

$$\int \frac{P\,dz}{z^2 + b^2} = \int \frac{P}{b}\cdot\frac{\dfrac{dz}{b}}{\dfrac{z^2}{b^2} + 1} = \frac{P}{b}\ \text{arc}\left(\text{tang} = \frac{z}{b}\right),\ \text{et en}$$

remplaçant dans cette dernière expression P et z par leurs valeurs, nous aurons

$$\int \frac{P\,dz}{z^2 + b^2} = \frac{P}{b}\,\text{arc}\left(\text{tang} = \frac{z}{b}\right) = \frac{N - M\alpha}{b}\,\text{arc}\left(\text{tang} = \frac{x+\alpha}{b}\right)\ ;$$

donc, enfin,

$$\int \frac{M x + N}{x^2 + 2\alpha x + \alpha^2 + b^2}\,dx = M\log\sqrt{x^2 + 2\alpha x + \alpha^2 + b^2} + \frac{N - M\alpha}{b}\,\text{arc}\left(\text{tang} = \frac{x+\alpha}{b}\right).\ (47).$$

Exemple. — Soit à intégrer $\dfrac{a + bx}{x^3 - 1}\,dx$.

Nous reconnaissons d'abord, (caractères de divisibilité, algèbre), que le dénominateur possède x-1 pour facteur; par la division, nous aurons l'autre facteur, et l'expression pourra se mettre sous la forme

$$\frac{a+bx}{(x-1)\,(x^2+x+1)}\,dx\,;$$

le facteur x^2+x+1 étant le produit de *deux facteurs* imaginaires, ce que l'on peut constater en résolvant l'équation $x^2+x+1=0$, nous écrirons,

$$\frac{a+bx}{(x-1)\,(x^2+x+1)}=\frac{A}{x-1}+\frac{Mx+N}{x^2+x+1}\,;\ (48)\,;$$

nous avons trois facteurs, au dénominateur, $x-1$ et les deux que contient x^2+x+1, donc nous mettons trois indéterminées A, M et N.

En réduisant le second membre, de l'expression ci-dessus, au même dénominateur, et égalant alors les numérateurs des deux membres, il vient

$$\frac{a+bx}{(x-1)(x^2+x+1)}=\frac{Ax^2+Ax+A+Mx^2-Mx+Nx-N}{(x-1)(x^2+x+1)},$$

donc $a+bx=(A+M)\,x^2+(A-M+N)\,x+(A-N)\,;$

donc $\qquad A+M=0\ \therefore\ A=-M\,;$

$A-M+N=b\ \therefore\ 2A+N=b\ \therefore\ A=\dfrac{b-N}{2}\ \text{et}\ M=-\dfrac{b-N}{2}\,;$

$A-N=a\ \therefore\ \dfrac{b-N}{2}-N=a\ \therefore\ b-N-2N=2a\ \therefore\ b-3N=2a\ \therefore\ \dfrac{b-2a}{3}=N\,;$

par suite

$$M=-\frac{b-\dfrac{b-2a}{3}}{2}=-\frac{b}{2}+\frac{b-2a}{6}=\frac{-3b+b-2a}{6}=$$

$$\frac{-2b-2a}{6}=\frac{-b-a}{3}=-\frac{(a+b)}{3},$$

$$A=\frac{a+b}{3}.$$

Décomposons maintenant le facteur x^2+x+1 en facteurs simples, par comparaison avec l'équation (46), nous aurons $\qquad 2\alpha=1$ et $\alpha^2+\beta^2=1,$

d'où $\qquad \alpha=\dfrac{1}{2}$ et $\beta=\sqrt{1-\alpha^2}=\sqrt{1-\dfrac{1}{4}}=\sqrt{\dfrac{3}{4}}.$

Substituant ces dernières valeurs et celles de M et de N. dans l'équation (47), nous aurons pour l'intégrale du second terme du second membre de l'équation (48), multiplié par dx :

$$\int \frac{Mx+N}{x^2+x+1}\,dx = -\frac{a+b}{3}\log\sqrt{x^2+\frac{2}{2}x+\frac{1}{4}+\frac{3}{4}} + \frac{\dfrac{b-2a}{3}+\left(\dfrac{a+b}{3}\right)\alpha}{\sqrt{\dfrac{3}{4}}}\times\text{arc}\left(\text{tang}=\frac{\left(x+\dfrac{1}{2}\right)}{\sqrt{\dfrac{3}{4}}}\right)+C =$$

$$-\frac{a+b}{3}\log\sqrt{x^2+x+1}+\frac{b-2a+a\alpha+b\alpha}{3\sqrt{\dfrac{3}{4}}}\,\text{arc}\left(\text{tang}=\frac{\left(x+\dfrac{1}{2}\right)}{\sqrt{\dfrac{3}{4}}}\right)+C =-\frac{a+b}{3}\log\sqrt{x^2+x+1}+\frac{b-2a+a\dfrac{1}{2}+b\dfrac{1}{2}}{3\dfrac{\sqrt{3}}{2}}$$

$$\text{arc}\left(\text{tang}=\frac{\left(x+\dfrac{1}{2}\right)}{\sqrt{\dfrac{3}{4}}}\right)+C = -\frac{a+b}{3}\log\sqrt{x^2+x+1}+$$

$$\frac{\dfrac{3}{2}b-\dfrac{3}{2}a}{\dfrac{3}{2}\sqrt{3}}\,\text{arc}\left(\text{tang}=\frac{\left(x+\dfrac{1}{2}\right)}{\sqrt{\dfrac{3}{4}}}\right)+C = -\frac{a+b}{3}\log\sqrt{x^2+x+1}+$$

$$\frac{(b-a)}{\sqrt{3}}\,\text{arc}\left[\text{tang}=\frac{\left(x+\dfrac{1}{2}\right)}{\sqrt{\dfrac{3}{4}}}\right]+C.$$

L'intégrale du premier terme, multiplié par dx, de ce second membre de l'équation (48), est

$$\int\frac{A\,dx}{x-1}\ \text{ou}\ A\int\frac{dx}{x-1}\ \text{ou}\ A\int\frac{d.(x-1)}{x-1},\ \text{ou, art. 28 du cal-}$$

cul différentiel,

$$A\log(x-1)\ \text{ou}\ \frac{a+b}{3}\log(x-1).$$

Par conséquent en prenant ces valeurs de ces deux intégrales, l'équation (48) donne

$$\int \frac{a+bx}{(x-1)(x^2+x+1)}\,dx = \frac{a+b}{3}\log(x-1) - \frac{(a+b)}{3}\log$$

$$\sqrt{x^2+x+1} + \frac{b-a}{\sqrt{3}}\left| \tan = \frac{\left(x+\frac{1}{2}\right)}{\sqrt{\frac{3}{4}}}\right] + C\,;$$

donc enfin, en mettant le premier membre sous la forme donnée :

$$\int \frac{a+bx}{x^3-1}\,dx = \frac{a+b}{3}\log(x-1) - \frac{(a+b)}{3}\log\sqrt{x^2+x+1} +$$

$$\frac{(b-a)}{\sqrt{3}}\ \mathrm{arc}\left| \tan = \frac{\left(x+\frac{1}{2}\right)}{\sqrt{\frac{3}{4}}}\right] + C.$$

34. — Lorsque, parmi les facteurs imaginaires, il y en a qui sont égaux, l'expression considérée contiendra un ou plusieurs facteurs du second degré de la forme $(x^2 + 2\alpha x + \alpha^2 + \beta^2)^p$, (art. 30, C. I., éq. (46)), suivant qu'elle renfermera un ou plusieurs groupes de facteurs imaginaires égaux. Le facteur

$$(x^2 + 2\,\alpha x + \alpha^2 + \beta^2)^p$$

correspondra, (art. 28 et 33 du calcul intég.), à cette suite de termes

$$\frac{H + Kx}{(x^2 + 2\alpha x + \alpha^2 + \beta^2)^p} + \frac{H' + K'x}{(x^2 + 2\alpha x + \alpha^2 + \beta^2)^{p-1}} +$$

$$\frac{H'' + K''x}{(x^2 + 2\alpha x + \alpha^2 + \beta^2)^{p-2}} + \cdots + \cdots \frac{H_1 + K_1 x}{(x^2 + 2\alpha x + \alpha^2 + \beta^2)}\cdots (49)\,;$$

après avoir opéré de même pour les autres groupes de facteurs égaux, nous déterminerons les constantes

$$H, K, H', K', H''\ K''\ldots H_1, K_1, \text{etc.},$$

comme précédemment.

Nous multiplierons ensuite par dx, et il ne restera plus qu'à intégrer chaque terme séparément, ce que nous saurons toujours faire du moment que nous savons intégrer le premier terme de la suite (49) multiplié par dx, car tous les autres sont de même forme.

A cet effet, nous mettrous ce terme sous la forme :

$$\frac{H + Kx}{[(x+\alpha)^2 + \theta^2]^p} \, dx \, ;$$

en y faisant $x+\alpha=z$, d'où $x=z-\alpha$ et $dz=dx$, il viendra

$$\frac{H + Kz - K\alpha}{(z^2 + \theta^2)^p} \, dz \, ;$$

et, en représentant par M la partie oonstante H—Kα, nous aurons à intégrer

$$\frac{M + Kz}{(z^2 + \theta^2)^p} \, dz \, ;$$

expression qui peut se décomposer en les deux suivantes :

$$\frac{Kz \, dz}{(z^2 + \theta^2)^p} + \frac{M \, dz}{(z^2 + \theta^2)^p} \, .$$

Pour intégrer la première, comme $z \, dz$ est, à un facteur constant près, la différentielle de $z^2 + \theta^2$, dont la différentielle est $2z \, dz$, nous ferons, art. 9, C. I., $z^2 + \theta^2 = y$, et nous aurons, en différentiant cette dernière expression, $2 z \, dz = dy$, d'où $z \, dz = \frac{1}{2} \, dy$; substituant ces valeurs, nous obtiendrons pour l'intégrale de cette première expression

$$\int \frac{Kz \, dz}{(z^2 + \theta^2)^p} = \int K \frac{1}{2} \frac{dy}{y^p} = \frac{1}{2} K \int dy \frac{1}{y^p} = \frac{1}{2} K \int y^{-p} \, dy =$$

$$\frac{1}{2} K \frac{y^{-p+1}}{-p+1} = \frac{1}{2} K \frac{(z^2 + \theta^2)^{-p+1}}{1-p} = \frac{\frac{1}{2} K}{1-p} (z^2 + \theta^2)^{-p+1} =$$

$$\frac{1}{2} \frac{K}{(1-p)(z^2 + \theta^2)^{-(-p+1)}} = \frac{1}{2} \frac{K}{(1-p)(z^2 + \theta^2)^{p-1}} + C.$$

Pour intégrer la seconde expression $\dfrac{M \, dz}{(z^2 + \theta^2)^p}$, mettons la sous la forme

$$M (z^2 + \theta^2)^{-p} \, dz \quad (50) \, ;$$

et maintenant, nous déduirons son intégrale de celle de $\int (z^2 + \theta^2)^p \, dz$, en opérant comme il suit : d'abord, remarquons que diminuer l'exposant p d'une unité, cela revient au même que de diviser par $z^2 + \theta^2$; par suite, en multipliant en même temps par la même quantité, nous obtiendrons l'équation identique suivante, c'est à dire qui donnera le même résultat dans chaque membre en effectuant les opérations indiquées quelles que soient les valeurs des inconnues :

$$(z^2 + 6^2)^p \, dz = (z^2 + 6^2)^{p-1} (z^2 + 6^2) \, dz \, ;$$

en effectuant la multiplication indiquée au second membre, nous aurons :

$$(z^2 + 6^2)^p \, dz = z^2 (z^2 + 6^2)^{p-1} \, dz + 6^2 (z^2 + 6^2)^{p-1} \, dz,$$

et en intégrant, nous obtiendrons

$$\int (z^2 + 6^2)^p \, dz = \int z^2 (z^2 + 6^2)^{p-1} dz + \int 6^2 (z^2 + 6^2)^{p-1} dz. \quad (51).$$

Appliquons au premier terme du second membre l'intégration par parties ; et, à cet effet, d'abord multiplions et divisons par 2 ce terme, nous pourrons l'écrire sous la forme :

$$\frac{z}{2} (z^2 + 6^2)^{p-1} \, 2z \, dz, \quad (52) \, ;$$

et remarquons qu'alors $(z^2 + 6^2)^{p-1} \, 2z \, dz$ est la différentielle de $\dfrac{(z^2 + 6^2)^p}{p}$, car cette dernière différentielle est

$$\frac{1}{p} \times p \, (z^2 + 6^2)^{p-1} \, d. \, (z^2 + 6^2)$$

ou $\qquad \dfrac{1}{p} . \, p . \, (z^2 + 6^2)^{p-1} \, 2z dz$ ou $(z^2 + 6^2)^{p-1} \, 2z dz$,

comme ci-dessus, de sorte que l'expression (52) devient

$$\frac{z}{2} . \, d. \, \frac{(z^2 + 6^2)^p}{p} \, ;$$

en la comparant à la formule (art. 16 du cal intég.) :

$$\int u dv = uv - \int v du,$$

de l'intégration par parties, nous poserons

$$u = \frac{z}{2}, \quad v = \frac{(z^2 + 6^2)^p}{p},$$

et nous obtiendrons

$$\int \frac{z}{2} (z^2 + 6^2)^{p-1} \, 2z dz \text{ ou } \int z^2 (z^2 + 6^2)^{p-1} \, dz = \frac{z}{2} . \, \frac{(z^2 + 6^2)^p}{p}$$

$$\int \frac{(z^2 + 6^2)^p}{p} \, d. \, \frac{z}{2} = \frac{z}{2} \, \frac{(z^2 + 6^2)^p}{p} - \int \frac{(z^2 + 6^2)^p}{p} \, \frac{dz}{2} .$$

Substituant cette valeur à la place du premier terme du second membre de l'équation (51), laissant le second terme de ce membre sous le signe d'intégration, et mettant les constantes en dehors du signe d'intégration, il viendra

$$\int (z^2 + b^2)^p\, dz = \frac{z}{2}\frac{(z^2 + b^2)^p}{p} - \frac{1}{2p}\int (z^2 + b^2)^p\, . \, dz + b^2 \int (z^2 + b^2)^{p-1}\, dz\, ;$$

faisant passer le second terme, du second membre, dans le premier membre, nous aurons

$$\int (z^2 + b^2)^p\, dz + \frac{1}{2p}\int (z^2 + b^2)^p\, dz = \frac{z}{2}\frac{(z^2 + b^2)^p}{p} + b^2 \int (z^2 + b^2)^{p-1}\, dz.$$

ou, en réduisant le premier membre,

$$\left(1 + \frac{1}{2p}\right)\int (z^2 + b^2)^p\, dz \text{ ou } \left(\frac{2p + 1}{2p}\right)\int (z^2 + b^2)^p\, dz = \frac{z}{2}\frac{(z^2 + b^2)^p}{p} + b^2 \int (z^2 + b^2)^{p-1}\, dz\, ;$$

de cette équation, nous tirerons

$$b^2 \int (z^2 + b^2)^{p-1} dz = -\frac{z}{2}\frac{(z^2 + b^2)^p}{p} + \frac{2p+1}{2p}\int (z^2 + b^2)^p\, dz\, ;$$

d'où

$$\int (z^2 + b^2)^{p-1}\, dz = -\frac{z}{2p b^2}(z^2 + b^2)^p + \frac{2p+1}{2p b^2}\int (z^2 + b^2)^p\, dz\, ;$$

posant $p - 1 = -p$, d'où $p = 1 - p$, nous aurons enfin

$$\int (z^2 + b^2)^{-p}\, dz = -\frac{z}{2(1-p)b^2}(z^2 + b^2)^{1-p} + \frac{2 - 2p + 1}{(2 - 2p) b^2}\int (z^2 + b^2)^{1-p}\, dz,$$

ou

$$\int (z^2 + b^2)^{-p}\, dz = \frac{z}{2(1-p)b^2}(z^2 + b^2)^{-p+1} + \frac{3 - 2p}{(2 - 2p) b^2}\int (z^2 + b^2)^{-(p-1)}\, dz \ (53).$$

Cette formule, qui, comme nous l'avions dit, a été déduite de $\int (z^2 + b^2)^p\, dz$, nous montre que l'intégrale de $(z^2 + b^2)^{-p}\, dz$ dépend de celle de $(z^2 + b^2)^{-(p-1)}\, dz$, c'est-à-dire de la même expression sauf que la valeur numérique de l'exposant au lieu d'être $-p$ sera moindre d'une unité ; par la même formule nous ferons dépendre ensuite l'intégrale de $(z^2 + b^2)^{-(p-1)}\, dz$ de celle de $(z^2 + b^2)^{-(p-2)}\, dz$, et ainsi de suite ; de façon qu'après chaque substitution, l'exposant de la partie intégrale diminuant d'une unité, il ne restera plus en dernier lieu qu'à intégrer l'expression

$$(z^2 + b^2)^{-1}\, dz \text{ ou } \frac{1}{(z^2 + b^2)}\, dz \text{ ou } \frac{dz}{(z^2 + b^2)}\, ;$$

mais nous avons vu, art. 13, C. I. que $\int \dfrac{dx}{x^2 + a^2} = \dfrac{1}{a}$ arc $(\text{tang} = \dfrac{x}{a})$; donc en remplaçant x par z et a par δ, nous aurons $\int \dfrac{dz}{(z^2 + \delta^2)} = \dfrac{1}{\delta}$ arc $\left(\text{tang} = \dfrac{z}{\delta}\right)$.

L'intégration de la seconde expression $\dfrac{M\,dz}{z^2 + \delta^2)^p}$ dépend donc de la formule $\int \dfrac{dz}{z^2 + \delta^2} = \dfrac{1}{\delta}$ arc $\left(\text{tang} = \dfrac{z}{\delta}\right)$.

Donc, en résumé, lorsqu'il y a des facteurs imaginaires égaux, l'intégration dépend de la formule générale
$$\int \dfrac{dx}{x^2 + a^2} = \dfrac{1}{a} \text{ arc}\left(\text{tang} = \dfrac{x}{a}\right).$$

Remarque. – Dans la démonstration précédente, nous nous sommes arrêtés à $\int (z^2 + \delta^2)^{-1} dz$, et nous n'avons pas cherché à faire dépendre cette intégrale de celle de $(z^2 + \delta^2)^0 dz$, (laquelle se reduit à z, puisque comme $(z^2 + \delta^2)^0$ égale 1, il vient $1 \times dz$ ou dz dont l'intégrale est z); car, si dans la formule (53), nous faisons $p = 1$, le terme $\dfrac{-z}{2(1-p)\delta^2}$ $(z^2 + \delta^2)^{-p+1}$ deviendrait $\dfrac{-z}{2(1-1)\delta^2}$ $(z^2 + \delta^2)^{-1+1}$ ou $\dfrac{-z}{0}$ $(z^2 + \delta^2)^0$, c'est-à-dire deviendrait infini.

35. — Nous pouvons conclure de la théorie que nous venons d'exposer sur l'intégration par la méthode des fractions rationnelles, que l'intégration de toute fraction rationnelle ne dépend que de ces trois sortes de formules :

1°. $\int x^m \, dx = \dfrac{x^{m+1}}{m+1}$;

2° $\displaystyle\int \dfrac{dx}{x+a} = \log (x+a)$

3°. $\displaystyle\int \dfrac{dx}{x^2 + a^2} = \dfrac{1}{a}$ arc $\left(\text{tang} = \dfrac{x}{a}\right)$.

Donc, nous pouvons conclure que toute fraction rationnelle peut toujours s'intégrer ou algébriquement, (1er cas); ou par logarithmes, (2e cas) ; ou par arcs de cercle, (3e cas) ; ou par le concours de ces moyens, comme dans l'exemple suivant qui renferme tous les cas, c'est-à-dire qui contient des facteurs réels et des facteurs imaginaires, égaux et inégaux.

Soit donc l'expression rationnelle

$$\frac{Px^m + P'x^{m-1} + P''x^{m-2} + \text{etc.}}{RR'R'' \ldots SS'S'' \ldots TT'T'' \ldots UU'U'' \ldots}\, dx,$$

dans laquelle nous avons

$$\left.\begin{array}{l} R = x - a. \\ R' = x - b \\ R'' = x - c \\ \cdot\ \cdot\ \cdot\ \cdot\ \cdot \end{array}\right\} \text{facteurs réels inégaux, art. 27 ;}$$

$$\left.\begin{array}{l} S = (x - e)^m, \\ S' = (x - d)^n. \\ \cdot\ \cdot\ \cdot\ \cdot\ \cdot \end{array}\right\} \text{facteurs réels égaux, art. 28 ;}$$

$$\left.\begin{array}{l} T = x^2 + 2\alpha x + \alpha^2 + 6^2 , \\ T' = x^2 + 2\alpha' x + \alpha'^2 + 6'^2 , \\ \cdot\ \cdot\ \cdot\ \cdot\ \cdot\ \cdot\ \cdot \end{array}\right\} \text{facteurs imaginaires iné-gaux. art. 33 ;}$$

$$\left.\begin{array}{l} U = (x^2 + 2\alpha_1 x + \alpha_1{}^2 + 6_1{}^2)^p , \\ U' = (x^2 + 2\alpha_{11} x + \alpha_{11}{}^2 + 6_{11}{}^2)^q ; \\ \cdot\ \cdot\ \cdot\ \cdot\ \cdot\ \cdot\ \cdot \end{array}\right\} \text{facteurs imaginaires égaux, art. 34 ;}$$

nous ferons

$$\frac{Px^m + P'x^{m-1} + P''x^{m-2} + \text{etc.}}{RR'R'' \ldots SS'S'' \ldots TT'T'' \ldots UU'U'' \ldots} = \frac{A}{x-a} + \frac{B}{x-b} + \frac{C}{x-c} + \text{etc.} \ldots$$

$$+ \frac{E}{(x-e)^m} + \frac{E'}{(x-e)^{m-1}} + \frac{E''}{(x-e)^{m-2}} + \text{etc.} \ldots$$

$$+ \frac{F}{(x-f)^n} + \frac{F'}{(x-f)^{n-1}} + \frac{F''}{(x-f)^{n-2}} + \text{etc.} \ldots$$

$$+ \frac{G + Hx}{x^2 + 2\alpha x + \alpha^2 + 6^2} + \frac{K + Lx}{x^2 + 2\alpha' x + \alpha'^2 + 6'^2} + \text{etc.}$$

$$+ \frac{M + Nx}{(x^2 + 2\alpha_1 x + \alpha_1{}^2 + 6_1{}^2)^p} + \frac{M' + N'x}{(x^2 + 2\alpha_1 x + \alpha_1{}^2 + 6_1{}^2)^{p-1}} + \text{etc.}$$

$$+ \frac{P + Qx}{(x^2 + 2\alpha_{11} x + \alpha_{11}{}^2 + 6_{11}{}^2)^q} + \frac{P' + Q'x}{(x^2 + 2\alpha_{11} x + \alpha_{11}{}^2 + 6_{11}{}^2)^{q-1}} + \text{etc.}$$

et ayant réduit au même dénominateur, nous opérerons comme nous l'avons expliqué pour chaque cas en particulier

4° – INTÉGRATION DES FRACTIONS IRRATIONNELLES.

36. — La méthode consiste à transformer une expression différentielle qui contient des radicaux de façon à faire évanouir ces radicaux et à ramener ainsi l'intégration à celle des fractions rationnelles.

Il y a deux cas à considérer, d'abord celui où les radicaux affectent des quantités monômes, et ensuite celui où ils affectent des quantités polynômes.

37. — *Premier cas.* — On opérera comme dans l'exemple suivant : Soit la différentielle

$$\frac{\sqrt[3]{x} - \frac{1}{4}a}{\sqrt{x} - \sqrt[3]{x}}\, dx \; ;$$

que nous mettrons sous la forme

$$\frac{x^{1/3} - \frac{1}{4}a}{x^{1/2} - x^{1/3}}\, dx \; ;$$

nous réduirons les exposants fractionnaires au même dénominateur, et ayant obtenu pour dénominateur commun 12, nous poserons $x = z^{12}$, alors

$$\sqrt{x} = z^6,\; \sqrt[3]{x} = z^4,\; dx = 12\, z^{11}\, dz \; ;$$

substituant ces valeurs nous trouverons

$$\frac{\sqrt[3]{x} - \frac{1}{4}a}{\sqrt{x} - \sqrt[3]{x}}\, dx = \frac{z^4 - \frac{1}{4}a}{z^6 - z^4}\, 12\, z^{11}\, dz = \frac{12\, z^{15} - 3\, a\, z^{11}}{z^6 - z^4}\, dz =$$

$$\frac{12\, z^{11} - 3\, a\, z^7}{z^2 - 1}\, dz \; ;$$

il ne reste plus qu'à intégrer cette dernière expression par la méthode des fractions rationnelles et substituer ensuite dans l'intégrale la valeur de z en fonction de x pour avoir l'intégrale de l'expression donnée.

38. — *Deuxième cas.* – Le moyen précédent qui est toujours possible quand il s'agit de monômes, ne l'est plus quand les radicaux affectent des polynômes ; cependant on peut intégrer toute expression en x qui renferme

$\sqrt{A + Bx + Cx^2}$ c'est-à-dire toute expression de la forme
$F(x, \sqrt{A + Bx + Cx^2})\, dx$.

Nous devrons distinguer ici deux cas, celui où le terme Cx^2 est positif et celui où il est négatif ; s'il est positif mettons le radical sous la forme

$$\sqrt{C}\,\sqrt{\frac{A}{C} + \frac{B}{C}x + x^2}.$$

Si ce terme est négatif, nous le considérerons comme le produit de $+ C$ par $- x^2$, et alors le radical se mettra sous la forme

$$\sqrt{C}\,\sqrt{\frac{A}{C} + \frac{B}{C}x - x^2} ;$$

pour simplifier, faisons

$$\frac{A}{C} = a, \quad \frac{B}{C} = b ;$$

et les deux expressions précedentes deviendront

$$\sqrt{C}\,\sqrt{a + bx + x^2} \quad \text{et} \quad \sqrt{C}\,\sqrt{a + bx - x^2} ;$$

substituons les dans l'expression donnée en supprimant la constante $\sqrt{C}$ qui ne modifie pas l'intégration, et alors nous aurons à intégrer les deux différentielles

$$F(x, \sqrt{a + bx + x^2})\, dx$$
et
$$F(x, \sqrt{a + bx - x^2})\, dx.$$

39 — Cherchons d'abord le moyen d'intégrer la première, c'est-à-dire quand Cx^2 est positif. Notre méthode consistera à obtenir, par une transformation, les valeurs de x, de dx et de $\sqrt{a + bx + x^2}$, en fonction rationnelle d'une nouvelle variable z, à intégrer par la méthode des fraction rationnelles, puis à remplacer z par sa valeur.

Posons $\qquad \sqrt{a + bx + x^2} = z + x$, (54),

parce qu'en élevant an carré, les termes en x^2 se détruiront, et il nous restera entre x et z une équation du premier degré, de laquelle nous pourrons tirer les valeurs de x et de dx en fonction rationnelle de z.

Elevant donc l'équation (54) au carré et supprimant les termes en x^2 communs aux deux membres, nous aurons

$$a + bx = z^2 + 2xz, \quad (55),$$

d'où $x(b - 2z) = z^2 - a$, et par suite,

$$x = \frac{z^2 - a}{b - 2z}. \quad (56).$$

Substituant cette valeur dans l'équation (54) nous aurons:

$$\sqrt{a + bx + x^2} = z + \frac{z^2 - a}{b - 2z},$$

ou, en réduisant an même dénominateur,

$$\sqrt{a + bx + x^2} = \frac{bz - 2z^2 + z^2 - a}{b - 2z} = \frac{bz - z^2 - a}{b - 2z} = -\frac{(z^2 - bz + a)}{b - 2z} \cdots (57).$$

Il nous reste encore à déterminer dx en fonction de z.

A cet effet, différentions l'équation (55), nous aurons, (en vertu de l'arc. 9, calc. diff., en ce qui concerne le produit $2 x z$) :

$$b\, dx = 2 z\, dz + 2 x\, dz + 2 z\, dx,$$

d'où

$$(b - 2 z)\, dx = 2 (z + x)\, dz\, ;$$

en éliminant le radical entre les équations (54) et (57), nous aurons

$$x + z = -\frac{(z^2 - bz + a)}{b - 2z}\, ;$$

substituant cette valeur de $x + z$ dans l'équation précédente, nous obtiendrons

$$(b - 2z)\, dx = -\frac{2 (z^2 - bz + a)}{b - 2z}\, dz,$$

d'où

$$dx = -\frac{2 (z^2 - bz + a)}{(b - 2z)^2}\, dz, \quad (58).$$

Nous avons donc ainsi les valeurs cherchées de x, de $\sqrt{a + bx + x^2}$ et de dx en fonction rationnelle de z.

Exemple. — Soit à intégrer la différentielle

$$\frac{dx}{x \sqrt{A + Bx + Cx^2}}\, ;$$

mettons-la sous la forme

$$\frac{dx}{\sqrt{C} \times x \sqrt{a + bx + x^2}}$$

en faisant $\dfrac{A}{C} = a$ et $\dfrac{B}{C} = b$. L'équation (58) divisée par l'équation (57) nous donnera

$$\frac{dx}{\sqrt{a + bx + x^2}} = -\frac{2(z^2 - bz + a)\, dz}{(b - 2z)^2} \times \frac{b - 2z}{-(z^2 - bz + a)} = \frac{2\, dz}{b - 2z}\, ;$$

et, en divisant par l'équation (56), il viendra

$$\frac{dx}{x\sqrt{a+bx+x^2}} = \frac{2\,dz}{b-2z} \times \frac{b-2z}{z^2-a} = \frac{2\,dz}{z^2-a}\,;$$

multipliant les dénominateurs par $\sqrt{C}$, nous aurons

$$\frac{dx}{x\sqrt{C}\sqrt{a+bx+x^2}} \text{ ou } \frac{dx}{x\sqrt{A+Bx+Cx^2}} = \frac{2\,dz}{(z^2-a)\sqrt{C}}\,,$$

expression qui s'intègre par la méthode des fractions rationnelles, attendu qu'on peut regarder $\sqrt{C}$ comme une constante ordinaire.

40. — Nous allons maintenant rechercher les moyens d'intégrer la seconde differentielle de l'art. 38 qui précède, c'est-à-dire lorsque Cx^2 est négatif. Nous ne pouvons pas faire usage de la méthode précédente, car en opérant comme nous l'avons fait, nous aurions

$$\sqrt{A+Bx-Cx^2} = \sqrt{C}\sqrt{\frac{A}{C}+\frac{B}{C}x-x^2}\,,$$

et en faisant $\dfrac{A}{C}=a$ et $\dfrac{B}{C}=b$ nous obtiendrions :

$$\sqrt{A+Bx-Cx^2} = \sqrt{C}\sqrt{a+bx-x^2}\,.$$

Or, si nous faisons comme précédemment, article 39, $\sqrt{a+bx-x^2}=x+z$, en élevant au carré les deux membres de cette équation, les termes en x^2, étant ici de signes contraires dans chaque membre, ne s'évanouiraient pas, et alors la valeur de x, en fontion de z serait irrationnelle.

Pour traiter ce cas, où Cx^2 est négatif, nous remarquerons d'abord que le polynome $a+bx-x^2$ est décomposable en facteurs réels du premier degré, car si nous écrivons ce polynome sous la forme

$$-(x^2-bx-a),$$

et si nous égalons à zéro cette expression, nous trouverons ses facteurs, savoir

$$x = \frac{b}{2} \pm \sqrt{\frac{b^2}{4}+a}\,;$$

par suite, par la propriété des équations (algèbre), nous avons

$$x^2-bx-a = \left(x-\frac{b}{2}-\sqrt{\frac{b^2}{4}+a}\right)\left(x-\frac{b}{2}+\sqrt{\frac{b^2}{4}+a}\right)\,;$$

et comme, par hypothèse, a représente une quantité posi-
tive, et que le carré $\dfrac{b^2}{4}$ est essentiellement positif, les fac
teurs qui composent ce produit ne peuvent être imaginai
res. Nous serions du reste arrivés à la même conclusion,
sans résoudre l'équation $x^2 - bx - a = 0$, en remarquant
que le signe du dernier terme a, de cette équation, est
négatif, et que par suite, d'après l'art. 29, C.I., ses racines
ne peuvent être imaginaires.

Cela étant, soient α et α' les racines de l'équation $x^2 -$
$bx - a = 0$; nous aurons, d'après la propriété des équations
(algèbre) : $\quad x^2 - bx - a = (x - \alpha)(x - \alpha')$,
et, en changeant les signes

$$a + bx - x^2 = -(x - \alpha)(x - \alpha') = (x - \alpha)(\alpha' - x) ;$$

subtituant cette valeur dans le radical, nous aurons

$$\sqrt{a + bx - x^2} = \sqrt{(x - \alpha)(\alpha' - x)},$$

posons $\quad \sqrt{(x - \alpha)(\alpha' - x)} = (x - \alpha)\, z \ldots, \ (59) ;$
élevons au carré, nous aurons

$$(x - \alpha)(\alpha' - x) = (x - \alpha)^2\, z^2 ;$$

et en supprimant le facteur commun $(x - \alpha)$, il viendra

$$(\alpha' - x) = (x - \alpha)\, z^2 \ldots, \ (60),$$

d'où $\ \alpha' - x = xz^2 - \alpha z^2$, et par suite, $\alpha' + \alpha z^2 = x.(z^2 + 1)$,
par conséquent

$$x = \frac{\alpha' + \alpha\, z^2}{z^2 + 1},$$

donc $\qquad x - \alpha = \frac{\alpha' + \alpha\, z^2}{z^2 + 1} - \alpha,$

et en réduisant le second membre au même dénominateur,
il viendra

$$x - \alpha = \frac{\alpha' + \alpha\, z^2 - \alpha\, z^2 - \alpha}{z^2 + 1} = \frac{\alpha' - \alpha}{z^2 + 1} \ldots, \ (61) ;$$

cette valeur, substituée dans le second membre de l'équation (59), nous donne

$$\sqrt{(x - \alpha)(\alpha' - x)} = \frac{\alpha' - \alpha}{z^2 + 1}\, z \ldots, (62).$$

Il reste à obtenir dx en fonction de z. Pour cela, nous
n'avons qu'à différentier l'équation (61), nous aurons

$$d(x - \alpha) \text{ ou } dx = d.\left(\frac{\alpha' - \alpha}{z^2 + 1}\right) = \text{art. 11, calc. différentiel} =$$

$$\frac{(z^2+1)d(\alpha'-\alpha)-(\alpha'-\alpha)d(z^2+1)}{(z^2+1)^2} \quad \frac{(z^2+1)\times 0 - (\alpha'-\alpha)2zdz}{(z^2+1)^2} =$$

$$-\frac{2(\alpha'-\alpha)}{(z^2+1)^2}\, z\, dz.\ (63).$$

Donc, enfin, nous avons, art. 39, C.I., les valeurs de x, de $\sqrt{a+bx-x^2}$ et de dx en fonction rationnelle de z.

Nous savons donc intégrer, puis nous remplacerons z par sa valeur.

Exemple. — Soit à intégrer la différentielle

$$\frac{dx}{\sqrt{a+bx-x^2}};$$

divisons l'équation (63) par l'équation (62), nous aurons

$$\frac{dx}{\sqrt{(x-\alpha)(\alpha'-x)}} \text{ ou } \frac{dx}{\sqrt{a+bx-x^2}} = -\frac{2(\alpha'-\alpha)z\,dz}{(z^2+1)^2}\times$$

$$\frac{z^2+1}{(\alpha'-\alpha)z} = -\frac{2\,dz}{z^2+1};$$

donc

$$\int\frac{dx}{\sqrt{a+bx-x^2}} = \int -\frac{2\,dz}{z^2+1} = (\text{art. 13, éq. 18}) = -2\,\text{arc}$$

$(\tan g = z) + C$;

et, en remplaçant z par sa valeur donnée par l'équation (59',

ou $\dfrac{\sqrt{(x-\alpha)(\alpha'-x)}}{x-\alpha}$, nous aurons finalement pour l'intégrale cherchée

$$\int\frac{dx}{\sqrt{a+bx-x^2}} = C - 2\,\text{arc}\left(\tan g = \frac{\sqrt{(x-\alpha)(\alpha'-x)}}{x-\alpha}\right)$$

$$= C - 2\,\text{arc}\left(\tan g = \frac{\sqrt{(x-\alpha)(\alpha'-x)}}{\sqrt{(x-\alpha)^2}}\right)$$

$$= C - 2\,\text{arc}\left(\tan g = \sqrt{\frac{\alpha'-x}{x-\alpha}}\right).$$

41. — *Remarque.* Un exemple d'intégration étant donné. comme dans les articles précédents, on peut parfois par comparaison, en déduire l'intégrale d'autres exemples ; ainsi, par exemple, soit à intégrer

$$\sqrt{2\,ax - x^2}\times dx;$$

comparons ce radical à celui de l'équation (59), qui est

$$\sqrt{(x-\alpha)(\alpha'-x)} \text{ ou } \sqrt{\alpha'x - \alpha\alpha' - x^2 + \alpha x} \text{ ou } \sqrt{x(\alpha'+\alpha) - \alpha\alpha' - x^2},$$

nous aurons

$$- \alpha\,\alpha' = 0, \text{ d'où } \alpha = 0 \text{ ou } \alpha' = 0,$$
$$\alpha' + \alpha = 2a, \text{ d'où } \alpha' = 2a \text{ ou } \alpha = 2a,$$

prenons $\alpha = 0$ et $\alpha' = 2a$; on aboutirait au même résultat que celui auquel nous allons arriver si l'on prenait $\alpha' = 0$ et $\alpha = 2a$.

Les équations (62) et (63) deviennent

$$\sqrt{x(2a - x)} = \frac{2a\,z}{z^2 + 1}, \text{ et } dx = - \frac{4\,a\,z\,dz}{(z^2 + 1)^2} ;$$

et, en les multipliant l'une par l'autre, nous aurons

$$dx\,\sqrt{x(2a - x)} \text{ ou } dx\,\sqrt{2a\,x - x^2} = - \frac{8\,a^2\,z^2\,dz}{(z^2 + 1)^3} ;$$

donc

$$\int \sqrt{2a\,x - x^2} \times dx = - \frac{8\,a^2\,z^2\,dz}{(z^2 + 1)^3},$$

laquelle est une expression rationnelle que nous savons intégrer ; il suffit ensuite de remplacer z par sa valeur pour avoir l'intégrale cherchée.

INTÉGRATION DES DIFFÉRENTIELLES BINOMES.

42. — Comme nous avons vu, un moyen très-fécond pour intégrer des fonctions qui contiennent des radicaux, est de transformer ces fonctions en d'autres rationnelles, pour pouvoir y appliquer la méthode des fractions rationnelles.

La difficulté est de trouver la transformation qui peut être employée pour chaque cas ; nous avons examiné celle qui convient lorsque les radicaux ne sont que des trinômes, dans lesquels la variable ne dépasse pas le second degré ; ces sortes d'expressions étant très-fréquentes en analyse, il était utile de faire connaître la transformation propre à les rendre rationnelles. Nous avons également indiqué un procédé général pour rendre rationnelles les fonctions qui ne contiennent que des monômes élevés à des puissances fractionnaires ; nous allons examiner maintenant comment, à l'aide d'une transformation, ou peut

rendre rationnelles les expressions binômes qui sont affectées d'exposants fractionnaires

43. L'expression binôme $Ax^r + Bx^s$ étant un cas particulier de celle-ci :

$$(Ax^r + Bx^s)^p ,$$

c'est à cette dernière formule que nous rapporterons les
différentielles binômes; nous pouvons l'écrire comme ceci:

$$[x^r (A + Bx^{s-r})]^p \text{ ou } x^{rp} (A + Bx^{s-r})^p ,$$

et, en faisant $s - r = n$, $rp = m - 1$, cette formule deviendra

$$x^{m-1} (A + Bx^n)^p ,$$

donc *la formule générale des expressions différentielles
binômes est*

$$x^{m-1} (a + bx^n)^p \, dx. \quad (64).$$

Nous avons remplacé rp par $m - 1$, plutôt que par m,
parceque les conditions d'intégrabilité seront plus faciles
à exprimer, comme nous le verrons.

44. — Cela étant, si p est un nombre entier, cette formule s'intégrera par l'art. 7 cal. int. ; mais si p est égal à
la fraction $\dfrac{p}{q}$ nous aurons.

$$x^{m-1} (a + bx^n)^{p/q} \, dx..., \quad (65).$$

Afin de rendre cette expression rationnelle nous ferons

$$a + bx^n = z^q ..., \quad (66),$$

ou, ce qui est la même chose,

$$\sqrt[q]{a + bx^n} \text{ ou } (a + bx^n)^{1/q} = z,$$

et par suite

$$(a + bx^n)^{p/q} = z^p ..., \quad (67).$$

L'équation (66), étant différentiée, donne

$$b n x^{n-1} \, dx = q z^{q-1} \, dz..., \quad (68).$$

La même équation (66), résolue par rapport à x donne

$$x^n = \frac{z^q - a}{b}, \text{ d'où } x = \sqrt[n]{\frac{z^q - a}{b}} = \left(\frac{z^q - a}{b}\right)^{1/n};$$

et en élevant les deux membres de cette équation à la
puissance m, nous aurons

$$x^m = \left(\frac{z^q - a}{b}\right)^{m/n};$$

différentiant les deux membres nous obtiendrons

ou
$$m\, x^{m-1}\, dx = \frac{m}{n}\left(\frac{z^q - a}{b}\right)^{m/n-1} d.\left(\frac{z^q - a}{b}\right),$$

$$m\, x^{m-1}\, dx = \frac{m}{n}\left(\frac{z_q - a}{b}\right)^{m/n-1} \times \frac{1}{b}\, q\, z^{q-1}\, dz = \frac{m}{n\,b}\, q \left(\frac{z^q - a}{b}\right)^{m/n-1} z^{q-1}\, dz,$$

et en divisant par m il viendra :
$$x^{m-1}\, dx = \frac{q}{nb}\left(\frac{z^q - a}{b}\right)^{m/n-1} z^{q-1}\, dz,$$

substituant, dans l'équation (65), cette valeur, ainsi que celle de $(a + bx^n)^{p/q}$ donnée par l'équation (67), nous aurons finalement

$$\frac{q}{nb}\left(\frac{z^q - a}{b}\right)^{m/n-1} z^{q-1}dz \times z^p \text{ ou } \frac{q}{nb}\left(\frac{z^q - a}{b}\right)^{m/n-1} z^{q-1+p}\, dz,$$

ou
$$\frac{q}{nb}\left(\frac{z_q - a}{b}\right)^{m/n-1} z^{q+p-1}dz. \quad (69).$$

Cette expression est rationnelle lorsque $\frac{m}{n}$ est un nombre entier, soit positif soit négatif.

Si $\frac{m}{n}$ est un nombre entier positif, alors $\frac{z_q - a}{b}$ est élevé à une puissance entière et rationnelle et l'on peut réduire l'équation (69) à un nombre limité de monômes, lesquels seront intégrables chacun par l'art. 2. ou par l'art. 6, cal. intég.

Si $\frac{m}{n}$ est un nombre entier négatif, l'expression (69) peut se mettre sous la forme

$$\frac{q}{nb}\left(\frac{z^q - a}{b}\right)^{m/n-1ou-r} z^{q+p-1}\, dz$$

ou
$$\frac{q}{n\,b\left(\frac{z_q - a}{b}\right)^{1}} z^{q+p-1}\, dz,$$

expression qui est rationnelle et qui pourra s'intégrer par la méthode des fractions rationnelles.

Exemple. — Soit l'expression différentielle
$$x^5\, (a + bx^2)^{2/3}\, dx.$$

Par comparaison avec la formule (65), nous avons
$$p = 2,\ q = 3,\ m - 1 = 5 \text{ ou } m = 6,\ n = 2\,;$$

par suite, la condition d'intégrabilité, $\left(\dfrac{m}{n}=\dfrac{6}{2}=3=\right.$ nombre entier positif), est satisfaire.

Substituant les valeurs précédentes dans l'équation (69), nous aurons à intégrer

$$\frac{3}{2\,b}\frac{(z^3-a)^2}{b^2}\,z^4\,dz \quad \text{ou} \quad \frac{3}{2\,b^3}\,(z^3-a)^2\,z^4\,dz$$

ou

$$\frac{3}{2\,b^3}(z^6-2\,az^3+a^2)z^4\,dz \quad \text{ou} \quad \frac{3}{2\,b^3}(z^{10}\,dz-2az^7\,dz+a^2\,z^4\,dz)$$

ou enfin

$$\frac{3}{2\,b^3}z^{10}\,dz-\frac{3}{b^3}\frac{a}{z^7}\,dz+\frac{3}{2}\frac{a^2}{b^3}\,z^4\,dz\,;$$

donc

$$\int x^5\,(a+b\,x^2)^{2/3}\,dx = \int\frac{3}{2}\frac{z^{10}}{b^3}\,dz - \int\frac{3}{b^3}\frac{a}{z^7}\,dz + \int\frac{3}{2}\frac{a^2}{b^3}$$

$$z^4\,dz = \frac{3\,z^{11}}{22b^3} - \frac{3\,a\,z^8}{8\,b^3} + \frac{3\,a^2\,z^5}{10\,b^3} + C\,;$$

et il n'y a plus qu'à substituer dans ce résultat la valeur de z en fontion de x.

45. — Un autre moyen de reconnaître si une différentielle donnée est intégrable, est le suivant. On doit avoir :

$$\frac{m}{n}+\frac{p}{q} \quad \text{égal à un nombre entier (70).}$$

En effet, écrivons l'expression (65) sous la forme

$$x^{m-1}\left[\left(\frac{a}{x^n}+b\right)x^n\right]^{\frac{p}{q}}dx\,;$$

élevons ensuite à la puissance $\dfrac{p}{q}$ les facteurs du produit $\left(\dfrac{a}{x^n}+b\right)x^n$, nous aurons

$$x^{m-1}\left(\frac{a}{x^n}+b\right)^{\frac{p}{q}}x^{\frac{np}{q}}\,dx \quad \text{ou} \quad x^{m-1}\,x^{\frac{np}{q}}\left(\frac{a}{x^n}+b\right)^{\frac{p}{q}}dx$$

$$\text{ou} \quad x^{m-1+\frac{np}{q}}\left(a\,\frac{1}{x^n}+b\right)^{\frac{p}{q}}dx$$

ou enfin

$$x^{m+\frac{np}{q}-1}\,(a\,x^{-n}+b)^{\frac{p}{q}}\,dx.$$

Mais, d'après la démonstration précédente, art. 44, pour que cette quantité soit intégrable, on doit avoir

$$\frac{m + \dfrac{np}{q}}{-n} = \text{nombre entier},$$

cette expression tenant lieu de $\dfrac{m}{n}$ de la démonstration précédente, éq. 65.

En effectuant la division indiquée, il vient enfin pour la condition cherchée

$$\frac{m}{-n} + \left(\frac{np}{-nq}\right) \text{ ou } - \left(\frac{m}{n} + \frac{p}{q}\right) = \text{nombre entier},$$

ou, enfin $\qquad \dfrac{m}{n} + \dfrac{p}{q} = \text{nombre entier}$,

telle est la condition cherchée

Exemple. — Soit l'expression

$$x^4 \, dx \sqrt[3]{a + bx^3}$$

Voyons si elle est intégrable. Pour cela, mettons cette différentielle sous la forme

$$x^{5-1} (a + bx^3)^{1/3} \, dx,$$

nous avons

$$m = 5, \; n = 3, \; p = 1 \text{ et } q = 3,$$

par conséquent $\quad \dfrac{m}{n} + \dfrac{p}{q} = \dfrac{5}{3} + \dfrac{1}{3} = 2$;

donc la quantité donnée est intégrable.

Nous avons, dans ce cas,

$$x^{5-1} (a + bx^3)^{1/3} \, dx = x^{5-1} \sqrt[3]{a + bx^3} \, dx = x^{5-1}$$

$$\frac{\sqrt[3]{a + bx^3}}{\sqrt[3]{x^3}} \, x \, dx = x^{5-1} \sqrt[3]{\frac{a}{x^3} + b} \, x \, dx = x^{5-1} \left(\frac{a}{x^3} + b\right)^{1/3}$$

$$x \, dx = x^5 \left(a \frac{1}{x^3} + b\right)^{1/3} dx = x^5 (a x^{-3} + b)^{1/3} \, dx. \quad (71).$$

Posons $a x^{-3} + b = z^3$, il viendra

$$(a x^{-3} + b)^{1/3} = z \text{ et } x^{-3} = \frac{z^3 - b}{a},$$

ou, pour la première

$$\left(\frac{a}{x^3} + b\right)^{1/3} = z,$$

et pour la seconde

$$\frac{1}{x^3} = \frac{z^3 - b}{a}.$$

La dernière de ces équations donne

$$x^3 = \frac{a}{z^3 - b},$$

d'où, en différentiant

$$2x^2\,dx = d.\left(\frac{a}{z^3 - b}\right) = \text{art. 11, C.D.} = \frac{(z^3 - b)d.a - a.d(z^3 - b)}{(z^3 - b)^2} =$$

$$\frac{-a\,2\,z^2\,dz}{(z^3 - b)^2},$$

donc

$$x^2\,dx = -\frac{az^2\,dz}{(z^3 - b)^2};$$

multipliant entre elles, les deux dernières équations, nous obtiendrons

$$x^5\,dx = \frac{a}{z^3 - b} \times \frac{-az^2\,dz}{(z^3 - b)^2} = -\frac{a^2\,z^2\,dz}{(z^3 - b)^3};$$

cette valeur de $x^5\,dx$ et celle de $(ax^{-3} + b)^{1/3}$ étant substituées dans l'équation (71), nous aurons enfin

$$x^5(ax^{-3} + b)^{1/3}dx = x^5\,dx \times z = -\frac{a^2\,z^2\,dz}{(z^3 - b)^3} \times z = -\frac{a^2\,z^3\,dz}{(z^3 - b)^3},$$

cette dernière expression est intégrable par la méthode des fractions rationnelles, et après intégration, il suffira de remplacer z par sa valeur en x.

INTÉGRATION DE QUELQUES FONCTIONS CIRCULAIRES.

46. — Comme l'intégration de ces quantités dépend du développement de $\cos^2 x$, $\cos^3 x$, $\cos^4 x$, etc., en fonction des expressions $\cos x$, $\cos 2x$, $\cos 3x$, etc., nous allons rappeler comment la trigonométrie arrive à ces développements.

Pour cela, dans la formule

$$\cos(a + b) = \cos a \cos b - \sin a \sin b .. (72),$$

faisons $a = b$, nous aurons

$$\cos 2a = \cos^2 a - \sin^2 a = \cos^2 a - (1 - \cos^2 a) = 2\cos^2 a\ \ 1.$$

d'où

$$\cos^2 a = \frac{1 + \cos 2a}{2} = \frac{1}{2} + \frac{1}{2}\cos 2a. \ (73),$$

multiplions cette équation par $\cos a$, nous obtiendrons

$$\cos^3 a = \frac{1}{2}\cos a + \frac{1}{2}\cos a \cos 2a. \ (74).$$

Mais, si à l'équation (72), nous ajoutons celle-ci :

$$\cos(b - a) = \cos a \cos b + \sin a \sin b,$$

nous aurons

$$\cos(a + b) + \cos(b - a) = 2\cos a \cos b,$$

d'où
$$\cos a \cos b = \frac{1}{2}\cos(a+b) + \frac{1}{2}\cos(b-a);$$

faisons $b = 2\,a$, nous obtiendrons
$$\cos a \cos 2\,a = \frac{1}{2}\cos 3\,a + \frac{1}{2}\cos a;$$

éliminons $\cos a \cos 2\,a$, entre cette équation et l'équation (74), il viendra
$$\cos^3 a = \frac{1}{2}\cos a + \frac{1}{2}\left(\frac{1}{2}\cos 3a + \frac{1}{2}\cos a\right) = \frac{1}{2}\cos a + \frac{1}{4}\cos 3a +$$
$$\frac{1}{4}\cos a = \frac{3}{4}\cos a + \frac{1}{4}\cos 3a. \quad (75).$$

Ainsi de suite.

47. — Cela étant, si nous devons intégrer l'expression $\cos^m x\, dx$, dans laquelle m est un nombre entier, nous mettrons, à la place de $\cos^m x$, son développement, qui, d'après ce qui précède, ne contiendra que des termes de cette sorte :
$$\text{constante, } \cos x, \cos 2\,x, \cos 3\,x, \ldots \cos m\,x;$$
par conséquent tout se ramène à savoir intégrer le terme cos. mx. dx.

Pour y arriver, remarquons que si dans l'équation
$$d.\sin z = \cos z\, dz, \text{ (art. 30. C. D.),}$$
nous faisons $z = mx$, nous aurons
$$d.\sin mx = \cos m\,x.\, d.(m\,x) = \cos m\,x.\, m.\, dx,$$

d'où
$$\cos m\,x.\, dx = \frac{d.\sin mx}{m};$$

donc
$$\int \cos mx\, dx = \int \frac{d.\sin mx}{m} = \frac{\sin mx}{m} + C. \quad (76).$$

Par le même procédé, nous trouverions
$$\int \sin m\,x\, dx = -\frac{\cos m\,x}{m} + C. \quad (77).$$

48. — Comme application, cherchons l'intégrale de $\cos^2 x\, dx$. A cet effet, remplaçons $\cos^2 x$ par sa valeur $\frac{1}{2} + \frac{1}{2}\cos 2\,x$, (éq. 73, art. 46, C. I.), nous aurons
$$\int \cos^2 x\,dx = \int\left(\frac{1}{2} + \frac{1}{2}\cos 2x\right)dx = \int\left(\frac{1}{2}\,dx + \frac{1}{2}\cos 2\,x\,dx\right) =$$
$$\frac{1}{2}\,x + \int \frac{1}{2}\cos 2\,x\, dx, \quad (78);$$

Or, d'après la formule (76), $\int \cos 2x \, dx = \dfrac{\sin 2x}{2} + $ con-

stante, et, par suite $\dfrac{1}{2} \cos 2x \, dx = \dfrac{1}{2} \dfrac{\sin 2x}{2} + $ constante $=$

$\dfrac{1}{4} \sin 2x + C$; remplaçant $\dfrac{1}{2} \cos 2x \, dx$ par cette va-

leur dans l'équatiun (78), il viendra enfin

$$\int \cos^2 x \, dx = \frac{1}{2} x + \frac{1}{4} \sin 2x + C.$$

49. — En procédant d'une manière analogue, nous pourrions trouver l'intégrale de $\sin^m x \, dx$.

Mais nous pouvons encore obtenir cette intégrale comme ceci :

Soit z l'arc complémentaire de x, nous avons

$$x + z = \frac{1}{2} \pi \text{ ou } x = \frac{1}{2} \pi - z ;$$

$$dx = d. \left(\frac{1}{2} \pi - z \right) = d(-z) = - dz ;$$

$$\sin x = \sin \left(\frac{1}{2} \pi - z \right) = \cos z ;$$

la formule $\sin^m x \, dx$, en y substituant ces valeurs se changerait donc en celle-ci :

$$\cos^m z \times (-dz) \text{ ou } - \cos^m z \, dz,$$

formule semblable à celle que nous venons d'intégrer ci-
dessus, et qui s'intègre de la même manière.

50. - Prenons maintenant le cas plus général $\sin^m x \cos^n x \, dx$, et cherchons l'intégrale de cette expression.

Si m est pair, nous pouvons poser $m = 2m'$, et nous aurons à intégrer

$$\sin^{2m'} x \cos^n x \, dx, \text{ ou } (\sin^2 x)^{m'} \cos^n x \, dx \text{ ou } (1 - \cos^2 x)^{m'} \cos^n x \, dx.$$

Nous développerons par la formule du binôme (algèbre), l'expression $(1 - \cos^2 x)^{m'}$, et, en multipliant ensuite par $\cos^n x \, dx$, nous aurons une suite de termes, chacun de la forme $\cos^K x \, dx$, et nous n'aurons qu'à intégrer comme ci-dessus.

Si m est impair, nous ferons $m = 2m' + 1$, et nous aurons
$$\sin^m x \cos^n x \, dx = \sin^{2m'+1} x \cos^n x \, dx = \sin^{2m'} x \sin x \cos^n x \, dx = (\sin^2 x)^{m'} \sin x \cos^n x \, dx = (1 - \cos^2 x)^{m'} \sin x \cos^n x \, dx ;$$
et comme $\sin x \, dx = - d \cos x$, art. 31, C.D., nous avons enfin, en mettant cette valeur au second membre

$$\sin^m x \cos^n x \, dx = (1 - \cos^2 x)^{m'} \cos^n x \times (-d.\cos x) = - (1 - \cos^2 x)^{m'} \cos^n x \, d.\cos x.$$

Et en faisant $\cos x = z$, cette expression deviendra finalement

$$\sin^m x \cos^n x \, dx = - (1 - z^2)^{m'} z^n \, dz \; ;$$

m' et n étant, par hypothèse, des entiers, nous développerons par la formule du binôme et puis nous intégrerons la suite de termes obtenus par la méthode ordinaire.

51. — Comme application, de ce procédé, soient les expressions

$$\frac{\cos^m x \, dx}{\sin^n x}, \quad \frac{\sin^n x \, dx}{\cos^m x},$$

dont la seconde rentre dans la première en posant $x = \dfrac{\pi}{2} - z$, car cette valeur change la seconde formule en

$$\frac{\sin^n\left(\dfrac{\pi}{2} - z\right) d.\left(\dfrac{\pi}{2} - z\right)}{\cos^m\left(\dfrac{\pi}{2} - z\right)} \text{ ou } \frac{\left(\sin\left(\dfrac{\pi}{2} - z\right)\right)^n d.(-z)}{\cos\left(\dfrac{\pi}{2} - z\right)^m} \text{ ou } \frac{- \cos z^n \, dz}{(\sin z)^m}$$

ou $\dfrac{- \cos^n z \, dz}{\sin^m z}$, formule analogue à la première ; nous ne considérerons donc que celle-ci, la seconde s'y ramenant.

Si m est pair, nous ferons $m = 2m'$, et nous aurons

$$\frac{\cos^m x \, dx}{\sin^n x} = \frac{\cos^{2m'} x \, dx}{\sin^n x} = \frac{(\cos^2 x)^{m'} dx}{\sin^n x} = \frac{(1 - \sin^2 x)^{m'}}{\sin^n x} \, dx \; ;$$

et, en développant $(1 - \sin^2 x)^{m'}$ par la formule du binôme de Newton, nous obtiendrons

$$\frac{\cos^m x \, dx}{\sin^n x} = \frac{1 - m' \sin^2 x + m' \dfrac{m' - 1}{2} \sin^4 x + \text{etc.}}{\sin^n x} \, dx,$$

expression dont l'intégrale dépend de celles de $\sin^l x \, dx$ ou $\sin x^l \, dx$ et de $\dfrac{dx}{\sin^k x}$.

Nous avons vu, art. 49, C. I., le moyen d'intégrer la première, et nous verrons bientôt comment on peut intégrer la seconde.

Si m est impair, en faisant $m = 2m' + 1$, nous aurons par la formule du binôme

$$\frac{\cos^m x\, dx}{\sin^n x} = \frac{\cos^{2m'+1} x\, dx}{\sin^n x} = \frac{(\cos^2 x)^{m'}\cos x\, dx}{\sin^n x} =$$

$$\frac{(1-\sin^2 x)^{m'}\cos x\, dx}{\sin^n x} = (1 - m'\sin^2 x + \text{etc.})\frac{\cos x\, dx}{\sin^n x},$$

expression dont l'intégrale dépend de celles de $\sin^1 x \cos x\, dx$ et de $\dfrac{\cos x\, dx}{\sin^k x}$; nous avons vu, art. 50, le moyen d'intégrer la première, nous allons rechercher le moyen d'intégrer la seconde,

A cet effet, dans $\dfrac{\cos x\, dx}{\sin^k x}$, faisons $\sin x = z$, et par suite art. 30 C. D.; $dz = d.\sin x = dx \cos x$, et nous aurons

$$\int \frac{\cos x\, dx}{\sin^k x} = \int \frac{dz}{z^k} = \int \frac{1}{z^k}\, dz = \int z^{-k}\, dz = \frac{z^{-k+1}}{-k+1} + C.$$

Maintenant, si nous voulons intégrer l'expression $\dfrac{dx}{\sin^k x}$, en faisant également $\sin x = z$, et $dx \cos x = dz$, connue ci-dessus, d'où $dx = \dfrac{dz}{\cos x}$, nous aurons :

$$\int \frac{dx}{\sin^k x} = \int \frac{\frac{dz}{\cos x}}{z^k} = \int \frac{dz}{\cos x\, z^k} = \int \frac{dz}{\sqrt{1-\sin^2 x}}\, \frac{1}{z^k} =$$

$$\int \frac{dz}{\sqrt{1-z^2}}\, \frac{1}{z^k} = \int \frac{dz}{\sqrt{1-z^2}}\, \sqrt{\frac{1}{z^{2k}}} = \int \frac{dz}{\sqrt{1-z^2}\,\sqrt{z^{2k}}} =$$

$$\int \frac{dz}{\sqrt{z^{2k}-z^{2+2k}}} = \int \frac{dz}{(z^{2k}-z^{2+2k})^{1/2}} = \int \frac{1}{(z^{2k}-z^{2+2k})^{1/2}}\, dz =$$

$$\int (z^{2k}-z^{2+k})^{-1/2}\, dz = \frac{(z^{2k}-z^{2+2k})^{1/2+1}}{-\frac{1}{2}+1} + C = \frac{(z^{2k}-z^{2+2k})^{1/2}}{\frac{1}{2}} +$$

$$C = 2(z^{2k}-z^{2+2k})^{1/2} + C = 2\sqrt{z^{2k}-z^{2+2k}} + C.$$

On remplacera ensuite z par sa valeur $\sin x$.

52. — Cherchons maintenant le moyen d'intégrer l'expression

$$\frac{dx}{\cos^m x \sin^n x}.$$

A cet effet, multiplions cette différentielle par $\cos^2 x + \sin^2 x$, quantité équivalente à l'unité, notre différentielle conservera donc sa valeur et nous aurons :

$$\frac{dx}{\cos^m x \, \sin^n x} = \frac{dx \cos^2 x}{\cos^m x \, \sin^n x} + \frac{dx \sin^2 x}{\cos^m x \, \sin^n x} = \frac{dx}{\cos^{m-2} x \sin^n x} +$$

$$\frac{dx}{\cos^m x \, \sin^{n-2} x};$$

en opérant ainsi, nous avons diminué la somme des exposants du dénominateur ; et en répétant un certain nombre de fois cette opération, et en mettant successivement à part toutes les fractions qui, dans leurs dénominateurs, ne renferment qu'une puissance d'un sinus ou d'un cosinus (parce qu'on sait intégrer ces fractions d'après ce qui précède), à la dernière opération nous aurons des termes qui pourront encore contenir des puissances de sinus et de cosinus, ou qui seront des formes suivantes :

$$\frac{dx}{\sin x \, \cos x}, \quad \frac{dx}{\cos x}, \quad \frac{dx}{\sin x};$$

expressions dont les intégrales se trouvent comme il suit :

1°. Celle de $\dfrac{dx}{\sin x \, \cos x}$, en multipliant le numérateur par $\cos^2 x + \sin^2 x$, quantité qui équivaut à l'unité et l'on aura ainsi :

$$\frac{dx}{\sin x \, \cos x} = dx \frac{\cos x}{\sin x} + dx \frac{\sin x}{\cos x} = (\text{art. } 30, \text{ C. D.}) =$$

$$\frac{d.\sin x}{\sin x} + (\text{art.} 31, \text{C.D.}) + \frac{-d.\cos x}{\cos x} = \frac{d.\sin x}{\sin x} - \frac{d.\cos x}{\cos x};$$

expression dont l'intégrale est, (art. 5, C. I.) :

$$\log \sin x - \log \cos x + C,$$

ou
$$\log \frac{\sin x}{\cos x} + C,$$

ou enfin
$$\log \tan g \, x + C.$$

2°. L'intégrale de $\dfrac{dx}{\sin x}$ s'obtient en faisant $\cos x = z$, d'où $d.z = d.\cos x = - dx.\sin x$, (art. 31, C. D.), d'où $dx = -\dfrac{dz}{\sin x}$; et, par suite

$$\int \frac{dx}{\sin x} = \int -\frac{dz}{\sin^2 x} = \int -\frac{dz}{1 - \cos^2 x} = \int -\frac{dz}{1 - z^2};$$

expression intégrable par la méthode des fractions rationnelles, art. 13, C. I.

3°. L'intégrale de $\dfrac{dx}{\cos x}$, s'obtient en faisant $\sin x = z$, d'où, (art. 30, C. D.), $dz = d. \sin x = dx \cos x$; et en divisant par $\cos^2 x$, nous aurons

$$\frac{dx}{\cos x} = \frac{dz}{\cos^2 x} = \frac{dz}{1 - \sin^2 x} = \frac{dz}{1 - z^2} ;$$

donc

$$\int \frac{dx}{\cos x} = \int \frac{dz}{1 - z^2} ;$$

formule intégrable, comme ci-dessus, par la méthode des fractions rationnelles.

53. — En général, on peut toujours transformer les expressions qui contiennent des sinus et des cosinus en d'autres qui n'en renferment pas ; pour cela, il suffit d'égaler $\sin x$ ou $\cos x$ à une nouvelle variable z.

Par exemple, si dans l'expression $\sin^m x \cos^n x \, dx$, nous faisons $\sin x = z$, nous aurons, en remarquant d'abord que $\cos x = \sqrt{1 - \sin^2 x} = \sqrt{1 - z^2}$; $dz = d. \sin x = \cos x \, dx$, d'où $dx = \dfrac{dz}{\cos x} = \dfrac{dz}{\sqrt{1 - z^2}}$, et en substituant dans l'expression donnée :

$$\sin^m x \cos^n x \, dx = (\sin x)^m (\cos x)^n \, dx = z^m (\sqrt{1 - z^2})^n \frac{dz}{\sqrt{1 - z^2}} =$$

$$z^m (1 - z^2)^{n/2} \left(\frac{1}{(1 - z^2)^{1/2}} \right) dz = z^m (1 - z^2)^{n/2} (1 - z^2)^{-1/2} \, dz =$$

$$z^m (1 - z^2)^{n/2 - 1/2} \, dz = z^m (1 - z^2)^{\frac{n-1}{2}} \, dz.$$

expression qui se rapporte aux différentielles binômes art. 42 à 45 inclus.

Remarque. — On pourrait aussi appliquer immédiatement l'intégration par parties à l'expression différentielle $\sin^m x \cos^n x \, dx$. Pour la comparer à udv, (art. 16, C. I.), on la décomposerait ainsi :

$\sin^m x \cos^n x \, dx = \sin^{m-1} x \sin x \cos^n x \, dx = \sin^{m-1} x \cos^n x \sin x \, dx = \sin^{m-1} x \cos^n x (-d. \cos x) = - \sin^{m-1} x \cos^n x \, d. \cos x$, (79).

Mais art. 12, C. D., $d. \cos^{n+1} x = (n+1) \cos^n x \, d. \cos x$, donc

$$\cos^n x \, d. \cos x = \frac{d. \cos^{n+1} x}{n+1} = \frac{1}{n+1} d. \cos^{n+1} x ;$$

remplaçant $\cos^n x \, d. \cos x$ par cette valeur dans l'équation ci-dessus (79), nous aurons

$$\sin^m x \cos^n x \, dx = -\sin^{m-1} x . \frac{1}{n+1} d. \cos^{n+1} x = -\sin^{m-1} x . d.$$

$$\frac{1}{n+1} \cos^{n+1} x.$$

54. — Les formules trigonométriques peuvent être aussi employées avec avantage dans certaine cas. Ainsi, par exemple, pour intégrer sin m x cos n x dx, comme la trigonométrie nous donne

$$\sin a \cos b = \frac{1}{2} \sin (a+b) + \frac{1}{2} \sin (a-b) ;$$

en comparant l'expression sin m x cos n x à cette formule, nous trouverons

$$\sin mx \cos nx \, dx = \frac{1}{2} \sin (mx+nx) \, dx + \frac{1}{2} \sin (mx-nx)$$

$$dx = \frac{1}{2} \sin [(m+n) x] \, dx + \frac{1}{2} \sin [(m-n) x] \, dx,$$

et l'intégrale sera, (art. 47, C. I.) :

$$\int \sin mx \cos nx \, dx = \int \frac{1}{2} \sin [(m+n) x] \, dx + \int \frac{1}{2} \sin$$

$$[(m-n)x] \, dx = -\frac{1}{2} \frac{\cos (m+n) x}{m+n} + \left(-\frac{1}{2} \frac{\cos (m-n) x}{m-n} \right) +$$

$$C = -\frac{1}{2} \frac{\cos (m+n) x}{m+n} - \frac{1}{2} \frac{\cos (m-n) x}{m-n} + C.$$

FONCTIONS EXPONENTIELLES OU LOGARITHMIQUES.

55. — Nous avons vu, art. 26, éq. (36), C. D. qu'en prenant les logarithmes dans le système Népérien, on avait d. $a^x = a^x dx$. log a ; donc $\dfrac{d. a^x}{\log a} = a^x dx$ ou $\dfrac{1}{\log a}$. d.

$a^x = a^x dx$, donc $\displaystyle\int a^x \, dx = \int \frac{1}{\log a} d. a^x = \frac{1}{\log a} \int d. a^x = $

$\dfrac{1}{\log a} a^x = \dfrac{a^x}{\log a}$.

Cette formule va nous servir pour intégrer l'expression générale $a^x X dx$, dans laquelle X représente une fonction de x.

A cet effet, nous mettrons cette expression sous la forme : $X. a^x dx$; et nous appliquerons l'intégration par parties art. 16, cal. int. Remplaçons donc dans la formule $\int u. dv = uv - \int v. du$:

u par X ; $a^x\,dx$ qui égale la différentielle de $\dfrac{a^x}{\log a}$, (voir ci-dessus) nous donne donc $a^x\,dx = d.\dfrac{a^x}{\log a}$ par suite nous ferons $d.\,v = d.\dfrac{a^x}{\log a} = a^x\,dx$ et $v = \dfrac{a^x}{\log a}$; par conséquent la formule $\int u\,dv = uv - \int v\,du$, devient

$$\int X\,d.\frac{a^x}{\log a} \text{ ou } \int X.\,a^x\,dx = X\frac{a^x}{\log a} - \int \frac{a^x}{\log a}\,d.\,X. \quad (80).$$

Cela posé, en différentiant successivement la fonction X, et en représentant par X', X'', etc., les différentielles successives, nous aurons

$$d.\,X = X'\,dx, \quad d\,X' = X''\,dx, \text{ etc., donc } \int \frac{a^x}{\log a}\,d.\,X =$$

$$\int \frac{a^x}{\log a}\,X'\,dx = \int \frac{X'}{\log a}\,a^x\,dx = \int \frac{X'}{\log a}\,d.\frac{a^x}{\log a}, \text{ (d'après}$$

ce qui précède ; et en faisant $u = \dfrac{X'}{\log a}$ et $v = \dfrac{a^x}{\log a}$, nous aurons, (art. 16, C. I.), ce qui précède égal à

$$\frac{X'}{\log a}\frac{a^x}{\log a} - \int \frac{a^x}{\log a}\,d.\frac{X'}{\log a} \text{ ou } \int \frac{a^x}{(\log a)^2}\,d.\,X'.$$

Substituant cette valeur à la place du dernier terme de l'équation (80) nous obtiendrons

$$\int X\,a^x\,dx = \frac{X.a^x}{\log a} - \frac{X'.a^x}{(\log a)^2} + \int \frac{a^x}{(\log a)^2}\,d.\,X'.$$

En continuant d'opérer de la même manière, nous parviendrons à ce développement

$$\int X\,a^x\,dx = a^x\left(\frac{X}{\log a} - \frac{X'}{(\log a)^2} + \frac{X''}{(\log a)^3} - \frac{X'''}{(\log a)^4} \cdots \pm \right.$$

$$\frac{X^{(n)}}{(\log a)^{n+1}} \pm \int \frac{a^x\,d\,X^{(n)}}{(\log a)^{n+1}},$$

(n) signifie indice n.

Si, en prenant la suite des cœfficients différentiels X', X'', X''',... $X^{(n)}$, le dernier de ces cœfficients est constant, nous aurons $d\,X^{(n)} = 0$ et alors la partie intégrale du second membre s'évanouira, et nous aurons ainsi l'intégrale du premier membre.

Exemple. — Soit $X = x^3$, d'où nous déduisons $X' = 3\,x^2$, $X'' = 2.3.x$, X''' ou $X^{(n)} = 1.3.2\,x^0 = 3.2.1. = 3.\,2.$;

donc
$$\int x^3\, a^x\, dx = a^x \left(\frac{x^3}{\log a} - \frac{3\,x^2}{(\log a)^2} + \frac{2.\,3.\,x}{(\log a)^3} - \frac{2.\,3.}{(\log a)^4} \right).$$

Si nous faisons a égal au nombre e, qui est la base du système Népérien, log a devient log e, or log e $= 1$, en vertu de l'équation (art. 26, C. D.) : e $=$ e$^{\log e}$, car seul e$^1 =$ e ; par conséquent

$$\int x^3\, e^x\, dx = e^x \left(\frac{x^3}{1} - \frac{3\,x^2}{1^2} + \frac{2.\,3\,x}{1^3} - \frac{2.3}{1^4} \right) = e^x (x^3 - 3\,x^2 + 2.\,3\,x - 2.\,3).$$

56. — On peut encore développer $\int a^x\, X\, dx$, de la manière suivante :

faisons $\int X\, dx = P$, d'où d P $= X\, dx$; $\int P\, dx = Q$. d'où d Q $= P\, dx$; $\int Q\, dx = R$, d'où d. R $= Q\, dx$, etc. ; et intégrons par parties, (art. 16, C. I.), en faisant $u = a^x$ et $v = P$, nous aurons

$$\int x^x\, X\, dx \text{ ou } \int a^x\, d\,P = a^x\, P - \int P.\, d.\, a^x,$$

or, (art. 55, C. I.), $\int P.\, d\,a^x = \int P\, a^x\, dx \log a = \int a^x \log a\, P\, dx$, donc, l'expression précédente devient

$$\int a^x\, X\, dx = a^x\, P - \int a^x \log a\, P\, dx. \quad (81).$$

On a aussi

$\int a^x \log a\, P\, dx = \int a^x \log a\, d.\, Q =$ (en faisant $u = a^x \log a$ et $Q = v$) $= a^x \log a.\, Q - \int Q.\, da^x.\, \log a =$ (en remarquant, art. 55, que d. $a^x = a^x\, dx \log a$) $= a^x \log a.\, Q. - \int Q\, a^x\, dx \log a \log a = a^x \log a\, Q. - \int Q\, a^x\, dx \log a^2 = a^x \log a\, Q - \int a^x (\log a)^2\, Q\, dx$; et en substituant dans l'équation (81), nous aurons enfin

$$\int a^x\, X\, dx = a^x\, P - a^x \log a\, Q + \int a^x (\log a)^2\, Q\, dx.$$

En continuant d'intégrer par parties nous aurons en général $\int a^x\, X\, dx = a^x\, [P - Q \log a + R (\log a)^2 - \text{etc.}] \pm \int a^x (\log a)^n\, Z\, dx. \quad (82).$

57. — Appliquons cette formule au cas où $X = \dfrac{1}{x^5}$ nous aurons

$$P = \int X\, dx = \int \frac{1}{x^5}\, dx = \int x^{-5}\, dx = \frac{x^{-4}}{-4} = - \frac{1}{4\,x^4} ;$$

$$Q = \int P\, dx = \int - \frac{1}{4\,x^4}\, dx = \int - \frac{1}{4}\, x^{-4}\, dx = - \frac{1}{4}\, \frac{x^{-3}}{-3} =$$

$$\frac{1}{4} \cdot \frac{1}{3}\frac{1}{x^3} = \frac{1}{3.\,4.\,x^3} ;$$

$$R = \text{etc.} = \frac{1}{2.3.4.\ x^2} ;$$

$$Z = \text{etc.} = \frac{1}{2.3.4.x} ;$$

donc

$$\int \frac{a^x\, dx}{x^5} = a^x \left[-\frac{1}{4x^4} - \frac{\log a}{3.4.x^3} - \frac{(\log a)^2}{2.3.4.x^2} \right] - \int a^x (\log a)^3$$

$$\frac{1}{2.\ 3.\ 4.\ x}\, dx$$

ou, en mettant dans le dernier terme les constantes en dehors du signe d'intégration

$$\int \frac{a^x\, dx}{x^5} = a^x \left[-\frac{1}{4x^4} - \frac{\log a}{3.4.x^3} - \frac{(\log a)^2}{2.3.4.\ x^2} \right] - \frac{(\log a)^3}{2.3.4} \int \frac{a^x\, dx}{x} .$$

L'intégrale de $\dfrac{a^x\, dx}{x}$ est une fonction transcendante qui, jusqu'à ce jour, n'a pu être déterminée.

58 — En général, on voit que quelle que soit la puissance négative et entière que l'on prenne pour exposant de x, $\left(\dfrac{1}{x^5} = x^{-5} \right)$, on tombera toujours sur cette transcendante $\int \dfrac{a^x\, dx}{x}$; car, dans les fonctions successives P, Q, R, etc, les exposants de x diminuant toujours d'une unité, la dernière de ces fonctions doit être de la forme $\dfrac{A}{x}$, et par conséquent la dernière intégrale sera, en mettant les constantes logarithmiques en dehors du signe d'intégration, formule (82), ou plutôt en n'en tenant pas compte :

$$\int \frac{A}{x} a^x\, dx \quad \text{ou} \quad A \int \frac{a^x\, dx}{x} ,$$

puisque A est constant.

Pour avoir une valeur approchée de l'intégrale de $\dfrac{A\, a^x\, dx}{x}$, le seul moyen c'est de substituer dans cette expression le développement de a^x, que nous avons exposé (art. 25 et suivants, calc. diff., où $A = \dfrac{\log a}{\log e} = L\, a$ ou log a dans le système Népérien), et qui est :

$$1 + x \log a + \frac{x^2}{2} (\log a)^2 + \frac{x^3}{2.3} (\log a)^3 + \text{etc.},$$

et d'intégrer ensuite chaque terme.

Si l'on fait a=e, il vient $e^x = 1 + \frac{x}{1} + \frac{x^2}{2} + \frac{x^3}{2.3} + \cdots$

On aura

$$\int \frac{A\, a^x\, dx}{x} = \int A \frac{dx}{x} \left[1 + x \log a + \frac{x^2}{2} (\log a)^2 + \cdots \right]$$

$$= \int A\, x^{-1}\, dx + \int A\, (\log a)\, dx + \int \frac{A}{2} (\log a)^2\, x\, dx + \cdots$$

$$= A \frac{x^0}{0} + A\, (\log a)\, x + \frac{A}{4} (\log a)^2\, x^2 + \cdots$$

$$= \frac{A}{0} + A\, (\log a)\, x + \frac{A}{4} (\log a)^2\, x^2 + \cdots = \infty + A(\log a)x + \cdots$$

Et $\int \dfrac{A\, e^x\, dx}{x} = \int \dfrac{A\, dx}{x} \left(1 + \dfrac{x}{1} + \dfrac{x^2}{1.2} + \dfrac{x^3}{1,2.3} + \cdots \right) =$

$\int A\, x^{-1}\, dx + \int A\, dx + \int \dfrac{A}{2} x\, dx + \cdots = \dfrac{A}{0}$ ou $\infty + Ax +$

$\dfrac{A}{4} x^2 + \cdots$ Mais si l'on remarque que $\dfrac{dx}{x} = d \log x$, art. 28,

C. D., on voit qu'au lieu de $\int A\, x^{-1}\, dx$ ou $\int A \dfrac{dx}{x}$, on

pourra poser $\int A\, d.\ \log x = A \int d.\ \log x = A \log x$; donc les deux séries précédentes deviendront

$$\int \frac{A\, a^x\, dx}{x} = A \log x + A\, (\log a)\, x + \frac{A}{4} (\log a)^2\, x^2 + \cdots$$

et $\int \dfrac{A\, e^x\, dx}{x} = A \log x + Ax + \dfrac{A}{4} x^2 + \cdots$

Remarquons que la seconde série s'obtient en faisant dans la première a = e d'où log a = log e = 1.

59. — Lorsque dans l'équation,(art. 28,C D.), $\dfrac{du}{u} = d.$ log u, ou plutôt du = u. d log u, nous faisons u = x$^\gamma$,

nous avons $\qquad d.x^\gamma = x^\gamma . d \log x^\gamma$;

par conséquent, chaque fois qu'on pourra décomposer une

différentielle en deux valeurs dont l'une est représentée par $x \gamma$ et l'autre par $d.\log x \gamma$, l'intégrale sera $x \gamma + C$.

60. — On peut aussi appliquer l'intégration par parties à celle de l'expression différentielle $X\, dx\, (\log x)^n$; car si nous représentons par X_1, l'intégrale de $X\, dx$, nous aurons $X\, dx = d\, X_1$, et en faisant $u = (\log x)^n$ et $v = X_1$ oud $v = d.\, X_1 = X\, d\, x$, il viendra en vertu de la formule d'intégration par parties, (art. 16, C.I.) :

$$\int X\, dx\, (\log x)^n \text{ ou } \int (\log x)^n\, X\, dx \text{ ou } \int (\log x)^n\, d.\, X_1 = (\log x)^n\, X_1 - \int X_1\, d.\, (\log x)^n = (\log x)^n\, X_1 - \int X_1\, n (\log x)^{n-1}$$

$$d.\log x = (\log x)^n X_1 - \int X_1 \times n(\log x)^{n-1} \frac{dx}{x} + X_1 (\log x)^n -$$

$$n \int \frac{X_1}{x}\, dx\, (\log x)^{n-1}.$$

Remarquons que $\dfrac{X_1}{x}$ peut être représenté par une fonctiou de x, soit X'_1, d'un degré moins élevé.

On fera dépendre ensuite cette dernière intégrale d'une autre de la forme $\int X'_1\, dx\, (\log x)^{n-2}$, et ainsi de suite.

SÉRIE DE BERNOUILLI.

61. — Beaucoup d'expressions différentielles, comme nous avons vu, ne sont intégrables qu'après avoir été réduites en séries ; et pour cela, en désignant par $X dx$ une différentielle dans laquelle X est une fonction quelconque de x, nous avons vu qu'il fallait préliminairement réduire en série la fonction que X représente, et intégrer ensuite, après avoir substitué ce développement dans la formule $X\, dx$.

La série de Bernouilli à l'avantage de réduire $\int X\, dx$ en série, avant même que l'on ait donné la forme de X ; cette série peut être considérée comme étant dans le calcul intégral ce que la formule de Taylor est dans le calcul différentiel.

Nous allons la démontrer. A cet effet, cherchons d'abord à intégrer $X\, dx$ par parties, (art, 16, C. I.). Pour cela, comparons $\int X\, dx$ au premier terme de la formule.

$$\int udv = uv - \int vdu$$

et nous aurons

$$X = u \; ; \; dx = dv, \quad \text{donc } x = v \; ;$$

par conséquent l'intégration par parties donnera

$$\int X \, dx = X \, x - \int x \, d \, X \dots (83).$$

L'intégrale se prenant par rapport à la variable x, nous avons, (art. 38, cal. diff.) :

$$dX = \frac{dX}{dx} . \, dx \; ;$$

ce qui veut dire différentielle de X par rapport à x ; par conséquent

$$\int x \, d \, X = \int \frac{dX}{dx} . \, x \, dx.$$

Intégrant encore par parties, u sera représenté dans ce cas, par $\frac{dX}{dx}$ et dv par x dx ; de sorte que nous aurons $v = \int dv = \int x \, dx = \frac{x^2}{2}$, et il viendra, par la formule d'intégration, (art. 16, C. 1.) :

$$\int \frac{dX}{dx} . \, x \, dx = \frac{dX}{dx} . \frac{x^2}{2} - \int \frac{x^2}{2} . \, d. \left(\frac{dX}{dx} \right) = \frac{dX}{dx} . \frac{x^2}{2} -$$

$$\int \frac{x^2}{2} . \frac{d^2 X}{dx} = \frac{dX}{dx} . \frac{x^2}{2} - \frac{1}{2} \int x^2 \frac{d^2 X}{dx} \dots (84).$$

Remplaçant ensuite $\frac{d^2 X}{dx}$ par $\frac{d^2 X}{dx^2} dx$, ce qui veut dire différentielle de $\frac{dX}{dx}$ par rapport à x, et opérant, de la même manière que ci-dessus, nous obtiendrons (en faisant $\frac{d^2 X}{dx^2} = u$ et $x^2 \, dx = dv$, d'où $v = \int dv = \int x^2 \, dx = \frac{x^3}{3}$) :

$$\int x^2 \frac{d^2 X}{dx} \text{ ou } \int \frac{d^2 X}{dx^2} . \, x^2 \, dx = \frac{d^2 X}{dx^2} . \frac{x^3}{3} - \int \frac{x^3}{3} \, d \, \frac{d^2 X}{dx^2} =$$

$$\frac{d^2 X}{dx^2} . \frac{x^3}{3} - \int \frac{x^3}{3} \frac{d^3 X}{dx^2} = \frac{1}{3} x^3 \frac{d^2 X}{dx^2} - \int \frac{1}{3} x^3 \frac{d^3 X}{dx^2} =$$

$$\frac{1}{2} x^3 \frac{d^2 X}{dx^2} - \frac{1}{3} \int x^3 \frac{d^3 X}{dx^2} \dots (85).$$

Et ainsi de suite.

Substituant la valeur du premier membre de l'équation

(84) dans l'équation (83), nous aurons, (en remarquant que

$$\int x\, dX = \int \frac{dX}{dx} \cdot x\, dx, \text{ comme ci-dessus)} :$$

$$\int X dx = X x - \frac{dX}{dx} \cdot \frac{x^2}{2} + \frac{1}{2} \int x^2 \frac{d^2 X}{dx}, (86) ;$$

substituant maintenant la valeur du premier membre de l'équation (85), dans le second membre de l'équation (86), nous obtiendrons

$$\int X\, dx = X\, x - \frac{dX}{dx} \cdot \frac{x^2}{2} + \frac{1}{2} \left(\frac{1}{3} x^3 \frac{d^2 X}{dx^2} - \frac{1}{3} \int x^3 \frac{d^3 X}{dx^2} \right) =$$

$$X\, x - \frac{dX}{dx} \cdot \frac{x^2}{2} + \frac{1}{2} \frac{1}{3} x^3 \frac{d^2 X}{dx^2} - \frac{1}{2} \cdot \frac{1}{3} \int x^3 \frac{d^3 X}{dx^2} = X x -$$

$$\frac{dX}{dx} \cdot \frac{x^2}{2} + \frac{d^2 X}{dx^2} \cdot \frac{x^3}{1.2.3} \quad \frac{1}{2} \cdot \frac{1}{3} \int x^3 \frac{d^3 X}{dx^2}.$$

Ainsi de suite.

De sorte que la série peut se mettre sous la forme

$$\int X dx = X x - \frac{dX}{dx} \cdot \frac{x^2}{2} + \frac{d^2 X}{dx^2} \cdot \frac{x^3}{1\,2.3} - \text{etc.} + \text{constante.} (87).$$

QUADRATURE DES COURBES PLANES.

62. — L'aire S ou OAMP, fig. 62, d'une courbe plane représentée par l'équation y = fx, est donnée par l'équation d S = y dx,

$$\text{d'où} \qquad S = \int y\, dx \ldots (88).$$

En effet, si l'abscisse OP $= x$ devient OP' $= x + h$, l'aire S, qui varie évidemment avec la valeur de x et par conséquent aussi avec celle de y, deviendra S' ou OAM'P', et d'après la formule de Taylor, art. 41, nous aurons

$$\text{aire OAM'P'} = S + \frac{dS}{dx} h + \frac{d^2 S}{dx^2} \frac{h^2}{2} + \text{etc.}$$

donc

$$\text{aire mixtiligne PMM'P'} = S' - S = \frac{dS}{dx} h + \frac{d^2 S}{dx^2} \frac{h^2}{2} + \text{etc.}$$

Cette aire est comprise entre les deux rectangles PM' et P'M, lesquels sont représentés par les expressions analytiques suivantes :

$$\text{rectangle PM'} = \text{P'M'} \times \text{PP'} = f(x + h) \cdot h,$$

$$\text{rectangle P'M} = \text{P M} \times \text{PP'} = fx \cdot h ;$$

le rapport de ces rectanges est

$$\frac{f(x+h).h}{fx.h} = \frac{f(x+h)}{fx},$$

dans le cas de la limite où h diminuant se ramène à zéro, ce rapport se reduit à $\dfrac{fx}{fx} = 1$.

Or, la surface mixtiligne PMM'P' étant comprise entre les deux rectangles, diffère moins du rectangle P'M que le rectangle PM'; donc, si dans le cas de la limite nous avons $\dfrac{PM'}{P'M} = 1$, à plus forte raison l'unité sera-t-elle la limite du rapport $\dfrac{\text{aire PMM'P'}}{\text{rectangle P'M}}$.

En remplaçant les termes de ces rapports par leurs expressions analytiques, nous aurons

$$\frac{\text{aire PMM'P'}}{\text{aire P'M}} = \frac{\dfrac{dS}{dx}h + \dfrac{d^2S}{dx^2}\dfrac{h^2}{2} + \text{etc.}}{fx.\,h} = \frac{\dfrac{dS}{dx} + \dfrac{d^2S}{dx^2}\dfrac{h}{2} + \text{etc.}}{fx};$$

passant à la limite en faisant h = o, nous obtiendrons $\dfrac{\dfrac{dS}{dx}}{fx}$ ou $\dfrac{dS}{dx\,fx} = 1$, d'où dS = fx. dx ; et en mettant pour fx sa valeur y, nous aurons enfin

dS = y dx, donc $\int$ d. S ou S = $\int$ y dx. C. Q. F. D.

63. — Nous pouvons aussi déterminer la différentielle de l'aire d'une courbe, en faisant usage de la méthode des infiniment petits, de la manière suivante, fig. 62 :

$$\text{trapèze PMM'P'} = \frac{PM + P'M'}{2} \times PP' = (\text{art.3 et 139 C. D.}) = $$
$$\frac{y + (y+dy)}{2} \times dx = y\,dx + \frac{dy\,dx}{2},$$

rejetant dy dx comme infiniment petit du second ordre (art. 136, C. D.), il reste y dx pour la différentielle, résultat déjà trouvé à l'art. précédent par la méthode des limites.

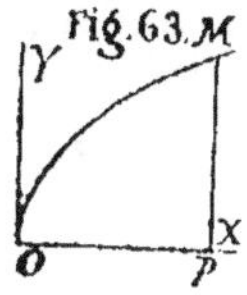

64. — Comme application, cherchons, fig. 63, l'aire OMP d'une portion de parabole.

Soit $y^2 = mx$ l'équation de cette parabole,

dont l'origine est o ; en différentiant, nous aurons : $2\,y\,dy =$ m dx ; donc $dx = \dfrac{2\,y}{m}\,dy$, et par suite $y\,dx = \dfrac{2\,y^2}{m}\,dy$, et en intégrant, nous obtiendrons

$$\int y\,dx \text{ ou } S = \int \frac{2\,y^2}{m}\,dy = \frac{2}{m}\,\frac{y^3}{3} + C = \frac{2}{3}\frac{y^3}{m} + C, \quad (89).$$

Pour déterminer la constante, et ainsi la surface S, observons que quand $y = o$, l'intégrale qui exprime la surface cherchée, est nulle en même temps ; par suite, dans ce cas, l'équation (89) se réduit à $o = o + C$, donc $C = o$, et par suite l'intégrale ou surface cherchée est :

$$\int y\,dx = S = \frac{2}{3}\frac{y^3}{m} + o = \frac{2}{3}\frac{y}{m}\cdot y^2 = \frac{2}{3}\frac{y}{m}\cdot m\,x = \frac{2}{3}xy, \quad (90).$$

Fig. 64.

65. — Soit maintenant la parabole représentée par l'équation (fig 64) :

$$y^2 = m + n\,x \dots (91).$$

L'origine des coordonnées n'est plus ici au sommet de la courbe, car en faisant $y = o$, l'équation (91) donne $x = -\dfrac{m}{n}$; et puisque cette abscisse doit se terminer au point A, où $y = o$, nous porterons $\dfrac{m}{r}$ de A en O, et le point O sera l'origine. Cela étant, en opérant comme précédemment, nous aurons

$$2\,y\,dy = n\,dx, \text{ donc } y\,dx = \frac{2\,y^2}{n}\,dy \text{ et } \int y\,dx = \int \frac{2\,y^2}{n}$$

$$dy = \frac{2}{n}\frac{y^3}{3} + C = \frac{2}{3}\frac{y^3}{n} + C. \quad (92).$$

Pour déterminer la constante, remarquons que la surface OMM'P, fig. 64, que représente ici l'intégrale, doit être nulle lorsque l'ordonnée M'P coïncide avec MO ; or, OM étant l'ordonnée qui passe par l'origine O où l'abscisse $x = o$, l'équation (91) nous donnera, dans cette hypothèse, y ou $MO = \sqrt{m+o} = \sqrt{m}$; faisant donc $\int y\,dx = o$ et $y = \sqrt{m}$ dans l'équation (92), elle deviendra

$$o = \frac{2}{3}\frac{(\sqrt{m})^3}{n} + C = \frac{2}{3}\frac{m^{3/2}}{n} + C ; \text{ d'où } C = -\frac{2}{3}\frac{m^{3/2}}{n} ;$$

et par suite l'intégrale ou surface cherchée est.

$$\int y\,dx = \frac{2}{3}\frac{y^3}{n} - \frac{2}{3}\frac{m^{3/2}}{n}\,,\ (93).$$

Remarque. — Dans ce qui précède, nous avons tiré de l'équation de la courbe la valeur de dx, pour la substituer dans la formule y dx, et intégrer ensuite. Nous aurions pu opérer autrement, en mettant dans cette expression la valeur de y plutôt que celle de dx ; car, pour obtenir l'intégrale il suffit que la différentielle proposée ne contienne qu'une variable ; donc on choisira la substitution qui exigera le moins de calculs.

66. — Une intégrale telle que $\int f x.\ dx$, peut toujours représenter l'aire d'une courbe dont l'équation serait $y = fx$; car cette équation étant donnée, si nous substituons la valeur de y ou fx dans la formule qui donne la surface, c'est-à-dire dans $\int y\,dx$, nous aurons $\int fx.\ dx$ pour la surface de cette courbe.

Voilà pourquoi, lorsqu'un problème nous a conduit à intégrer une fonction d'une seule variable, comme c'est le cas quand on a $\int fx.\ dx$, l'on dit que ce problème est ramené aux quadratures.

67. — On appelle *intégrale indéfinie générale* ou plus simplement *intégrale indéfinie*, une intégrale dans laquelle la constante C n'est pas encore déterminée. Ainsi, par exemple, d'une façon générale, soit y une fonction X de x, et supposons qu'en intégrant y dx ou plutôt X dx, nous ayons obtenu

$$\int X\,dx = \mathrm{F}x + C\ldots\ (94)$$

C n'étant pas encore déterminé, nous avons une intégrale indéfinie.

Une intégrale où l'on n'a pas ajouté la constante arbitraire C, est dite *incomplète* ; elle est appelée *intégrale complète*, lorsqu'elle renferme cette constante arbitraire.

68. — On appelle *intégrale particulière*, une intégrale dans laquelle on a déterminé cette constante Ainsi, lorsque par une hypothèse, nous déterminons, (comme nous l'avons déjà fait précédemment), cette constante C ; lorsque, par exemple, nous supposons que $\int X\,dx$ doive s'évanouir quand $x = a$, l'équation (94) donne, dans ce

cas, $o = Fa + C$, d'où $C = — Fa$, et cette équation (94) devient
$$\int X\, dx = Fx — Fa ;$$
cette intégrale $Fx — Fa$ est donc alors ce qu'on appelle une *intégrale particulière*, et nous voyons que le nombre des intégrales particulières d'une expression différentielle est illimité, puisqu'on peut établir une infinité d'hypothèses différentes sur la constante.

69. — On appelle *intégrale définie*, une intégrale telle que $\int X\, dx = Fb — Fa$, c'est-à-dire une intégrale déterminée, dans laquelle, la variable, comme dans l'exemple ci-dessus, a été remplacée par des constantes : la variable x devenant d'abord a, puis b ; on dit alors que l'intégrale est prise depuis $x = a$ jusqu'à $x = b$.

Exemple. — Si l'on fait l'hypothèse, comme à l'article précédent, pour déterminer une intégrale particulière, de

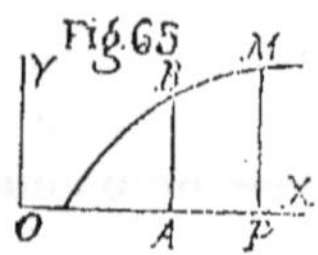

l'intégrale nulle et de $x=a$, c'est admettre qu'en prenant, fig. 65, une abscisse $OA=a$, la surface soit comprise entre la limite AB et la limite indéfinie MP qui correspond à $OP=x$, car alors quand je fais $x=a$, MP coïncide avec BA. et la surface, l'intégrale donc, devient nulle. Par conséquent l'opération par laquelle nous déterminons une intégrale particulière est la même que celle qui fixerait la position de la limite AB, à partir de laquelle on compte l'intégrale. La seconde limite PM sera fixée à son tour invariablement, si nous donnons à x une valeur déterminée b ; alors l'intégrale particulière
$$\int X\, dx = Fx — Fa,$$
obtenue d'abord, art. précédent, deviendra
$$\int X\, dx = Fb — Fa\ldots (95),$$
et la surface A B M P, qui représente cette intégrale, ne sera plus arbitraire : elle est devenue *intégrale définie*, et l'on dit qu'elle est prise depuis $x=a$ jusqu'à $x=b$.

Une intégrale de ce genre se désigne en employant la notation suivante :
$$\int_a^b X\, dx = Fb — Fa,$$
ce qui veut dire que l'intégrale est prise entre les limites a et b.

Maintenant, si l'on avait l'expression

$$\int_a^b X\,dx + \int_b^c X\,dx,$$

elle signifierait que l'intégrale prise depuis a jusqu'à b, a été continuée de b en c, de sorte que *l'intégrale totale* serait exprimée par

$$\int_a^c X\,dx$$

On a :

$$\int_a^b = -\int_b^a \quad \text{ou} \quad \int_a^b + \int_b^a = 0\ ;$$

car la 1re $\int$ signifie $F(b) - F(a)$ et la 2^{de} $F(a) - F(b)$
d'où $\qquad F(b) - F(a) + F(a) - F(b) = 0$

70. — *Application I.* — Soit à trouver l'intégrale définie de $x^m dx$. Fous avons vu que l'intégrale indéfinie est

$$\frac{x^{m+1}}{m+1} + C \dots (96);$$

et nous sommes censés connaître deux valeurs a et b satisfaisant à cette intégrale indéfinie.

Supposons que la première a corresponde à $\int X\,dx = 0$, nous aurons

$$\frac{a^{m+1}}{m+1} + C = 0, \text{d'où } C = -\frac{a^{m+1}}{m+1},$$

et l'intégrale particulière sera

$$\int x^m\,dx = \frac{x^{m+1}}{m+1} - \frac{a^{m+1}}{m+1}.$$

Faisons ensuite $x = b$, et nous aurons pour l'intégrale définie cherchée

$$\int x^m\,dx = \frac{b^{m+1}}{m+1} - \frac{a^{m+1}}{m+1}.$$

71. — On arriverait au même résultat en faisant successivement $x = a$ et $x = b$ dans l'intégrale indéfinie, et l'on aurait ainsi

$$\frac{a^{m+1}}{m+1} + C, \text{ et } \frac{b^{m+1}}{m+1} + C,$$

on retrancherait ensuite le premier résultat du second, et l'on obtiendrait comme tantôt

$$\int_a^b x^m\,dx = \frac{b^{m+1}}{m+1} - \frac{a^{m+1}}{m+1}.$$

Remarque. — En prenant cette différence, il faut toujours avoir soin de retrancher la partie qui représente la valeur de la fonction de x à l'origine de l'intégrale, c'est-à dire dans le cas présent, la partie correspondant à $x=a$, laquelle correspond à la droite A B, fig. 65, origine de l'intégrale.

72. *Application II.* — L'équation du cercle, origine au centre, étant $x^2 + y^2 = r^2 = a^2$, en représentant le rayon par a, qui est constant, nous avons $y^2 = a^2 - x^2$ et $y = \sqrt{a^2 - x^2}$; mettant cette valeur de y dans $\int y\,dx$, nous trouverons pour l'expression de l'aire de ce cercle, (art. 62, C.I.) ;

$$\int \sqrt{a^2 - x^2} \times dx.$$

Nous avons vu, art. 17, exemple III, C.I., que la valeur de cette intégrale était

$$\frac{1}{2} x \sqrt{a^2 - x^2} + \frac{1}{2} a^2 \arc\left(\sin = \frac{x}{a}\right) + C.$$

La partie $\frac{1}{2} a^2 \arc\left(\sin = \frac{x}{a}\right)$ ne pouvant se déterminer qu'en supposant connu le rapport du diamètre à la circonférence, (par exemple, si $x = \frac{1}{6} a$, nous aurions $\frac{x}{a} = \frac{1}{6}$, et nous opérerions comme à l'art. 15, Cal. Int., pour déterminer l'arc correspondant), nous voyons que l'intégration de $\sqrt{a^2 - x^2} \times dx$ ne peut conduire à la solution du problème de la quadrature du cercle, art. 66. Il en est de même de la quadrature de l'ellipse qui dépend de

$$\frac{b}{a} \int \sqrt{a^2 - x^2} \times dx,$$

obtenue en mettant la valeur de y, tirée de l'équation de l'ellipse, dans la formule $\int y\,dx$.

De ces deux expressions, on tire la proportion

aire ellipse : aire cercle :: $\frac{b}{a} \int \sqrt{a^2 - x^2}\,dx : \int \sqrt{a^2 - x^2}\,dx$,

ou   aire ellipse : aire cercle :: $\frac{b}{a} : 1$;

d'où   aire ellipse $= \frac{b}{a} \times$ aire cercle $= \frac{b}{a} \pi a^2 = \pi a b$,

a étant l'un des axes de l'ellipse égal au rayon du cercle, b étant l'autre axe de l'ellipse.

RECTIFICATION DES COURBES PLANES.

73. — Rectifier une courbe, c'est obtenir la longueur du développement de cette courbe ou d'un arc de cette courbe ; c'est-à-dire la longueur d'une droite égale à cette courbe développée.

74. — Une équation entre deux variables x et y étant donnée, si l'on veut rectifier un arc de la courbe que cette équation représente, il faudra d'abord différentier cette équation ; de la différentielle obtenue, tirer la valeur de dx ou de dy, valeur que l'on substituera dans l'équation qui représente la différentielle d'un arc de courbe, obtenue art. 146 ou 88, C. D., et qui est

$$d\,S = \sqrt{dx^2 + dy^2}\,,\ (97).$$

Après cette substitution, le radical ne contiendra plus qu'une variable, et, si ce radical est intégrable, l'intégrale que l'on obtiendra sera la longueur de S, ou de l'arc rectifié.

Exemple. — Soit, par exemple, à rectifier la courbe représentée par l'équation

$$y^3 = nx^2 \ ;$$

en la différentiant, nous avons

$$3y^2\, dy = 2nx\, dx,$$

d'où $dx = \dfrac{3y^2\, dy}{2\,n\,x}$ et $dx^2 = \dfrac{9}{4\,n^2}\dfrac{y^4}{x^2}\, dy^2$, et, en remarquant que d'après l'équation donnée, $n\,x^2 = y^3$, il vient $dx^2 = \dfrac{9}{4}$

$$\dfrac{y^4}{ny^3}\, dy^2 = \dfrac{9}{4}\dfrac{y}{n}\, dy^2 \ ;$$

en substituant sous le radical, nous avons

$$\sqrt{dx^2 + dy^2} = \sqrt{\dfrac{9}{4}\dfrac{y}{n}\, dy^2 + dy^2} = \sqrt{\left(\dfrac{9}{4}\dfrac{y}{n} + 1\right) dy^2} =$$

$$dy\sqrt{\dfrac{9}{4}\dfrac{y}{n} + 1} \ ;$$

et, comme dy est la différentielle de l'expression qui est sous le radical à une constante près $\dfrac{9}{4\,n}$, nous poserons, art. 9, C. 1., $\dfrac{9}{4}\dfrac{y}{n} + 1 = z$, d'où nous tirerons $y = (z - 1) : \dfrac{9}{4\,n} =$

$$\frac{4\,n}{9}(z-1) = \frac{4\,n}{9}\,z - \frac{4\,n}{9} \text{ et } dy = \frac{4\,n}{9}\,dz\,;$$ substituant ces valeurs de z et de dy, l'expression ci-dessus devient

$$\sqrt{dx^2 + dy^2} = \frac{4\,n}{9}\,dz\,\sqrt{z} = \frac{4\,n}{9}\,z^{1/2}\,dz\,;$$

donc

$$\int\sqrt{dx^2 + dy^2} = \int \frac{4\,n}{9}\,z^{1/2}dz = \frac{4\,n}{9}\,\frac{z^{1/2+1}}{\frac{1}{2}+1} = \frac{4\,n}{9}\,z^{3/2} : \frac{3}{2} =$$
$$\frac{4\times 2\times n}{9\times 3}\,z^{3/2} = \frac{8\,n}{27}\,z^{3/2} + C\,;$$

et en remplaçant z par sa valeur, nous aurons pour l'expression générale de l'arc rectifié :

$$\int\sqrt{dx^2 + dy^2} \text{ ou } S = \frac{8n}{27}\left(\frac{9\,y}{4\,n}+1\right)^{3/2} + C.$$

Pour déterminer la constante, prenons un cas particulier ; ainsi, par exemple, remarquons que d'après la nature de l'équation de la courbe, à l'origine des abscisses, y est zéro ; donc, en supposant que l'intégrale soit nulle en ce point, (x et y étant 0, on a arc $= 0$), nous aurons

$$0 = \frac{8n}{27}\left(\frac{9}{4}\,\frac{0}{n}+1\right)^{3/2} + C = \frac{8n}{27}(1)^{3/2} + C = \frac{8n}{27} + C,$$

donc $C = -\dfrac{8n}{27}$, et par conséquent

$$\int\sqrt{dx^2 + dy^2} = \frac{8n}{27}\sqrt{\left(\frac{9\,y}{4\,n}+1\right)^3} - \frac{8n}{27}\,,$$

et comme de $y^3 = nx^2$, on tire $y = \sqrt[3]{nx^2} = \sqrt[3]{n} \times x^{2/3}$ et

$$\frac{y}{n} = \frac{\sqrt[3]{n}}{n}\,x^{2/3} = \sqrt[3]{\frac{n}{n^3}}\,x^{2/3} = \sqrt[3]{\frac{1}{n^2}}\,x^{2/3} = \frac{1}{\sqrt[3]{n^2}}\,x^{2/3} = \frac{1}{n^{2/3}}$$

$$x^{2/3} = \frac{x^{2/3}}{n^{2/3}} = \left(\frac{x}{n}\right)^{2/3}\,,$$ en substituant sous le radical, on obtient enfin pour l'expression générale de l'arc de courbe rectifié compté à partir de l'origine :

$$\int\sqrt{dx^2 + dy^2} \text{ ou } S = \frac{8n}{27}\sqrt{\left[\frac{9}{4}\left(\frac{x}{n}\right)^{2/3}+1\right]^3} - \frac{8n}{27}.$$

Pour avoir l'expression de la longueur d'un arc déterminé, compris par exemple entre l'origine où $x = 0$ et le point où $x = a$, il suffit de remplacer dans la dernière équation x par a, (art. 69, C. 1.), et nous aurons pour l'expression de l'arc rectifié compris entre ces limites :

$$S = \frac{8n}{27} \sqrt{\left[\frac{9}{4} \left(\frac{a}{n} \right)^{2\mid 3} + 1 \right]^3} - \frac{8n}{27}.$$

Remarque. — La courbe que nous venons de rectifier est appelée *seconde parabole cubique.*

Son équation, ainsi que celle de la parabole ordinaire, n'est qu'un cas particulier de l'équation générale $Y^m = ax^n$; c'est pourquoi cette dernière équation est appelée *l'équation de la parabole de tous les ordres.*

On a également considéré l'équation $xy = a^2$ de l'hyperbole entre ses asymptotes, (voir recueil p. 164), comme un cas particulier de l'équation $x^m y^n = a^{m+n}$, qui est nommée, pour cette raison, *l'équation de l'hyperbole de tous les ordres.*

AIRES DES SOLIDES DE RÉVOLUTION

75. — Nous savons, qu'en géométrie, on appelle *solide de révolution*, la partie de l'espace que détermine une courbe A C, tracée sur un plan, et qui fait une révolution autour de l'axe O X, voir fig, 62.

76. — Nous allons d'abord chercher la formule générale:

$$du = 2 \pi y \sqrt{dx^2 + dy^2},$$

qui donne la différentielle de l'aire u engendrée par cette courbe ; et l'intégrale de cette différentielle sera l'aire du solide, prise d'une façon générale.

A cet effet, soient $OP = x$, $PM = y$, $PP' = h$, et par suite $PM = y = fx$; $P'M' = f(x+h) = fx + \frac{dy}{dx}h + \frac{d^2 y}{dx^2} \frac{h^2}{2} + $ etc., d'après la formule de Taylor.

Dans ce mouvement de rotation, les ordonnées M P et M' P' décrivent des cercles inégaux qui sont les bases d'un cône tronqué dont la corde M M' est le côté. L'aire de ce cône tronqué a pour expression, (géométrie élémentaire):

$$\frac{\text{circonf. P M} + \text{circ. P' M'}}{2} \times \text{corde M M'} ;$$

et, en représentant par π le rapport de la circonférence à son diamètre, nous avons

$$\frac{2\pi PM + 2\pi P'M'}{2} \times \text{corde MM'} = \pi (PM + P'M') \times \text{corde MM'};$$

remplaçant dans cette équation, les ordonnées PM et P'M' par leurs valeurs analytiques trouvées ci-dessus, il vient en remplaçant fx par y :

aire cône tronqué MM' $= \pi \left(2y + \dfrac{dy}{dx}h + \dfrac{d^2 y}{dx^2}\dfrac{h^2}{2} + \text{etc.} \right)$ corde MM',

donc

$$\frac{\text{aire cône tronqué MM'}}{\text{corde MM'.}} = \pi \left(2y + \frac{dy}{dx}h + \frac{d^2 y}{dx^2}\frac{h^2}{2} + \text{etc.} \right)$$

Si, maintenant, nous représentons par u l'aire engendrée par le mouvement de rotation de l'arc MM' et par S cet arc, comme en diminuant h, cet arc tend à se confondre avec sa corde, le premier membre de l'équation précédente devra être remplacé, dans le cas de la limite, par $\dfrac{du}{dS}$; et le second membre se réduisant alors à $2 \pi y$, puisque h est cencé réduit à zéro, nous aurons

$$\frac{du}{dS} = 2 \pi y,$$

par suite $du = 2 \pi ydS$; et, en remplaçant dS par sa valeur trouvée, art. 146, C. D, nous obtiendrons enfin pour la différentielle cherchée

$$du = 2 \pi y \sqrt{dx^2 + dy^2} \ \dots \ (98).$$

77. — Par la méthode des infiniment petits on arriverait au même résultat, en considérant l'élément de la surface de révolution, c'est-à-dire la surface engendrée par un arc infiniment petit, comme celle d'un cône tronqué, engendré par la rotation du trapèze *élémentaire* MPP'M, (c'est-à-dire de hauteur infiniment petite, c'est-à-dire engendré par la corde infiniment petite MM'), fig. 62, autour de PP' : ce cône tronqué aurait pour expression

$$\text{circ.} \left(\frac{PM + P'M'}{2} \right) \times MM' \text{ ou } 2 \pi \left(\frac{PM + P'M'}{2} \right) \times MM'.$$

Or, PM $= y$; P'M' $= y + (P'M' - PM$ ou $dy) = y + dy$, (art. 3 et 139 du C. D.), et MM' $=$ corde infiniment petite se confondant avec l'arc infiniment petit ou dS ; donc en mettant ces valeurs dans la formule précédente, nous aurons pour l'élément de la surface de révolution, ou pour la différentielle de la surface de révolution, (art. 3 et 139, calcul différentiel) :

$$\frac{2\,\pi\,(y + y + dy)}{2} \times dS \text{ ou } \pi\,(2\,y + dy)\,dS, \text{ ou}$$

$2\,\pi\,ydS + \pi\,dy\,dS$; et en supprimant le terme $\pi\,dy\,dS$, comme infiniment petit du second ordre, (art. 136, cal. dif.), il reste $2\,\pi\,y\,dS$; remplaçant dS par sa valeur $\sqrt{dx^2 + dy^2}$, (art. 146, C. D), il vient enfin pour la différentielle de la surface de revolution.

$$2\,\pi\,y\,\sqrt{dx^2 + dy^2}\,,$$

comme à l'article précédent par la méthode des limites.

78. — Comme application, cherchons l'aire du paraboloïde de révolution, qui est le solide engendré par la révolution d'un arc OM de parabole autour de son axe OX, fig. 66.

L'équation de la parabole étant ici $y^2 = px$, en différentiant nous avons

$$2y\,dy = pdx,\ \text{d'où } dx = \frac{2\,y\,dy}{p}\ \text{et}\ dx^2 = \frac{4y^2\,dy^2}{p^2}\,.$$

Substituant ces valeurs dans la formule générale, art. 76, $2\,\pi\,y\,\sqrt{dx^2 + dy^2}$, nous aurons

$$2\pi y\,\sqrt{\frac{4y^2\,dy^2}{p^2} + dy^2}\ \text{,ou } 2\pi y\sqrt{\left(\frac{4y^2 + p^2}{p^2}\right)dy^2}\ \text{, ou } \frac{2\pi}{p}\,y\,dy\,\sqrt{4y^2 + p^2}\,.$$

Or, ydy étant la différentielle de la quantité qui est sous le radical, à une constante 8 près, faisons, art. 9, cal. int-, $4y^2 + p^2 = z$, d'où, en différenriant, $2.\,4\,y\,dy = dz$, ou $ydy = \frac{dz}{8}$, et substituons ces valeurs dans l'équation, il viendra

$$\frac{2\pi}{p}\,y\,dy\,\sqrt{4\,y^2 + p^2} = \frac{2\pi}{p}\,\frac{dz}{8}\,\sqrt{z} = \frac{2\pi}{8p}\,z^{1/2}\,dz = \frac{\pi}{4p}\,z^{1/2}\,dz\,;\ \text{et}$$

en intégrant, nous aurons $\int \frac{2\pi}{p}\,y\,dy\,\sqrt{4y^2 + p^2} = \int \frac{\pi}{4p}\,z^{1/2}\,dz =$

$$\frac{\pi}{4p} \times \frac{z^{1/2 + 1}}{\frac{1}{2} + 1} = \frac{\pi}{4p \times \frac{3}{2}}\,z^{3/2} = \frac{\pi}{6p}\,z^{3/2} + C\,;$$

et, en remplaçant z par sa valeur, nous obtiendrons enfin pour l'intégrale généraleindéfinie ou expression générale de l'aire de ce paraboloïde

$$\int \frac{2\,\pi}{p} y\, dy\, \sqrt{4\,y^2 + p^2} = \frac{\pi}{6\,p}(4\,y^2 + p^2)^{3/2} + C;$$

Pour déterminer la constante, remarquons que l'intégrale ou la surface s'annule lorsque $y = 0$; prenons donc ce cas particulier et cherchons la valeur de C en substituant ces valeurs dans l'équation ; cette équation se réduit à

$$0 = \frac{\pi}{6\,p}(0 + p^2)^{3/2} + C = \frac{\pi}{6\,p}\sqrt{(p^2)^3} + C = \frac{\pi}{6}\sqrt{\frac{p^6}{p^2}} + C = \frac{\pi}{6}$$

$$\sqrt{p^4} + C = \frac{\pi}{6}\,p^2 + C, \text{ d'où } C = -\frac{\pi\,p^2}{6} ;$$

substituant cette valeur de C dans l'équation générale, nous aurons l'expression.

$$\frac{\pi}{6p}(4\,y^2 + p^2)^{3/2} - \frac{\pi\,p^2}{6}, \text{ ou } \frac{\pi}{6\,p}\,[(4\,y^2 + p^2)^{3/2} - p],$$

qui représente l'intégrale ou surface indéfinie prise à partir du point 0, où $y = 0$.

Si nous voulons avoir l'intégrale depuis $y = 0$ jusqu'à $y = b$, et ainsi obtenir une intégrale définie, ou la surface depuis $y = 0$ jusqu'à $y = b$, il suffit de remplacer dans l'équation ci-dessus y par b, art. 69, C. I., et nous aurons pour cette intégrale définie

$$\frac{\pi}{6\,p}\,[(4\,b^2 + p^2)^{3/2} - p].$$

CUBATURE DES SOLIDES DE RÉVOLUTION.

79. — La différentielle générale du volume v des solides de révolution est

$$dv = \pi\, y^2\, dx ;$$

expression dans laquelle v est le volume, x et y les coordonnées de la courbe génératrice, et π le rapport de la circonféaence au diamètre.

L'intégrale de cette exqression serait la formule générale donnant le volume de ces solides

En effet, soit v le volume engendré par la révolution de l'aire mixtiligne O A M P, fig. 62, autour de l'axe O X. Lorsque l'abscisse $OP = x$ devient $OP' = x + h$, le solide de révolution s'accroît du corps engendré par la révolution du trapèze mixtiligne PMM'P' autour du même axe. Le volume engendré par OAMP, augmentant et diminuant en même temps que x, est une fonction de x ; donc le volume engendré par OAM'P' est une fonction de x+h, et aura pour expression, d'après la formule de Taylor :

$$\text{vol. OAM'P'} = v + \frac{dv}{dx} h + \frac{d^2 v}{dx^2} \frac{h^2}{2} + \text{etc.} ;$$

par suite, en en retranchant le volume engendré par OAMP ou v, nous aurons pour le volume engendré par PMM'P' :

$$\text{vol. PMM'P'} = \frac{dv}{dx} h + \frac{d^2 v}{dx^2} \frac{h^2}{2} + \text{etc..}$$

Or, ce volume étant compris entre les cylindres engendrés par les rectangles MP' et M'P, différera moins de l'un de ces cylindres que ces cylindres ne diffèrent entre eux ; donc, si nous pouvons prouver que, dans le cas de la limite où h devient égal à zéro, le rapport de ces cylindres est l'unité, il en sera de même, à plus forte raison, du rapport du corps décrit par PMM'P' à l'un de ces cylindres. Cela étant, nous avons évidemment

cylindre décrit par PM' $= \pi \times P'M'^2 \times P'P = \pi [f(x+h)]^2 h$;

cylindre décrit par P'M $= \pi \times PM^2 \times P'P = \pi (fx)^2 h$;

dont le rapport de ces cylindres est exprimé par

$$\frac{[f(x+h)]^2}{(fx)^2}.$$

En faisant h$=$0, nous voyons que ce rapport se réduit à $\frac{(fx)^2}{(fx)^2} = 1 = $ l'unité ; il en sera donc de même du rapport du volume engendré par PMM'P' à celui du cylindre décrit par MP'. Or ce rapport étant représenté par

$$\frac{\text{vol. PMM'P'}}{\text{cylindre P'M}} = \frac{\frac{dv}{dx} h + \frac{d^2 v}{dx^2} \frac{h^2}{2} + \text{etc.}}{\pi (fx)^2 h} = \frac{\frac{dv}{dx} + \frac{d^2 v}{dx^2} \frac{h}{2} + \text{etc.}}{\pi (fx)^2} ,$$

nous avons dans le cas de la limite où h $=$ 0,

$$\frac{\frac{dv}{dx}}{\pi (fx)^2} = 1 ;$$

d'où

$$\frac{dv}{dx} = \pi (fx)^2 = \pi y^2 ,$$

et enfin $\quad dv = \pi y^2 dx.$ (99). C. Q. F. D.

80. — On arriverait au même résultat par la méthode des infiniment petits en opérant de la manière suivante :

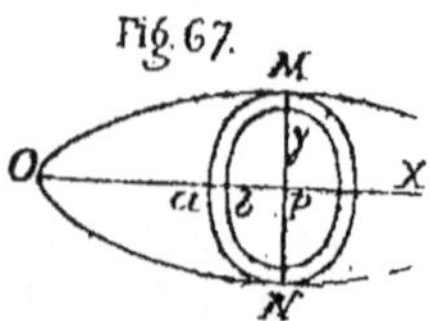

Concevons le volume MON, fig. 67, comme partagé en tranches infiniment minces, par des plans perpendiculaires à l'axe de révolution; l'une quelconque de ces tranches, qui est l'élément du corps ou la différentielle du volume du corps, peut être considérée comme un cylindre dont la base est le cercle décrit par y, et dont la hauteur est égale à l'épaisseur ab représentée par dx, art. 3, C.D., par conséquent cet élément ou différentielle du volume du corps ou dv, a pour expression, la base de ce cylindre multipliée par sa hauteur ou $\pi\, y^2 \times dx$.

81. — *Application I.* — Cherchons le volume de l'ellipsoïde allongé, c'est-à-dire le volume engendré par la révolution de l'ellipse autour de son grand axe.

Soit l'équation de l'ellipse rapportée à son centre fig. 68 :

$$y^2 = \frac{b^2}{a^2}(a^2 - x^2).$$

Substituons cette valeur de y^2 dans la formule (99), donnant la différentielle générale des solides de révolution, nous aurons

$$dv \text{ ou } \pi\, y^2\, dx = \pi\, \frac{b^2}{a^2}(a^2 - x^2)\, dx\; ;$$

et, en intégrant, il viendra pour le volume indéfini :

$$\int dv \text{ ou } v = \int \pi\, y^2\, dx = \int \pi\frac{b^2}{a^2}(a^2 - x^2)\, dx = \int \pi\, \frac{b^2}{a^2}\left(a^2\, dx - x^2\, dx\right) = \pi\, \frac{b^2}{a^2}\int(a^2\, dx - x^2\, dx) = \pi\, \frac{b^2}{a^2}\left(a^2\, x - \frac{x^3}{3}\right) + C. \quad (100).$$

Pour déterminer la constante, nous voyons que l'intégrale ou volume est nulle au point A, où $x = -a$; substituant ces valeurs, nous aurons donc :

$$\int dv \text{ ou } 0 = \frac{\pi\, b^2}{a^2}\left[(a^2 \times -a) + \frac{a^3}{3}\right] + C = \frac{\pi\, b^2}{a^2}\left[\left(-a^3 + \frac{a^3}{3}\right)\right.$$

$$\text{ou } -\frac{2a^3}{3}\right] + C = -\frac{\pi b^2}{a^2}\, \frac{2a^3}{3} + C, \text{ d'où } C = \frac{\pi\, b^2}{a^2}\, \frac{2}{3}\, a^3\; ;$$

en substituant cette valeur de C, l'équation (100) deviendra la suivante qui exprimera le volume indéfini compté à partir du point A :

$$\int \pi\, y^2\, dx \text{ ou } v = \pi\, \frac{b^2}{a^2}\left(a^2\, x - \frac{x^3}{3}\right) + \pi\, \frac{b^2}{a^2}\, \frac{2}{3}\, a^3 = \pi\, \frac{b^2}{a^2}\left(a^2\, x - \frac{x^3}{3} + \frac{2}{3}\, a^3\right)$$

Pour avoir une intégrale définie ou un volume déterminé, nous devrons donner une valeur à x, dans cette dernière équation (art. 69, C. I.) ; prenons $x = + a$, nous aurons ainsi l'intégrale (ou volume) comprise depuis $x = - a$ jusque $x = + a$, c'est-à-dire le volume complet de l'ellipsoïde qui sera donc

$$\int \pi\, y^2\, dx = \pi\frac{b^2}{a^2}\left(a^2\, a - \frac{a^3}{3} + \frac{2}{3}\, a^3\right) = \pi\, \frac{b^2}{a^2}\left(a^3 - \frac{a^3}{3} + \frac{2}{3}a^3\right) = \pi\, \frac{b^2}{a^2}\, \frac{4}{3}\, a^3.$$

Si $b = a$, ce volume deviendra celui de la sphère, et aura pour expression

$$\pi\, \frac{a^2}{a^2}\, \frac{4}{3}\, a^3 \text{ ou } \frac{4}{3}\, \pi\, a^3.$$

Cette expression se décompose en

$$\frac{2}{3}\, \pi\, a^2 \times 2\, a ;$$

or $\pi\, a^2 \times 2\, a =$ le volume du cylindre circonscrit à la sphère, donc le volume de la sphère vaut les $\frac{2}{3}$ du volume du cylindre circonscrit.

82. — *Application II.* — Soit encore à déterminer le volume du paraboloïde de révolution. A cet effet, prenons la parabole de tous les ordres pour génératrice, dont l'équation, (art. 74, remarque), est

$$y^m = a\, x^n \text{ ou } y = a\, x^{n/m}. \quad (1)$$

Substituons cette valeur dans la formule générale (99), nous aurons

$$d\, v = \pi\, a^2\, x^{\frac{2n}{m}}\, dx ;$$

d'où

$$v = \int \pi\, a^2\, x^{\frac{2n}{m}}\, dx = \pi\, a^2\, \frac{x^{\frac{2n}{m}+1}}{\frac{2n}{m}+1} + C = \frac{\pi\, a^2}{\frac{2n+m}{m}} \times x^{\frac{2n+m}{m}} + C = \frac{m\, \pi\, a^2}{2n+m}\, x^{\frac{2n+m}{m}} + C.$$

(1) a étant une constante qui représente aussi bien $\sqrt[m]{a}$ que a.

Pour déterminer la constante, le volume étant nul au soumet que nous supposerons placé à l'origine des coordonnées, fig. 69 où $x = 0$, il vient

$$0 = \frac{m \pi a^2}{2n + m} \, 0^{\frac{2n+m}{m}} + C = 0 + C, \text{ donc } C = 0 \, ;$$

et le volume indéfini du paraboloïde, compté à partir du sommet placé à l'origine des coordonnées est donc

$$v = \frac{m \pi a^2}{2n + m} \, x^{\frac{2n+m}{m}}.$$

Lorsque $m = 2$ et $n = 1$, on a $y = a \, x^{1/2}$, d'où $y^2 = a^2 x^{2/2} = a^2 x$, ce qui est l'équation de la parabole ordinaire, dans laque.le a^2 tient la place de la constante p de l'équation de cette courbe, l'origine étant au sommet.

Dans cette hypothèse, le volume compté comme ci-dessus de la parabole ordinaire sera

$$v = \frac{2 \pi a^2}{2+2} \, x^{\frac{2+2}{2}} \text{ ou } \frac{\pi a^2}{2} \, x^2 \text{ ou } \pi a^2 x \, \frac{x}{2} \, ;$$

or, nous avons ci-dessus $a^2 x = y^2$, substituant, il vient pour ce volume

$$v = \pi . \, y^2 \, \frac{x}{2}.$$

L'aire du cercle dont PM est le rayon, fig. 69, étant πy^2, et le volume du cylindre engendré par la révolution de OAMP autour de OX étant donc $\pi y^2 x$, il résulte de là que l'expression ci-dessus $v = \pi y^2 \frac{x}{2}$ représente la moitié du volume de ce cylindre : donc le volume de la parabole ordinaire est la moitié du volume du cylindre circonscrit.

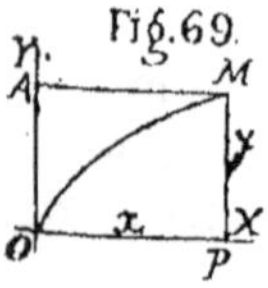

EXPRESSIONS GÉNÉRALES DU VOLUME ET DE L'AIRE DES CORPS DE RÉVOLUTION.

83. — Nous avons déjà examiné art. 76 et 79, comment on peut trouver ces expressions. On peut encore les obtenir de la manière suivante.

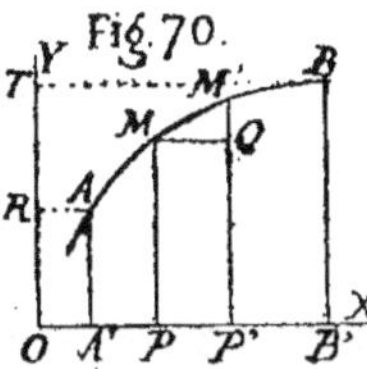

84. — Soit une courbe AB, fig. 70, représentée par l'équation $y = fx$. Si nous considérons le corps engendré par la figure ABB'A' tournant autour de l'axe OX, nous pouvons prendre, pour élément de ce corps, le volume du cylindre MPP'Q, car MM'Q est infiniment petit par rapport à MPP'M', art. 129 et 132, C. D. Or, ce volume a pour mesure $\pi \cdot \text{MP}^2 \cdot \text{MQ}$; mais $\text{MP} = y$ et $\text{MQ} = \text{OP}' - \text{OP} = dx$, (art. 3. calc. diff.) ; donc l'expression ci dessus, en y substituant ces valeurs, devient, $\pi \cdot y^2\, dx$, formule qui peut donc être considérée comme la différentielle, dv, du volume v du corps ; par conséquent, en représentant par a et b les limites OA'$= a$, et OB'$= b$, entre lesquelles nous prendrons l'intégrale, (art. 69, C. I), il viendra pour l'expression du volume du corps

$$\int dv \text{ ou } v = \int_a^b \pi\, y^2\, dx,$$

ou en mettant la constante π en dehors du signe d'intégration

$$v = \pi \int_a^b y^2\, dx. \quad (101).$$

85. — Soit encore la courbe plane A B, même figure, tournant autour de OX, elle engendre une surface de révolution (qui est celle du corps considéré à l'article précédent), et dont l'élément peut être supposé se confondant avec la surface conique décrite par la corde MM'.

Or, cette surface conique a pour mesure $\dfrac{2\,\pi\,(\text{MP} + \text{P}'\text{M}')}{2}$

$$\text{MM}' = \frac{2\,\pi\,(\text{MP} + \text{MP} + \text{M}'\text{Q})}{2} \text{MM}' = 2\pi\left(\text{MP} + \frac{\text{M}'\text{Q}}{2}\right)$$

$\text{MM}' = 2\left(\text{M P} + \dfrac{\text{M}'\text{Q}}{2}\right)\pi \cdot \text{MM}'$; mais $\text{MP} = y$, $\dfrac{\text{M}'\text{Q}}{2} = \dfrac{dy}{2}$ et $\text{MM}' = dS$, donc, en substituant ces valeurs, il viendra pour l'expression de la différentielle de l'aire A du corps :

$$d. A = 2\left(y + \frac{dy}{2}\right)\pi \cdot d.S. = 2\,\pi\, y\, dS + \pi\, dy\, dS,$$

et, en négligeant la quantité du deuxième ordre $\pi\, dy\, dS$, (art. 137 et 136 C. D.), il viendra

$$d. A = 2\,\pi\, y\, dS,$$

et, par suite, la surface de révolution comprise, par exemple, entre les ordonnées $OR = AA' = y_1$ et $OT = BB' = y_2$ sera

$$\int d. \, A \text{ ou } A = \int_{y_1}^{y_2} 2 \pi y \, dS,$$

ou, en mettant les constantes en dehors du signe d'intégration

$$A = 2 \pi \int_{y_1}^{y_2} y \, dS \, (102) ;$$

ou en prenant l'intégrale ou surface entre les abscisses $OA' = a = x_1$ et $OB' = b = x_2$, on a la même surface, et il vient

$$A = 2 \pi \int_{x_1}^{x_2} y \, dS \, .. \, (103).$$

86. — Les formules (101), (102) ou (103), sont générales ; pour les appliquer à des cas particuliers, il suffira d'y remplacer a, b, y_1, y_2, x_1, x_2, dx, dS, par leurs valeurs relatives à la courbe que l'on considérera.

INTÉGRATION DES FONCTIONS DE DEUX VARIABLES.

87. — Nous avons appris jusque maintenant à intégrer des fonctions différentielle ne contenant qu'une seule variable. Lorsqu'il y a, dans les équations différentielles à intégrer, deux ou un plus grand nombre de variables, l'intégration se fait à l'aide de méthodes diverses dont nous allons exposer les deux principales. Elle consistent :

1° Dans la séparation des variables pour pouvoir leur appliquer ensuite les procédés que nous avons employé pour une seule variable ;

2° Dans la recherche des facteurs propres à rendre une *différentielle exacte*. On appelle différentielle exacte, une équation différentielle qui, comme $m \, dx + n \, dy = 0$, a été obtenue par le seul procédé de la différentiation ; ou qui ne serait pas égale à zéro, mais qu'on aurait trouvée par le seul moyen de la différentiation. Lorsqu'une équation différentielle $M \, dx + N \, dy = 0$ n'est pas une différentielle exacte, on ne peut l'intégrer qu'après l'avoir rendue une différentielle exacte par quelque modification qu'on lui aura fait subir.

PREMIÈRE MÉTHODE PRINCIPALE D'INTÉGRATION DES
FONCTIONS DE PLUSIEURS VARIABLES. SÉPARATION
DES VARIABLES ; ÉQUATION LINÉAIRE DU PREMIER
ORDRE;ET PROPRIÉTÉS DES FONCTIONS HOMOGÈNES.

88. — Nous savons, d'après ce qui précède, que pour
être intégrable, toute différentielle doit être de la forme
$\varphi x\, dx$; on se trouverait donc arrêté dans l'intégration
d'une équation si elle contenait des termes tels que $y^2\, dx$,
$x\, y\, d\, x. \dfrac{dx}{y}$, etc. Cependant il ne résulte pas de cela que
l'intégration est impossible ; car, si par des opérations
algébriques, nous pouvions faire en sorte que chaque terme
ne contint plus qu'une seule variable, c'est-à-dire si
nous effectuions la *séparation des variables*, l'intégration
pourrait ensuite se faire.

89. — Ainsi, pour premier exemple, soit à intégrer
l'équation différentielle $x\, dy + y\, dx = 0$. En divisant cette
équation par $x\, y$, elle devient ;

$$\frac{dy}{y} + \frac{dx}{x} = 0,$$

et, en intégrant, art. 28, C. D., il vient

$$\log y + \log x = \int 0 = \text{constante} = C ;$$

ou en représentant par A le nombre dont C est le logarithme, cette expression pourra se mettre sous la forme

$$\log y + \log x = \log A,$$

et par suite, d'après la théorie des logarithmes (Algèbre) :

$$\log x\, y = \log A ;$$

passant aux nombres, il vient

$$x\, y = A$$

90. — Comme second exemple, soit à effectuer la séparation des variables de l'équation plus générale

$$\varphi x.\, dy - Fy.\, dx = 0 ;$$

divisons cette équation par $\varphi x\, Fy$, nous aurons pour équation dans laquelle les variables sont séparées :

$$\frac{dy}{Fy} + \frac{dx}{\varphi x} = 0.$$

Exemple. — Soit à intégrer

$$(1 + x^2)\, dy = dx\sqrt{y}.$$

divisons par $1 + x^2$ qui représente φx, nous obtiendrons

$$dy = \frac{dx}{1 + x^2}\sqrt{y},$$

divisons également par $\sqrt{y}$ qui représente Fy, nous aurons

$$\frac{dy}{\sqrt{y}} = \frac{dx}{1 + x^2},$$

équation dans laquelle les variables sont séparées ; en intégrant, il viendra

$$\int \frac{dy}{\sqrt{y}} \text{ ou } \int \frac{1}{\sqrt{y}}dy \text{ ou } \int \frac{1}{y^{1/2}}dy \text{ ou } \int y^{-1/2}dy = \int \frac{dx}{1 + x^2},$$

ou

$$\frac{y^{-1/2+1}}{-\frac{1}{2}+1} \text{ ou } \frac{y^{1/2}}{\frac{1}{2}} \text{ ou } \frac{\sqrt{y}}{\frac{1}{2}} \text{ ou } 2\sqrt{y} = \int \frac{dx}{1 + x^2},$$

or, art. 13, C. I.

$$\int \frac{dx}{1 + x^2} = \text{arc (tang} = x) + C ;$$

donc, enfin on a pour l'intégrale cherchée

$$2\sqrt{y} = \text{arc tang } x + C.$$

91. — Nous pourrions encore séparer les variables par la division dans la formule

$$\varphi x.\, Fy.\, dx + \varphi' x.\, F'y.\, dy = 0 ;$$

en effet, il suffit de diviser par $Fy.\, \varphi' x$, et il vient

$$\frac{\varphi x.\, dx}{\varphi' x} + \frac{F'y.\, dy}{Fy} = 0.$$

Exemple. — Soit l'équation

$$x^2 y\, dx + (3y + 1)\, dy\sqrt{x^3} = 0 ;$$

divisons par $y\sqrt{x^3}$, il viendra

$$\frac{x^2}{\sqrt{x^3}}dx + \frac{3y + 1}{y}\, dy = 0 ;$$

équation dans laquelle les variables sont séparées ; il ne reste plus qu'à intégrer.

92. — L'intégration pourrait évidemment encore se faire si la proposée contenait plus de deux variables, et qu'on pût la ramener à ne renfermer dans chaque membre que des différentielles dont nous connaissons l'intégrale ; par exemple, les fonctions

$$\frac{y\,dx - x\,dy}{y^2}, \quad x\,dy + ydx, \text{ etc.,}$$

dont les intégrales sont, respectivement, $\frac{x}{y}$ art. 11, et x y, art. 9, du C.D.

93. — Nous allons faire connaître une équation importante, qui porte le nom d'*équation linéaire du premier ordre*, et qui est obtenue en séparant les variables dans l'équation

$$dy + Py\,dx = Q\,dx \dots (104),$$

équation dans laquelle P et Q sont des fonctions de x ; en séparant les variables nous obtiendrons donc l'équation linéaire du premier ordre savoir :

$$y = e^{-\int P\,dx}\left(\int Q\,e^{\int P\,dx}\,dx + C\right)\dots (105).$$

En passant, disons qu'une équation différentielle entre deux variables x et y, est dite linéaire lorsque les expressions $y, \dfrac{dy}{dx}, \dfrac{d^2 y}{dx^2}, \dots, \dfrac{d^n y}{dx^n}$ ne sont élevées, dans cette équation, qu'au premier degré ; elle est dite : du premier ordre quand on n'a que les différentielles premières ; du second ordre, quand on a, en outre, des différentielles secondes ; et en général du $n^{\text{ième}}$ ordre lorsqu'on arrive jusqu'à des différentielles $n^{\text{ièmes}}$ comme $\dfrac{d^n y}{dx^n}$.

D'après cela, en admettant que A, B, C, D, … N, X, soient des fonctions de x, l'équation linéaire du $n^{\text{ième}}$ ordre sera

$$A y + B\frac{dy}{dx} + C\frac{d^2 y}{dx^2} + D\frac{d^3 y}{dx^3} + \dots + N\frac{d^n y}{d x^n} = X. \quad (106).$$

Lorsque cette équation est du premier ordre, elle se réduit à

$$A y + \frac{B\,dy}{dx} = X \dots (106^{\text{bis}}) ;$$

ceci arrivera quand l'équation qu'on a différentiée est du premier degré en x, car alors $\dfrac{d^2 y}{dx^2}$ et les autres différentielles successives égalent zéro ; exemple, si l'on a l'équation $y = 2\,ax$, il vient $\dfrac{dy}{dx} = 2\,a ; \dfrac{d^2 y}{dx^2} = \dfrac{d\,2a}{dx} = \dfrac{o}{dx} = o.$

Chassant le dénominateur dans l'équation (106bis) et divisant par B, cette équation deviendra $\frac{A}{B}$ y dx + dy = $\frac{X}{B}$ dx, et en faisant $\frac{A}{B}$ = P et $\frac{X}{B}$ = Q nous aurons

$$dy + Py\, dx = Q\, dx.\ (104).$$

Revenons maintenant à la recherche de l'équation linéaire du premier ordre en séparant les variables dans l'équation

$$dy + Py\, dx = Q\, dx,$$

P et Q, avons-nous vu, étant des fonctions de x.

A cet effet, égalons y au produit des deux indéterminées X et z, nous aurons

$$y = z\, X, \text{ et par suite, art. 9, C. D.,}$$
$$dy = z\, dX + X\, dz\ ;$$

substituant ces valeurs dans l'équation (104), nous obtiendrons $z\, dX + X\, dz + Pz\, X\, dx = Q\, dx$, où

$$z\, dX + X\, (dz + Pz\, dx) = Q\, dx.$$

X étant une fonction arbitraire, nous la déterminerons en égalant entr'eux les termes qui ne sont pas sous la parenthèse, ce qui décomposera l'équation précédente en les deux suivantes :

$$X\, (dz + Pz\, dx) = 0,\quad z\, dX = Q\, dx\ ;$$

la première donne dz + Pz dx = o, d'où $\frac{dz}{z} = -Pdx$, ou,

(art. 28, C. D.), $\log z = - \int P\, dx$; et, en observant que $\log e$ équivaut à l'unité, puisque e est la base du système de logarithmes employé ici, ou système Népérien, il vient

$$\log z = -\int P\, dx.\ \log e = \log\left(e^{-\int P\, dx}\right)\ ;$$

passant aux nombres, nous aurons

$$z = e^{-\int P\, dx}\ ;$$

la seconde donne

$$dX = \frac{Q\, dx}{z} = Q\, dx\,\frac{1}{e^{-\int P\, dx}} = Q\, dx\, e^{\int P\, dx} = Q\, e^{\int P\, dx}\, dx\ ;$$

donc $X = \int dX = \int Q\, e^{\int P\, dx}\, dx + C$;

substituant ces valeurs de z et de X dans l'équation

$$y = z\, X,$$

nous aurons enfin l'équation linéaire du premier ordre (105) :

$$y = e^{-\int P\, dx}\left(\int Q\, e^{\int P\, dx}\, dx + C\right).$$

94. On peut toujours opérer la séparation des variables dans les équations différentielles du premier ordre à deux

variables, lorsqu'elles sont homogènes, et par suite on peut leur appliquer après séparation, les procédés d'intégration que nous avons examinés précédemment.

Nous savons (Algèbre) qu'une équation est dite homogène quand tous ses termes, considérés par rapport aux variables, sont de même dimension. Ainsi, par exemple, l'équation $\quad a\,x^6 + bx^4\,y^2 - c\,x\,y^5 = 0,$ est homogène, parce que la somme des exposants des variables, dans chaque terme, est 6 ; remarquons que y n'entre pas dans le premier terme de l'équation, mais cette variable peut être considérée comme y existant affectée de l'exposant zéro, car nous avons que $y^0 = 1$, algèbre.

95. — Soit une fontion générale z, de x et de y, composée de termes homogènes tels que $A\,x^p\,y^q$, $B\,x^{p'}y^{q'}$, $C\,x^{p''}\,y^{q''}$, etc., dont la somme des exposants est n, elle peut être ramenée à la forme

$$z = Q\,x^n,$$

Q étant une fonction de $\dfrac{y}{x}$.

En effet, n étant la somme des exposants dans chaque terme, nous avons

$$p + q = n,\ p' + q' = n,\ p'' + q'' = n,\ \text{etc.}$$

Cela posé, si nous divisons tous les termes par x^n, l'égalité de la somme des exposants dans chaque terme, après la division, subsistera encore ; et ces termes qui sont donc encore homogènes et de zéro degré ou $n-n$, peuvent se mettre sous la forme suivante :

$$\frac{A\,x^p\,y^q}{x^n} = \frac{A\,y^q}{x^{n-p}} = \frac{A\,y^q}{x^q} = A\left(\frac{y}{x}\right)^q\,;$$

$$\frac{B\,x^{p'}y^{q'}}{x^n} = \frac{B\,y^{q'}}{x^{n-p'}} = \frac{B\,y^{q'}}{x^{q'}} = B\left(\frac{y}{x}\right)^{q'}\,;$$

etc.,
donc

$$\frac{z}{x^n} = A\left(\frac{y}{x}\right)^q + B\left(\frac{y}{x}\right)^{q'} + \text{etc.} = F\left(\frac{y}{x}\right)\,;$$

fontion de zéro degré, $n-n$.

En faisant $\dfrac{y}{x} = q$, cette équation deviendra

$$\frac{z}{x^n} = F.\,q,\ \text{ou}\ z = x^n\,Fq\,;$$

et en représentant Fq par Q, nous aurons enfin
$$z = Q\, x^n \,(107) ;$$
fonction de n degré.

Ce qui précède pourra nous aider à séparer les variables dans les équations dont il s'agit à l'art. 94.

96. — Soit, en effet, maintenant l'équation différentielle
$$M\, dx + N\, dy = 0,$$
dans laquelle les coefficients M et N sont des fonctions homogènes, de deux variables x et y, d'une dimension n. En divisant cette équation par x^n, nous pourrons donc, d'après l'article précédent, la mettre sous la forme :
$$\varphi\left(\frac{y}{x}\right) dx + F\left(\frac{y}{x}\right) dy = 0 ;$$
et en faisant $\frac{y}{x} = z$, elle deviendra
$$dx\, \varphi z + dy.\, F z = 0,$$

ou
$$\varphi z + F z \frac{dy}{dx} = 0 \ldots (108).$$

Afin d'achever d'éliminer y au moyen de l'équation $\frac{y}{x} = z$, ou plutôt $y = z\, x$, différentions cette dernière équation et nous obtiendrons
$$dy = d.\, z\, x = z\, dx + x\, dz, \text{ art. } 9, \text{ C. D. } ;$$

d'où
$$\frac{dy}{dx} = z + \frac{x dz}{dx} ;$$
substituant cette valeur dans l'équation (108), il viendra
$$\varphi z + F z \left(z + \frac{x dz}{dx} \right) = 0,$$

d'où
$$\frac{x\, dz}{dx} F z = - \varphi z - z.\, F z,$$

ou
$$\frac{x\, dz}{dx} = - \frac{\varphi z}{F z} - z = - \frac{\varphi z + z\, F z}{F z},$$
et pour séparer les variables,
$$\frac{dx}{x\, dz} = \frac{F z}{\varphi z + z\, F z},$$

ou
$$\frac{dx}{x} = \frac{dz.\, F z}{\varphi z + z\, F z},$$
par conséquent, en intégrant, (art. 28, C. D.),

$$\int \frac{dx}{x} \text{ ou } \log x = -\int \frac{dz.\, Fz}{\varphi z + z\, Fz} + C.$$

Après intégration, il suffira de remplacer dans le résultat z par sa valeur.

97. — *Exemple.* — Soit l'équation
$$x^2\, dy = y^2\, dx + xy\, dx,$$
(qui peut être mise sous la forme $(y^2 + xy)\, dx + (- x^2)\, dy = 0$; et la fonction M, art. précédent, est ici $y^2 + xy$, la fonction N est $- x^2$).

Faisons $\dfrac{y}{x} = z$ ou $y = zx$, nous aurons, art. 9, C. D.
$$dy = z\, dx + x\, dz,$$
et en substituant ces valeurs l'équation deviendra
$$x^2\, (z\, dx + x\, dz) = z^2\, x^2\, dx + x^2\, z\, dx\,;$$
ou $\qquad x^2\, z\, dx + x^3\, dz = z^2\, x^2\, dx + x^2\, z\, dx\,;$
ou $\qquad\qquad x^3\, dz = z^2\, x^2\, dx,$
et en divisant par x^2, (qui remplace ici x^n de l'art précédent) nous obtiendrons
$$x\, dz = z^2\, dx,$$
divisant par z^2 et par x,
$$\frac{dz}{z^2} = \frac{dx}{x},$$
intégrant, il viendra
$$\int \frac{dx}{x} \text{ ou, (art. 28, C.D.), } \log x = \int dz\, z^{-2} = \frac{z^{-2+1}}{-2+1} = \frac{z^{-1}}{-1} =$$
$$- \frac{1}{z} + C = \text{ en remplaçant z par } \frac{y}{x} = - \frac{1}{\frac{y}{x}} + C = - \frac{x}{y} + C.$$

98. — En général, lorsqu'on a une fonction homogène des variables x, y, z, etc., on parviendra toujours à séparer l'une des variables, par exemple x, en faisant
$$y = tx,\ z = ux,\ \text{etc.}$$
En effet, soit $M\, dx + N\, dy + P\, dz = 0$, une équation homogène dans laquelle M, N, P, sont des fonctions, de même degré, des trois variables x, y, z ; ces fonctions M, N, P, contiennent des termes tels que $A\, x^p\, y^q\, z^r$, $B\, x^{p'}\, y^{q'}\, z^{r'}$, etc. et l'on a $p + q + r = p' + q' + r' = \text{etc.} = n$.

Si l'on substitue les valeurs $y = tx$, $z = ux$, dans l'un de ces termes, par exemple, dans $A\, x^p\, y^q\, z^r$, il deviendra

$$A\, x^p\, y^q\, z^r = A\, x^p\, t^q\, x^q\, u^r\, x^r = x^{p+q+r}\, A\, t^q\, u^r = x^n\, A\, t^q\, u^r.$$

La même chose ayant lieu pour les autres termes, si l'on y substitue les valeurs de y et de z en fonction de x, l'équation M dx + N dy + P dz = o aura x^n pour facteur commun ; supprimant donc ce facteur, et remarquant que dy et dz se changent en d. tx et en d. ux, l'équation donnée prendra la forme

$$(A\, t^q\, u^r + B\, t^q\, {}'u^{r'} + \text{etc.})\, dx + (\ldots\ldots)dy + (\ldots)\, dz = o,$$

ou $\qquad \varphi\, (t, u)\, dx + F\, (t, u)\, dy + f\, (t, u)\, dz = o,$

ou $\qquad \varphi\, (t, u)\, dx + F\, (t, u)\, d.\ tx + f\, (t, u)\, d.\ dx = o,$

ou, en effectuant la différentiation de d.tx et d.ux, (art. 9 C.D.):

$$\varphi\, (t,u)\, dx + F\, (t,u)\, (t\, dx + x\, dt) + f\, (t.u)\, (u\, dx + x\, du) = o :$$

d'où

$$|\varphi(t,u) + tF\, (t,u) + uf\, (t,u)|\, dx + |F(t,u)\, dt + f\, (t,u)\, du]\, x = o,$$

ou

$$[\varphi\, (t,u) + tF\, (t,u) + uf\, (t,u)]\, dx = -|F(t,u)\, dt + f\, (t,u)\, du]\, x,$$

et, par suite,

$$\frac{dx}{x} = - \frac{F\, (t,\, u)\, dt + f\, (t,\, u)\, du}{\varphi\, (t,\, u) + t\, F\, (t,\, u) + u\, f\, (t,\, u)},$$

et la variable x est séparée.

99. — On peut rendre une équation homogène en employant des exposants indéterminés, sous certaine condition.

Soit, par exemple, à rendre homogène l'équation

$$a y^m\, x^n\, dx + b x^p\, dx + c x^q\, dy = o\ ;$$

la condition qui doit être remplie est que $\dfrac{p - n}{m} = p - q + 1.$

En effet, faisons $y = z^K$, et puisque l'exposant K n'est pas une variable, mais une constante indéterminée, différentions par l'art. 12 C. D., et nous aurons

$$dy = dz^K = K\, z^{K-1}\, dz,$$
$$y^m = z^{Km},$$

substituant ces valeurs dans l'équation donnée, il viendra

$$a z^{Km}\, x^n\, dx + b x^p\, dx + c x^q\, K\, z^{K-1}\, dz = o,$$

ou, en réunissant les constantes dans le dernier terme du premier membre,

$$a z^{Km}\, x^n\, dx + b x^p\, dx + c K\, x^q\, z^{K-1}\, dz = o\ ;$$

équation qui sera homogène si l'on a

$$Km + n = p, \quad q + K - 1 = p\ ;$$

éliminant l'indéterminée κ , nous aurons

$$\kappa = \frac{p-n}{m} = p - q + 1,$$

et $\qquad \frac{p-n}{m} = p - q + 1,$

est donc l'équation de condition qui doit exister pour que l'équation donnée puisse être homogène par la substitution de $y = z^{\kappa} = z^{p-q+1}$.

100. — Lorsque l'on a une fonction homogène z, de degré n, entre deux variables x et y, et dont la différentielle est M dx + N dy, on peut poser l'équation

$$M x + N y = n z \dots (109).$$

En effet, on a, par hypothèse,

$$M dx + N dy = d. z, \dots (110);$$

faisons $\frac{y}{x} = q$, et comme n est la somme des exposants des variables de chacun des termes de la fonction z, nous aurons, art. 95, C. I.,

$$Q x^n = z \dots (111);$$

en remarquant que Q, art 95, C.I., ne contient que la seule variable q, puisque la fonction d'où provient Q ne conte-

nait que des termes en $\frac{y}{x}$, qui se sont changés en q par la

substitution de q à la place de $\frac{y}{x}$. Cela étant, remplaçons

dans l'équation (110), y par sa valeur qx, substitutons Q x^n à z et représentons par M′ et N′ ce que deviennent alors les fonctions M et N ; l'équation (110) deviendra

$$M' dx + N' d. qx = d. Q x^n \dots (112);$$

remplaçons d. qx, par sa valeur (art. 9, C. D.),q dx+x dq, nous aurons

$$M' dx + N' q dx + N' x dq = d. Qx^n,$$

ou $\qquad (M' + N' q) dx + N' x dq = d. Q x^n;$

donc, la différentielle totale de Qx^n , c'est-à-dire en considérant Q et x comme variables, est

$$(M' + N'q) dx + N' x dq. (113).$$

Mais, (art. 9 et art. 12, C.D), la différentielle totale de Qx^n ,(puisque Q est une fonction également des variables) est aussi : $\qquad Q n x^{n-1} dx + x^n d. Q \dots (114).$

Or, la différentielle de la fonction Q de q, art. 95, C. 1., est, art. 12, C. D., de la forme Fq. dq, donc la différentielle totale de Qx^n peut aussi se mettre sous la forme

$$Q\, n\, x^{n-1}\, dx + x^n\, Fq.\, dq \ldots (115).$$

En comparant ces expressions de la différentielle totale de Qx^n, nous voyons que les premiers termes représentent également la différentielle de Qx^n prise par rapport à x, c'est-à-dire en considérant x comme seule variable ; nous avons donc

$$M' + N'q = n\, Q\, x^{n-1} \, ;$$

dans cette équation remettons y au lieu de qx, M' et N' redeviennent M et N, et il vient

$$M + N\frac{y}{x} = n\, Q\, x^{n-1},$$

ou, en multipliant par x,

$$M\, x + N\, y = n\, Q\, x^n = n\, z.\ C\, Q.F.D.$$

101. — Lorsqu'on a des fonctions homogènes d'un nombre quelconque de variables et de degré toujours n, on peut également leur appliquer le théorème que nous venons de démontrer. Ainsi, par exemple, si l'on avait l'equation différentielle de degré n :

$$M\, dx + N\, dy + P\, dt = dz,$$

il suffirait de faire $\dfrac{y}{x} = q, \dfrac{t}{x} = r$, pour prouver, par un raisonnement semblable à celui que nous avons employé, qu'on doit avoir, (éq. 111), $z = x^n\, F\,(q, r)$, et par conséquent

$$M\, x + N\, y + Pt = n\, z,$$

CONDITIONS D'INTÉGRABILITÉ DES FONCTIÓNS DE DEUX VARIABLES.

102. — Une différentielle $M\, dx + N\, dy = 0$, étant donnée, il n'existe pas toujours une équation qui, étant différentiée, donne cette différentielle. Ainsi, par exemple, supposons qu'on différentie l'équation $f\,(x, y) = 0$, et qu'on obtienne pour différentielle $m\, dx + n\, dy = 0$, m et n étant des fonctions de x et de y. Multiplions cette différentielle par une fonctions de x, soit $\varphi\, x$, nous aurons $m.\,\varphi x.\, dx + n\, \varphi x.\, dy = 0$; représentons $m.\varphi x$ et $n.\varphi x$, respectivement par

M et N, il viendra M dx + N dy = 0, et nous voyons que cette dernière équation, de même forme que m dx + n dy = 0, et qui a ses cœfficients M et N différents de m et de n, et qui pourrait être donnée à la place de m dx + n dy = 0, ne pourrait résulter du seul procédé de la différentiation de f (x, y) = 0, par conséquent pour intégrer M dx + N dy = 0, il faudrait d'abord lui faire subir quelque modification, ici, diviser par φx, la ramener ainsi à m dx + n dy = 0 (qui est intégrable), et en intégrant cette dernière on obtiendrait f (x, y) = 0.

Il en serait de même si l'on combinait arbitrairement m dx + n dy = 0, avec l'équation primitive f (x, y) = 0 ; par exemple, en éliminant un ou plusieurs termes entre m dx + n dy = 0 et f (x, y) = 0, on pourrait arriver à une équation M' dx + N' dy = 0, dans laquelle les cœfficients M' et N' seraient différents de m et de n.

103. — Une expression différentielle qui, comme m dx + n dy = 0, a été obtenue par le seul procédé de la différentiation, est appelée une différentielle exacte; on lui donnerait encore ce nom si elle n'était pas égale à zéro, du moment qu'on l'aurait obtenue par le seul procédé de la différentiation.

Une expression différentielle qui, comme M dx + N dy = 0, n'est pas une différentielle exacte, comme nous avons vu, ne peut être intégrée qu'après l'avoir rendue différentielle exacte en lui faisant subir quelque modification.

Il résulte donc de ce qui précède qu'une différentielle exacte est intégrable, une différentielle qui n'est pas une différentielle exacte, n'est intégrable qu'après avoir été rendue différentielle exacte.

Mais comment reconnaître une différentielle exacte et quel est le moyen d'intégrer cette équation ; (ces questions constituent le problème appelé problème d'Euler, parce que, le premier, il l'a résolu). C'est ce que nous allons examiner.

104. — Tout d'abord, nous rappellerons que nous avons convenu, art. 38, cal. dif., que l'expression $\dfrac{dz}{dx}$ signifiait

que la fonction z de x et de y a été différentiée par rapport à x et divisée par dx ; que $\dfrac{d^2 z}{dx\,dy}$ veut dire que la fonction $\dfrac{dz}{dx}$ a été différentiée par rapport à une autre variable y, puis divisée par dy.

L'expression $\dfrac{d^2 z}{dy\,dx}$, signifie, au contraire, que l'on a pris d'abord le cœfficient différentiel de z par rapport à y, et ensuite par rapport à x.

Une expression telle que $\dfrac{d^3 z}{dx\,dy\,du}$ signifie que, dans une fonction z de trois variables x, y, u, on a pris d'abord le cœfficient différentiel de z par rapport à x, et ensuite le le cœfficient différentiel de $\dfrac{dz}{dx}$ par rapport à y, et enfin le cœfficient différentiel de $\dfrac{d^2 z}{dx\,dy}$ par rapport à u.

De même l'expression $\dfrac{d^6 z}{dx^2\,dy^3\,du}$ signifie que l'on a opéré six différentiations successives sur z, les deux premières par rapport à x, les trois suivantes par rapport à y et la dernière par rapport à u.

Supposons qu'une fonction z de plusieurs variables ait pour différentielle totale, c'est-à-dire par rapport à toutes ses variables :

$$dz = A\,dx + B\,dy + C\,du + \text{etc.} ;$$

le rapport $\dfrac{dz}{dx}$ n'est rien d'autre que le cœfficient différentiel A, ou le cœfficient différentiel de z par rapport à x saulement.

Le rapport de la différentielle totale, $A\,dx + B\,dy + C\,du +$ etc. *ou dz, à dx,* ne pourrait donc pas se représenter par $\dfrac{dz}{dx}$; on devrait l'indiquer de l'une des manières suivantes : $\dfrac{d\,(z)}{dx}$ ou $\dfrac{1}{dx}\,dz$, afin de le distinguer de $\dfrac{dz}{dx}$ qui n'indique, comme nous venons de voir, que le rapport à dx de la différentielle partielle de z par rapport à x.

105. — Cela étant, le théorème d'Euler est basé sur la proposition suivante, que nous avons démontrée à l'art. 97, calcul différentiel.

Une fonction z de deux vari bles x et y étant donnée, si l'on prend le coefficient différentiel de z, d'abord par rapport à x, et qu'ensuite on prenne le coefficient différen-tiel de $\frac{dz}{dx}$ par rapport à y ; on aura le même resultat que si l'on eût pris d'abord le coefficient différentiel de z par rap-port à y, et ensuite le coefficient différentiel de $\frac{dz}{dy}$ par rapport à x ; on exprime cette proposition par la form le

$$\frac{d^2 z}{dx\,dy} = \frac{d^2 z}{dy\,dx}.$$

Par exemple, soit $z = x^2 + x\,y$,
en différentiant par rapport à x, il viendra

$$d\,z = 2\,x\,dx + y\,dx, \text{ d'où } \frac{dz}{dx} = 2\,x + y ;$$

et, en différentiant cette dernière expression par rapport à y, nous aurons

$$d\left(\frac{dz}{dx}\right) \text{ ou } d.\,(2x+y) = dy, \text{ d'où } d.\frac{dz}{dx} : dy = 1, \text{ ou } \frac{d^2 z}{dx\,dy} = 1.$$

De même en différentiant d'abord par rapport à y, nous obtiendrons

$$dz = x\,dy, \text{ d'où } \frac{dz}{dy} = x ;$$

différentiant cette dernière expresssion par rapport à x, il viendra

$$d.\left(\frac{dz}{dy}\right) = d.\,(x) = dx, \text{ d'où } d.\left(\frac{dz}{dy}\right) : dx = 1, \text{ ou } \frac{d^2 z}{dy\,dx} = 1,$$

donc, enfin on a

$$\frac{d^2 z}{dx\,dy} = \frac{d^2 z}{dy\,dx} = 1.$$

MOYEN DE RECONNAITRE UNE DIFFÉRENTIELLE EXACTE.

106. — Maintenant, nous pouvons démontrer que, pour reconnaître si une différentielle M dx + N dy est une diffé-rentielle exacte, il faut que l'on ait l'équation de condition:

$$\frac{d\,M}{dy} = \frac{d.N}{dx}. \quad (116).$$

'En effet, soit z la fonction ayant pour différentielle exacte $M\,dx + N\,dy$; nous avons pour différentielle totale $dz = M\,dx + N\,dy$; et pour différentielles particulières $M = \dfrac{dz}{dx}$ et $N = \dfrac{dz}{dy}$.

Différentions par rapport à y l'expression $M = \dfrac{dz}{dx}$ nous aurons
$$\frac{d\,M}{dy} = \frac{d^2\,z}{dx\,dy} ;$$
différentions $N = \dfrac{dz}{dy}$ par rapport à x, il viendra :
$$\frac{d.N}{dx} = \frac{d^2\,z}{dy\,dx}.$$
Mais, d'après ce qui précède, $\dfrac{d^2\,z}{dx\,dy} = \dfrac{d^2\,z}{dy\,dx}$, donc enfin
$$\frac{d\,M}{dy} = \frac{d\,N}{dx}. \ \text{C.Q.F.D.}$$
Ainsi, par exemple, on reconnaît que l'expression
$$(y^2 + 3\,x^2)\,dx + (3\,y^2 + 2\,xy)\,dy,$$
est une différentielle exacte, car M représente ici $y^2 + 3x^2$ et N représente $3\,y^2 + 2\,xy$, donc
$$\frac{d\,M}{dy} = \frac{d.(y^2 + 3\,x^2)}{dy} = \frac{2\,y\,dy}{dy} = 2\,y,$$
et
$$\frac{d\,N}{dx} = \frac{d.(3\,y^2 + 2\,xy)}{dx} = \frac{2\,y\,dx}{dx} = 2\,y,$$
et par conséquent $\dfrac{dM}{dy} = \dfrac{dN}{dx} = 2\,y,$
la condition est remplie.

L'équation différentielle $y\,dx - x\,dy = 0$ n'est pas une différentielle exacte, car
$$\frac{dM}{dy} = \frac{d.y}{dy} = 1.$$
et
$$\frac{dN}{dx} = \frac{d.(-x)}{dx} = \frac{-dx}{dx} = -1,$$
et la condition $\dfrac{d\,M}{dy} = \dfrac{d\,N}{dx}$, n'est pas remplie.

Et en effet, cette équation différentielle dérive de celle-ci
$$\frac{y\,dx - x\,dy}{y^2} = 0,$$
qui est la différentielle exacte de $\dfrac{x}{y}$, art 11, C. D,

En multipliant l'expression différentielle précédente par y^2, on a eu la proposée $y\,dx - x\,dy = 0$; il s'agit donc pour retrouver la différentielle exacte et pouvoir intégrer de restituer le facteur $\dfrac{1}{y^2}$ qui a été supprimé, et alors la condition $\dfrac{d\,M}{dy} = \dfrac{d\,N}{dx}$ devra être remplie, c'est ce qu'on obtient, en effet, car dans

$$\frac{y\,dx - x\,dy}{y^2}\,, \quad M = \frac{y}{y^2} = \frac{1}{y} \ \text{et}\ N = \frac{x}{y^2}\,;$$

donc
$$\frac{d\,M}{dy} = \frac{d.\frac{1}{y}}{dy} = \frac{y\,d.\,1 - 1.\,dy}{y^2} : dy = \frac{0 - dy}{y^2} : dy = -\frac{1}{y^2}\,;$$

$$\frac{d\,N}{dx} = d.\left(-\frac{x}{y^2}\right) : dx = d.\left[\frac{1}{y^2} \times (-x)\right] : dx = -\frac{1}{y^2}\,dx :$$

$$dx = -\frac{1}{y^2}$$

donc
$$\frac{d\,M}{dy} = \frac{d\,N}{dx} = -\frac{1}{y^2}$$

107. — *En général, pour qu'une fonction différentielle* $V\,dx$, *des variables* x *et* y *et de leurs coefficients différentiels successifs, soit une différentielle exacte, il faut que l'on ait l'équation de condition :*

$$N - \frac{d\,P}{dx} + \frac{d^2\,Q}{dx^2} \ldots = 0 \ (117) \,;$$

V étant une fonction de x, de y, de $\dfrac{dy}{dx} = p$, de $\dfrac{d^2\,y}{dx^2} = q \ldots$

$V\,dx$ étant la différentielle d'une fonction z ;

d. V étant $M\,dx + N\,dy + P\,dp + Q\,dq\ldots$

M égalant $\dfrac{1}{dx} \cdot \dfrac{d^2\,z}{dx}$,

N » $\dfrac{1}{dx} \cdot d.\dfrac{dz}{dy}$;

P » $\dfrac{dz}{dy} + \dfrac{1}{dx}\,d.\dfrac{dz}{dp}$;

Q » $\dfrac{dz}{dp}$.

INTÉGRATION DES FONCTIONS DE DEUX VARIABLES RECONNUES DIFFÉRENTIELLES EXACTES.

108. — Passons maintenant à l'intégration des expressions à deux variables, qui ont été reconnues des différentielles exactes.

Remarquons d'abord que dans la différentielle totale $Mdx + N\,dy$, par exemple, d'une fonction u de x et de y, le terme M dx, ou différentielle partielle de u par rapport à x, a été obtenu en considérant y comme constant. Par suite, lorsque nous intégrerons la partie M dx, la constante que nous ajouterons *pourra* renfermer y, et en la représentant par Y, sauf si le cas l'exige, à regarder Y comme une constante ordinaire, lorsque y n'existe pas dans Y, nous aurons

$$u = \int M\,dx + Y = 0 \dots (118).$$

Cette expression étant celle qui, différentiée, a dû nous donner pour résultat $M\,dx + N\,dy = 0$, il résulte évidemment de là que N n'est autre chose que le coefficient différentiel de $\int M dx + Y$ ou u par rapport à y, (N dy étant la différentielle, N est le coefficient différentiel).

Effectuant donc la différentiation, nous aurons

$$N = d.\,(\textstyle\int M\,dx + Y) : dy = \frac{d.\int M\,dx}{dy} + \frac{d.Y}{dy}\,;$$

d'où

$$\frac{dY}{dy} = N - \frac{d.\int M\,dx}{dy}, \text{ donc } d.Y = \left(N - \frac{d.\int M\,dx}{dy}\right) dy\,;$$

et, en intégrant, il viendra

$$\int d.\,Y \text{ ou } Y = \int \left(N - \frac{d.\int M\,dx}{dy}\right) dy\,;$$

cette valeur de Y étant substituée dans l'équation (118), nous aurons

$$u = \int M\,dx + \int \left(N - \frac{d.\int M\,dx}{dy}\right) dy \dots (119).$$

Remarquons que $N - \dfrac{d.\int M\,dx}{dy}$ ne contient pas x, car cette expression multipliée par dy doit donner pour intégrale une fonction Y de la seule variable y, puisque tous les x sont compris dans la première différentielle partielle M dx.

109. — Toute fonction de deux variables qui satisfait à la condition d'intégrabilité donnée précédemment, art. 106 et 107, peut être intégrée à l'aide de la formule (119) ci-dessus.

Exemple. — Soit à intégrer l'expression différentielle
$$(6\,xy - y^2)\,dx + (3\,x^2 - 2\,x\,y)\,dy \ldots (120).$$
Voyons d'abord si cette différentielle satisfait à la condition d'intégrabilité.

Pour cela comparons cette expression à la différentielle type $M\,dx + N\,dy$, nous aurons
$$M = 6\,xy - y^2 \text{ et } N = 3\,x^2 - 2\,xy\,;$$
d'où
$$\frac{dM}{dy} = \frac{d.(6xy - y^2)}{dy} = \frac{6x\,dy - 2y\,dy}{dy} = 6x - 2y,$$
$$\frac{dN}{dx} = \frac{d(3x^2 - 2\,xy)}{dx} = \frac{2.3\,x\,dx - 2\,y\,dx}{dx} = 6\,x - 2\,y,$$
donc
$$\frac{dM}{dy} = \frac{dN}{dx},$$
et la condition d'intégrabilité est remplie.

Intégrons maintenant l'expression Mdx ou $(6xy - y^2)dx$, par rapport à x, c'est-à-dire en supposant y constant, nous aurons
$$\int Mdx = \int (6xy - y^2)\,dx = \frac{6yx^{1+1}}{1+1} - y^2\,x = 3\,x^2\,y - y^2\,x\,;$$
substituant cette valeur et celle de N dans l'équation (119), nous aurons
$$u = 3x^2\,y - y\,x^2\,x + \int \left[3x^2 - 2xy - \frac{d.(3x^2\,y - y^2\,x)}{dy} \right] dy \ldots (121).$$

En effectuant la différentiation indiquée dans la partie affectée du signe d'intégration, nous obtiendrons
$$\int \left[3x^2 - 2xy - \frac{(3x^2\,dy - 2xydy)}{dy} \right] dy,$$
ou $\quad \int [3\,x^2 - 2\,x\,y - 3\,x^2 + 2\,x\,y]\,dy,$
ou $\quad \int [o]\,dy$ ou $\int . (o) = $ constante,
donc cette partie affectée du signe d'intégration, c'est-à-dire
$$\int \left[3\,x^2 - 2xy - \frac{d.(3x^2\,y - y^2\,x)}{dy} \right] dy$$
est une constante, attendu que toute quantité dont la

différentielle est zéro, est une constante ; par conséquent l'équation (121) se réduit à

$$u = 3 x^2 y - y^2 x + \text{constante},$$

c'est l'intégrale cherchée.

100. — On aurait pu se dispenser d'employer la formule (119) en opérant comme ceci : intégrons d'abord l'expression (120) en considérant y comme constant, nous aurons

$$\int M dx = \int (6 xy - y^2) dx + Y = \frac{6 y x^{1+1}}{2} - y^2 x + Y \text{ et } u = 3 x^2 y - y^2 x + Y, \text{ (122)}.$$

Différentions maintenant cette équation par rapport à y, nous aurons

$$du = 3 x^2 dy - 2 xy dy + d Y,$$

ou

$$\frac{du}{dy} = 3 x^2 - 2 xy + \frac{dY}{dy}.$$

Or $\frac{du}{dy}$ n'étant rien d'autre que le coefficient de dy dans l'expression (120), c'est-à-dire le coefficient différentiel de u par rapport à y, nous avons également

$$\frac{du}{dy} = 3x^2 - 2xy,$$

en comparant ces valeurs de $\frac{du}{dy}$, nous voyons que $\frac{dY}{dy} = 0$, et par conséquant Y est une constante ; substituant cette valeur dans l'équation (122), nous aurons enfin

$$u = 3x^2 y - y^2 x + \text{constante}.$$

111, — Nous avons vu, à l'article 106, que l'équation y dx - x dy = 0 n'était pas une différentielle exacte, parce que l'on avait supprimé le facteur commun $\frac{1}{y^2}$, mais qu'en lui restituant ce facteur, on obtenait une différentielle exacte. On comprend donc qu'il peut y avoir d'autres équations que celle-ci qui ne sont pas immédiatement intégrables, mais qui le deviendraient si l'on faisait subir à ces équations certaines modifications, comme par exemple, de leur restituer un facteur.

C'est ce que nous allons examiner.

Deuxième méthode principale d'intégration des fonctions de plusieurs variables.

RECHERCHE DES FACTEURS PROPRES A RENDRE DIFFÉ-
RENTIELLES EXACTES, C'EST-A DIRE INTÉGRABLES,
LES ÉQUATIONS DIFFÉRENTIELLES QUI NE LE SONT
PAS.

112. — Soit $\quad M\,dx + N\,dy = 0\ldots (123)$,
une expression qui, multipliée par le facteur commun z,
(facteur que, pour plus de généralité, nous supposerons
fonction de x et de y), donne pour produit une différentielle exacte que nous représenterons en général par l'é-
quation $\quad P\,dx + Q\,dy = 0\ldots (124)$;
la détermination du facteur z dépendra de l'équation

$$\frac{M\,dz}{dy} + \frac{z\,dM}{dy} = \frac{N\,dz}{dx} + \frac{z\,dN}{dx} \ldots (125).$$

En effet, d'après ce qui précède
$$P = M\,z, \quad Q = N\,z\ ;$$

Or, l'équation (124) étant, par hypothèse, une différentielle exacte, nous avons, d'après l'art. 106 :

$$\frac{d\,P}{dy} = \frac{d\,Q}{dx}\ ;$$

substituant dans cette équation les valeurs de P et de Q,
nous aurons $\quad \dfrac{d\,M\,z}{dy} = \dfrac{d\,N\,z}{dx}\ ;$

et en développant, d'après l'art. 9, calc. diff., nous obtiendrons enfin $\quad \dfrac{M\,dz + z\,dM}{dy} = \dfrac{N\,dz + z\,dN}{dx}\ ;$

ou $\quad \dfrac{M\,dz}{dy} + \dfrac{z\,dM}{dy} = \dfrac{N\,dz}{dx} + \dfrac{z\,dN}{dx}.$ C. Q. F. D.

113. — Lorsque le facteur z est constant, il n'influe pas
sur la possibilité de l'intégration, et $M\,dx + N\,dy = 0$ sera
une différentielle exacte ; en effet, on le reconnaît par la
condition $\dfrac{dM}{dy} = \dfrac{dN}{dx}$ qui est remplie dans ce cas, car quand
ce facteur z est constant, $\dfrac{dz}{dy}$ et $\dfrac{dz}{dx}$ sont nuls, (art. 6, 5°,
C. D.), et l'équation (125) se réduit à

$$\frac{z\,dM}{dy} = \frac{z\,dN}{dx},$$

ou, en divisant par le facteur constant z,

$$\frac{dM}{dy} = \frac{dN}{dx}.$$

Donc, on intégrera de préférence $M\,dx + N\,dy = 0$ et puis on multipliera par le facteur constant pour avoir l'intégrale de la proposée. Mais il n'est plus ainsi quand z est, (comme nous l'avons supposé dans l'article précédent), fonction de x et de y ; alors sa détermination dépend de l'équation (125), laquelle est plus difficile à intégrer que l'équation proposée (124), car celle-ci ne contient que le seul coefficient différentiel $\frac{dy}{dx}$ que l'on tire de cette équation, tandis que l'équation (125), de laquelle dépend la détermination de z, renferme les deux coefficients différentiels $\frac{dz}{dx}$ et $\frac{dz}{dy}$ et contient trois variables x. y et z. Donc, si l'on connaît la proposée (124), on l'intégrera sans simplifier quand z ne sera pas constant.

114. — La détermination du facteur z, fonction de x et de y, est trés facile d'autre part quand l'équation donnée est homogène. En effet, soit $M\,dx + N\,dy = 0$, une équation homogène, qui devient intégrable lorsqu'elle est multipliée par une fonction homogène z de x et de y ; soit u l'intégrale cherchée, c'est-à-dire l'intégrale de l'équation $zM\,dx + zN\,dy = 0$, nous avons

$$zM\,dx + zN\,dy = du \dots (126) ;$$

comme cette équation est homogène, nous en déduirons, par l'art. 100, en mettant zM, zN et u, respectivement à la place de M, N et z :

$$zMx + zNy = nu \dots (127).$$

Maintenant soient m et k les dimensions respectives de M et de z, la dimension de l'un quelconque des termes zMx, zNy, sera, par conséquent, $m + k + 1$; cette valeur étant substituée à la place de n, dans l'équation (127), nous aurons

$$zMx + zNy = (m + k + 1)\,u ;$$

divisant l'équation (126) par cette dernière, il viendra en

supprimant le facteurs z commun aux deux termes du premier membre :

$$\frac{Mdx + Ndy}{Mx + Ny} = \frac{du}{(m+k+1)\,u} = \frac{1}{m+k+1}\,\frac{du}{u} \; ;$$

le second membre de cette équation étant une différentielle exacte, d. log. $u \times$ constante, art. 28, C. D.. il doit en être de même du premier membre ; d'où il résulte que dans ce premier membre, mis sous la forme $\dfrac{1}{M\,x + N\,y}$ $M\,dx + N\,dy$, le facteur $\dfrac{1}{Mx + Ny}$ doit être un facteur z propre à rendre intégrable l'équation homogène $M\,dx + N\,dy = 0$.

115. — Pour déterminer le facteur commun z qui doit rendre homogène la proposée, lorsque ce facteur n'est fonction que de x. donc ne contient pas y, comme nous avons, dans ce cas, $\dfrac{dz}{dy} = 0$, l'équation (125) se réduit à

$$\frac{zdM}{dy} = \frac{Ndz}{dx} + \frac{zdN}{dx},$$

d'où

$$\frac{Ndz}{dx} = z\left(\frac{dM}{dy} - \frac{dN}{dx}\right),$$

et par suite, en divisant par N et par z, et en multipliant par dx, il viendra

$$\frac{dz}{z} = \left(\frac{\dfrac{dM}{dy} - \dfrac{dN}{dx}}{N}\right) dx \,\ldots,\, (128) \; ;$$

en intégrant, nous aurons, (art. 28, C. D.) :

$$\log z = \int \left(\frac{\dfrac{dM}{dy} - \dfrac{dN}{dx}}{N}\right) dx = \int \frac{1}{N}\left(\frac{dM}{dy} - \frac{dN}{dx}\right) dx \; ;$$

multipliant par $\log e$, nous aurons

$$\log z \log e = \left| \int \frac{1}{N}\left(\frac{dM}{dy} - \frac{dN}{dx}\right) dx \right| \log e,$$

ou, d'après la théorie des logarithmes (logarithme de puissance) :

$$\log z \log e = \log\left(e^{\int \frac{1}{N}\left(\frac{dM}{dy} - \frac{dN}{dx}\right)dx}\right),$$

or, $\log e = 1$. car il s'agit ici du système Népérien, art. 28, Calc. Diff., donc :

$$\log z = \log\left(e^{\int \frac{1}{N}\left(\frac{dM}{dy} - \frac{dN}{dx}\right)dx}\right),$$

et par suite,

$$z = e^{\int \frac{1}{N}\left(\frac{dM}{dy} - \frac{dN}{dx}\right)dx} \dots (129) ;$$

tel est donc le facteur par lequel il faut multiplier l'équation proposée pour qu'elle devienne une différentielle exacte.

Exemple.   Soit l'équation

$$y\, dx - x\, dy = 0 ;$$

nous avons

$$M = y,\ N = -x,\ \frac{dM}{dy} - \frac{dN}{dx} = 1 - (-1) = 2 ;$$

ces valeurs étant substituées dans la formule (128), il viendra

$$\frac{dz}{z} = \frac{2\, dx}{-x},$$

d'où

$$\int \frac{dz}{z} = \int -\frac{2\, dx}{x} = -2 \int \frac{dx}{x},$$

et, par suite, (art. 28, C. D.), nous aurons

$$\log z = 2 \log x + \text{constante} = -2 \log x + C \text{ ou} = -2 \log x +$$

$$\log C' = -\log x^2 + \log C' = \log \frac{C'}{x^2} :$$

par conséquent

$$z = \frac{C'}{x^2}$$

et, en multipliant l'expression donnée $ydx - xdy = 0$, par ce facteur z, nous aurons pour différentielle exacte

$$\frac{C\, (ydx - xdy)}{x^2} = 0.$$

116. — Une infinité de facteurs jouissent de cette propriété de rendre différentielle exacte l'expression générale $M\, dx + N\, dy = 0$, lorsque cette expression a été multipliée par l'un de ces facteurs, c'est-à-dire qu'en représentant par z l'un quelconque de ces facteurs, l'expression

$$M z\, dx + N z\, dy = 0,$$

est une différentielle exacte.

En effet, représentons par u l'intégrale de cette équation, nous aurons

$$M z\, dx + N z\, dy = du ;$$

et, en multipliant les deux membres par une fonction quelconque de u, soit $\varphi\, u$, nous trouverons

$$\varphi\, u\, (\mathrm{M}z\, dx + \mathrm{N}z\, dy) = \varphi\, u.\, du\,;$$

$\varphi\, u$ étant arbitraire, nous pouvons poser, par exemple, $\varphi\, u = 2\, u^2$, et alòrs $2\, u^2\, du$ ou $\varphi\, u.\, du$ étant, (art. 88, C. I.), une différentielle exacte, l'expression

$$2\, u^2\, (\mathrm{M}z\, dx + \mathrm{N}z\, dy) = 2\, u^2\, du,$$

sera aussi une différentielle exacte ; cette expression peut se mettre sous la forme :

$$2\, u^2\, z\, (\mathrm{M}dx + \mathrm{N}dy) = 2\, u^2.\, du = 0 = \text{différentielle exacte}\,;$$

par conséquent, le facteur $2\, z\, u^2$ jouit de la propriété de rendre intégrable l'expression générale

$$\mathrm{M}dx + \mathrm{N}dy = 0,$$

et, comme au lieu de faire $\varphi\, u = 2\, u^2$, on peut faire toute autre hypothèse, $\varphi\, u = n\, u^3$, etc. etc., ou bien $fu = u^5$ ou $= nu^6$, etc. etc, car on peut prendre une fonction quelconque de u, on voit que le nombre de facteurs jouissant de la propriété de rendre intégrable l'expression générale $\mathrm{M}dx + \mathrm{N}dy = 0$, est infini.

CONSTANTES ARBITRAIRES.

117. — Nous avons vu, art. 1, C. I., que l'intégration d'une différentielle amenait l'existence d'une constante. On comprend donc que chacune des intégrations successives engendre une nouvelle constante, d'où l'on peut dire que le nombre de constantes à obtenir est en rapport avec l'ordre d'une équation différentielle à intégrer.

Ainsi l'intégrale de l'intégrale de $\dfrac{d^2 y}{dx^2}$ ou

$$\int \int \frac{d^2 y}{dx^2} = \int \left(\frac{dy}{dx} + b\right) = \int \left(\frac{dy}{dx} + bx^0\right) = y + \frac{bx^{0+1}}{0+1} + \mathrm{C} = y + bx + \mathrm{C},$$

y étant une fonction de x.

$\dfrac{d^2 y}{dx^2}$ est du second ordre ; donc, deux intégrations successives à faire pour arriver à l'intégrale, et par suite, deux constantes à obtenir ; donc le nombre de constantes est indiqué par l'ordre de la différentielle ; $\int \dfrac{dy}{dx} + b$ est l'intégrale première et $y + bx + C$ l'intégrale seconde de l'équation du second ordre $\dfrac{d^2 y}{dx^2}$.

Une équation représentée par $V = o$, entre x, y et des constantes, peut donc être considérée comme l'intégrale complète, art. 67, C. 1., d'une certaine équation différentielle dont l'ordre dépendra du nombre des constantes que $V = o$ renfermera. Ces constantes sont appelées *constantes arbitraires*, parce que si l'une est représentée par a, et que V ou l'une de ses différentielle soit mise sous la forme $f(x, y) = a$, (en mettant la constante a en dehors de la fonction, comme nous avons vu des exemples précédemment dans la détermination des constantes), on voit que a ne sera autre chose que la constante arbitraire que donnera l'intégration de d. $f(x, y)$; or, cette dernière quantité varie avec x et y, donc la constante varie également mais est ici toujours égale à l'intégrale de d. $f(x, y)$.

Cela étant, si l'équation différentielle dont il s'agit est de l'ordre n, chaque intégration introduisant une constante arbitraire, il faudra que $V = o$, qui est censé nous être donné par la dernière de ces intégrations, contienne au moins n constantes arbitraires de plus que notre équation différentielle, puisqu'il y a n intégrations.

Si une équation en x et en y, ne renfermait pas n constantes arbitraires de plus que l'équation différentielle de l'ordre n, elle ne pourrait en être regardée comme l'équation primitive. Par exemple, l'équation $y = a x^3$, qui donne $\dfrac{d^2 y}{dx^2} = 6\,ax$ par deux différentiations successives, n'en est qu'une intégrale particulière, art 68, C.I, En effet cette intégrale s'obtient en faisant $b = o$ et $C = o$ dans l'intégrale complète, qui est $y = ax^3 + bx + C$, de laquelle on tire aussi $\dfrac{d^2 y}{dx^2} = 6\,ax$. En effet, on a $\dfrac{d^2 y}{dx^2} = 6\,a\,x$, donc une différentielle du second ordre ; d'où deux intégrations successives à faire pour avoir l'intégrale primitive et deux constantes à obtenir dans cette dernière.

Ainsi on obtient

$$\int \int \frac{d^2\,y}{dx^2} = \int\int 6\,ax \text{ égale}$$

d'abord en décomposant

$$\int 6\,ax = \frac{6\,ax^{1+1}}{1+1} + b = \frac{6\,ax^2}{2} + b = 3\,ax^2 + b, \text{ qui peut}$$

être mise sous la forme $3\,ax^2 + bx^0$;

et ensuite :

$$\int 3\,ax^2 + bx^0 = \frac{3\,ax^{2+1}}{2+1} + \frac{bx^{0+1}}{0+1} + C = ax^3 + bx + C.$$

Remarquons encore qu'on ne doit considérer que comme une seule constante celles qui ensemble affectent une même puissance de x. C'est ainsi que dans l'équation $y = (a+b)\,x + c$, on doit compter $a+b$ que comme une seule constante.

Représentons en général par

$$F(x,y) = 0, F\left(x, y, \frac{dy}{dx}\right) = 0, F\left(x, y, \frac{dy}{dx}, \frac{d^2\,y}{dx^2}\right) = 0.., 130),$$

l'équation primitive, ou intégrale, d'une équation différentielle du second ordre (intégrale possédant donc deux constantes a et b), et ses deux différentielles immédiates ; nous pourrons, entre les deux premières de ces trois équations, éliminer successivement les constantes a et b, et obtenir

$$\varphi\left(x, y, \frac{dy}{dx}, b\right) = 0, \varphi\left(x, y, \frac{dy}{dx}, a\right) = 0...(131),$$

a étant éliminé dans la première équation, et b dans la seconde.

Si, sans connaître $F(x,y) = 0$, nous parvenions à trouver ces équations, il suffirait évidemment d'éliminer entre elles $\frac{dy}{dx}$ pour obtenir $F(x,y) = 0$, qui serait l'intégrale complète, (art. 67, C.I.), puisqu'elle contiendrait les constantes arbitraires a et b; c'est ce que nous verrons plus loin.

118. — Une équation différentielle du second ordre peut provenir de deux équations différentielles du premier ordre différant ent'elles par les constantes.

En effet, si nous éliminons la constante b entre la première des équations (131) et sa différentielle immédiate, et si nous éliminons de même la constante a entre la seconde des équations (131) et sa différentielle immédiate, nous obtiendrons séparément deux équations du second ordre, $\dfrac{d^2 y}{dx^2}$, qui ne différeront point entr'elles, autrement les valeurs de x et de y ne seraient pas les mêmes dans l'une et dans l'autre. Il résulte donc de là qu'une équation différentielle du second ordre peut provenir de deux équations différentielles du premier ordre, qui sont nécessairement différentes, puisque la constante arbitraire de l'une n'est pas la même que la constante arbitraire de l'autre.

Les équations (131) sont donc ce qu'on appelle les intégrales premières d'une équation différentielle du second ordre qui est unique, et dont l'équation primitive $F(x,y)=0$ est l'intégrale seconde.

Exemple. — Soit l'équation
$$y = ax + b,$$
qui, à cause de ses deux constantes. peut être regardée comme l'équation primitive d'une équation du second ordre, d'après ce qui précède.

Nous en tirerons, par la différentiation, la valeur de a, savoir
$$dy = a\, dx \text{ ou } \frac{dy}{dx} = a\ldots (132);$$
remplaçant a par cette valeur dans l'équation donnée, il viendra
$$y = \frac{dy}{dx} x + b\ldots (133).$$

Ces deux intégrales premières (éq. 132 et 133), du l'équation du second ordre que nous cherchons étant diffé. rentiées chacune en particulier, conduisent également, par l'élimination de a et de b, à l'équation unique du second ordre $\dfrac{d^2 y}{dx^2} = 0$; car la première donne $\dfrac{d^2 y}{dx^2} = \dfrac{d.\,a}{dx} = \dfrac{d.\ \text{constante}}{dx} = 0$; et la seconde $dy = d.\left(\dfrac{dy}{dx} x + b\right) =$

art. 9, C.D. $= \dfrac{d^2 y}{dx} x + \dfrac{dy}{dx} dx$, d'où $\dfrac{dy}{dx} = \dfrac{d^2 y}{dx^2} x + \dfrac{dy}{dx}$, d'où $0 = \dfrac{d^2 y}{dx^2} x$; or x, variable, ne peut pas être égal à zéro, donc $\dfrac{d^2 y}{dx^2} = 0$.

119. — Dans le cas où le nombre de constantes surpasse

celui des constantes arbitraires requises, art. 117,C· 1., les constantes excédentes, par la raison qu'elles sont liées aux mêmes équations, n'amènent aucune relation nouvelle. Cherchons par exemple, l'équation du second ordre dont la primitive est

$$y = \frac{1}{2} ax^2 + bx + C.,.(134) ;$$

en la différentiant, nous aurons

$$dy = 2.\frac{1}{2} a\ x\ dx + bdx,$$

ou

$$\frac{dy}{dx} = a\ x + b... (135).$$

L'élimination de b et ensuite celle de a entre ces équations nous donnent séparément les deux intégrales premières suivantes, (en remarquant que l'éq. (135) donne $b = \frac{dy}{dx} - ax$, et $a = \frac{dy}{x\,dx} - \frac{b}{x}$) :

$$1° \quad y = \frac{1}{2}ax^2 + \left(\frac{dy}{dx} - ax\right)x + C = \frac{1}{2}ax^2 + \frac{dy}{dx}x - ax^2 + C =$$

$$\frac{dy}{dx} x - \frac{1}{2} ax^2 + C..... (136);$$

$$\text{et } 2° \quad y = \frac{1}{2}\left(\frac{dy}{x\,dx} - \frac{b}{x}\right)x^2 + bx + C = \frac{1}{2}\left(x\frac{dy}{dx} - bx\right) + bx +$$

$$C = \frac{1}{2} x \frac{dy}{dx} + \frac{1}{2} bx + C. (136).$$

Eliminant $\frac{dy}{dx}$ entre les équations (136), nous trouverons l'équation primitive (134), art. 117, C. I.

D'autre part, si nous différentions la première des équations (136), nous aurons, (art. 9, C. D.) :

$$\frac{dy}{dx} = d\left(\frac{dy}{dx}x - \frac{1}{2}ax^2 + C\right) : dx = \frac{d^2 y}{dx^2}x + \left(\frac{dy}{dx}dx : dx\right) -$$

$$2.\frac{1}{2} ax = \frac{d^2 y}{dx^2} x + \frac{dy}{dx} - ax ;$$

d'où

$$\frac{d^2 y}{dx^2} = a ... (137).$$

Si, au contraire, nous différentions la seconde des équations (136), nous obtiendrons

$$\frac{dy}{dx} = d\left(\frac{1}{2}x\frac{dy}{dx} + \frac{1}{2}bx + C\right) : dx = \frac{1}{1}x\frac{d^2y}{dx^2} + \left(\frac{1}{2}\frac{dy}{dx}dx : dx\right) +$$

$$\left(\frac{1}{2}bdx : dx\right) = \frac{1}{2}x\frac{d^2y}{dx^2} + \frac{1}{2}\frac{dy}{dx} + \frac{1}{2}b.$$

d'où
$$\frac{1}{2}x\frac{d^2y}{dx^2} = \frac{1}{2}\frac{dy}{dx} - \frac{1}{2}b,$$

d'où
$$x\frac{d^2y}{dx^2} = \frac{dy}{dx} - b,$$

et comme l'équation (135) donne $\frac{dy}{dx} - b = ax$, l'expression précédente donne

$$x\frac{d^2y}{dx^2} = ax, \text{ d'où } \frac{d^2y}{dx_2} = a ;$$

équation qui est la même que l'équation (137),ce qui nous montre que les équations (136) conduisent à la même équation par des chemins différents.

Remarque. — Si l'équation primitive (134) n'était pas connue, il semble que l'on ne pourrait pas employer comme nous l'avons fait l'équation (135) qui en dérive ; mais dans ce cas, on obtiendrait cette équation (135), en éliminant C entre les équations (136).

120. — Nous pouvons, maintenant, appliquer, à l'équation différentielle du troisième ordre, les considérations qui précèdent.

A cet effet, différentions trois fois de suite l'équation F (x, y) = o, nous aurons les trois fonctions :

$$F\left(x,y,\frac{dy}{dx}\right) = o,\ F\left(x,y,\frac{dy}{dx},\frac{d^2y}{dx^2}\right) = o,\ F\left(x, y, \frac{dy}{dx}, \frac{d^2y}{dx^2},\right.$$
$$\left.\frac{d^3y}{dx^3}\right) = o ;$$

ces équations admettant les mêmes valeurs pour chacune des constantes arbitraires que renferme l'intégrale F(x,y)=o, nous pouvons, en général, éliminer ces constantes, (au nombre de trois, art. 117, C, I.), entre cette dernière équation et les trois précédentes, et obtenir ainsi un résultat que nous pouvons représenter par

$$f\left(x, y, \frac{dy}{dx}, \frac{d^2y}{dx^2}, \frac{d^3y}{dx^3}\right) = o\ldots (138) ;$$

cette équation est la *différentielle du troisième ordre* de F (x, y)=o, et de laquelle les trois constantes arbitraires sont éliminées ; réciproquement l'équation F (x, y)=o est *l'intégrale troisième* de l'équation (138).

121. — Si nous éliminions successivement chacune des constantes arbitraires entre l'équation F (x, y) = o et celle que nous en tirerions par la différentiation, nous obtiendrions trois équations du premier ordre qui seraient les *intégrales secondes* de l'équation (138).

122. — Si, maintenant, nous éliminions successivement deux des trois constantes arbitraires, entre l'équation F (x, y) = o et les équations que nous en déduirions par deux différentiations successives, c'est-à-dire si nous éliminions ces constantes entre les équations,

$$F (x, y)=o, \quad F\left(x, y, \frac{dy}{dx}\right) = o, \quad F\left(x, y, \frac{dy}{dx}, \frac{d^2 y}{dx^2}\right)=o, \ldots(139);$$

nous pourrions conserver *successivement* dans l'équation qui proviendra de l'élimination, l'une des trois constantes arbitraires ; par conséquent nous aurions ainsi autant d'équations que de constantes arbitraires.

Soient a, b, c, ces constantes arbitraires ; les équations dons nous parlons, envisagées *seulement* sous le rapport des constantes arbitraires qu'elles renferment, pourront évidemment être représentées comme ceci :

$$\varphi\, c = o, \quad \varphi\, b = o, \quad \varphi\, a = o \ldots (140).$$

Et puisque les équations (139) concourrent *toutes les trois* à l'élimination qui nous donne l'une des équations considérées (140), il en résulte que ces équations (140) seront chacune du *second ordre* ; on les appelle les *intégrales premières* de l'équation (138).

123. — Concluons donc de tout ce qui précède, qu'en général, une équation différentielle d'un ordre n, aura n intégrales premières, qui renfermeront par conséquent les coefficients différentiels depuis $\frac{dy}{dx}$ jusqu'à $\frac{d^{n-1}y}{dx^{n-1}}$ inclusivement, c'est-à-dire un nombre n—1 de coefficients différentiels ; et nous voyons que quand ces équations, (intégrales premières), sont connues, pour avoir *l'équation primitive,*

il suffit d'éliminer entre elles ces cœfficients différentiels. (Art. 117, C. I.)

SOLUTIONS PARTICULIÈRES DES ÉQUATIONS DIFFÉRENTIELLES DU PREMIER ORDRE.

124. — Comme nous avons vu, art. 68, C. I., une intégrale particulière peut toujours être déduite de l'intégrale complète en donnant une valeur *convenable* à la constante arbitraire contenue dans cette dernière.

Ainsi, par exemple, soit l'équation différentielle

$$x\,dx + y\,dy = dy\,\sqrt{x^2 + y^2 - a^2},$$

de laquelle on tire

$$dy = \frac{x\,dx + y\,dy}{\sqrt{x^2 + y^2 - a^2}} \text{ ou} = \frac{1}{2}\frac{2x\,dx + 2y\,dy}{\sqrt{x^2 + y^2 - a^2}} = \frac{1}{2}\frac{2x\,dx + 2y\,dy}{(x^2 + y^2 - a^2)^{1/2}} =$$

$$\frac{1}{2}\frac{1}{(x^2 + y^2 - a^2)^{1/2}}(2x\,dx + 2y\,dy) = \frac{1}{2}(x^2 + y^2 - a^2)^{-1/2}d.(x^2 +$$

$$y^2 - a^2) = d.(x^2 + y^2 - a^2)^{1/2} = d.\sqrt{x^2 + y^2 - a^2},$$

et par suite, en intégrant et ajoutant une constante, $\int dy = \int d.\sqrt{x^2 + y^2 - a^2}$,

ou

$$y + c = \sqrt{x^2 + y^2 - a^2} \ ;$$

expression qui est l'intégrale complète de l'équation différentielle donnée.

Pour plus de facilité dans les calculs, faisons évanouir les radicaux en élevant au carré la différentielle donnée et l'intégrale complète trouvée, nous aurons

$$x^2\,dx^2 + 2\,x\,y\,dx.\,dy + y^2\,dy^2 = dy^2(x^2 + y^2 - a)$$

ou, en divisant par dx^2, $x^2 + 2\,x\,y\,\dfrac{dy}{dx} + y^2\,\dfrac{dy^2}{dx^2} = x^2\,\dfrac{dy^2}{dx^2} + y^2\,\dfrac{dy^2}{dx^2} - a^2\,\dfrac{dy^2}{dx^2}$,

ou enfin pour la différentielle

$$(a^2 - x^2)\,\frac{dy^2}{dx^2} + 2\,x\,y\,\frac{dy}{dx} + x^2 = 0 \ \ldots (141) \ ;$$

et pour l'intégrale complète

$$y^2 + 2\,cy + c^2 = x^2 + y^2 - a^2,$$

ou

$$2\,cy + c^2 - x^2 + a^2 = 0 \ \ldots (142).$$

Maintenant si nous donnons à c une valeur constante

arbitraire 2 a, nous tronverons pour intégrale particulière:
$$4\,ay + 4\,a^2 - x^2 + a^2 = 0, \text{ ou } 4\,ay + 5\,a^2 - x^2 = 0,$$
lapuelle satisfera à la différentielle proposée (141) aussi bien qu'à l'intégrale complète (142).

En effet, cette intégrale particulière donne
$$y = \frac{x^2 - 5\,a^2}{4\,a} \text{ et} \frac{dy}{dx} = \frac{2\,x}{4\,a} = \frac{x}{2\,a},$$
valeurs qui substituées dans la différentielle proposée (141) donnent
$$(a^2 - x^2)\frac{x^2}{4a^2} + 2\,x\left(\frac{x^2 - 5\,a^2}{4a}\right)\frac{x}{2a} + x^2 = 0,$$

ou
$$(a^2 - x^2)\frac{x^2}{4a^2} + \frac{x^2}{4a^2}(x^2 - 5\,a^2) + \frac{4a^2\,x^2}{4a^2} = 0,$$

ou
$$(a^2 - x^2)\frac{x^2}{4\,a^2} + \frac{x^2}{4\,a^2}(x^2 - 5\,a^2 + 4a^2) = 0,$$

ou enfin
$$\frac{x^2}{4\,a^2}(x^2 - 5\,a^2 + 4a^2) = (x^2 - a^2)\frac{x^2}{4\,a^2},$$

ou
$$\frac{x^2}{4\,a^2}(x^2 - a^2) = (x^2 - a^2)\frac{x^2}{4\,a^2}.$$

expression identique, donc l'intégrale particulière satisfait à la différentielle proposée ; et comme cette intégrale particulière est déduite de l'intégrale complète, elle satisfait donc aux deux équations (141) et (142).

125. — Nais s'il est vrai qu'une intégrale particulière peut toujours être déduite de l'intégrale complète, il n'en résulte pas pour cela que toute équation satisfaisant à une différentielle donnée soit un cas particulier de son intégrale complète, c'est-à-dire soit comprise dans l'intégrale complète ; mais si une telle équation n'est pas comprise dans l'intégrale complète, elle en dépend cependant.

Ainsi, par exemple, l'équation du cercle, (géom. analyt.):
$$x^2 + y^2 = a^2 \ldots (143),$$
qui satisfait à l'équation différentielle (141), n'est point cependant comprise dans son intégrale complète, l'équation (142). En effet, l'équation (143) étant différentiée donne $2\,x\,dx + 2\,y\,dy = 0$, ou $x\,dx = -\,y\,dy$, cette valeur et celle de $x^2 + y^2 = a^2$, étant substituées dans l'équation (141) ou plutôt dans cette équation non élevée au

carré, c'est-à-dire dans la proposée $x\,dy + y\,dy = \sqrt{x^2 + y^2 - a^2} \times dy$, donne

$$- y\,dy + y\,dy = \sqrt{a^2 - a^2} \times dy,$$

ou
$$o = o,$$

donc cette équation du cercle satisfait à la différentielle proposée, et cependant n'est pas comprise dans l'intégrale complète, car quelle que soit la valeur constante que l'on donne à c dans l'intégrale complète (142), jamais cette équation qui est celle d'une parabole (géom. analytique), ne pourra amener l'équation (143) qui est celle d'un cercle. Une équation qui, comme l'équation (143), satisfait à la proposée sans être comprise dans l'intégrale complète est appelée une *solution particulière ou singulière de la proposée*.

On crut, à tort, néanmoins, pendant longtemps, que la propriété de l'intégrale complète était générale, c'est-à-dire que lorsqu'une équation différentielle en x et en y était donnée, on ne pouvait trouver une équation finie entre les mêmes variables qui ne fût un cas particulier de l'intégrale complète, en donnant comme nous l'avons fait, une valeur arbitraire à une constante.

Après cela, on crut, à tort également, que ces sortes d'équations ou solutions singulières n'étaient pas liées à l'intégrale complète. C'est Lagrange qui démontra qu'elles en dépendaient en exposant la théorie que nous allons examiner.

126. — On conçoit qu'une équation différentielle du premier ordre Mdx + Ndy=o, d'une fonction de deux variables x et y, peut être considérée comme provenant de l'élimination d'une constante c entre une certaine équation différentielle du même ordre, que nous représenterons par mdx + ndy = o, et l'intégrale complète F (x, y, c)=o de celle-ci, intégrale que nous représenterons par u. (Voir article 102, Calcul Intégral).

On conçoit également que si tout se réduit à prendre la constante c de manière que l'équation Mdx + Ndy = o soit le résultat de l'élimination, il est permis de faire varier cette constante, du moment que l'équation $Mdx + Ndy = o$ résulte de l'élimination.

Alors, on comprend que l'intégrale complète $F(x,y,c) = o$ prendra plus de généralité, puisque c peut varier ; alors cette intégrale représentera donc une infinité de courbes du même genre, différant les unes des autres par un paramètre, c'est-à-dire par une constante, c variant.

On peut admettre cette hypothèse, car l'équation $Mdx + Ndy = o$ étant donnée, il est dans l'esprit de l'analyse d'adopter tous les moyens pouvant amener cette expression.

127. — Examinons maintenant comment on reconnaîtra qu'il existe une solution particulière ou singulière.

A cet effet, supposons que l'intégrale complète étant différentiée en considérant c comme variable, on ait

$$dy = \frac{dy}{dx} dx + \frac{dy}{dc} dc \dots (144),$$

expression que pour simplifier nous mettrons sous la forme

$$dy = p\,dx + q\,dc \ (145) ;$$

équation différentielle dans laquelle l'expression qdc, ou différentielle par rapport à la *constante variable* c, est supposée nulle, puisqu'on peut donner à c une valeur en conséquence.

Or, il est certain que si p restant fini, qdc est nul, le *résultat* de l'élimination de c variable (lequel est par hypothèse $M\,dx + N\,dy = o$, art. 126), entre l'intégrale complète $F(x,y,c) = o$ et sa différentielle (145), obtenue en différentiant aussi par rapport à c, donc en supposant c variable, sera le même que celui de c constant entre $F(x,y,c) = o$ et l'équation $dy = p\,dx$, obtenue en supposant c constant dans la différentiation, car l'expression (145), par la raison que $q\,dc$ est nul, ne diffère pas de $dy = pdx$; mais pour que $q\,dc = o$, l'un des facteurs de cette expression doit être nul, donc on doit avoir

$$dc = o \ \text{ou} \ q = o.$$

Dans le premier cas, $d\,c = o$ donne c = constante, comme cela a lieu pour les intégrales particulières ; le second cas seul pourra donc convenir à une solution sin-

gulière où c est variable et q nul. Or, q étant le coefficient de dc de l'équation (145), on voit d'après l'équation (144), que q = o donne
$$\frac{dy}{dc} = o \ldots (146).$$

Cette équation renfermera c ou en sera indépendante.

1° Si elle renferme c, il peut se présenter deux cas ; ou l'équation q=o ne renfermera que c et des constantes, ou elle contiendra c avec des variables. Dans le premier cas, l'équation q = o donnera encore c=constante qui ne peut convenir, et dans le second cas elle donnera c=f (x,y), qui renferme comme cas particuliers ceux où l'on aurait c=fx ou c=fy ; cette valeur c=f (x,y), qui satisfait à la diff. 144, étant substituée dans l'intégrale complète F (x,y,c) = o de cette différentielle, changera cette dernière en une autre fonction de x et de y, qui satisfera à la différentielle proposée (144) sans être comprise dans son intégrale complète, et par suite en sera une solution singulière, art. 125. Mais ce serait une intégrale particulière que l'on obtiendrait, si l'équation c=f (x, y), qui satisfait à la différentielle proposée (144), se réduisait à une constante au moyen de l'intégrale complète.

2°. — Si le facteur q = o de l'équation qdc = o ne contient pas la constante arbitraire c, pour reconnaître si l'équation q=o donne lieu à une solution singulière, nous combinerons cette équation avec l'intégrale complète.

Ainsi, par exemple, si de q = o nous tirons x = M, et que nous substituons cette valeur dans l'intégrale complète F (x, y, c) = o, nous obtiendrons évidemment
$$c = \text{constante} = B, \quad \text{par exemple,}$$
ou bien
$$c = fy.$$

Dans le premier cas, q = o donne une intégrale particulière ; puisque changer c en B dans l'intégrale complète n'est autre chose que donner une valeur particulière à la constante, tout comme on le fait quand on passe de l'intégrale complète à une intégrale particulière, art. 68, C. I.

Dans le second cas, au contraire, la valeur fy substituée à la place de c, dans l'intégrale complète, établira entre x et y une relation différente de celle qui existait quand on ne faisait que remplacer c par une valeur constante arbitraire ; par conséquent, dans le présent cas, c'est une solution particulière que l'on obtiendra.

On peut évidemment appliquer à x ce que nous disons de y.

128. — S'il arrivait que la valeur de c se présentât sous la forme $\dfrac{0}{0}$, cela indiquerait un facteur commun qu'il faudrait faire disparaître.

129. — Nous allons appliquer maintenant la théorie que nous venons d'exposer à la recherche des solutions particulières ou singulières, l'intégrale complète étant donnée ou obtenue.

Soit donnée l'équation différentielle

$$y\, dx - x\, dy = a \sqrt{dx^2 + dy^2} \ \dots (147),$$

et cherchons-en donc tout d'abord l'intégrale complète.

A cet effet, divisons par dx cette équation et faisons $\dfrac{dy}{dx} = p$, nous aurons premièrement

$$y - px = a \sqrt{\frac{dx^2}{dx^2} + \frac{dy^2}{dx^2}} = a\sqrt{1 + p^2} \ \dots (148) ;$$

différentions cette expression par rapport à x et à p, nous obtiendrons, (art. 9, C. D.) :

$$dy - pdx - xdp = a.d.(1 + p^2)^{1/2} = \frac{1}{2} a.(1 + p^2)^{-1/2} d.(1 + p^2) =$$

$$\frac{1}{2} a \, \frac{1}{(1 + p^2)^{1/2}} \, 2\, p\, dp = \frac{a.p.dp}{\sqrt{1 + p^2}},$$

et comme $\dfrac{dy}{dx} = p$ donne $dy = pdx$, l'équation précédente devient

$$pdx - pdx - xdp = \frac{a\, p\, d\, p}{\sqrt{1 + p^2}}, \text{ ou } x\, d\, p + \frac{a.\, p.\, d\, p}{\sqrt{1 + p^2}} = 0,$$

équation à laquelle on satisfait en faisant dp=0, d'où p=constante=c, valeur qui, substituée dans l'équation (148), la transforme en

$$y - cx = a \sqrt{1 + c^2} \ \dots (149).$$

Cette expression contenant une constante arbitraire c, ne figurant pas dans la proposée (147), en est donc l'intégrale *complète*.

Cette intégrale étant obtenue, la partie qdc de l'équation (145) s'obtiendra en différentiant l'équation (149) par rapport à c, considéré comme seule variable; nous aurons ainsi

$$- x\,dc = a.\,d.\sqrt{1+c^2} = a\,d.(1+c^2)^{1/2} = a.\frac{1}{2}.(1+c^2)^{-1/2}$$

$$d.(1+c^2) = \frac{1}{2}\,a\,\frac{1}{(1+c^2)^{1/2}}\,2\,cdc = \frac{a\,c.dc}{\sqrt{1+c^2}},$$

ou
$$x.dc + \frac{a.c.dc}{\sqrt{1+c^2}} = 0 \; ;$$

par conséquent le coefficient q de dc est ici :

$$x + \frac{ac}{\sqrt{1+c^2}},$$

et en l'égalant à zéro, nous en tirerons

$$x = - \frac{ac}{\sqrt{1+c^2}} \ldots (150) \; ;$$

élevons au carré, nous trouverons :

$$x^2 = \frac{a^2 c^2}{1+c^2}, \text{ d'où } x^2 + c^2 x^2 = a^2 c^2, \text{ ou } x^2 = (a^2 - x^2)\,c^2,$$

et de là :

$$c^2 = \frac{x^2}{a^2 - x^2}, \; 1+c^2 = 1 + \frac{x^2}{a^2 - x^2} = \frac{a^2 - x^2 + x^2}{a^2 - x^2} = \frac{a^2}{a^2 - x^2},$$

et enfin
$$\sqrt{1+c^2} = \frac{a}{\sqrt{a^2 - x^2}} \; ;$$

cette dernière valeur substituée dans l'équation (150) donne

$$x = - \frac{ac}{\dfrac{a}{\sqrt{a^2 - x^2}}} = - \frac{a\,c\sqrt{a^2 - x^2}}{a} = - c\sqrt{a^2 - x^2},$$

d'où
$$c = - \frac{x}{\sqrt{a^2 - x^2}} \ldots (151).$$

Nous n'affectons pas la valeur ci dessus de $\sqrt{1+c^2}$ du double signe, parce que x et c étant de signes contraires, dans l'équation (150), il doit en être de même dans l'équation (151).

La valeur de c, éq. (151), et celle de $\sqrt{1+c^2}$ étant substituées dans l'équation (149), nous aurons

$$y + \frac{x^2}{\sqrt{a^2 - x^2}} = \frac{a^2}{\sqrt{a^2 - x^2}},$$

d'où
$$y = \frac{a^2 - x^2}{\sqrt{a^2 - x^2}} = \sqrt{a^2 - x^2},$$

équation qui, élevée au carré donne
$$y^2 = a^2 - x^2 \ldots (152);$$

et l'on voit que cette équation est une solution particulière, car en la différentiant, nous obtiendrons $2y\,dy = -2x\,dx$, d'où $dy = -\dfrac{x\,dx}{y}$, valeur qui substituée dans l'équation (147), la transforme en
$$y\,dx + \frac{x^2\,dx}{y} = a\sqrt{dx^2 + \frac{x^2\,dx^2}{y^2}},$$

ou, en réduisant au même dénominateur,
$$\frac{y^2\,dx + x^2\,dx}{y} = a\frac{\sqrt{y^2\,dx^2 + x^2\,dx^2}}{y},$$

ou $(y^2 + x^2)\,dx = a\sqrt{(y^2 + x^2)\,dx^2} = a \times \sqrt{y^2 + x^2} \times dx,$
ou, en divisant par dx,
$$y^2 + x^2 = a\sqrt{y^2 + x^2};$$

mais l'équation (152) donne $y^2 + x^2 = a^2$; substituant cette valeur dans l'équation précédente nous aurons enfin
$$a^2 = a^2 ;$$

donc l'équation (152), différentiée, satisfait à l'équation différentielle (147) proposée et n'est pas comprise dans l'intégrale complète; c'est donc bien une solution particulière.

130. — *Remarque.* — En appliquant, comme nous venons de le faire dans l'article précédent, les principes que nous avons démontrés à l'article 127, nous avons déterminé la valeur de c en égalant à zéro q ou coefficient différentiel $\dfrac{dy}{dc}$. Il peut arriver parfois que ce procédé soit insuffisant, car l'équation (145)
$$dy = p\,dx + q\,dc,$$

étant mise sous la forme
$$A\,dx + B\,dy + C\,dc = 0,$$

équation dans laquelle A, B et C sont des fonctions de x et de y, nous en tirerons
$$dy = -\frac{A}{B}\,dx - \frac{C}{B}\,dc, \quad dx = -\frac{B}{A}\,dy - \frac{C}{A}\,dc \ldots (153),$$

et d'après ces expressions, nous pouvons remarquer que si nous appliquons à x considéré comme fonction de y, tout ce que nous avons dit de y considéré comme fonction de x, la valeur du coefficient de dc ne sera pas la même et qu'il suffirait seulement que quelque facteur de B détruisît dans C un autre facteur que celui que pourrait y détruire un facteur de A, pour que les valeurs du coefficient de dc, dans les deux hypothèses, parussent entièrement différentes. Donc, quoique généralement les équations $\frac{C}{B} = 0$ et $\frac{C}{A} = 0$ donnent la même valeur pour c, cela n'arrive pas toujours. Par conséqvent, lorsqu'on aura déterminé c au moyen de l'équation $\frac{dy}{dc} = 0$, il conviendra de voir si l'on arrive également au même résultat dans l'hypothèse de $\frac{dx}{dc} = 0$.

131. — Il existe une classe générale d'équations qui sont susceptibles d'une solution particulière ; ces équations sont renfermées dans l'équation différentielle générale

$$y = \frac{dy}{dx} x + F\left(\frac{dy}{dx}\right),$$

expression qui, en faisant $\frac{dy}{dx} = p$, pourra se mettre sous la forme $\qquad y = px + Fp \dots (154).$

En la différentiant, nous aurons, (article 9, C. D., et art. 38, C.D.) :

$$dy = pdx + xdp + \frac{d.\,Fp}{dp}\,dp\;;$$

et comme $dy = pdx$, d'après ce qui précède, l'équation précédente devient

$$pdx = pdx + xdp + \frac{d.\,Fp}{dp}\,dp,$$

ou $\qquad x.\,dp + \frac{d.\,Fp}{dp}\,dp = 0,$

ou $\qquad \left(x + \frac{d.\,Fp}{dp}\right)dp = 0.$

Cette équation est satisfaite en faisant $dp = 0$, d'où $p =$ constante $= c$; par suite, cette valeur substiuée dans l'équation (154), donne

$$y = cx + Fc\;;$$

expression qui est l'intégrale complète de l'équation différentielle proposée, puisque nous avons introduit une constante arbitraire c par l'intégration.

Différentions cette intégrale complète par rapport à c. nous aurons

$$0 = x \, dc + \frac{d.Fc}{dc} dc, \text{ ou } \left(x + \frac{d.Fc}{dc} \right) dc = 0,$$

par suite, en égalant à zéro le coefficient de dc, conformément aux principes que nous avons exposés, il viendra

$$x + \frac{d.Fc}{dc} = 0,$$

équation à l'aide de laquelle on trouvera la valeur de c que l'on substituera dans l'intégrale complète et l'on obtiendra la solution particulière.

INTÉGRATION DES ÉQUATIONS DIFFÉRENTIELLES DU SECOND ORDRE.

132. — Les équations différentielles du second ordre à deux variables, art. 93, C. I., sont comprises dans la formule générale

$$f\left(x, y, \frac{dy}{dx}, \frac{d^2 y}{dx^2} \right) = 0 \dots (155).$$

Nous ne chercherons pas à intégrer cette équation dans ce degré de généralité ; nous examinerons seulement les moyens de trouver l'intégrale dans des cas particuliers.

133. — Supposons donc d'abord le cas où l'on aurait l'équation

$$f\left(x, \frac{dy}{dx}, \frac{d^2 y}{dx^2} \right) = 0 \ (156) ;$$

faisons $\frac{dy}{dx} = p, \frac{d^2 y}{dx^2} = \frac{dp}{dx}$, et l'équation précédente prendra la forme plus simple :

$$f\left(x, p, \frac{dp}{dx} \right) = 0 \dots (157).$$

Si cette équation est intégrable et qu'on en tire $p = X$ ou fonction de x, on trouvera facilement la valeur de y ; car l'équation $\frac{dy}{dx} = p$ nous donnant $y = \int p \, dx$, en substituant dans cette équation la valeur de p, nous aurons $y = \int X \, dx$, expression qui est intégrable, (art. 88, C. I.), on arrivera ainsi à l'intégrale pour ce cas ; mais si l'équation (157), au lieu de donner la valeur de p en x, donnait celle de x en fonction de p, de façon qu'on eût x = P ou fonction de p, en intégrant par parties, art, 16, C. I., l'expression $dy = pdx$, on aurait d'abord

$$\int dy \text{ ou } y = \int pdx = px - \int xdp ;$$

substituant ensuite dans cette équation (dernier terme), la valeur de x, il viendrait

$$y = px - \int P\,dp ;$$

sous cette forme on sait trouver également l'intégrale du dernier terme, art. 88, C. I., et après substitution, l'expression ci-dessus deviendra alors l'intégrale cherchée, pour le second cas, quand on y aura éliminé p au moyen de l'équation x = P.

134. — Supposons maintenant qu'on ait le cas où

$$f\left(y, \frac{dy}{dx}, \frac{d^2 y}{dx^2}\right) = 0 \dots (158).$$

Posons $\dfrac{dy}{dx} = p$, nous aurons $\dfrac{d^2 y}{dx^2} = \dfrac{dp}{dx}$; et, comme de $\dfrac{dy}{dx} = p$ on tire $dx = \dfrac{dy}{p}$, en substituant cette valeur dans l'expression précédente, il viendra

$$\frac{d^2 y}{dx^2} = \frac{dp}{\dfrac{dy}{p}} = \frac{pdp}{dy}.$$

Substituant ces valeurs de $\dfrac{dy}{dx}$ ou p et de $\dfrac{d^2 y}{dx^2}$ ou $\dfrac{pdp}{dy}$ dans l'équation (158), elle deviendra

$$f\left(y, p, \frac{pdp}{dy}\right) = 0 \text{ ou } f\left(y, p, \frac{dp}{dy}\right) = 0.$$

Maintenant, si cette équation peut donner p en fonction de y ou $p = Y =$ fonction de y, on substituera cette valeur dans l'équation $dx = \dfrac{dy}{p}$, et il viendra en intégrant

$$\int dx \text{ ou } x = \int \frac{dy}{Y} = \int Y^{-1}\, dy,$$

expression intégrable (art. 88, C. I), et qui fournira l'inté-grale cherchée.

Si, au contraire, y se détermine en fonction de p, et que l'on ait, par conséquent, y = P ou fonction de p, pour obtenir x, nous devrons intégrer par parties l'équation $dx = \dfrac{dy}{p}$, et il viendra, (art. 16, C. I., et art. 11, C. D.) :

$$\int dx \text{ ou } x = \int \frac{dy}{p} = \int \frac{1}{p}\, dy = \frac{1}{p}\, y - \int \left(y\, d.\, \frac{1}{p} \right) = \frac{y}{p} - \int$$

$$\left(y \times \frac{p.\, d.\, 1 - 1.\, dp}{p^2} \right) = \frac{y}{p} - \int y \left(\frac{-dp}{p^2} \right) = \frac{y}{p} + \int y \frac{dp}{p^2} \,;$$

et, en remplaçant dans cette équation y par sa valeur P, nous aurons

$$x = \frac{P}{p} + \int P \frac{dp}{p^2} \,;$$

expression intégrable (art. 88, C. I.) ; après intégration, nous éliminerons ensuite p au moyen de l'équation y = P, et nous obtiendrons ainsi l'intégrale cherchée.

135. — Dans le cas où l'équation générale (155) est réduite à

$$f\left(\frac{dy}{dx}, \frac{d^2 y}{dx^2} \right) = 0 \dots (159),$$

pour trouver l'intégrale, faisons $\dfrac{dy}{dx} = p =$ (cœfficient différentiel de y par rapport à x), et par suite $\dfrac{d^2 y}{dx^2} = d\left(\dfrac{dy}{dx} \right)$: $dx = \dfrac{dp}{dx}$; l'équation (159) devient

$$f\left(p, \frac{dp}{dx} \right) = 0,$$

de laquelle on tire $\quad \dfrac{dp}{dx} = P \dots (160),$

d'où $\quad dx = \dfrac{dp}{P}$ et $x = \int dx = \int \dfrac{dp}{P} = \int P^{-1}\, dp \dots (161),$
expression intég., art. 88, C. I.

D'autre part de l'expression $\dfrac{dy}{dx} = p$, on tire

$$dy = pdx, \text{ d'où } y = \int dy = \int p\, dx \,;$$

et, en remplaçant dans cette dernière équation dx par sa valeur $\dfrac{dp}{P}$, nous aurons

$$y = \int p \frac{dp}{P} = \int p\, P^{-1}\, dp \dots (162),$$

éq. intég., art. 88, C. I.

Après avoir intégré les équations (161) et (162), nous éliminerons entre elles la quantité p pour avoir une équation en x et en y, et l'on obtiendra ainsi l'intégrale cherchée.

136. — Dans le cas où $\dfrac{d^2 y}{dx^2}$ ne se trouve combiné dans l'équation générale qu'avec une fonction de x, c'est-à-dire est donnée en fonction de x, on a donc à intégrer

$$\frac{d^2 y}{dx^2} = X \; ;$$

multipliant par dx, il viendra

$$\frac{d^2 y}{dx} = X \, dx,$$

intégrant nous aurons

$$\int \frac{d^2 y}{dx} \text{ ou } \int d.\left(\frac{dy}{dx}\right) \text{ ou } \frac{dy}{dx} = \int X \, dx + C,$$

expression intégrable, art. 88, C. I.

Soit X' l'intégrale indiquée dans cette équation, celle-ci prendra la forme

$\dfrac{dy}{dx} = X' + C$, d'où $dy = (X' + C)\, dx = X' \, dx + C \, dx$, et en intégrant, il viendra enfin

$\int dy$ ou $y = \int X' \, dx + \int C \, dx +$ constante ou $C' = \int X' \, dx + Cx + C'$.

137. — Finalement, si $\dfrac{d^2 y}{dx^2}$ ne se trouve combiné dans l'équation générale qu'avec une fonction de y, c'est-à-dire est donné en fonction de y, il faut donc intégrer

$$\frac{d^2 y}{dx^2} = Y.$$

A cet effet, multiplions par 2 dy, nous aurons

$$\frac{d^2 y}{dx} \, 2 \, dy \text{ ou } \frac{d^2 y}{dx} \, 2 \, \frac{dy}{dx} \text{ ou } 2.\frac{dy}{dx} \times \frac{d^2 y}{dx} \text{ ou enfin}$$

$$2.\frac{dy}{dx} \times d.\left(\frac{dy}{dx}\right) = 2 \, Y \, dy.$$

Le premier membre est composé de la même manière que la différentielle du carré d'une quantité monôme, comme, par exemple, de y^2 dont la différentielle est $2. \, y \, dy$; donc dans l'équation ci dessus l'expression $2.\dfrac{dy}{dx}.d.\left(\dfrac{dy}{dx}\right)$ est la différentielle du carré de $\dfrac{dy}{dx}$, on a donc

$$d. \left(\frac{dy}{dx}\right)^2 \text{ ou } d. \frac{dy^2}{dx^2} = 2\,Y\,dy,$$

et en intégrant, il viendra

$$\frac{dy^2}{dx^2} = \int 2\,Y\,dy + C \text{ ou} = 2\int Y\,dy + C\,;$$

d'où

$$\frac{dy}{dx} = \sqrt{2\int Y dy + C},$$

d'où

$$dx = \frac{dy}{\sqrt{2\int Y\,dy + C}}$$

et par suite, en intégrant, on aura enfin

$$x \text{ ou} \int dx = \int \frac{dy}{\sqrt{2\int Y\,dy + C}} + C'.$$

ÉQUATIONS DIFFÉRENTIELLES PARTIELLES
DU PREMIER ORDRE.

138. — Quand une expression ne contient qu'une seule variable, et qu'on la différentie, on obtient une différentielle ordinaire. Mais si cette expression renferme plusieurs variables, pour la différentier par rapport à l'une des variables, on doit considérer les autres variables comme des constantes, et la différentielle qu'on obtient dans ce cas est une différentielle partielle ; la somme des différentielles d'une expression, par rapport à toutes les variables qu'elle contient est encore une différentielle partielle.

Donc, une équation qui existe entre des coefficients différentiels combinés, selon le cas, avec des variables et des constantes, est, en général, une équation différentielle partielle, ou, selon l'ancienne dénomination, est une équation aux différences partielles.

On a désigné ainsi ces équations, parce que la notation des coefficients différentiels qu'elles contiennent indique, comme nous l'avons vu à l'art. 38, C. D., que la différentiation ne peut être effectuée que partiellement, c'est-à-dire en considérant certaines variables comme constantes. Cela suppose donc que la fonction proposée contient plusieurs variables. Pour plus de simplicité, nous n'en admettrons d'abord que deux, et nous examinerons les moyens d'intégrer les équations différentielles partielles du premier ordre, qui sont celles qui ne renfermentqu'un ou plusieurs coefficients différentiels du premier ordre, art. 93, C. I.

139. — Dans le cas où il n'y a, dans l'équation différentielle donnée, qu'un coefficient différentiel partiel du premier ordre, c'est-à-dire lorsqu'on n'a différentié une fonction de x, y, que par rapport à une seule variable, le procédé d'intégration est le même que celui employé pour l'intégration des équations différentielles ordinaires, sauf que l'on suppose constante l'une des deux variables, et que, par suite, l'on introduit dans l'intégrale une constante fonction de cette variable. Les exemples suivants vont éclaircir et démontrer cette proposition.

140. En effet, soit d'abord à intégrer l'équation :

$$\frac{dz}{dx} = a,$$

expression qui est la différentielle de z par rapport à x, et dans laquelle z est fonction de x et de y. Si, contrairement à cette hypothèse, z ne contenait que x, nous aurions une équation différentielle ordinaire dont l'intégrale serait z ou $\int dz = \int a\,dx = ax + C$. Mais comme z est fonction de x et de y, et que nous n'avons différentié que par rapport à x, c'est-à-dire en ne considérant y que comme une constante, il en résulte que les y renfermés dans z ont dû disparaître par la différentiation et que nous devons les restituer dans l'intégrale trouvée ci-dessus ; nous pouvons donc, en général, considérer la constante C comme une fonction de y, et ainsi nous aurons pour l'intégrale de l'équation proposée $z = ax + \varphi y,$

φy pouvant contenir une constante ordinaire.

141. — Soit maintenant l'équation

$$\frac{dz}{dx} = X,$$

dans laquelle X est une fonction de x ; multipliant par dx, et intégrant, il viendra

$$\int dz \text{ ou } z = \int X\,dx + C ;$$

et en remplaçant, comme dans l'exemple précédent, C par une fonction de y, nous aurons enfin pour l'intégrale

$$z = \int X\,dx + \varphi y.$$

Exemple. — Soit $X = x^2 + a^2$, l'intégrale devient $z =$
$\int (x^2 + a^2) \, dx + \varphi\, y = \int (x^2 \, dx + a^2 \, dx) + \varphi\, y = \dfrac{x^{2+1}}{2+1} +$
$a^2 x + \varphi\, y = \dfrac{x^3}{3} + a^2 x + \varphi\, y.$

142. — Soit encore $\quad \dfrac{dz}{dx} = Y,$

d'où $dz = Y \, dx$ et $z = \int Y \, dx + \varphi\, y = Yx + \varphi\, y.$

143. — Enfin, toute équation dans laquelle $\dfrac{dz}{dx}$ égale
une fonction de deux variables x et y, sera intégrée de la
même manière. Ainsi, par exemple, si nous avons l'équation :

$$\frac{dz}{dx} = \frac{x}{\sqrt{ay + x^2}},$$

nous en tirerons $dz = \dfrac{x \, dx}{\sqrt{ay + x^2}} = x \dfrac{1}{(ay + x^2)^{1/2}} \, dx =$

$x (ay + x^2)^{-1/2} \, dx$; donc
$$z \text{ ou } \int dz = \int (ay + x^2)^{-1/2} x \, dx \, ;$$
mais la différentielle de $ay + x^2$, en regardant y comme
une constante, est $2x \, dx$ et ne diffère donc de $x \, dx$ que par
la constante 2 ; posons donc, comme nous avons déjà fait
antérieurement (art. 9, C.I.), $ay + x^2 = v$ et par conséquent
$2 x \, dx = dv$, d'où $x \, dx = \dfrac{dv}{2}$; substituant ces valeurs dans
l'expression à intégrer ci-dessus, il viendra

$$z = \int (v^{-1/2}) x \, dx = \int v^{-1/2} \frac{dv}{2} = \frac{1}{2} \int v^{-1/2} dv = \frac{1}{2}\left(\frac{v^{-1/2+1}}{-\frac{1}{2}+1} \right) + C =$$

$$\frac{1}{2}\left(\frac{v^{1/2}}{\frac{1}{2}} \right) + C = \frac{1}{2} \frac{\sqrt{v}}{\frac{1}{2}} + C = \sqrt{v} + C = \sqrt{ay + x^2} + C = \sqrt{ay + x^2} + \varphi\, y$$

144. — Finalement, soit à intégrer
$$\frac{dz}{dx} = \frac{1}{\sqrt{y^2 - x^2}},$$

nous en tirerons $dz = \dfrac{dx}{\sqrt{y^2 - x^2}}$, d'où, en considérant toujours y comme une constante
$$z = \int \frac{dx}{\sqrt{y^2 - x^2}} + \varphi\, y \, ;$$

or,(art. 11, C.I. rem.), la partie qui est sous le signe d'intégration peut être mise sous la forme

$$\int \frac{dx}{\sqrt{y^2 - x^2}} = \text{arc} \left(\sin = \frac{x}{y} \right),$$

donc l'intégrale cherchée est

$$z = \text{arc}\left(\sin = \frac{x}{y} \right) + \varphi\, y.$$

145. — Enfin, pour intégrer l'équation

$$\frac{dz}{dx}\, dx = F(x, y)\, dx,$$

qui est l'expression générale de la différentielle de z par rapport à x, nous prendrons donc l'intégrale par rapport à x, et nous ajouterons ensuite une constante fonction de y, pour la compléter, nous trouverons ainsi

$$\int \frac{dz}{dx}\, dx \text{ ou } \int dz \text{ ou } z = \int F(x, y)\, dx + \varphi\, y.$$

146. — Nous allons maintenant examiner les moyens d'intégrer les équations différentielles partielles qui au lieu de ne renfermer qu'un seul coefficient différentiel du premier ordre, en contiennent deux ; c'est-à-dire les équations différentielles partielles qui expriment la somme des différentielles par rapport aux deux variables x et y, de la fonction, z par exemple, de ces deux variables.

147. — Soit donc d'abord l'équation

$$M\frac{dz}{dx} + N\frac{dz}{dy} = 0, \quad \dots (163),$$

dans laquelle M et N représentent des fonctions données de x et de y. Nous en tirerons

$$\frac{dz}{dy} = -\frac{M}{N}\frac{dz}{dx};$$

substituant cette valeur dans l'expression suivante

$$dz = \frac{dz}{dx}\, dx + \frac{dz}{dy}\, dy \dots (164),$$

qui est une formule générale dont le sens est uniquement d'exprimer la condition que z est fonction de x et de y, c'est-à-dire est la somme des différentielles de z par rapport à x et par rapport à y, il viendra

$$dz = \frac{dz}{dx}\left(dx - \frac{M}{N}\, dy \right),$$

ou
$$dz = \frac{dz}{dx} \cdot \frac{N\,dx - M\,dy}{N} \ldots (165).$$

Soit λ l'un des facteurs propres à rendre $N dx - M dy$ une différentielle exacte que nous représenterons par dv, nous aurons donc
$$\lambda\,(N dx - M dy) = dv, \text{ ou } N dx - M dy = \frac{dv}{\lambda} \ldots, (166).$$

A l'aide de cette équation, éliminons $N dx - M dy$ de l'équation (165), nous obtiendrons
$$dz = \frac{dz}{dx}\,\frac{dv}{\lambda N} = \frac{1}{\lambda N}\,\frac{dz}{dx}\,dv.$$

Enfin, comme la valeur de $\frac{1}{\lambda N}$ n'est point déterminée, nous pouvons la prendre telle que $\frac{1}{\lambda N}\,\frac{dz}{dx}\,dv$ puisse s'intégrer, ce qui exige que $\frac{1}{\lambda N}\,\frac{dz}{dx}$ soit une fonction de v, car nous savons que la différentielle de toute fonction donnée de v, doit être de la forme $F.v\ d.v$ (art, 88 du Calc. Int.). Il résulte donc de là que nous devons avoir
$$\frac{1}{\lambda N}\,\frac{dz}{dx} = F\,v,$$

équation qui transformera la précédente en
$$dz = F\,v.\,dv\,;$$

d'où nous tirerons, d'après ce qui précède :
$$\int dz \text{ ou } z = \int Fv.\,dv = \varphi\,v \ldots (167).$$

Exemple. — Soit à intégrer par ce moyen l'équation
$$x\,\frac{dz}{dy}\quad y\,\frac{dz}{dx} = 0 \ldots (168),$$

dans ce cas, nous avons, par comparaison avec l'équation proposée (163), $M = -y$, $N = x$, et par suite l'équation (166), deviendra
$$\lambda\,(x\,dx + y\,dy) = dv.$$

Or, à la seule inspection, nous voyons que le facteur λ, propre à rendre intégrable le premier membre de cette équation, est 2, car $\int 2x dx + 2y dy = x^2 + y^2$.

Substituant donc 2 à λ et intégrant, il viendra :
$$\int dv \text{ ou } v = \int 2\,(x dx + y\,dy) = \int (2x dx + 2y dy) = x^2 + y^2\,;$$

substituant cette valeur dans l'équation (167) nous aurons
$$z = \varphi\,(x^2 + y^2),$$

expression qui est l'intégrale cherchée de l'équation (168).

148. — Soit maintenant à intégrer l'équation

$$P\frac{dz}{dx} + Q\frac{dz}{dy} + R = 0 \dots (169),$$

dans laquelle P, Q et R sont des fonctions des variables x, y et z. Divisons par P, et faisons $\frac{Q}{P} = M$, $\frac{R}{P} = N$, cette équation pourra se mettre sous la forme

$$\frac{dz}{dx} + M\frac{dz}{dy} + N = 0 \dots (170) ;$$

et faisons $\frac{dz}{dx} = p$, $\frac{dz}{dy} = q$, elle deviendra

$$p + Mq + N = 0 \dots (171),$$

de laquelle on tire $p = - Mq - N$ et $q = -\frac{p}{M} - \frac{N}{M}$.

La présente proposition se divisera entre les art. 148 à 150 inclus, l'art 150 donnera l'intégrale générale U = Φ v.

L'équation (171) établit une relation entre les coefficients p et q de la formule générale (164) mise sous la forme

$$dz = p\,dx + q\,dy\,(172) ;$$

sans cette relation, p et q seraient entièrement arbitraires dans cette formule ; car, comme nous l'avons déjà dit, art. 147, elle n'a d'autre sens que d'indiquer que z est une fonction de deux variables x et y, et cette fonction peut être évidemment quelconque; par conséquent nous devons considérer, dans l'équation (172), p et q comme deux indéterminées liées par la relation que cette équation exprime. Substituant dans l'équation (172) la valeur ci-dessus de p, tirée de l'équation (171), nous éliminerons p et il viendra

$dz = (-M\,q - N)dx + q\,dy = -M\,q\,dx - N\,dx + q\,dy$, d'où
$dz + N\,dx = q\,(dy - M\,dx) \dots (173) ;$

q restant toujours indéterminé ; mais l'on sait, (art. 150 du calc. diff.), que lorsqu'une équation du genre de l'équation (173) a lieu quel que soit q, l'on doit avoir séparément

$$dz + Ndx = 0, \quad dy - Mdx = 0 \dots (174).$$

149. — Lorsque P, Q et R ne contiennent pas la variable z, il en sera évidemment de même de M et de N, qui égalent respectivement $\frac{Q}{P}$ et $\frac{R}{P}$, voir ci-dessus, alors la

seconde des équations (174) sera une équation à deux variables x et y, et pourra devenir une différentielle exacte à l'aide d'un facteur que nous représenterons par λ ; et nous obtiendrons

$$\lambda \, (dy - Mdx) = 0 \dots (175).$$

L'intégrale de cette équation sera une fonction de x et de y à laquelle nous devrons ajouter une constante arbitraire ω que nous prendrons négative pour que transposée dans le second membre, elle soit positive, de sorte que cette intégrale sera

$$F\,(x,\, y) + (-\,\omega) = 0 \quad \text{ou} \quad F\,(x.\, y) = \omega,$$

de laquelle nous tirerons

$$y = f\,(x,\, \omega),$$

telle sera la valeur de y qui nous sera donnée comme l'intégrale de la seconde des équation (174) ; et pour établir que les deux équations (174) ont lieu simultanément, nous devrons substituer cette valeur de y, dans la première de ces équations ; or, quoique cette variable y n'y soit pas en évidence, on conçoit qu'elle peut être contenue dans N.

Cette substitution, d'après la valeur que nous venons de trouver pour y, revient à considérer, dans la première des équations (174), y comme une fonction de x et de la constante arbitraire ω.

Intégrons donc cette première équation dans cette hypothèse, nous trouverons enfin pour l'intégrale cherchée $dz = -Ndx$, d'où $z = \int -Ndx + \text{constante} = \int Ndx + \varphi\omega$, (art. 139, C. I.).

Exemple. — Comme application de cette manière de procéder, soit à chercher l'intégrale de l'équation

$$x \frac{dz}{dx} + y \frac{dz}{dy} = a\sqrt{x^2 + y^2}\,,$$

qui peut être mise sous la forme $\dfrac{dz}{dx} + \dfrac{y}{x}\dfrac{dz}{dy} = a\dfrac{\sqrt{x^2 + y^2}}{x}$,

et en la comparant à l'équation (170), nous aurons

$$M = \frac{y}{x},\ N = -a\,\frac{\sqrt{x^2 + y^2}}{x} \dots (176).$$

Substituant ces valeurs dans les équations (174), elles deviendront

$$dz - a\frac{\sqrt{x^2 + y^2}}{x}\,dx = 0, \quad dy - \frac{y}{x}\,dx = 0 \ .\ .\ (177)$$

Soit λ l'un des facteurs propres à rendre intégrable cette dernière équation, nous aurons

$$\lambda\left(dy - \frac{y}{x}\,d\lambda\right) = 0,$$

ou plutôt
$$\lambda\left(\frac{xdy - ydx}{x}\right) = 0,$$

équation intégrable si nous faisons $\lambda = \frac{1}{x}$, car alors son premier membre devient

$$\frac{x\,dy - y\,dx}{x^2} = 0,$$

qui est une différentielle exacte, art. 115, C. I., exemple ;

(et nous savons que son intégrale est $\frac{y}{x}$, art 11, Calc. diff.).

Egalant donc l'intégrale de cete équation à une constante arbitraire ω, nous aurons

$$\frac{y}{x} = \omega,$$

et par suite $y = \omega x$.

Au moyen de cette valeur de y, nous changerons la première des équations (177) en

$$dz - a\frac{\sqrt{x^2 + \omega^2 x^2}}{x}\,dx = 0, \text{ ou } dz = a.\,dx\sqrt{\frac{x^2 + \omega^2 x^2}{x^2}} = a.\,dx\sqrt{1 + \omega^2} \ ;$$

et intégrons, en considérant ω comme constant, nous aurons, d'après l'art. 139, C.I. :

$$z = \int a.\,dx\sqrt{1+\omega^2} = a\sqrt{1+\omega^2}\int dx = a\sqrt{1+\omega^2}\,(x) + \varphi\,\omega = ax\sqrt{1+\omega^2} + \varphi\,\omega \ ;$$

et, en remplaçant ω par sa valeur, nous obtiendrons enfin

$$z = ax\sqrt{1 + \frac{y^2}{x^2}} + \varphi\frac{y}{x} = ax\sqrt{\frac{x^2 + y^2}{x^2}} + \varphi\frac{y}{x} = a\sqrt{x^2 + y^2} + \varphi\frac{y}{x}.$$

150. — Dans le cas le plus général, où les cœfficients P, Q, R, de l'équation (169), contiennent les trois variables x, y, z, au lieu de deux (art. 149), il peut arriver que les équations (174) ne renferment chacune que les deux varia-

bles qui sont en évidence, et que, par conséquent, nous puissions les mettre sous les formes

$$dz = f(x, z) dx = o, \qquad dy = F(x, y) dx = o.$$

Nous ne pouvons intégrer isolément ces équations, en écrivant, comme dans l'article (145, C.I.) :

$$z = \int f(x, z) dx + \varphi z, \quad y = \int F(x, y) dx + \varphi y ;$$

car alors nous voyons qu'il faudrait supposer z constant dans la première équation, et y constant dans la seconde, art. 139 et 145, C. I. ; et nous aurions ainsi deux hypothèses contradictoires, puisque l'une des trois coordonnées x, y, z, ne peut être supposée constante dans la première équation sans qu'elle le soit dans la seconde.

Voici donc comment nous intégrerons les équations (174), dans le cas où elles ne renferment chacune que les deux variables qui sont en évidence. Soient λ et μ les facteurs qui rendent les équations (174) des différentes exactes ; en représentant ces différentielles par dU et par dV, nous aurons

$$\lambda (dz + Ndx) = dU, \qquad \mu (dy - Mdx) = dV ;$$

ces valeurs changent l'équation (173) en

$$\frac{d. U}{\lambda} = q \frac{d V}{\mu} \text{ ou } dU = q \frac{\lambda}{\mu} dV \ldots (178).$$

Le premier membre de cette équation étant une différentielle exacte, par hypothèse, il doit en être de même du second, ce qui exige que $q \dfrac{\lambda}{\mu}$ soit une fonction de V, (art. 88, C. I.) ; représentant donc cette fonction par φV, l'équation (178) deviendra

$$d. U = \varphi V. dV ;$$

et en intégrant, art. 147, C. I.,

$$U = \int \varphi V. dv = \Phi V = \text{une fonction de } V.$$

Exemple. — Comme application de ce procédé, soit à trouver l'intégrale de l'équation

$$x y \frac{dz}{dx} + x^2 \frac{dz}{dy} = y z,$$

que nous mettrons sous la forme suivante, en divisant par xy et en transposant

$$\frac{dz}{dx} + \frac{x}{y}\frac{dz}{dy} - \frac{z}{x} = 0 \, ;$$

en la comparant à l'équation (170), nous aurons

$$M = \frac{x}{y}, \ N = - \frac{z}{x} \, ;$$

ces valeurs changent les équations (174) en

$$dz - \frac{z}{x}\, dx = 0, \ dy - \frac{x}{y}\, dx = 0 \, ;$$

ces équations ne renferment chacune que deux variables, et en faisant évanouir les dénominateurs, nous aurons

$$xdz - zdx = 0, \ ydy \ xdx = 0.$$

Nous voyons, à la première inspection, que les facteurs propres à rendre ces équations intégrables sont $\frac{1}{x^2}$ et 2; car en les substituant et en intégrant, nous trouverons pour intégrales $\frac{z}{x}$ et $y^2 - x^2$, (art. 149 et 147, C. I.).

Substituant donc ces valeurs à la place de U et de V, dans l'équation U$=\Phi$ V, nous obtiendrons enfin pour l'intégrale de l'équation proposée

$$\frac{z}{x} = \Phi \ (y^2 - x^2).$$

151. — Remarquons que si nous avions éliminé q au lieu de p, art. 148, les équations (174) eussent été remplacées par celle-ci :

$$Mdz + Ndy = 0, \ dy - Mdx = 0 \ldots \ (179) \, ;$$

en effet de l'équation (171), on tire, avons nous vu, $q = - \frac{p}{M} - \frac{N}{M}$, donc, d'après l'équation (172), on a

$$dz = pdx - \frac{p}{M}\, dy - \frac{N}{M} dy, \text{d'où} dz + \frac{N}{M} dy = pdx - \frac{p}{M} \, dy,$$

d'où $dz + \frac{N}{M} \, dy = p \left(dx - \frac{1}{M} \, dy \right)$, d'où M $dz +$ N $dy =$ p (Mdx - dy) $= -$ p (dy - Mdx) ; cette équation ayant lieu quel que soit p, on a :

$$M \, dz + N \, dy = 0 \text{ et } dy - M \, dx = 0. \quad \text{C. Q. F. D.}$$

Maintenant, comme tout ce que nous avons dit des équations (174) peut s'appliquer à celles-ci, il en résulte que dans le cas où la première des équations (174) ne serait pas intégrable, nous pourrions remplacer ces équations par le système des équations (179), ce qui revient à employer la première des équations (179) à la place de la première des équations (174), alors on examinera si l'intégration est possible. (Remarquons que la seconde des équations (179) est la même que la seconde des équations (174)).

Par exemple, si nous avons l'équation

$$az \frac{dz}{dx} - zx \frac{dz}{dy} + xy = 0,$$

ou, en divisant par az,

$$\frac{dz}{dx} - \frac{x}{a} \frac{dz}{dy} + \frac{xy}{az} = 0 \, ;$$

en la comparant à l'équation (170), nous aurons

$$M = -\frac{x}{a}, \; N = \frac{xy}{az} \, ;$$

par conséquent, les équations (174) deviendront

$$dz + \frac{xy}{az} dx = 0, \quad dy + \frac{x}{a} dx = 0 \, ;$$

et, en chassant les dénominateurs, nous obtiendrons

$$az \, dz + xy \, dx = 0, \quad ady + xdx = 0 \ldots (180).$$

La première de ces équations, qui contient trois variables, ne pouvant s'intégrer immédiatement, nous la remplacerons par la première des équations (179), et nous aurons au lieu des équations (180), celles-ci :

$$-\frac{x}{a} dz + \frac{xy}{az} dy = 0, \; ady + xdx = 0 \, ;$$

supprimant $\frac{x}{a}$ comme facteur commun dans la première de ces équations, et multipliant l'une par $2\,z$ et l'autre par 2, il viendra

$$- 2 z \, dz + 2 y \, dy = 0, \; 2 \, ady + 2 \, xdx = 0,$$

et en intégrant nous trouverons

$$y^2 - z^2 , \; \text{et } 2 \, a y + x^2 \, ;$$

ces valeurs étant mises à la place de U et de V, art. 150, nous aurons enfin

$$y^2 - z^2 = \Phi \, (2 \, ay + x^2).$$

152. Nous pouvons également observer que la première des équations (179) n'est autre chose que le résultat de

l'élimination de dx entre les équation (174). En effet, on tire de ces dernières

$$dx = -\frac{dz}{N} = \frac{dy}{M}, \text{ d'où } - Mdz = Ndy \text{ ou } Mdz + Ndy = 0.$$

En général, on peut éliminer toute variable contenue dans les cœfficients M et N, et enfin, combiner d'une manière quelconque ces équations ; et si, après avoir exécuté ces opérations, on obtient, pour ces équations ainsi modifiées, deux intégrales représentées par U = a et par V=b, a et b étant deux constantes arbitraires, on pourra toujours en conclure que l'intégrale est U = Φ V, art. 150, C. I.

En effet, puisque a et b sont deux constantes arbitraires, ayant pris b à volonté, nous pouvons composer a en b d'une manière quelconque ; ce qui revient à dire que l'on a la faculté de prendre pour a une fonction arbitraire de b ; cette condition sera exprimée par l'équation a = Φ b ; par conséquent, nous aurons les équationt U = a = Φ b, V = b, dans lesquelles x, y et z représentent les mêmes coordonnées ; si nous éliminons b entre ces équations, nous aurons donc U = Φ V.

Remarquons encore que cette équation nous apprend qu'en faisant V=b, nous devons avoir U=Φ b=constante; c'est-à-dire que U et V sont constantes en même temps, sans que a et b dépendent l'un de l'autre, puisque la fonction représentée par le signe Φ est arbitraire. Or, c'est précisément la condition qu'expriment les équations U=a et V = b.

153. — Comme application de cette proposition, soit à intégrer l'équation

$$zx\frac{dz}{dx} - zy\frac{dz}{dx} - y^2 = 0 ;$$

en la divisant par zx, elle deviendra

$$\frac{dz}{dx} - \frac{y}{x}\frac{dz}{dy} - \frac{y^2}{zx} = 0,$$

et puis, en la comparant à l'équation (170), nous aurons

$$M = -\frac{y}{x} \text{ et } N = -\frac{y^2}{zx} ;$$

ces valeurs, substituées dans les équations (174), donnent

$$dz - \frac{y^2}{zx} dx = 0, \quad dy + \frac{y}{x} dx = 0.$$

ou

$$z x\, dz - y^2\, dx = 0, \quad x\, dy + y\, dx = 0.$$

La première de ces équations contenant trois variables, pour l'intégrer nous la transformerons de façon à ce qu'elle ne contienne que deux variables et devienne facilement intégrable ; c'est-à-dire que nous éliminerons une variable, art. 152, C. I. A cet effet nous y substituerons la valeur de $y\, dx$, ou $- x\, dy$, tirée de la seconde, nous aurons ainsi $z x\, dz - y (- x\, dy) = 0$, ou $z x\, dz + y x\, dy = 0$, ou en supprimant le facteur commun x,

$$z\, dz + y\, dy = 0,$$

et il n'y a qu'à la multiplier par 2, comme on voit, pour qu'elle devienne intégrable ; et comme la seconde équation est aussi intégrable, nous aurons donc en les intégrant $\int 2z\,dz + 2y\, dy = z^2 + y^2$, et $\int x\, dy + y\,dx = (\text{art.} 9, \text{C.D.}) = xy$, et comme on peut poser

$$z^2 + y^2 = a \text{ et } xy = b,$$

on a donc, art. précédent,

$$z^2 + y^2 = \Phi\, xy.$$

154. — Nous allons maintenant examiner le moyen de *trouver l'équation différentielle partielle dont l'intégrale, contenant une fonction arbitraire d'une ou de plusieurs variables, est donnée.*

Soit donc donnée l'équation

$$z = F (x^2 + y^2),$$

F étant une fonction arbiraire.

Posons $\qquad x^2 + y^2 = u.\ .(181)$,

et l'équation donnée deviendra

$$z = Fu ;$$

la différentielle de Fu devant être, en général, une fonction de u multipliée par du, (art. 88, C. I), nous pouvons mettre l'expression précédente sous la forme

$$dz = \varphi\, u.\, du ;$$

maintenant, si nous prenons la différentielle de z, par rapport à x seulement, c'est-à-dire donc en regardant y comme une constante, nous devrons prendre aussi la différentielle de u dans la même hypothèse ; par suite, nous aurons

$$\frac{dz}{dx} = \varphi u . \frac{du}{dx} \dots (182).$$

De même, si nous considérons x comme constant et y comme variable, nous aurons

$$\frac{dz}{dy} = \varphi u . \frac{du}{dy} \dots (183) ;$$

les valeurs des coefficients différentiels $\frac{du}{dx}$ et $\frac{du}{dy}$, qui entrent dans les équations (182) et (183), s'obtiendront en différentiant successivement l'équation (181) par rapport x et à y, et nous aurons ainsi

$$\frac{du}{dx} = 2 x, \frac{du}{dy} = 2 y ;$$

substituant ces valeurs dans les équations (182) et 183), nous obtiendrons

$$\frac{dz}{dx} = \varphi u . 2 x = 2 x . \varphi u ; \frac{dz}{dy} = \varphi u . 2 y = 2 y . \varphi u ;$$

éliminant φu entre ces équations, il viendra d'abord

$$\varphi u = \frac{dz}{2 x . dx .} = \frac{dz}{2 y . dy} ,$$

d'où l'on tire $\frac{dz}{xdx} = \frac{dz}{ydy}$ ou $\frac{ydz}{dx} = \frac{xdz}{dy}$, et par suite, nous aurons enfin pour la différentielle partielle cherchée

$$y \frac{dz}{dx} = x \frac{dz}{dy}$$

Exemple. — Soit donnée l'équation

$$z^2 + 2ax = F (x - y) ;$$

posons

$$x - y = u \dots (184),$$

l'équation donnée deviendra

$$z^2 + 2 ax = F u ;$$

et, en différentiant, nous aurons, (art. 88, C. I.) :

$$d. (z^2 + 2 ax) = \varphi u . du ;$$

prenant la différentielle indiquée par rapport à x, en considérant z, fonction de x, y, comme une variable en vertu de x qui y est contenu, et divisant par dx, nous aurons

$$\frac{2 z dz}{dx} + \frac{2 a dx}{dx} = \varphi u . \frac{du}{dx}.$$

ou
$$2\,z\frac{dz}{dx} + 2a = \varphi u.\ \frac{du}{dx}\ \ldots (185);$$

opérant de même par rapport à y, en considérant z comme une fonction qui ne varie qu'à cause de y, et divisant par dy, nous obtiendrons

$$2\,z\frac{dz}{dy} = \varphi\,u.\ \frac{du}{dy}\ (186);$$

éliminons les coefficients différentiels $\frac{du}{dx}$ et $\frac{du}{dy}$; à cet effet, de l'équation (184), tirons, en différentiant d'abord par rapport à x, puis à y :

$$du = dx,\ \text{d'où}\ \frac{du}{dx} = 1,$$

et

$$du = -\,dy,\ \text{d'où}\ \frac{du}{dy} = -\,1,$$

puis substituons ces valeurs dans les équations (185) et (186), nous obtiendrons

$$2\,z\frac{dz}{dx} + 2a = \varphi\,u,\quad 2\,z\frac{dz}{dy} = -\,\varphi\,u\,;$$

éliminant $\varphi\,u$ entre ces équations, nous aurons

$$2\,z\frac{dz}{dx} + 2a = -\,2\,z\frac{dz}{dy}$$

ou
$$\frac{dz}{dx} + \frac{2a}{2z} = -\,\frac{dz}{dy}\ \text{ou}\ \frac{dz}{dx} + \frac{a}{z} = -\,\frac{dz}{dy},$$

ou enfin
$$\frac{dz}{dx} + \frac{dz}{dy} + \frac{a}{z} = 0.$$

DÉTERMINATION DES FONCTIONS ARBITRAIRES QUI ENTRENT DANS LES INTÉGRALES DES ÉQUATIONS DIFFÉRENTIELLES PARTIELLES DU PREMIER ORDRE.

155. — Les fonctions arbitraires qui complètent les intégrales des équations différentielles partielles, (fonctions telles que $\varphi\,y$, $\Phi\,y$, etc., art. 139, C.I. et suivants), se déterminent par des conditions inhérentes à la nature des problèmes qui ont donné lieu à ces équations différentielles. Ces problèmes appartiennent, pour la plupart, à des questions physico-mathématiques ; mais afin de ne point nous écarter de notre sujet, nous nous bornerons donc ici à quelques questions purement analytiques.

Examinons d'abord les *conditions* contenues dans quelques équations différentielles partielles du premier ordre.

156. — Soit premièrement l'équation

$$\frac{dz}{dx} = a\ldots (187),$$

et son intégrale, art. 140, C I.,

$$z = ax + \varphi\, y\ldots (188).$$

Tout d'abord, on comprend que lorsque z est une fonction de x et de y, l'équation différentielle (187) peut être considérée comme celle d'une surface, c'est-à-dire comme la différentielle de l'équation d'une surface (géométrie analytique à trois dimensions). Cette surface, d'après la nature de son équation, jouit de la propriété suivante, que le coefficient différentiel $\dfrac{dz}{dx}$, tiré de son équation, doit toujours être une quantité constante.

Il résulte de là : 1°. *que la condition renfermée dans l'équation(187), est que tous les plans sécants menés parallèlement à celui des x, z, couperont la surface suivant des lignes droites qui seront parallèles, et qui formeront, chacune, avec une parallèle à l'axe des x un angle dont la tangente trigonométrique sera a; et 2° que la condition, que nous fournit l'intégrale (188), est que les droites, dont il s'agit précédemment, passent toutes par une courbe tracée sur le plan des y, z, courbe obtenue par l'intersection de ce plan avec la surface considérée, et dont l'équation $z = \varphi\, y$, (de cette courbe), est la fonction arbitraire $\varphi\, y$.*

En effet, 1°, soit, fig. 71, un plan quelconque A B, parallèle à celui des x, z, et dont l'intersection avec la surface est la ligne CD ; il s'agit donc de démontrer que cette section CD est une ligne droite faisant un angle constant, dont la tangente trigonométrique est a, avec l'axe des abcisses. Pour cela, quelle que soit la nature de la section CD, si on la divise en un nombre infini de parties mm', $m'm''$ $m''m'''$, $m'''m^{iv}$, etc., etc., ces parties, vu leur peu d'étendue, pourront

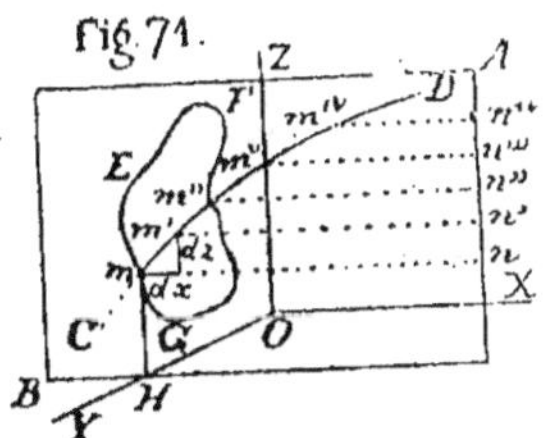

être considérées comme des lignes droites, et représenteront les éléments (ou parties infiniment petites) de la section ; l'un de ces éléments mm' faisant, avec une parallèle mn à l'axe des abscisses O X, un angle dont la tangente trigonométrique est représentée par $\dfrac{dz}{dx}$, (art. 3, calc. diff.) ; comme cet angle est constant, d'après l'équation $\dfrac{dz}{dx} = a$, il en résulte que tous les angles m'mn, m''m'n', m'''m''n'', m''''m'''n''', etc., formés par les éléments de la courbe, avec des parallèles mn, m'n', m''n'', m'''n''', m''''n'''', etc., à l'axe des abscisses, seront tous égaux ; ce qui démontre que la section CD est une ligne droite.

On arriverait au même résultat en considérant l'intégrale, équation (188), car pour tous les points de la surface qui se trouvent dans le plan A B, l'ordonnée y est égale à une constante C, (distance du plan AB au plan des x, z), représentée par O H dans la figure 71 ; remplaçant donc φ y par φ c, (car c varie avec les plans plus ou moins éloignés de celui des x, z, c'est-à-dire avec les y), et faisant φ c = C, pour le cas du plan déterminé A B, l'équation (188) deviendra

$$z = ax + C \dots (189) ;$$

cette équation étant celle d'une droite (géom. analytique à trois dimensions, recueil de formules, du même auteur, p. 188), et appartenant à la section C D, il en résulte que cette section est une ligne droite.

La même chose ayant lieu par rapport à tout autre plan sécant parallèle à celui des x, z, nous pouvons donc conclure que tous ces plans couperont la surface suivant des lignes droites qui sont parallèles, puisqu'elles forment, chacune, comme nous avons vu, avec une parallèle à l'axe des abscisses o X, un angle dont la tangente trigonométrique est exprimée par a.

2°. — Si dans l'équation intégrale (188), nous faisons $x=o$, c'est-àdire si nous considérons la section faite dans la surface, que cette équation représente, par le plan des y, z, cette équation se réduira à $z=\varphi\, y$, et sera celle d'une courbe EFG, par exemple, tracée sur le plan des y, z ; cette courbe renfermant tous les points de la surface dont les coordonnées sont $x=o$, rencontrera le plan A B en un point m, fig. 71, qui aura $x=o$ pour l'une de ses coordonnées ; et comme l'on a également $y=O\,H=C$, la troisième coordonnée en vertu de l'équation (189) sera $z=o+C=C$, valeur représentée par H m dans la figure. Ce que nous disons du plan A B pouvant s'appliquer à tous les autres plans qui lui sont parallèles, il s'ensuit que par tous les points de la courbe EFG représentée, comme nous avons vu, par l'équation $z=\varphi\, y$, partiront des droites parallèles à l'axe des x; et comme cette condition est toujours remplie quelle que soit la figure de la courbe représentée par l'équation $z=\varphi\, y$, *il en résulte que cette courbe est abitraire*, et, que, par conséquent, elle peut être composée d'arcs de différentes courbes, qui se joignent les uns les autres, fig 71 par exemple; ou qui laissent entre eux des interruptions, en certaines parties, comme dans la figure 72, autre exemple.

On nomme *courbe continue* celle dont toutes les parties se joignent les unes les autres, fig. 71. On appelle *courbe discontinue* une courbe telle que celle représentée fig. 72,

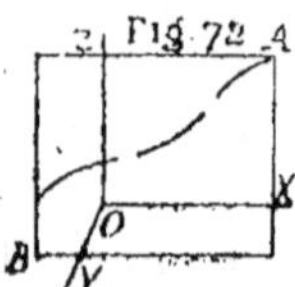

dont les parties laissent entr'elles des interruptions.

On entend par *courbe discontiguë* celle dans laquelle il y a interruption entre les parties, sans que, dans les endroits où a lieu cette interruption, son cours soit suspendu, comme dans la

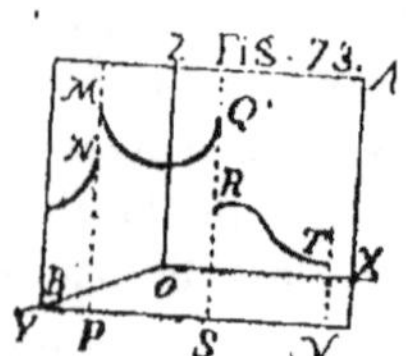

fig. 73, où nous voyons, par exemple, les points M et N, ainsi que Q et R, ne laissant entre eux aucun vide bien que ne se succédant pas ; et l'on voit qu'à chaque discontiguïté, les deux ordonnées différentes MP, NP ou QS, RS, correspondent à une même abscisse. Enfin, *une courbe irrégulière* est celle qui est composée d'une suite infinie d'arcs infiniment petits, qui appartiennent chacun à des courbes différentes, comme seraient, par exemple, des traits de plume que l'on tracerait au hazard.

Mais quelle que soit la courbe arbitraire représentée par l'équation $z = \varphi\, y$, pour construire la surface, il suffira de faire mouvoir une droite toujours parallèlement à elle-même, avec cette condition, que son point m parcoure la courbe, (par exemple EFG de la figure 71), dont $z = \varphi\, y$ est l'équation, et qui est tracée au hasard sur le plan des y z.

157. — Soit maintenant l'équation

$$\frac{dz}{dx} = X,$$

dans laquelle X est une fonction de x, et dont l'intégrale est, art. 141, C.I., $z = \int X\, dx + \varphi\, y$.

Menons encore, comme dans la fig. 71, un plan AB parallèle à celui des x, z ; la surface sera coupée suivant une certaine section CD, qui ne sera plus une ligne droite, comme dans le cas précédent ; car pour tout point m', pris sur cette section, la tangente trigonométrique $\frac{dz}{dx}$ de l'angle n' m' m″ formé par le prolongement de l'élément m' m″ de la section, avec une parallèle à l'axe des x, sera égale à une fonction X de l'abscisse x de ce point, d'après l'équation donnée ; et comme l'abscisse x est différente pour chaque point, il en résulte que l'angle n' m' m″ sera différent à chaque point de la section, et, par conséquent, la ligne CD, ne sera plus une ligne droite. La surface se construira, comme dans le cas précédent, en faisant mouvoir la section CD parallèlement à elle-même, de façon que son point m touche continuellement la courbe arbitraire EFG, représentée par l'équation $z = \varphi\, y$, obtenue en faisant x = 0 dans l'intégrale ou équation de la surface.

154. — Soit encore l'équation

$$\frac{dz}{dx} = P,$$

dans laquelle P est une fonction de x et de y. Comme

cette équation renferme trois variables, elle représente encore une surface courbe (géom. analytique à trois dimensions p. 258 recueil, du même auteur).

En coupant, comme dans les cas précédents, cette surface par un plan parallèle à celui des x, z, nous aurons une section dans laquelle donc y sera constant ; et comme dans tous les points de cette section, $\dfrac{dz}{dx}$ égalera une fonction de la variable x, (puisque $\dfrac{dz}{dx} = $ P $=$ fonction de x et de y, et y étant constant, $\dfrac{dz}{dx} =$ fonction de x), il faudra donc, d'après le cas précédent, que cette section soit courbe.

Or, de l'équation $\dfrac{dz}{dx} = $ P, on tire dz $=$ P dx et z $=$ $\int$ P dx $+\varphi\, y$, qui est l'intégrale représentant la surface, art. 156, C.I. Si maintenant, dans cette équation, nous faisons successivement $y = y' = y'' = y'''$, etc. et que nous représentions par P', P'', P''', etc., ce que devient alors la fonction P, nous aurons les équations

$$z = \int P' dx + \varphi y',\ z = \int P'' dx + \varphi y'',\ z = \int P''' dx + \varphi y''', \text{etc..} (190);$$

et comme y', y'', y'''. etc., sont des constantes, ces équations représentent des sections faites par des plans parallèles à celui des x, z ; et nous voyons aussi que ces équations représenteront des courbes de même nature, mais différentes de formes, puisque les valeurs de la constante y n'y sont pas les mêmes ; et, en rencontrant le plan des y, z, ces courbes formeront une courbe dont l'équation s'obtiendra en égalant à zéro la valeur de x dans celle de la surface, car on obtient ainsi la section faite dans la surface par le plan des y, z, et les courbes précédentes ne peuvent évidemment rencontrer ce plan que sur cette section, puisque ces courbes appartiennent à la surface. Représentons donc par Y ou fonction de y, ce que devient $\int$ P dx dans ce cas, (P étant fonction de x et de y et x égalant 0), nous aurons pour la courbe du plan Y O Z ;

$$z = Y + \varphi y \dots (191),$$

et nous voyons qu'à cause de φy, la courbe déterminée par cette équation doit être arbitraire ; donc, en traçant à volonté, fig. 74. la courbe EFG sur le plan dés y, z, et en

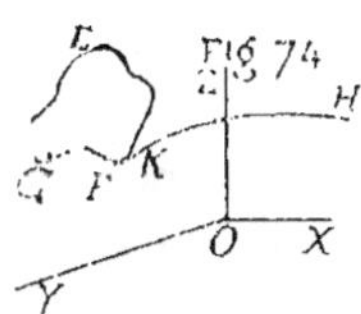

représentant par KH, la section dont $z = \int P'\, dx + \varphi\, y'$ est l'équation, nous ferons mouvoir cette dernière section en tenant son extrémité K constamment appliquée à la courbe EFG, mais de telle façon que, dans ce mouvement,

cette section KH prenne les formes successives déterminées par les équations (190), et nous construirons ainsi la surface que l'intégrale de $\dfrac{dz}{dx} = P$ représente.

159. — Soit enfin l'équation générale

$$\frac{dz}{dx} + M\,\frac{dz}{dy} + N = 0,$$

dont l'intégrale est, art. 148, C. 1., $U = \Phi\, V$.

Lorsque nous avons $U = a$ et $V = b$, (art. 152, C. 1.), ces équations existant chacune entre les trois coordonnées x, y, z, (même article), nous pouvons considérer ces équations comme celles de deux surfaces, (géom. analytique à trois dimensions : une éq. entre trois coordonnées représente une surface p. 258 du recueil même auteur) et comme ces coordonnées sont communes aux deux équations, il en résulte que ces équations prises simultanément doivent représenter la courbe d'intersection de ces deux surfaces, autrement dit, ces coordonnées communes doivent appartenir à cette courbe d'intersection des deux surfaces. Cela étant, a et b étant des constantes arbitraires, si dans $U = a$. nous donnons à x et à y les valeurs x' et y', nous obtiendrons pour z une fonction de x' de y' et de a, qui déterminera un point de la surface dont $U = a$ est l'équation. Ce point quelconque variera de position si nous donnons successivement diverses valeurs à la constante arbitraire a, ce qui revient à dire qu'en faisant varier a, nous ferons passer la surface, dont $U = a$ est l'équation, par un nouveau système de points. Et, ce que nous disons de $U = a$ pouvant s'appliquer à $V = b$, nous pouvons donc conclure que les deux surfaces changeant continuellement de position avec a et b, c'est-à-dire passant continuellement par d'autres systèmes de points, la courbe d'intersection de ces deux surfaces changera constamment de position, et, par suite, décrira une surface courbe, dans laquelle a et b pourront être considérés comme deux coordonnées ; et puisque la relation $a = \phi\, b$, qui lie entre elles ces deux coordonnées, (art. 152, C. I.), est arbitraire, la section est aussi arbitraire, et l'on conçoit que la détermination de la fonction représentée par le signe ϕ revient au problème de faire passer une surface par une courbe tracée arbitrairement.

160. — Passons maintenant à la détermination de quelques fonctions arbitraires.

Soit d'abord l'équation différentielle partielle

$$y\,\frac{dz}{dx} = x\,\frac{dz}{dy} \quad \dots \ (192) ;$$

dont l'intégrale, avons-nous vu, (art. 147, C. I., exemple), est

$$z = \varphi\,(x^2 + y^2) \quad \dots \ (193),$$

et proposons-nous de déterminer cette fonction.

Par réciprocité, on tire de l'intégrale (éq. 193),

$$x^2 + y^2 = \phi\,z ;$$

et si nous coupons la surface par un plan parallèle à celui des x, y, en faisant $z = c$, par exemple, la section aura pour équation

$$x^2 + y^2 = \phi\,c ;$$

et en représentant par a^2 la constante arbitraire $\phi\,c$, nous aurons

$$x^2 + y^2 = a^2 .$$

Cette équation est celle d'un cercle (géom. anal. p. 141 du recueil, même auteur) ; par conséquent la surface possède cette propriété, c'est que toute section faite par un plan parallèle à celui des x, y, est un cercle.

161. — Cette propriété peut encore se déduire de l'équation (192), car on en tire, en vertu de l'art. 45, C. D.,

$$x = y\,\frac{dz}{dx} : \frac{dz}{dy} = y\,\frac{dz}{dx} \times \frac{dy}{dz} = y\,\frac{dy}{dx} ;$$

or, cette équation est celle de la sous-normale à la courbe, art. 48, C. D., et elle nous apprend que cette sous-normale doit toujours être égale à l'abscisse, ce qui est la propriété du cercle avec l'origine au centre, car alors toute normale passant par le centre passe par l'origine.

162. — L'équation (193) ne nous apprend donc rien d'autre que ceci, c'est que toutes les sections parallèles au plan des x, y, sont des cercles ; il en résulte que la loi suivant laquelle les rayons des sections, de la surface, parallèles au plan des x, y, doivent s'augmenter d'après la génératrice, n'est pas comprise dans l'équation (193), et que, par suite, toute surface de révolution satisfera au problème, puisque dans ces sortes de surfaces, les sections parallèles au plan des x, y, sont toujours des cercles, bien entendu quand l'axe est vertical, et il n'est pas nécessaire de dire que la génératrice qui, dans une révolution, décrit la surface, peut être une courbe quelconque : discontinue, discontiguë, régulière ou irrégulière

163. — Comme cas particulier, cherchons donc la surface pour laquelle cette génératrice serait une parabole ON, fig. 75, et supposons que, dans cette hypothèse, la surface soit coupée par un plan OB, qui passerait par l'axe

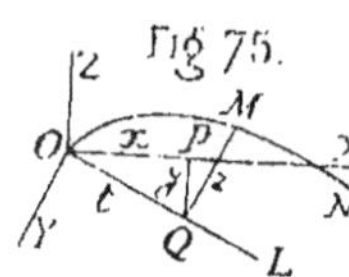

des z ; la trace de ce plan sur celui des x, y, sera une droite OL qui, menée par l'origine O, aura pour équation $y = ax$, (géom. analyt. à deux dim. p. 124 du recueil du même auteur).

En représentant par t l'hypothénuse OQ du triangle rectangle OPQ, construit sur le plan des x, y, nous aurons

$$t^2 = x^2 + y^2 ,$$

x et y étant les coordonnées du point Q de la trace OL, dans le plan des x, y ; mais t étant l'abscisse OQ du point M de la parabole ON, dont QM = z est l'ordonnée, cette abscisse et cette ordonnée étant prises dans le plan sécant ZOL, nous aurons par la nature de cette courbe, (parabole), comprise dans le plan ZOL :

$$t^2 = b z,$$

équation de la parabole, (géom. analytique à deux dimensions, p. 166, recueil) ; substituant à la place de t^2 sa valeur $x^2 + y^2$, il viendra

$x^2 + y^2 = bz$, d'où $z = \dfrac{1}{b} (x^2 + y^2)$; mais de l'équation ci-dessus $y = ax$, on tire $y' = a' x'$, et en mettant cette valeur dans l'équation précédente, nous aurons

$$z = \frac{1}{b} (x' + a' x') = \frac{1}{b} x' (1 + a^2) \; ;$$

et en faisant $\frac{1}{b} (1 + a^2) = m$, nous obtiendrons

$$z = m x' \; ;$$

par suite, la condition prescrite dans l'hypothèse où la génératrice doit être une parabole, est que l'on doive avoir

$$z = m x' \text{ lorsque } y = ax.$$

Cherchons maintenant à déterminer, au moyen de ces conditions, la fonction arbitraire qui entre dans l'équation (193). A cet effet, représentons par U la quantité $x' + y'$ qui est affectée du signe φ, et l'équation (193) deviendra

$$z = \varphi \, U \ldots (194) \; ;$$

nous aurons ainsi les trois équations

$$y = ax, \quad z = m x^2 \text{ et } x' + y' = U.$$

Au moyen de la première et de la dernière, nous éliminerons y, et nous aurons la valeur de x' qui étant mise dans la seconde, nous donnera

$$z = m \frac{U}{1 + a^2}, \ldots (195),$$

en effet, la première donne $y' = a' x'$, valeur qui mise dans la troisième produit $x' + a^2 x'$ ou $x' (1 + a^2) = U$, d'où $x' = \frac{U}{1 + a^2}$, et en substituant cette valeur dans la seconde, on obtient l'équation (195).

Cette équation (195), en remarquant que ci-dessus, nous avons $\frac{1}{b} (1 + a^2) = m$, se réduit à

$$z = \frac{1}{b} (1 + a^2) \frac{U}{1 + a^2} = \frac{1}{b} U.$$

Substituant cette valeur de z dans l'équation (194), nous aurons

$$\varphi \, U = \frac{1}{b} U.$$

remplaçant U par sa valeur, nous obtiendrons

$$\varphi (x' + y') = \frac{1}{b} (x^2 + y'),$$

et l'on voit ainsi que la fonction est déterminée ; substituant cette valeur de $\varphi(x^2 + y^2)$ dans l'équation (193), nous aurons enfin pour l'intégrale cherchée

$$z = \frac{1}{b}(x^2 + y^2);$$

équation qui possède la propriété requise, puisque l'hyposthèse de $y = ax$ transforme cette équation en

$$z = \frac{1}{b}(x^2 + a^2 x^2) = \frac{1}{b}x^2(1 + a^2) = \frac{1}{b}(1 + a^2)x^2 = mx^2.$$

164. — *Le procédé que nous venons d'indiquer pour déterminer la fonction arbitraire, est général ;* car supposons que les conditions qui doivent déterminer la fonction arbitraire, représentée par φ, soient que l'intégrale donne $F(x,y,z) = 0$, lorsqu'on a $f(x,y,z) = 0$; nous nous procurerons, dans ce cas, une troisième équation en égalant à U la quantité qui est précédée du signe φ ; et alors, en éliminant, entre ces trois équations, successivement deux des variables x, y, z, nous obtiendrons chacune des variables en fonction de U. Substituant ces valeurs dans l'intégrale, nous arriverons à une équation dont le premier membre sera φU, et dont le second membre sera une expression composée en U ; pour déterminer ensuite la fonction arbitraire, il n'y aura plus qu'à substituer dans la dernière équation la valeur de U en fonction des variables.

INTÉGRATION DES ÉQUATIONS DIFFÉRENTIELLES PARTIELLES DU SECOND ORDRE.

165. — D'après ce que nous avons vu, à l'article 93, (Calc. Int.), une équation différentielle partielle du second ordre, dans laquelle z est une fonction de deux variables x et y, doit toujours contenir, indépendemment des coefficients différentiels du premier orde qu'elle peut renfermer, un ou plusieurs des coefficients différentiels

$$\frac{d^2 z}{dx^2}, \quad \frac{d^2 z}{dy^2}, \quad \frac{d^2 z}{dx\,dy}.$$

Nous allons examiner comment on peut intégrer les plus simples, seulement, de ces équations différentielles du second ordre.

166. — Soit d'abord l'équation

$$\frac{d^2 z}{dx^2} = 0 \; ;$$

en multipliant par dx, et en intégrant par rapport à x, nous ajouterons à l'intégrale une constante arbitraire fonction de y, (art. 139. C.I.), et nous aurons successivement:

$$\frac{d^2 z}{dx}=0, \text{ ou } d.\left(\frac{dz}{dx}\right)=0, \text{d'où } \int d.\left(\frac{dz}{dx}\right) \text{ ou } \frac{dz}{dx}=0+\varphi\, y=\varphi\, y \; ;$$

et en multipliant de nouveau par dx et en représentant par $\psi\, y$ une nouvelle fonction de y qu'on doit ajouter à l'intégrale, nous obtiendrons successivement :

$$dz = dx.\, \varphi\, y, \text{ d'où } \int dz \text{ ou } z=\int dx.\, \varphi\, y = x.\, \varphi\, y + \psi\, y.$$

167. — Soit ensuite l'équation

$$\frac{d^2 z}{d x^2} = P,$$

dans laquelle P est une fonction d x et de y ; en opérant comme ci-dessus, nous aurons d'abord

$$\frac{d^2 z}{dx} = Pdx, \text{ou } d.\left(\frac{dz}{dx}\right) = Pdx, \text{ d'où } \int d\left(\frac{dz}{dx}\right) = \int Pdx,$$

ou

$$\frac{dz}{dx} = \int Pdx + \varphi\, y :$$

en intégrant une seconde fois par le même procédé, il viendra successivement

$$dz=(\int Pdx + \varphi y)dx, \text{ d'où } \int dz \text{ ou } z=\int[(\int Pdx + \varphi y)dx]+\psi y.$$

168. — Soit l'équation

$$\frac{d^2 z}{dy^2} = P,$$

dans laquelle y tient la place de x ; en opérant de la même manière nous aurions donc le même résultat que celui qu'on obtient en mettant partout, dans l'exemple précédent, x à la place de y, et y à la place de x, on obtient ainsi

$$z = \int[(\int Pdy + \varphi x)\, dy] + \psi x.$$

169. — Soit encore l'équation

$$\frac{d^2 z}{dy\, dx} = P,$$

dont le premier membre signifie que z a été différentié d'abord par rapport à y, puis par rapport à x, nous intégrerons donc d'abord par rapport à l'une des variables, puis par rapport à l'autre, et il viendra

$$\frac{d^2 z}{dy\, dx} = d\left(\frac{dz}{dy}\right) : dx = P, \text{ d'où } d.\left(\frac{dz}{dy}\right) = Pdx, \text{ et } \int d.\left(\frac{dz}{dy}\right)$$

ou $\dfrac{dz}{dy} = \int Pdx + $ constante arbitraire ou $\varphi\, y$; ensuite

$dz = (\int Pdx + \varphi y)\, dy$, et, en intégrant $\int dz = \int [(\int Pdx + \varphi y)\, dy] + $ constante ou $\varphi\, x$, ou

$$z = \int [(\int Pdx + \varphi\, y)\, dy] + \varphi\, x.$$

170. — On traiterait, en général, de la même manière l'une des équations suivantes :

$$\frac{d^n z}{dy^n} = P, \quad \frac{d^n z}{dx\, dy^{n-1}} = Q, \quad \frac{d^n z}{dx^2\, dy^{n-2}} = R, \text{ etc },$$

dans lesquelles P, Q, R, etc., sont des fonctions de x et de y, ce qui donnerait lieu à une suite d'intégrations qui introduiraient chacune une fonction arbitraire dans l'intégrale, comme nous venons de voir des exemples.

171. — Pour intégrer l'équation

$$\frac{d^2 z}{dy^2} + P\frac{dz}{dy} = Q, \dots \text{(196)} ;$$

dans laquelle P et Q représentent deux fonctions de x et de y, faisons $\qquad \dfrac{dz}{dy} = u, \dots \text{(197)} ;$

l'équation (196), pouvant être mise sous la forme :

$$d.\frac{dz}{dy} : dy + P\frac{dz}{dy} = Q,$$

si l'on y substitue la valeur de $\dfrac{dz}{dy}$ donnée par l'équation (197), elle deviendra

$$d.(u) : dy + Pu = Q, \text{ ou } \frac{du}{dy} + Pu = Q \dots \text{(198)}.$$

Cette équation peut être mise sous la forme suivante, en multipliant par dy ;

$$du + Pu\, dy = Q\, dy, \dots \text{(199)} ;$$

et, pour l'intégrer, nous considérerons x comme constant de sorte qu'alors cette équation ne renfermera censément que deux variables y et u, et aura le même forme que l'équation $\qquad dy + Py\, dx = Q dx \dots \text{(200)},$

dont l'intégrale, art. 93, C. I., est

$$y = e^{-\int Pdx} \left[\int Qe^{\int Pdx} \, dx + C \right] \dots (201).$$

En comparant donc les équations (199) et (200), nous voyons que u, dans la première, tient la place de y dans la seconde, et que x de celle-ci tient la place de y de l'autre ; nous avons donc à remplacer dans la formule (201), y par u et x par y, et il viendra

$$u = e^{-\int Pdy} \left[\int Qe^{\int Pdy} \, dy + C \right],$$

et comme nous avons supposé x constant dans l'intégration, la constante C sera une fonction de x, art. 139, C. I., et nous aurons

$$u = e^{-\int Pdy} \left[\int Qe^{\int Pdy} \, dy + \varphi \, x \right];$$

et en remplaçant dans l'équation (197), u par cette valeur, nous aurons, après avoir multiplié par dy :

$$dz = u. \, dy = e^{-\int Pdy} \left[\int Qe^{\int Pdy} \, dy + \varphi \, x \right] dy,$$

et en intégrant de nouveau, il viendra enfin pour l'intégrale cherchée, en ajoutant une nouvelle fonction de x

$$z = \int \left[e^{-\int Pdy} \left(\int Q \, e^{\int Pdy} \, dy + \varphi \, x \right] dy + \psi \, x.$$

172. — Si l'on avait les équations

$$\frac{d^2 z}{dx \, dy} + P \frac{dz}{dx} = Q, \quad \frac{d^2 z}{dx \, dy} + P \frac{dz}{dy} = Q,$$

dans lesquelles P et Q représentent des fonctions de x, on les intégrerait par le même procédé, et, comme nous voyons par le premier terme de chacune de ces équations, on a pris la différentielle de z par rapport à x, puis par rapport à y, nous concevons donc bien que la valeur de z ne contiendrait pas des fonctions arbitraires de la même variable, mais l'une fonction de y et l'autre fonction de x, comme nous avons vu un exemple à l'article 169.

Ci après quelques exemples d'intégration du second ordre.

173. — Soit à effectuer l'intégration double ci-après :

$$\int\int d^2 s = \int\int g \, dt^2 \quad \text{d'où} \quad \frac{d^2 s}{dt} = g \, dt \, \therefore \, \int \frac{d^2 s}{dt} = \frac{ds}{dt} = \int g \, dt$$

dans laquelle g ou accélération (chute d'un corps, mécanique) est considérée comme une constante ; t = temps ; s = espace. On a, en mécanique, vitesse = $\dfrac{ds}{dt}$. Donc : vitesse = $\dfrac{ds}{dt} = \int g \, dt = gt + C.$

puis $\int (gt + C) \, dt = \int (gt \, dt + C dt) = \dfrac{1}{2} \, gt^2 + Ct + C' = s.$

C et C′ sont deux constantes à déterminer. A cet effet, remarquons que le temps que l'on mesure se compte généralement à partir du moment où l'on connaît l'éloignement initial s_o du mobile à l'origine des espaces et l'on prend la vitesse v_o à ce même moment. Or, puisqu'on a, en mécanique rationnelle, $v_o = \dfrac{ds}{dt}$, il vient $v_o = gt + C$; or, à l'origine t_o des temps, t est nul ; donc $C = v_o - gt_o = v_o$.

Ensuite $C' = s - \dfrac{1}{2} gt^2 - Ct$; et comme à l'origine des temps, $t = o$ et $s = s_o$, il vient $C' = s_o$.

En substituant ces valeurs des constantes, on obtient enfin $$s = \frac{1}{2} gt^2 + v_o t + s_o .$$

174. — Soit à intégrer $d^2 y - y\, dx^2 = o$ ou $\dfrac{d^2 y}{dx^2} - y = o$.

Pour cela, posons $\dfrac{dy}{dx} = p \;\therefore\; dy = p\, dx$.

$$\frac{d^2 y}{dx^2} = d. \frac{dy}{dx} : dx = \frac{dp}{dx} \;\therefore\; d^2 y = \frac{dp}{dx} dx^2 .$$

Par suite, l'expression donnée peut se mettre sous la forme $$\frac{dp}{dx} dx^2 - y\, dx^2 = o$$

d'où $\dfrac{dp}{dx} = y \;\therefore\; dp = y\, dx$ et $p\, dp = p\, y\, dx = y\, p\, dx = y\, dy$

d'où $2 p\, dp - 2 y\, dy = o$ ou $dp^2 - dy^2 = o$ d'où en intégrant $p^2 - y^2 = o$ et en ajoutant la constante C à cette première intégration, il vient $p^2 - y^2 + C = o$.

Maintenant, de cette première intégrale, on tire $$p = \sqrt{y^2 - C} = \frac{dy}{dx} \text{ d'où } dy = \sqrt{y^2 - C}\, dx \text{ et } \frac{dy}{\sqrt{y^2 - C}} = dx$$

d'où $dx - \dfrac{dy}{\sqrt{y^2 - C}} = o$.

Mais, on sait que $d. L\, y = \dfrac{dy}{y}$; voir art. 28. C. D.

Donc,
$$d. L (y + \sqrt{y^2 - C}) = \frac{d(y + \sqrt{y^2 - C})}{y + \sqrt{y^2 - C}} = \frac{dy + d(y^2 - C)^{1/2}}{y + \sqrt{y^2 - C}} .$$

Or, $d(y^2 - C)^{1/2} = \dfrac{1}{2}(y^2 - C)^{1/2-1} d(y^2 - C) = \dfrac{1}{2}(y^2 - C)^{-1/2}$

$2\,y\,dy = (y^2 - C)^{-1/2}\,y\,dy = \dfrac{1}{\sqrt{y^2 - C}}\,y\,dy = \dfrac{y\,dy}{\sqrt{y^2 - C}}.$

Par conséquent,

$$d.L(y + \sqrt{y^2 - C}) = \dfrac{dy}{y + \sqrt{y^2 - C}} + \left(\dfrac{y\,dy}{\sqrt{y^2 - C}} : (y + \sqrt{y^2 - C}) \right) =$$

$$= \dfrac{dy}{y + \sqrt{y^2 - C}} + \dfrac{y\,dy}{\sqrt{y^2 - C}\,(y + \sqrt{y^2 - C})} =$$

$$= \dfrac{\sqrt{y^2 - C}\,dy + y\,dy}{\sqrt{y^2 - C}\,(y + \sqrt{y^2 - C})} = \dfrac{dy\,(y + \sqrt{y^2 - C})}{\sqrt{y^2 - C}\,(y + \sqrt{y^2 - C})} = \dfrac{dy}{\sqrt{y^2 - C}}.$$

Remarquons donc que

$$d.\,L(y + \sqrt{y^2 - C}) = \dfrac{dy}{\sqrt{y^2 - C}}.$$

Il ne reste plus maintenant qu'à résoudre l'éq. ci-dessus

$$dx - \dfrac{dy}{\sqrt{y^2 - C}} = 0.$$

A cet effet, remarquons que cette éq. nous donne

$$\int dx - \int \dfrac{dy}{\sqrt{y^2 - C}} = 0 \text{ ou } x - L(y + \sqrt{y^2 - C}) + C' = 0$$

qui doit être résolue par rapport à y ; elle peut se mettre
sous la forme $\qquad x + C' = L(y + \sqrt{y^2 - C}).$

Or, on sait que, d'une façon générale $L\,e^x = x$, ou
$$L\,e^{x+C'} = (x + C')\,L\,e = (x + C')\,1 = x + C';$$
et par suite l'équation ci-dessus donne l'éq.

$$e^{x+C'} = y + \sqrt{y^2 - C}$$

qui peut être résolue par l'algèbre. On peut encore la
résoudre comme suit. Remarquons que

$$(y + \sqrt{y^2 - C})(y - \sqrt{y^2 - C}) = y^2 - (\sqrt{y^2 - C})^2 = C$$

d'où $\quad y - \sqrt{y^2 - C} = \dfrac{C}{y + \sqrt{y^2 - C}} = \dfrac{C}{e^{x+C'}} = C\,e^{-x-C'}$

car $\dfrac{1}{a^n} = a^{-n}.$

En ajoutant, membre à membre,

$$y + \sqrt{y^2 - C} = e^{x+C'} \text{ et } y - \sqrt{y^2 - C} = C\,e^{-x-C'}$$

il vient enfin pour l'intégrale générale

$$2\,y = e^{x+C'} + C\,e^{-x-C'} \text{ ou } y = \frac{1}{2}(e^{x+C'} + C\,e^{-x-C'}) \;;$$

$$\text{ou encore } y = \frac{1}{2}\,e^x\,e^{C'} + \frac{1}{2}\,C\,e^{-x}\,e^{-C'} = A\,e^x + B\,e^{-x}$$

car $\frac{1}{2}\,e^{C'}$ et $\frac{1}{2}\,C\,e^{-C'}$ sont des constantes c'est-à-dire indépendantes de x.

De l'intégrale générale, on tirera y lorsqu'on connaîtra x et qu'on aura déterminé les constantes C et C' d'après les données du problème.

Si, au lieu de $\frac{d^2 y}{dx^2} - y = 0$ on considère l'éq. différentielle plus générale $\frac{d^2 y}{dx^2} - \omega^2 y = 0$, on trouvera pour intégrale générale $y = A\,e^{\omega x} + B\,e^{-\omega x}$ dans laquelle les constantes sont A et B. En effet, soit $\frac{dy}{dx} = p$ ∴ $dy = p\,dx$ et $d^2 y = \frac{dp}{dx}\,dx^2$ d'où $\frac{dp}{dx} - \omega^2 y = 0$ ou $\frac{dp}{dx}\,dx^2 - \omega^2 y\,dx^2 = 0$ d'où $dp = \omega^2 y\,dx$. Or, $dy = p\,dx$ ∴ $p\,dp = p\,\omega^2 y\,dx = \omega^2 y\,dy$ ∴ $2\,p\,dp - 2\,\omega^2 y\,dy = 0$. Mais $2\,p\,dp = d\,(p^2)$ et $2\,\omega^2 y\,dy = d.\omega^2 y^2$. Donc $p^2 - \omega^2 y^2 + C$ ou $C^{te} = 0$;

$$\text{d'où } p = \sqrt{\omega^2 y^2 - C} = \frac{dy}{dx} \text{ ou } dx - \frac{dy}{\sqrt{\omega^2 y^2 - C}} = 0$$

$$\text{d'où } dx - \frac{dy}{\omega\sqrt{y^2 - \dfrac{C}{\omega^2}}} = 0.$$

Soit $\frac{C}{\omega^2} = A$, il vient $dx - \frac{dy}{\omega\sqrt{y^2 - A}} = 0$, Or, $\frac{dy}{\omega\sqrt{y^2 - A}}$ est la différentielle de $\frac{1}{\omega}L\,(y + \sqrt{y^2 - A})$. Par suite, il vient en intégrant la dernière éq.

$$x - \frac{1}{\omega}L\,(y + \sqrt{y^2 - A}) + B \text{ ou } c^{te} = 0$$

$$\text{ou } (x + B)\omega = L\,(y + \sqrt{y^2 - A}) \text{ d'où } e^{(x+B)\omega} = y + \sqrt{y^2 - A}$$

$= e^{\omega x + \omega B}$; et en faisant la constante $\omega B = C'$ il vient $y + \sqrt{y^2 - A} = e^{\omega x + C'}$.

Mais on a

$$(y + \sqrt{y^2 - A})(y - \sqrt{y^2 - A}) = y^2 - (\sqrt{y^2 - A})^2 = A$$

d'où $y - \sqrt{y^2 - A} = \dfrac{A}{y + \sqrt{y^2 - A}} = \dfrac{A}{e^{\omega x + C'}} = A\, e^{-\omega x - C'}$.

Donc, en ajoutant membre à membre

$$(y + \sqrt{y^2 - A}) + (y - \sqrt{y^2 - A}) \text{ ou } 2\, y = e^{\omega x + C'} +$$

$A e^{-\omega x - C'}$ ou $y = \dfrac{1}{2}\, e^{C'}\, e^{\omega x} + \dfrac{1}{2} A\, e^{-C'}\, e^{-\omega x}$ et en faisant $\dfrac{1}{2}\, e^{C'} =$

M ou C^{10} ; et $\dfrac{1}{2}\, A\, e^{-C'} = N$, il vient enfin

$$y = M\, e^{\omega x} + N\, e^{-\omega x},$$

ce qui est la même chose que $A\, e^{\omega x} + B\, e^{-\omega x}$.

175. — Soit à chercher l'intégrale de

$$\frac{d^2 y}{dx^2} = \sqrt{1 + \left(\frac{dy}{dx}\right)^2}.$$

Posons $\dfrac{dy}{dx} = p$ d'où $\dfrac{dp}{dx} = \dfrac{d^2 y}{dx^2}$. Par suite, l'éq. donnée peut se mettre sous la forme

$$\frac{dp}{dx} = \sqrt{1 + p^2} \text{ d'où } \frac{dp}{\sqrt{1 + p^2}} = dx \text{ ou } dx - \frac{dp}{\sqrt{1 + p^2}} = 0.$$

En comparant cette éq. à l'éq. ci-dessus, art. précédent,

$$dx - \frac{dy}{\sqrt{y^2 - C}} = 0 \text{ et la suite, on reconnaît que } \frac{dp}{\sqrt{1 + p^2}}$$

est la différentielle de $L\,(p + \sqrt{1 + p^2})$, en faisant $y = p$ et $C = -1$.

Donc, l'intégrale générale sera

$$\int \left[dx - \frac{dp}{\sqrt{1 + p^2}} \right] = \int dx - \int \frac{dp}{\sqrt{1 + p^2}}$$

ou $x - L(p + \sqrt{1 + p^2}) + C = 0$.

Or, d'après l'art. précédent,

$$p + \sqrt{1 + p^2} = e^{x + c}.$$

Pour la résoudre, on en tire

$$\frac{1}{p + \sqrt{1 + p^2}} = \frac{1}{e^{x + c}} = e^{-x - c} \text{ et } \frac{-1}{p + \sqrt{1 + p^2}} = -e^{-x - c} =$$

$$= p - \sqrt{1+p^2} \; ; \; \text{car} \; \frac{-1}{p + \sqrt{1+p^2}} = p - \sqrt{1+p^2} \; \text{puisque}$$

$$(p - \sqrt{1+p^2})(p + \sqrt{1+p^2}) = p^2 - (1+p^2) = -1.$$

En ajoutant les deux expressions précédentes, il vient

$$p + \sqrt{1+p^2} + p - \sqrt{1+p^2} \quad \text{ou} \quad 2\,p = e^{x+c} + (-e^{-x-c}) =$$
$$= e^{x+c} - e^{-x-c} \, ;$$

et
$$p = \frac{1}{2}(e^{x+c} - e^{-x-c}) = \frac{dy}{dx}$$

d'où
$$y = \int \frac{1}{2}(e^{x+c} - e^{-x-c})\, dx.$$

Or, on sait que la dérivée de $e^x = e^x$, et en faisant $x' = x + c$, on voit que la dérivée de $\frac{1}{2}e^{x+c}$ est $\frac{1}{2}e^{x+c}$.

D'autre part, la différentielle de e^{mx}, pour la même raison, égale $e^{mx}\, d.\, mx$ ou $m\, e^{mx}\, dx$ d'où le cœfficient différentiel ou dérivée égale $m\, e^{mx}$; et si l'on fait $m = -1$, il vient dérivée de $e^{-x} = -e^{-x}$ d'où l'on conclut que la dérivée de e^{-x-c} est $-e^{-x-c}$.

Et l'intégrale générale sera enfin

$$y = \frac{1}{2}e^{x+c} + \frac{1}{2}e^{-x-c} + C' = \frac{1}{2}(e^{x+c} + e^{-x-c}) + C'$$

On détermine les constantes C et C' d'après les valeurs initiales de x, y et $\dfrac{dy}{dx}$.

DÉTERMINATION DES FONCTIONS ARBITRAIRES QUI ENTRENT DANS LES INTÉGRALES DES ÉQUATIONS DIFFÉRENTIELLES PARTIELLES DU SECOND ORDRE. GÉNÉRATRICE ET DIRECTRICE.

176. — Lorsqu'on intègre les équations différentielles partielles du second ordre, on obtient une intégrale qui, complétée, contient deux fonctions arbitraires, comme nous avons pu le voir dans les exemples précédents. La détermination de ces fonctions arbitraires revient à faire passer la surface, que cette intégrale représente, par deux courbes que l'on construit à l'aide de ces fonctions arbitraires et qui, comme celles-ci, peuvent être quelconques :

continues ou discontinues, discontiguës, régulières ou irrégulières.

Comme exemple, soit l'équation

$$\frac{d^2 z}{d x^2} = 0,$$

dont l'intégrale est, art. 166,

$$z = x \varphi y + \psi y \dots (202).$$

Soit, fig. 76, un plan AB parallèle à celui des x, z ; ce plan coupera la surface, représen-

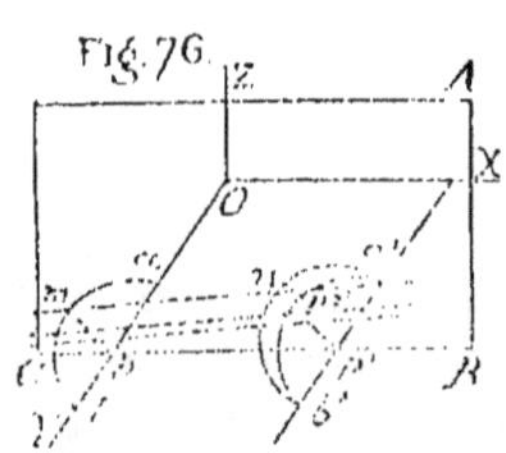

tée par l'intégrale, suivant une ligne droite, car pour tous les points de cette section, y étant constant et égal à OP, que nous représenterons par c, les fonctions φy et ψy deviennent φc et ψc, et, par suite, peuvent être remplacées par deux constantes a et b ; de façon que l'équation (202) donnera pour l'équation de la section,(points communs au plan AB et à la surface représentée par l'équation (202)) :

$$z = ax + b \dots (203),$$

qui, d'après la géométrie analytique (p. 124 du recueil), est celle d'une droite.

Pour savoir le point où cette section perce le plan des y, z, faisons $x = 0$; l'équation (202) deviendra

$$z = \psi y, (204),$$

équation qui représente une courbe amb tracée sur le plan des y, z. On peut facilement démontrer, (comme dans l'art 156, 2°) que la section rencontre la courbe amb en un point m ; et, puisque cette section est une ligne droite, pour en déterminer la position, il suffit de trouver un second point par lequel cette ligne passe. A cet effet, remarquons que quand $x = 0$, l'équation (202) se réduit, avons nous vu, à $z = \psi y$, tandis que lorsque x est égal à l'unité, la même équation se réduit à $z = \varphi y + \psi y$; faisant donc, comme précédemment, $y = Op = c$, ces deux valeurs de z deviennent $z = b$ et $z = a + b$, et déterminent deux points m et n pris sur la même section, puisque $OP = c$ dans les deux cas, et nous avons vu que cette section est une ligne droitè. Pour construire ces points, nous tracerons arbitrairement sur le plan des y, z, la courbe amb, et par le point p, où le plan sécant AB rencontre l'axe des ÿ, nous élèverons la perpendiculaire pm = b, qui sera une ordonnée à la courbe ; nous prendrons ensuite à l'intersection CB, trace du plan sécant sur celui des x, y, la partie pp', égale à l'unité, et par le point p' nous mènerons un plan parallèle à celui des y,z,et dans ce plan nous construirons la courbe a' m' b' identique à la courbe amb, et de manière qu'elle soit semblablement disposée ; alors l'ordonnée m' p' sera donc égale à mp ; et en prolongeant m' p' d'une quantité arbitraire m' n, qui représentera a, nous déterminerons le point n de la section en ligne droite dans le plan AB.

Si nous prolongeons ensuite, par le même procédé, toutes les ordonnées de la courbe a'm'b', nous construirons une nouvelle courbe a' n b', qui sera telle qu'en menant par cette courbe et par amb, un plan parrallèle à celui des x, z, ou au plan AB donc, les deux points où les courbes seront coupées appartiendront à la même section de la surface, laquelle section est, comme nous avons vu, en ligne droite. Il résulte donc de ce que nous venons de voir, que la surface, représentée par l'équation intégrale (202), peut être engendrée par une ligne droite m n, que l'on appelle *génératrice*, glissant le long des deux courbes a m b, a' n b', que l'on nomme *directrices*.

Donc dans la surface représentée par l'équation (202) ou
$$z = x \varphi y + \psi y,$$
la génératrice est représentée par l'équation (203) ou
$$z = \varphi c . x + \psi c = ax + b,$$
a et b étant des constantes variant avec y ; enfin la directrice située dans le plan des y z est représentée par l'équation (204) savoir $z = \psi y,$
et la directrice située dans un plan parallèle à celui des y, z, et à une distance de ce plan x = 1, est
$$z = \varphi y + \psi y.$$

Fin du calcul intégral.

TABLE DES MATIÈRES

CALCUL DIFFÉRENTIEL

Première méthode principale d'intégration des fonctions de plusieurs variables, etc.

Deuxième méthode principale d'intégration des fonctions de plusieurs variables.